远距复杂背景红外暗弱小目标检测技术

李少毅　杨　曦　钮赛赛
张雅淇　李雨松　卫孟杰　　著

中国宇航出版社

·北京·

图书在版编目（CIP）数据

远距复杂背景红外暗弱小目标检测技术 / 李少毅等
著 . -- 北京：中国宇航出版社，2024.1
ISBN 978 - 7 - 5159 - 2346 - 8

Ⅰ.①远… Ⅱ.①李… Ⅲ.①红外目标－目标探测－
研究 Ⅳ.①TN215

中国国家版本馆 CIP 数据核字(2024)第 011856 号

责任编辑 王杰琼	**封面设计** 王晓武

出　版
发　行   中国宇航出版社

社　址 北京市阜成路 8 号　**邮　编**　100830
(010)68768548

网　址 www.caphbook.com

经　销 新华书店

发行部 (010)68767386 　(010)68371900
(010)68767382 　(010)88100613（传真）

零售店 读者服务部 　(010)68371105

承　印 北京中科印刷有限公司

版　次 2024 年 1 月第 1 版
2024 年 1 月第 1 次印刷

规　格 787×1092

开　本 1/16

印　张 21.75 　**彩　插** 16 面

字　数 554 千字

书　号 ISBN 978 - 7 - 5159 - 2346 - 8

定　价 129.00 元

本书如有印装质量问题，可与发行部联系调换

前　言

　　远距复杂背景红外暗弱小目标检测技术是机载、舰载、弹载等红外搜索与跟踪系统的关键技术之一，也是诸多不同应用领域研究者面临的共同难题，它发挥着装备"眼睛"视觉处理的作用，可实现尽早发现、提前预警、快速处置等功能。从事复杂背景红外弱小目标检测的研究者与工程技术人员一直追求能设计出具备快速精确搜索、自主稳定截获功能的小目标检测处理系统。然而遗憾的是，作为该领域的研究者，作者一直未发现有针对性的参考和学习专业书籍。因此，为了有助于该领域的研究者深入了解远距红外搜索与跟踪系统面临的技术问题与工作原理，红外暗弱小目标检测相关的理论方法、设计方法和工作经验，作者萌生了编写本书的想法。

　　本书以作者团队十余年的科学研究及成果为基础，以实际应用问题与需求为牵引，系统地描述了红外暗弱小目标特性分析、复杂背景红外弱小目标检测、暗弱小目标检测、弱小多目标检测、智能检测、双波段图像融合检测等过程中面临的主要问题、分析方法与测试方法。希望为相关领域的读者在面向解决此类问题时，在应用背景、关键难点、分析方法和设计方法等方面提供一定的参考和借鉴。

　　本书共分8章。第1章由李少毅、钮赛赛、卫孟杰撰写；第2章由李少毅、杨曦撰写；第3章由李少毅、张雅淇撰写；第4章和第5章由李少毅、张雅淇、钮赛赛撰写；第6章由李少毅、钮赛赛、张雅淇、卫孟杰撰写；第7章由李少毅、张雅淇、李雨松撰写；第8章由李少毅、李雨松撰写。由李少毅、杨曦、钮赛赛统稿，由张雅淇、李雨松、卫孟杰等整理书稿。

　　本书得到了杨俊彦研究员的热情指导和帮助，也得到了不少同事、专家的关心和支持，在此表示衷心的感谢。同时，在撰写本书过程中，也参阅了大量的国内外文献，在此一并向相关作者表示感谢。

　　由于作者水平和编写时间有限，书中难免有不足和疏漏之处，真诚希望读者批评、指正。

著者

目　录

第1章　红外小目标检测技术概述

随着中程无人僚机、低空小型无人机、海面无人舰艇等无人装备的发展与运用，对空中战机、地面导弹装备和海面作战舰艇等采取隐蔽抵近侦察、袭扰、"狼群攻击"等战术行动，给战机、舰艇及其编队、地面要地防御等带来了新的挑战。随着战场电磁环境日益复杂，作为战机、导弹、地面装备和舰艇对远距来袭目标进行搜索、预警与防御重要装备的红外搜索与跟踪系统等受到研究人员的广泛关注。为了占据战场主动权，扩大导弹探测、战机和舰艇预警的范围，需要机载、弹载、车载和舰载红外搜索与跟踪系统尽可能早地检测到远距离来袭目标，实现远距离弱小目标探测和捕获，支撑武器装备效能和快速反应能力提升。

目前，低信杂比、强杂波环境等远距复杂背景红外暗弱小目标检测技术是机载、舰载、弹载等红外搜索与跟踪系统的关键技术之一，也是诸多不同应用领域研究者面临的共同难题，发挥着装备"眼睛"视觉处理的作用。本书结合发展需求，针对典型应用场合的复杂背景红外暗弱小目标检测问题开展研究，包括红外暗弱小目标探测理论基础、低信杂比环境红外弱小目标检测、强反射环境红外暗弱小目标检测、强杂波环境红外弱小目标检测、复杂背景红外弱小目标智能检测、弱小目标红外双波段图像融合检测、红外与可见光图像融合弱小目标检测等内容，以期为特定应用背景的红外小目标探测提供理论与技术参考。

1.1　红外成像探测技术发展概况

红外成像探测系统具有被动成像、隐蔽性强、全天候工作的特性，经过几十年的研究和发展，产生了诸多基于红外探测技术的导弹武器装备、搜索与预警系统。本章介绍红外成像探测技术的发展概况、红外成像探测系统分类，以及红外小目标检测技术发展概况。

1.1.1　红外成像探测基本原理

从物理学理论可知，狭义地讲，人眼能接收且响应的光一般指可见光，其本质属于电磁波的某一谱段。一般地，得到广泛应用的光信号是指紫外光、可见光、红外光等多种波段的光信号，如图1-1所示。这里，把利用光学系统、光电探测器和信号处理系统等测量装置，采集源对象辐射或反射的上述光信号，并转换成可量测的电信号来探测对象的技术统称为光电探测技术。红外成像探测技术也是光电探测技术的一种。

光电探测技术是一种重要的技术，在军事、航空航天、安防等领域有广泛应用。要理解光电探测的基本原理，需要涉及一些基本概念和理论。探测是指探查某物，确定物体、辐射、化学化合物、信号等是否存在，以被量测对象的属性和量值为目的的全部操作。光电探测器是一种能量转换器，将光波携带的能量转换成为另一种便于量测的电能形式，完成光信息与电信息的变换。光电探测系统是以光波和电子流作为信息和能量载体，通过光电相互变换，综合利用光电学进行信息探测、传输和显示等功能的量测系统，是光机电一体化典型应用。光电探测技术就是利用光电传感器实现各类探测，将被测量的量转换成光通量，再转换成电量，并综合利用信息传递和处理技术，完成在线和自动测量。

红外成像探测技术（图1-2）是基于热辐射现象进行成像探测的。热辐射是指物体由于温度而发出的电磁辐射，其波长范围为0.1～1 000 μm。红外辐射波长范围为0.76～1 000 μm，人眼无法看到红外辐射，但红外探测器可以对其进行探测。红外探测器是一种基于热敏材料的探测器，热敏材料是一种在温度变化下产生响应的材料。红外探测器在红外区域内探测热辐射，并将其转化为电信号，输出到显示器上形成图像。

接下来，将介绍红外辐射基本理论、红外辐射传输、红外光学系统、红外探测器和红外探测系统这5个知识点。

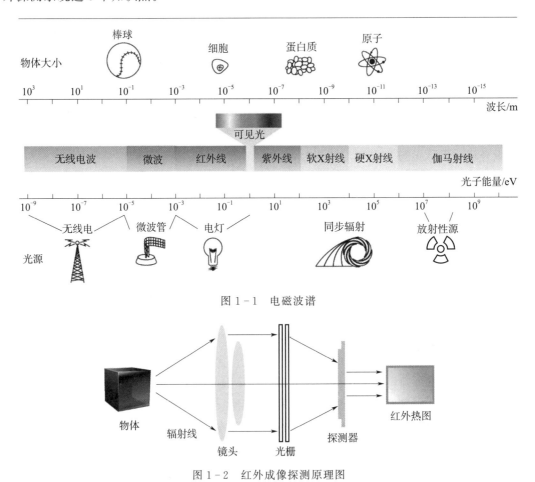

图1-1　电磁波谱

图1-2　红外成像探测原理图

1.1.1.1　红外辐射基本理论

（1）发现与认识

红外辐射也称红外线，1666 年，英国物理学家牛顿发现，太阳光经过三棱镜后分裂成彩色光带——红、橙、黄、绿、青、蓝、紫。1800 年，英国天文学家赫歇尔在用水银温度计研究太阳光谱的热效应时，发现热效应最显著的部位不在彩色光带内，而在红光之外。因此，他认为在红光之外存在一种不可见光。后来的实验证明，这种不可见光与可见光具有相同的物理性质，遵守相同的规律，所不同的只是一个物理参数——波长。这种不可见光称为红外辐射，又称红外光、红外线。

（2）定义与特性

红外线一旦被物体吸收，红外线辐射能量就转化为热能，加热物体使其温度升高。当红外线辐射器产生的电磁波（红外线）以光速直接传播到某物体表面，其发射频率与物体分子运动的固有频率相匹配时，就引起该物体分子的强烈振动，在物体内部发生激烈摩擦产生热量。所以，常称红外线为热辐射线，称红外辐射为热辐射或温度辐射。

与可见光相比，红外辐射还有一些独有的特性：

1）人的眼睛对红外辐射不敏感，所以必须用对红外辐射敏感的红外探测器才能探测到。

2）红外辐射的光量子能量比可见光的小，如波长 10 μm 的红外光子的能量大约是可见光光子能量的 1/20。

3）红外辐射的热效应比可见光更强。

4）红外辐射更易被物质吸收，但对于薄雾来说，长波红外辐射更容易通过。

红外线存在于自然界的每一个角落。事实上，自然界里所有物体，当其温度高于绝对零度（−273.15 ℃）时，都会辐射红外线。太阳是红外线的巨大辐射源，整个星空都是红外线源，地球表面不管是高山流水还是冰川雪地都在日夜不停地辐射红外线。军事装备如坦克、飞机等，由于它们有高温部位，因此往往都是强红外辐射源。总之，红外线充满整个空间。

任何物体都能辐射红外线，也能吸收红外线。辐射与吸收都是能量转换过程。热辐射是热能转换成辐射能的过程，而热吸收则是辐射能转变成热能的过程。对于高温物体，其热辐射强于吸收，所以热能逐渐减少，温度逐渐降低；对于低温物体，其辐射少，吸收多，热能逐渐增加，所以温度逐渐升高；当辐射与吸收相等时，热能不变，温度不变，称为热平衡。自然界的所有物体对于投射到自身的辐射能量都有不同程度的吸收、反射和透射本领，且不同的物体其辐射或吸收本领是千差万别的。物体对辐射的吸收率、反射率和穿透率，依次用符号 α、ρ、τ 来表示。若某一物体在任何温度下对于任何波长的辐射能量的吸收率都等于 1，即 $\alpha=1$，$\rho=\tau=0$，这一物体称为绝对黑体，简称黑体。黑体是最好的吸收体，也是最好的辐射体。很显然，当黑体温度恒定时，它的吸收和辐射应当相等，它的吸收系数和辐射系数也应当相等，所以黑体的辐射系数也是 1。黑体是理想的辐射体，实际物体达不到 100％吸收。实际物体的吸收与相同温度黑体的吸收之比，称为实际物体的吸收率。当物体温度恒定时，吸收率与辐射率（也称发射率）相等。实际物体辐射红外线的强弱是由其温度和辐射率决定的。

物体对某一特定波长辐射能的吸收率称为单色吸收率。一般来说，物体对不同波长辐射能的单色吸收率是不相同的。如果某一物体的单色吸收率与投射到该物体的辐射能的波长无关，即 $\alpha =$ 常数，则称该物体为灰体。灰体与黑体一样，都是理想化物体。实际物体既不是绝对黑体，也不是灰体。灰体与黑体的区别在于：灰体的吸收率 $\alpha < 1$，而黑体的吸收率 $\alpha = 1$。

物体在温度 T，波长 λ 处的辐射出射度 M 与同温度、同波长下的黑体辐射出射度 M_0 的比值称为比辐射率。灰体的比辐射率是黑体的一个不变分数，这是一个特别有用的概念。因为有些辐射源如喷气机尾喷管、气动加热表面、无动力空间飞行器、人体、大地及空间背景都可视为灰体，并对大多数工程计算有足够的准确度。

（3）辐射源与辐射规律

对于红外辐射，辐射源和辐射规律也是基本理论中重要的两个部分。辐射源指可以通过电离辐射或释放放射性物质而引起辐射照射的一切物质或实体。辐射源按其来源可以分为天然辐射源与人工辐射源。天然辐射源分为宇宙射线、陆地辐射源、空气中的辐射源、水中的辐射源以及人体内的辐射源，人工辐射源是包括所有已知人造物体的辐射源。

对于红外辐射规律，其主要包括 4 个定律：基尔霍夫辐射定律、普朗克黑体辐射定律、斯特藩-玻尔兹曼定律和维恩位移定律。

1）基尔霍夫辐射定律：德国物理学家古斯塔夫·基尔霍夫于 1859 年提出，在热力学平衡条件下，各种不同物体对相同波长的辐射出射度 M 与吸收率 α 的比值都相等，并等于该温度下黑体对同一波长的辐射出射度 M_0，即

$$\frac{M_1}{\alpha_1} = \frac{M_2}{\alpha_2} = \cdots = M_0 = f(T) \tag{1-1}$$

按照基尔霍夫辐射定律，在一定温度下，黑体必然是辐射本领最大的物体，称为完全辐射体。该定律的核心就是：物体对电磁辐射的发射率和吸收率成正比，即好的吸收体必然是好的辐射体。

2）普朗克黑体辐射定律：由马克斯·普朗克于 1900 年提出，这个定律描述了在任意温度 T 下，从一个黑体中发射出的电磁辐射率与频率之间的关系。

电磁波波长 λ 和频率 ν 的关系为

$$\lambda = \frac{c}{\nu} \tag{1-2}$$

黑体的光谱辐射度描述为

$$M_\lambda = \frac{2\pi h c^2}{\lambda^5} \frac{1}{e^{\frac{ch}{\lambda kT}} - 1} = \frac{C_1}{\lambda^5} \frac{1}{e^{\frac{C_2}{\lambda T}} - 1} \tag{1-3}$$

式（1-3）称为普朗克公式，式（1-2）和式（1-3）中各物理量的含义和单位如表 1-1 所示。

表 1 - 1　物理量的含义和单位

物理量	含义	国际单位
ν	频率	赫兹(Hz)
λ	波长	米(m)
T	热力学温度	开尔文(K)
h	普朗克常数	焦耳·秒(J·s)
c	光速	米/秒(m/s)
e	自然常数	1
k	玻尔兹曼常数	焦耳/开尔文(J/K)

由式（1 - 3）可知，当温度 T 不变时，可认为 M_λ 为 λ 的函数，绘制黑体在任意给定温度下的光谱分布曲线，如图 1 - 3 所示。

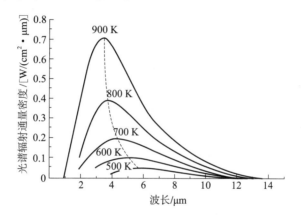

图 1 - 3　黑体在任意给定温度下的光谱分布曲线

由图 1 - 3 可知：

a）光谱辐射出射度随波长连续变化，每条曲线只有一个最大值。

b）曲线随黑体温度升高而整体提高，在任意指定波长处，与较高温度对应的光谱辐射出射度也较大。

c）不同温度下的光谱分布曲线彼此不相交。

d）温度升高，峰值波长越小，黑体辐射中所包含的短波成分比例增加。

e）黑体辐射只与绝对温度有关。

3）斯特藩-玻尔兹曼定律：1879 年，斯洛文尼亚物理学家约瑟夫·斯特藩从实验中归纳出一个结论，即一个黑体表面单位面积辐射出的总功率（称为物体的辐射度或能量通量密度）j 与黑体本身的热力学温度 T（又称绝对温度）的四次方成正比，这一定律称为斯特藩定律，其数学表示为

$$j = \sigma T^4 \tag{1 - 4}$$

1884 年，斯特藩的学生路德维希·玻尔兹曼从理论上推导出了斯特藩定律，因此该定律又称为斯特藩-玻尔兹曼定律。其中，比例系数 σ 称为斯特藩-玻尔兹曼常数，数值等

于 $5.669\ 7 \times 10^{-8}$ W/(m² · K⁴)。

4）维恩位移定律：该定律由德国物理学家威廉·维恩于 1893 年通过对实验数据的经验总结提出，其内容为黑体电磁辐射光谱辐射度的峰值波长与自身温度成反比，且乘积为一常数，其数学表示为

$$\lambda_{m}T = b \tag{1-5}$$

式中，b 为比例常数，称为维恩位移常数，数值等于 $2.897\ 772\ 9 \times 10^{-3}$ m · K。

维恩位移定律说明一个物体越热，其辐射谱的波长越短（或者说其辐射谱的频率越高）。该定律是更为广义的普朗克黑体辐射定律的一个直接推论。

1.1.1.2 红外辐射传输

（1）大气组成成分

地球上的大气有氮气、氧气、氩气等常定的气体成分，有二氧化碳、一氧化二氮等含量大体上比较固定的气体成分，还有水汽、一氧化碳、二氧化硫和臭氧等变化很大的气体成分。其中，氮气约占 78.1%、氧气约占 20.9%、稀有气体（氦、氖、氩、氪、氙、氡）约占 0.939%、二氧化碳约占 0.031%、其他气体和杂质（如臭氧、一氧化氮、二氧化氮、水蒸气等）约占 0.03%。这些气体并不总是中性的，在太阳辐射的作用下在 90 km 以上还有离子和电子存在。除气体成分之外，大气中还常悬浮有尘埃、烟粒、盐粒、水滴、冰晶、花粉、孢子、细菌等固体和液体的气溶胶粒子。这些气溶胶粒子也在红外辐射传输中起着重要的散射和吸收作用，对红外成像探测系统的成像清晰度和成像质量有着直接影响。

（2）大气对辐射传输的主要影响

大气衰减是指电磁波在大气中传播时发生的能量衰减现象。各种波长的电磁波在大气中传播时，受大气中气体分子（水蒸气、二氧化碳、臭氧等）、水汽凝结物（冰晶、雪、雾等）及悬浮微粒（尘埃、烟、盐粒、微生物等）的吸收、散射和折射作用，形成了电磁波辐射能量被衰减的吸收带。大气的吸收作用、散射作用和折射作用都会造成大气衰减。

1）吸收作用：大气吸收电磁辐射的主要物质是水、二氧化碳和臭氧。水蒸气吸收电磁辐射的波段范围较宽，在大气低层中的含量较高，是对红外辐射传输影响较大的一种大气成分。水蒸气分子对红外辐射有强烈的选择吸收作用。液态水的吸收更强，主要在长波范围。随着高度的增加，水蒸气的含量急剧减少。在高空，水蒸气的吸收退居次要地位，二氧化碳的吸收变得更重要。二氧化碳主要吸收电磁辐射的红外区。臭氧对红外辐射存在吸收带，臭氧主要集中在 20～30 km 的高空，因此当系统工作在高空时，就必须考虑臭氧对红外辐射的吸收。

2）散射作用：太阳辐射通过大气层时，受到大气中气体分子和大气中固体、微粒、液体的散射。散射的实质是大气分子或气溶胶等粒子在入射电磁波的作用下产生电偶极子或多极子振荡，并以此为中心向四周辐射与入射波频率相同的子波，即散射波。根据粒子同入射波波长的相对大小不同，散射分为瑞利散射、米氏散射和非选择散射。云、雾等的悬浮粒子的直径与 0.75～15 μm 的红外线波长相近。所以，云、雾对红外线的散射主要是米氏散射。云、雾粒子直径比可见光波长大很多，所以云、雾对可见光波段为非选择性

散射。

3）折射作用：光在大气中传输时，由于气压和温度随着垂直方向上高度的变化而变化，导致空气介质的密度和折射率也在不断变化，这样不同波长的光波由于折射角度不同会被分散开，导致光束能量的削弱。在海拔超过 60 km 时，近似为真空状态，大气折射率接近 1，此处大气对光信号的衰减影响可以忽略不计；在海拔为 20～50 km 范围内，大气折射率随海拔的升高缓慢减小；而在接近地表的 10 km 范围以内，随着海拔的减小，大气折射率迅速增大，此时对光信号传输的影响最强烈。因此，在近地大气条件下进行光通信时，同一高度层次的通信受大气折射的影响小，而高差较大的斜距通信模式，如空对地光通信，大气折射效应产生的影响将不可忽略，需要加以分析和应对。

（3）红外辐射透过率

红外辐射透过率是指物体对红外辐射的透过程度，表示红外辐射通过物体的能量损失情况。透过率通常是介于 0～1 的比值，其中 0 表示完全透不过，1 表示完全透过。物体的红外辐射透过率取决于其材料的特性和厚度，不同材料对红外辐射的透过率各不相同。一般来说，透明物质对红外辐射的透过率较高，而不透明物质对红外辐射的透过率较低。除了材料的性质外，红外辐射的透过率还与辐射源的波长以及入射角有关。一般来说，红外辐射的波长越长，透过率越高；入射角越小，透过率越高。

对于大气来说，所有物体发出的辐射都要经过大气的衰减才能到达红外光学系统。目标红外辐射通过大气到达红外探测器的过程是非常复杂的，在这个过程中辐射会受到大气中各种因素的影响而衰减，衰减的程度可以用大气透过率来衡量，即红外辐射的大气透过率是指红外辐射在地球大气中传播时的能量损失情况。大气透过率就是根据大气中各种分子对红外辐射吸收和散射造成的衰减来计算的。

（4）大气红外辐射窗口

红外线是电磁波的一种，波长范围为 0.76～1 000 μm。通常将红外线分成两部分，波长小于 5.6 μm，离红色光较近的称为近红外线；波长大于 5.6 μm，离红色光较远的称为远红外线。近红外线、远红外线是相对的，电磁波通过大气层较少被反射、吸收和散射，而那些透射率高的波段称为大气窗口，如图 1－4 所示。大气红外辐射窗口即在大气中对红外辐射透过率较高的波段范围，红外探测器的工作波段必须选择在大气窗口处才能有效工作。

在红外技术领域，通常将整个红外辐射光谱区按波长分为 4 个波段，分别为近红外线、中红外线、远红外线和极远红外线，如表 1－2 所示。

表 1－2　红外辐射光谱区划分

波段	近红外线	中红外线	远红外线	极远红外线
波长/μm	1～3	3～5	8～12	15～1 000

近红外波段利用目标反射环境中普遍存在的短波红外辐射，使得图像具有阴影反差，在分辨率和细节上类似于可见光图像，主要用于物体识别和地质制图等；中红外波段和远红外波段中来自物体的热辐射较强，主要用于红外热成像，如红外热视设备等。

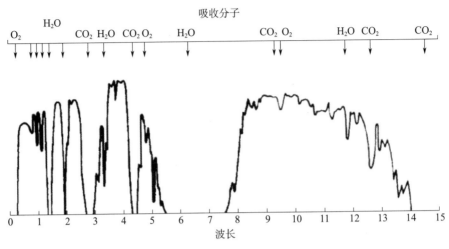

图 1-4 大气红外辐射窗口

1.1.1.3 红外光学系统

（1）定义

光学系统是指由透镜、反射镜、平面镜、棱镜和光阑等多种光学元件按一定次序组合成的系统。红外光学系统是指工作于红外光谱区的光学系统。红外光学系统是红外成像探测技术中不可或缺的重要组成部分，其利用红外辐射的特性，通过光学元件的设计和优化，实现对红外辐射的采集、传输和探测。红外光学系统在军事、航天、安防等领域发挥着关键的作用，本节将以空空导弹导引头为例介绍红外光学系统的结构。

图 1-5 为某型空空导弹导引头光学系统的结构。其中，1 为导弹的整流罩，由两个同心球面组成，为一块负透镜。其既是导弹的整流罩，又是光学系统的一部分，与导弹的壳体固联在一起，作用是保护内部光学机械元件和改善空气动力性能。2 为球面反射镜（也称主反射镜），它是用光学玻璃制成、外表面镀铝的凹面反射镜，相当于一块正透镜，主要起汇聚光能的作用。3 为次反射镜，是一块平面反射镜，起折转光线的作用。4 为伞形光栏，是一个表面涂黑的金属罩，作用是限制目标以外的杂散光线进入系统像平面并射向探测器上。5 为支撑透镜（也称校正透镜），为一块凸透镜，用来校正系统的像差，并把伞形光栏、平面反射镜等零件与镜筒连接在一起，起支撑作用。6 为光栏，用来限制杂光和提高像平面上的成像质量。7 为调制盘，位于系统的像平面上，对像点辐射起调制作用。8 为探测器（光敏电阻）和滤光片，探测器是系统的光电转换元件；滤光片位于光敏电阻之前，只能允许一定波长范围的光通过，起光谱过滤作用。

（2）基本结构形式

红外光学系统根据成像原理的不同主要分为以下 3 种结构形式。

1）反射式红外光学系统。反射式红外光学系统没有色差，工作波段很宽；对反射镜的材料要求不高，口径可以做得很大。其缺点是视场小、体积大、成本高、中心有遮拦

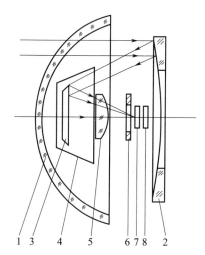

图 1-5 某型空空导弹导引头光学系统的结构

等。反射镜分为球面反射镜和非球面反射镜。最简单的反射镜是单个球面反射镜，其像质接近单透镜，但没有色差，是一种实用的红外物镜，在小孔径时能得到优良的图像。但随着视场和孔径的增大，其像质迅速恶化。非球面反射镜通常是轴对称的二次曲面镜，面型由两个参数决定，便于通过选择面型来达到消除像差的目的，加工难度很大。非球面反射镜主要包括抛物面反射镜、双曲面反射镜、椭球面反射镜和扁球面反射镜。双反射镜能够减少对入射光线的遮拦，便于接收元件的放置，在光学系统中放一块反射镜，将焦点引到入射光束的外侧或引到主镜之外，这就是双反射系统。入射光线首先遇到的反射镜为主反射镜，第二个为次反射镜。反射式红外光学系统主要包括牛顿系统、卡塞格林系统和格里高利系统，如图 1-6 所示。

2）折反式红外光学系统。为了得到较好的像质，反射式系统可用非球面镜。但非球面镜不易加工、成本高、检验难，于是在主反射镜和次反射镜仍采用球面镜的系统中加入附加的补偿透镜，校正球面反射镜的像差，称为折反式红外光学系统。红外导引头光学系统广泛应用此类系统，其折射镜往往较薄，这样做的目的是使色差尽可能小，减少能量吸收。折反式红外光学系统主要包括斯密特系统、曼金折反系统、包沃斯-马克苏托夫系统，如图 1-7 所示。

3）折射式红外光学系统。反射式红外光学系统和折反式红外光学系统虽然在红外成像系统中广泛应用，但往往不能满足大视场、大孔径成像的要求。此外，反射式红外光学系统和折反式红外光学系统具有体积大、加工难、成本高、中间遮挡等缺点，往往不能令人满意，因此有时不得不使用折射式红外光学系统。设计折射式红外光学系统时，光学材料的选择非常重要，因为透镜的球差、色差、像差等与折射率、色散系数有关，此外还要考虑使用波段内材料的透过率。

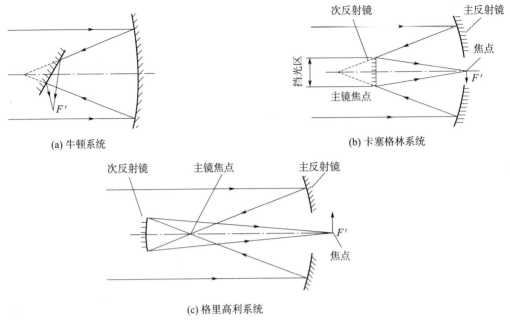

(a) 牛顿系统　　　　　　　　　　　(b) 卡塞格林系统

(c) 格里高利系统

图 1 - 6　反射式红外光学系统

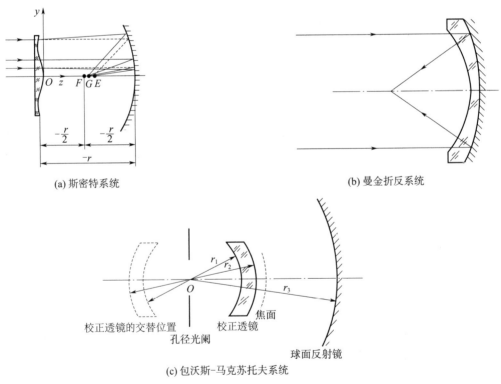

(a) 斯密特系统　　　　　　　　　　(b) 曼金折反系统

(c) 包沃斯-马克苏托夫系统

图 1 - 7　折反式红外光学系统

（3）常用材料

红外光学系统与普通（可见光）光学系统的区别主要在于应用的光学材料上，能在一定波段上透过红外辐射的材料称为红外光学材料。在选用红外透射物质作为光学材料时，不仅要选用透过率高的物质，还要求其透射波段与目标辐射的红外波线谱相适应。另外，也要求材料的折射率高、均匀性好、机械强度高、化学稳定性好，并能制作大口径的零件等。一般而言，可以从以下方面考察材料性质：光谱透过率及其随温度的变化、折射系数及其随温度的变化、硬度、表面对液体的抗侵蚀性、密度、导热系数、热膨胀系数、比热、弹性模量、自辐射特性、软化和熔化温度、射频特性。其中，前两项是决定性的。而作为保护窗口和整流罩，必须考虑硬度和表面抗侵蚀能力。对于暴露在高热环境中的系统，以防热应力引起光学系统碎裂，导热系数和弹性模量的数据比较重要。为了避免探测器中出现因光学材料自身的辐射而引起的干扰信号，要求光学材料受热时在其投射波段内的自辐射应尽量小。在双模系统中，如红外和雷达的复合系统中，由于要共用一个保护罩，因此其射频特性也很重要。

目前国内红外光学系统设计最常用的材料是锗（Ge）、硅（Si）、硒化锌（ZnSe）、硫化锌（ZnS），国外还有新型的红外材料 AMTIR（AMTIR1－6）。红外光学系统的功能是接收和聚集红外辐射能量，并将其传送给红外探测器。红外光学系统包括接收目标自辐射或反射红外信息的光学系统和发射红外信息的光学系统。红外光学系统按其具体功能应用大致分为 4 类：1）探测目标方位和距离的红外光学系统，如红外测距仪、红外搜索与跟踪系统、红外导引头等；2）探测目标温差分布的红外光学系统，如热像仪；3）探测目标辐射通量和反射通量的红外光学系统，如热辐射计；4）发射红外辐射的红外光学系统，如红外平行光管、CO_2 激光定向能系统等。

1.1.1.4　红外探测器

红外探测器是一种辐射能转换器，主要用于将接收到的红外辐射能转换为便于测量或观察的电能、热能等其他形式的能量。红外探测器是整个红外热成像系统的核心，是探测、识别和分析目标物体红外特征信息的关键，其性能高低直接决定了红外热成像的质量。从不同的角度出发，红外探测器有多种不同的分类方法：按工作原理分类、按工作波段分类、按结构分类、按工作温度分类等。

（1）按工作原理分类

按工作原理分类，红外探测器主要分为热探测器和光子型探测器，如图 1－8 所示。

热探测器利用光热效应，接收红外辐射后，温度升高，从而导致某一物理量（通常是电量）变化，通过检测这一物理量的变化可探测红外辐射。典型的热探测器有辐射热测定器、热释电探测器、热电探测器、超导探测器等。其中，辐射热测定器的工作原理如下：目标发出含有自身温度信息的红外线辐射，辐射能量被辐射热测定器吸收后转换为热能并引起热敏感电阻区域的温度升高，其电阻值发生相应变化，施加偏置电流，就可以从电阻的改变得到电压的改变，从而实现光电转换。其具体应用为热电阻温度计。热释电探测器的工作原理如下：基于热释电效应——指极化强度随温度改变而表现出的电荷释放现象，

(a) 热探测器　　　　　　　　　　　　　(b) 光子型探测器

图 1-8　热探测器与光子型探测器

宏观上是温度的改变使在材料的两端出现电压或在材料中产生电流。其具体应用为感应开关。热电探测器的特点如下：1）响应波长无选择性，对从可见光到远红外的各种波长的辐射同样敏感，属于无选择性探测器；2）响应慢，吸收辐射产生信号需要的时间长，一般在几毫秒以上；3）探测率低。超导探测器是指利用高温超导现象研制的探测器，超导现象是指材料在低于某一温度时电阻为零的现象，这一温度称为临界温度，具有这种性质的材料称为超导体。高温超导是指一些具有较其他超导体相对较高的临界温度的物质在液态氮的环境下产生的超导现象。超导红外探测器就是利用高温超导体从正常态转为超导态时电阻随温度变化而急剧变化的特性来检测红外辐射的。

光子型探测器利用光电效应，当红外线照射到物体表面上时，物体发射电子，或导电率发生变化，或产生光电动势，通过检测物体光学特性的变化探测红外辐射。光电效应又分为内光电效应和外光电效应。外光电效应指物体受光照后向外发射电子，多发生于金属和金属氧化物。内光电效应指物体受到光照后所产生的光电子只在物质内部而不会逸出物体外部，多发生在半导体。内光电效应又分为光电导效应和光生伏特效应。典型的光子探测器有硫化铅（PbS）、硒化铅（PbSe）、碲化铅（PbTe）和锑化铟（InSb）红外探测器等。光子型探测器的特点如下：1）响应波长有选择性，存在某一截止波长 λ_0，超过此波长，器件没有响应；2）响应快，一般在纳秒到几百微秒；3）响应率高，探测距离远，探测分辨率高；4）基本采用半导体材料。

（2）按工作波段分类

按照红外探测器的工作波段分类，可以将其分为短波红外探测器、中波红外探测器和长波红外探测器，分别对应 3 个常用的红外大气窗口。

短波红外探测器的工作波段在 1~3 μm 范围内，对应大气窗口的较短波段。短波红外探测器主要用于热成像、热传导分析和遥感探测等领域。在军事上，短波红外探测器可用来探测敌方的热源设备、车辆、船只、飞机等，并进行侦察和追踪。

中波红外探测器的工作波段在 3~5 μm 范围内，对应大气窗口的中波段。中波红外探测器主要用于行业监控、医学诊断、热成像和探测领域。在军事上，中波红外探测器可用来探测敌方侦察设备、火炮发射热源和火箭隐蔽位置，并进行防范和干扰。

长波红外探测器的工作波段在 8~12 μm 范围内，对应大气窗口的长波段。长波红外探测器主要用于火灾预警、气象探测和医学领域。在军事上，长波红外探测器可用来进行反舰导弹预警，侦察和追踪敌方运输车辆、装甲车辆、战机等。

（3）按结构分类

按照红外探测器结构分类，可以将其分为单元探测器、线列探测器和焦平面探测器。

单元探测器主要包括硫化铅、锑化铟（InSb）、锗掺汞（Ge：Hg）红外探测器，受背景和气象条件影响较大，抗干扰能力特别是抗云层反射阳光的干扰能力弱，使其受到很大局限。

线列探测器于 20 世纪七八十年代逐步发展成熟，主要是基于线列碲镉汞（HgCdTe）的探测器阵列，包含 60、120 或 180 个探测元，采用串行扫描方式，但具有量子效率低、动态范围和灵敏度有限的缺点。

焦平面探测器主要分为扫描焦平面阵列和凝视焦平面阵列。扫描焦平面阵列于 20 世纪 80 年代末至 90 年代初开发出来，不仅增加了线列的单元数量，而且增加了线列行数，形成串并扫描；同时，采用多级时间延迟积分（Time Delay Integration，TDI）技术，把串联扫描同一行单元的光电信号依次延迟并相加。它们主要基于 480 元长的阵列，与第一代探测器相比，其在分辨率、灵敏度、动态范围和均匀性等方面都有极大的提高。目前，美国、法国、德国、英国等国家已经研制出 48×4、288×4、480×4 和 960×4 元光伏碲镉汞扫描焦平面阵列。扫描焦平面阵列已经应用于红外成像导弹导引头。凝视焦平面阵列表现为大面阵，主要采用如下材料：锑化铟、碲镉汞、非本征硅和铂硅化物。由于凝视焦平面阵列量子效率高，因此提高了灵敏度。把红外探测器有效、高密度地封装在焦平面上，可提高系统的空间分辨率，是当前红外制导武器、红外告警系统、红外吊舱、红外遥感的主要探测组件和设备。

（4）按工作温度分类

按红外探测器工作温度分类，可以将其分为制冷型探测器和非制冷型探测器。一般的光子型探测器都需要工作在低温场合，因此都是制冷型。而热探测器对探测器工作温度的变化并不十分敏感，降低温度工作对热探测器探测率的提高不明显，因此其通常广泛应用于工作温度接近室温场合，被称为非制冷型探测器。

1.1.1.5　红外探测系统

红外探测系统作为红外成像探测技术的关键应用之一，在不同领域发挥着重要作用。红外探测系统的工作原理是将目标的红外辐射经大气传输衰减后投射到光学系统上，探测器将集聚的辐射能转换成电信号，经信号预处理系统将其放大、采集后输出。伺服控制分系统实现空间随动指示和瞄准线惯性稳定等功能，最后输出目标信息。红外探测系统主要有 4 个组成部分：红外光学系统、红外探测器、信号处理系统和输出显示系统，如图 1-9 所示。

图 1-9　红外探测系统的组成

红外探测系统的输入是红外辐射，其包含目标物体或场景所发出的红外辐射能量。红外辐射的能量分布和特征与目标物体或场景的热特性相关，可以提供关于目标的温度、形状、结构等信息。系统首先通过红外光学系统将红外辐射聚焦并转换为光信号，然后由红外探测器将光信号转换为电信号。电信号经过信号处理系统进行放大、滤波和解码等处理，转换为可用的数字信号。红外探测系统的输出是经过处理和解析的红外图像或数据。红外图像是将红外辐射能量转换为可视化的图像，可以通过显示和记录系统呈现出来。红外图像可以提供目标物体或场景的热分布、温度分布和形态特征等信息。红外数据则是对红外辐射进行数字化处理后得到的数值数据，可以包含红外辐射的强度、频谱、时序等信息。

1.1.2 红外成像探测技术发展现状

红外成像探测技术作为光电探测技术的重要分支，在近几十年来取得了长足的发展。红外成像探测技术在不断发展的过程中，涌现出了一些令人兴奋的发展方向，其中数字化、大面阵、多波段和智能化成为红外成像技术的关键发展方向。通过数字化技术的应用，红外图像的获取、处理和传输实现了更高效和便捷的方式；大面阵技术扩展了红外成像系统的监测范围，提高了目标探测和跟踪的能力；多波段技术则通过融合不同波段的信息，增强了目标识别和分类的能力；而智能化的发展使红外成像系统具备自动化、智能化的特性，提升了系统的实时监测和应用效能。下面将详细介绍这 4 个发展方向。

1.1.2.1 数字化

以往应用的红外成像探测器主要采用混合信号结构，即红外探测器的光电信号读出是在模拟域完成的，模拟信号传输到成像处理电路后再进行数字化及数字图像处理。模拟读出技术固有的缺陷制约了红外焦平面热像仪性能的提高，如微弱的模拟信号多路切换及传输带来串音、干扰及噪声的问题。同时，模拟信号传输的有限带宽限制了红外焦平面热像仪帧频及空间分辨率的提高。

数字化红外成像探测技术即从探测器起所有信号处理都是在数字域完成的，其核心是数字化红外焦平面探测技术。数字化红外焦平面探测采用数字读出、数字传输及数字图像处理技术，是目前红外焦平面热像仪的通用基础技术。数字化红外焦平面探测技术能够提升红外焦平面热像仪的系统集成度及抗电磁干扰性能，同时能提升红外热成像系统的多项技术指标。随着西方各国数字化红外焦平面探测技术的发展，国外已推出数字化红外焦平面热像仪实用化产品，显著提高了热像仪的整体性能。

传统的红外热成像探测系统框图如图 1-10 所示，从红外探测器到成像电路之间通过模拟信号传输，经预处理后由模拟-数字转换器（Analog - to - Digital Converter，ADC）转换成数字信号，再进行数字图像处理以供显示。红外探测器输出的微弱模拟信号传输存在精度、带宽、噪声、幅度匹配及阻抗匹配等问题，且易受到外界的干扰。

数字化红外热成像探测系统框图如图 1-11 所示。首先在成像处理电路上省去了复杂的模拟信号预处理电路，减小了电路板尺寸及功耗，易于系统的集成化设计。更重要的是从红外探测器到成像电路之间通过数字信号传输，不容易受到外界的干扰，同时不存在传输精度及噪声干扰的问题。

由于国外的红外焦平面探测器技术在 20 世纪 90 年代就已成熟，因此在 2000 年前后

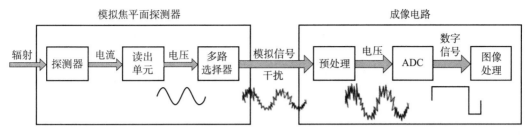

图 1-10　传统的红外热成像探测系统框图

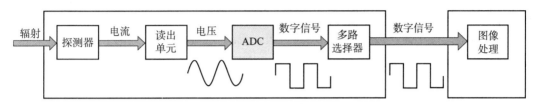

图 1-11　数字化红外热成像探测系统框图

国外针对红外焦平面探测器的数字化工作已经启动。在数字化焦平面探测器组件方面推出代表性产品的公司有以色列 SCD 公司、美国洛克希德-马丁公司等。以色列 SCD 公司于 2011 年推出数字化焦平面探测器组件的代表产品 Pelican-D，为 640×512 面阵 15 μm 间距的锑化铟探测器，与数字成像电路集成，构成数字红外成像组件。除 Pelican-D 外，SCD 公司还于 2013 年推出了 1 280×1 024 面阵的数字成像组件 Heculers，于 2013 年推出了 1 920×1 536 面阵的高清数字成像组件 BlackBird，形成了数字红外成像组件的系列产品，成为世界领先的数字红外成像组件供应商。美国洛克希德-马丁公司也推出了数字化焦平面探测器组件系列产品，产品涵盖 320×256 到 1 280×1 024 面阵，形成了系列产品。法国的 SOFRADIR 公司也有数字化焦平面探测器组件研发计划，但目前只有一款数字化中波 1 280×720 的焦平面探测器组件产品推出。国内于"十二五"初期开始红外焦平面数字化研究工作，各高校及研究所均有少量研究论文发表，但均属于部分技术的理论探讨和部件试制，未见数字化焦平面探测器组件的研究成果报道。

与传统的红外焦平面探测器相比，数字焦平面探测器（图 1-12）的优点有：1）集成度高，接口简单，精确性高，稳定性强，大大降低了成本；2）具有高抗干扰、高通道隔离、低读出噪声、高传输带宽。

图 1-12　数字焦平面探测器

数字焦平面探测器的缺点有：1）由于需要进行数字信号处理和数据传输，因此通常需要较高的功耗；2）数据处理较为复杂。

1.1.2.2　大面阵

当今，随着在军事领域对高性能、低成本红外技术需求的不断更新，作为红外技术核心部分的红外探测器已经全面进入了以大规模、高分辨率、多波段、高集成、轻型化和低成本等为特征的第三代红外焦平面技术时期。同时，随着空间红外遥感技术及应用需求的不断提高，采用大规模及超大规模红外探测器可以提高遥感器的空间分辨率，大规模及超大规模红外焦平面探测技术已经成为红外焦平面探测器发展的必然趋势。

大面阵红外焦平面阵列在遥感、侦察、天文观测方面具有广泛应用。我国的红外探测器研制水平还比较落后，西方主要发达国家一直投巨资研发红外探测器，故其发展快速，已经形成多种产品，且应用于卫星预警、卫星遥感、太空天文探测等领域，遥遥领先于我国。在美国、法国、英国和德国等发达国家，单色碲镉汞红外焦平面技术已经基本成熟，长波碲镉汞焦平面器件研制水平已达到 640×512 的规模，中、短波器件达到 $2\,048 \times 2\,048$ 的规模。国外进行卫星探测用的最先进的红外焦平面探测器已经达到 $1\,024 \times 1\,024$、$2\,048 \times 2\,048$、$4\,096 \times 4\,096$ 的规模。下面就各国大面阵红外焦平面阵列研制情况进行介绍。

（1）美国

美国在红外焦平面的研究中一直处于领先地位，其凭借雄厚的经济实力，投入巨资于不同的研究机构进行高端二代（长线列扫描型、大规模凝视型等）或三代（超大规模凝视、双色/多色、智能型等）探测器方面的研发，令其他国家望尘莫及。

罗克韦尔（Rockwell）研究中心研制的短波 H2RG 的 $2\,048 \times 2\,048$ 型碲镉汞焦平面阵列，像元尺寸为 $18\ \mu m \times 18\ \mu m$，其 COMS 多路传输器读出集成电路（Read Out Intergrated Circuit，ROIC）的刻度的每一、四象限曝光精度达 $0.05\ \mu m$，晶体管数达 $1\,300$ 万，预计未来像元尺寸还会进一步缩小。该焦平面阵列可以根据使用需要进行拼接。该中心研制出的截止波长为 $1.75\ \mu m$、$2.5\ \mu m$、$5.3\ \mu m$，中心间距为 $18\ \mu m$ 的 $4\,096 \times 4\,096$ 型短波红外焦平面探测器由 4 个 $2\,048 \times 2\,048$ 元探测器拼接而成，已成功应用于天文观测等领域。图 1-13 是美国罗克韦尔研究中心研制的 $2\,048 \times 2\,048$ 型碲镉汞红外焦平面探测器。

(a) H2RG　　　　　(b) 2×2 mosaic of H2RGs

图 1-13　$2\,048 \times 2\,048$ 型碲镉汞红外焦平面探测器

目前，美国罗克韦尔研究中心已经研制出 H4RG 的 4 096×4 096 型碲镉汞红外焦平面探测器，如图 1-14 所示。其像元有两种尺寸：10 μm×10 μm、15 μm×15 μm，将用于红外、可见光对地观测及天文观测，在快速运行模式下速度可达到 5 MHz。

(a) H4RG-10

(b) H4RG-15

图 1-14　4 096×4 096 型碲镉汞红外焦平面探测器

（2）法国

法国受国力限制，无法效仿美国的发展模式，而是集中全国一切可用人才和资源组建法国红外探测器 Sofradir 公司，专门研发碲镉汞红外焦平面，累计投资 3 亿美元。与西方其他国家相比，法国用于红外焦平面研制的投入最少，但效果最佳。法国面阵型碲镉汞红外焦平面探测器的研发工作始于 20 世纪 90 年代初，1/4 电视制式的中波 320×256 元始于 20 世纪 90 年代中期；具有全电视制式，20 μm 中心间距的中波 640×512 元大面阵器件于 2002 年开始交付使用；中心间距为 30 μm 的短波 1 000×256 元红外焦平面探测器已成功应用于空间探测领域。目前，中心间距 15 μm 的中波 1 280×1 024 元凝视型红外焦平面探测器已经提供货架产品，这是当今最小中心间距的中波碲镉汞红外焦平面探测器，支持 SXGA 制式高分辨率高性能应用。DAPHNIS-HDMW 是法国 Sofradir 公司一款预研 1 280×720 元面阵碲镉汞红外探测器，还未形成货架产品。它支持 16：9 的高清制式，可以应用于航空航天、海军及陆地的各种探测领域。该产品对法国 Sofradir 公司来讲是一次技术上的创新，其像元尺寸比以往产品都小，仅有 10 μm×10 μm，工作谱段为 3.4～4.9 μm，工作温度为 110 K。该探测器组件将非均匀校正与盲源替换功能增加到电路中，方便用户对数据进行处理。图 1-15 是法国 Sofradir 公司研制的碲镉汞红外探测器产品，其相应的探测器芯片参数如表 1-3 所示。

图 1-15 法国 Sofradir 公司研制的碲镉汞红外探测器产品

表 1-3 法国 Sofradir 公司研制的碲镉汞红外探测器芯片参数

指标名称	芯片名称	
	DAPHNIS-HDMW	JUPITER-MW
探测器光敏元	1 280×720	1 280×720
像元尺寸/($\mu m \times \mu m$)	10×10	15×15
响应谱段/μm	3.4~4.9	3.7~4.8
信号输出抽头	4	4 或 8
盲源率/%	<0.3	<0.5
像元读出速率/MHz	8	20
帧频/Hz	100	120(1 280×1 024,8 抽头,20 MHz)
NETD	20 mK(293 K,50% well fill,100 Hz)	<18 mK

（3）英国

英国 Selex 公司已研制出了中波 1 024×768 元碲镉汞焦平面阵列组件（图 1-16），现已形成货架产品。其主要性能为光敏元中心间距 16 μm×16 μm，噪声等效温差 17 mK，工作波段 3~5 μm，盲元率<0.02%。

图 1-16 英国 Selex 公司研制的 1 024×768 元碲镉汞焦平面阵列组件

英国 Selex 公司还研制出了 EAGLE 型长波 640×512 元碲镉汞焦平面阵列组件,现已形成货架产品。其主要性能为光敏元中心间距 24 μm×24 μm,噪声等效温差 24 mK,工作波段 8～10 μm,盲元率<1%,响应率非均匀性<10%,组件工作温度为−45～+70 ℃,适配斯特林制冷机。以上探测器芯片参数如表 1−4 所示。

表 1−4　英国 Selex 公司碲镉汞探测器芯片参数

	指标	相应型号	
		MERLIN MWIR	EAGLE LWIR
探测器相关参数	探测器光敏元	1 024×768	640×512
	像元尺寸/(μm×μm)	16×16	24×24
	响应频谱/μm	3～5	8～10
	信号输出抽头	8	4
	像元读出速率/MHz	10	10
	NETD/mK	17	24

（4）德国

德国 AIM 公司在部分引进法国技术的基础上,也大力发展大规模凝视型碲镉汞红外探测器。其目前研发的中波 1 296×736 规模的大面阵中波红外焦平面探测器组件已达到较高水平,并开始进行军事装备应用;生产的中长波 HiPIR−640−MCT 640×512 元碲镉汞焦平面阵列组件［图 1−17（a）］主要性能为光敏元中心间距 15 μm×15 μm,工作波段 3.4～5.2 μm、7.6～9.0 μm,中波噪声等效温差 17mK,长波噪声等效温差 30 mK,动态范围不小于 800 dB,有效像元率>99.8%。另外,短波 ActlR−1024−MCT 1 024×256 元碲镉汞焦平面阵列组件［图 1−17（b）］主要性能为光敏元中心间距 24 μm×32 μm,工作波段 0.9～2.5 μm,工作温度 150 K,低增益档 1.2 Me⁻,高增益档 0.3 Me⁻。

(a) 640×512元碲镉汞焦平面阵列组件

(b) 1 024×256元碲镉汞焦平面阵列组件

图 1−17　德国 AIM 公司研制的 640×512 元碲镉汞焦平面阵列组件及 1 024×256 元碲镉汞焦平面阵列组件

（5）国内大面阵红外焦平面阵列研制状况

我国碲镉汞红外焦平面的研制起步较晚，目前还处于相当落后的状态，远远不能满足国民经济日益发展的需要。由于红外领域的敏感性，国外对我国技术上进行封锁，国内相关单位从国外进口 640×512、1 025×1 024 等规格的高性能制冷型凝视红外焦平面探测器组件几乎不可能。因此，对红外焦平面技术进行自主研发，使大面阵红外焦平面组件应用于军事、民用领域，是我国目前亟待解决的问题。近几年来，由于国家对科研的大力支持，红外焦平面技术取得了相当大的进展，目前已经开展大面阵红外探测器的研制工作。国家在红外焦平面探测器组件的研制中特别安排了相应的研制条件保障建设项目，保障二代红外焦平面组件研制所需要的工艺和条件，进而保障探测器器件工艺的大面积、高均匀性、高可靠性的需求。目前，国内中波 320×256 碲镉汞红外焦平面器件技术水平已经相当成熟，响应谱段为 $3.4\sim4.9\ \mu m$，焦平面工作温度 80 K，已经在某试验卫星上搭载，采集图像数据良好。国内一些科研机构已经研制出 1 024×1 024 碲镉汞红外焦平面探测器组件，并通过了相应的环境适应性试验，已经完成工程样机的研制，有望应用于军事侦察等项目中。但我国在 2 048×2 048 及更大面阵碲镉汞红外探测器组件研制方面尚属空白。

国内探测器研制水平同国外发达国家相比还有很大的差距。目前，我国航天领域急需大规模红外探测器组件，以提高星载红外探测水平。因此，必须加紧研制红外探测器，使超大面阵凝视碲镉汞红外焦平面组件应用于卫星系统，让我国的空间技术早日达到世界先进技术水平。红外焦平面技术的发展将打破国外发达国家在核心元器件上的技术封锁，夯实卫星应用产业发展基础，提升自主卫星研发创新能力，实现我国卫星应用产业自主化、规模化和商业化。

大面阵红外探测技术有以下优点：1）可以提供高分辨率的红外图像，在目标识别和目标追踪方面具有较高的准确性和可靠性；2）可以提供广阔的视场范围；3）具有较高的灵敏度，能够探测到微弱的红外辐射信号；4）具有多个波段的红外探测能力；5）可以实现实时或准实时成像，能够快速捕捉并显示目标的红外辐射特性。

1.1.2.3　多波段

多波段探测或多光谱成像具体指使用多个不同红外波段的光谱信息进行目标探测和成像，属于机载敏感应用中目标进行探测与识别的有效路径。如图 1-18 所示为多波段红外探测器。现阶段，多波段探测器的实际应用领域广泛，但始终以探测器和光学单元耦合为主要方式，而这种较为直接的技术路径很容易引发现实问题，受波段细分的影响，目标截获的距离也很近。

为了解决多波段成像受波段细分影响而出现目标截获距离较近的问题，美国致力于对全新自适应光谱成像器的研发，以期对常规性的多光谱与超光谱成像缺点加以克服。

其中，自适应多光谱红外成像是对常规红外焦平面阵列以及光学系统的综合应用，是对智能化规模较大的集成探测芯片加以利用，保证可以同时探测诸多波段光谱，达到自适应波段选择的要求，确保局部背景与目标的对比度达到最大状态，具备更为理想的空间分辨率与目标识别力，可加快工作速度，节省成本支出。

现阶段，我国已经成功研制了新型自适应光谱成像器，能够实时调整光谱通道数量，并且跟随威胁场景匹配相对应的识别功能，这一全新的自适应光谱成像器也为焦平面阵列发展提供了必要的保障。除此之外，以微机电系统（Micro - Electro - Mechanical System，MEMS）为基础的可调谐红外探测器随之发展，而且致力于对自适应焦平面阵列的全面推进，对多光谱可调谐红外探测器结构进行了有效的验证。自适应焦平面陈列的目标在于充分发挥红外成像系统的性能，以实现在侦察、精准瞄准和战场监视方面的精确应用。

图 1 - 18　多波段红外探测器

多波段探测有如下优点：1）可同时获得多个波段的红外图像，通过图像融合算法将不同波段的信息融合在一起，可以提供更全面的目标信息；2）在远程探测和成像方面具有优势；3）天气和气候对不同波段的红外辐射影响不同，多波段红外探测技术可以利用不同波段的优势，实现不同天候情况下的探测和成像。

1.1.2.4　智能化

近年来，随着以机器学习为基础的图像识别、目标跟踪等人工智能技术以及光电子技术、计算机技术和网络信息技术的深入发展，红外导引头在成像制导方面得到很大的提升。目前，红外自动目标识别已经成功应用于空地导弹和巡航导弹。自动目标识别（Automatic Target Recognition，ATR）技术指精确制导武器对目标的自动检测、识别与精确跟踪，实现导弹武器发射后即可自动完成寻的任务，也是精确制导武器所面临的巨大瓶颈技术之一。其发展历程始终伴随着目标识别与跟踪算法的不断进步与提高，主要经过了从统计模式识别到基于视觉的知识模式，以提高自动目标识别系统的自适应能力和学习能力的发展历程。基于此背景，包含人工神经网络、支持向量机及深度学习算法的自动目标识别技术始终朝着智能化方向发展。但由于自动目标识别系统所面临的情境信息（上下文信息）、辅助情境信息（地图数据、季节/气候情报信息等）、语义信息等始终在变化，因此战场环境的复杂化和目标特性的不确定性等问题成为阻碍自动目标识别系统与技术发展的巨大挑战。受红外导引头系统中红外成像传感器和信息处理机等硬件条件的约束，自动目标识别相关算法的开发以及系统测试在 20 世纪 80 年代陷入迟滞，但人工神经网络的再次兴起，为自动目标识别算法提供了直觉学习能力。自动目标识别技术要求系统能充分地描述目标和背景之间的微小差异，需要对目标特性以及环境变化具备强鲁棒的识别方法，而人工神经网络在组合计算方面所具备的巨大优势，可以有效实现对数据计算视觉和多传感器融合方法的快速优化。然而，由于自动目标识别技术的复杂性，现阶段将人工神经网络用于自动目标识别领域的主要问题还在于有限样本情况下并不能对目标的所有状态和各种背景条件下的目标识别给出人们所期望的性能，因此大量的数据采集和大数据分析也将成为该领域不容忽视的主要技术手段。国外提出了采用视网膜中央凹视觉机制的非均匀采样智能焦平面阵列，同时实现大视场、高空间分辨率和高帧频的设想。例如，美国战略防御局资助的中央凹导引头多目标跟踪研究及美国空军航空系统部资助的中央凹自动目标识别技术研究已取得了一定的进展。

未来的红外成像探测技术将突破现有思路的束缚，由目前集中式的信息获取、基于设备的探测模式、单频段单偏振方向的系统构成、基于统计的检测方法，向分布式信息获取、基于体系的探测模式、多频段多偏振方向的系统构成、自适应及智能化的工作模式、环境知识辅助的检测方法等方向拓展。同时，利用天基和临近空间等平台的红外成像探测技术将得到更加广泛的重视。这些努力将最终演化出实现更高性能红外信息获取的全新一代红外成像探测体制、装备、系统和体系。

未来新型红外成像探测装备的主要特征将可能是：三维多视角布局（如立体网格探测、多站分布式/网络化红外成像探测）、多探测器复杂构型和高维信号空间处理〔如跟踪后检测（Track Before Detect，TBD）；距离-方位-多普勒-时间、方位-俯仰-光谱-偏振向等多维跟踪检测；全谱段、全偏振向、多信息源等构成的多维信号空间〕。

1.1.3　红外成像探测技术应用概况

红外成像探测技术作为一项先进的非接触式探测技术，具有广泛的应用前景和潜力，在多个领域中发挥着重要作用。基于红外成像探测技术的广泛应用，下面将按照应用领域、承载平台和工作波段 3 个方向介绍其应用概况，以便读者能够更全面地了解这一领域的发展和应用情况。

1.1.3.1　按应用领域

红外成像探测技术是伴随军用需要而迅速发展起来的一门新兴技术。在光电子技术中，红外成像探测技术是一种无源探测技术，其不需要光源照射目标，靠目标自身发射的红外辐射来探测目标，在军用中特别受重视。所有物体自身都能辐射红外线，红外装备就是靠接收目标自身辐射的红外线而工作的。与雷达相比，红外装备具有结构简单、体积小、质量轻、分辨率高、隐蔽性好、抗干扰能力强等优点；与可见光相比，具有透雾能力强、可昼夜工作等特点。典型的红外应用包括红外夜视、前视红外、侦察、告警、火控、跟踪、定位、精确制导和光电对抗等，它们在取得战场主动权和进行夜战方面发挥了突出作用。红外成像探测技术在军事应用中主要有红外侦察、红外夜视、红外制导等。

（1）红外侦察

红外侦察包括空间侦察、空中侦察和地面侦察 3 种。

1）空间侦察：照相侦察卫星携带红外成像设备可得到更多的地面目标情报信息，并能识别伪装目标和在夜间的军事行动并进行监视；导弹预警卫星利用红外探测器可探测到导弹发射时发动机尾焰的红外辐射并发出警报，为拦截来袭导弹提供一定的预警时间。

2）空中侦察：利用有人或无人驾驶的侦察机（含直升机）携带红外相机、红外扫描装置等设备对敌方军队的活动、阵地、地形等情况进行侦察和监视。

3）地面侦察：将无源被动式红外探测器隐蔽地布置在被监视区域或道路附近，用于发现经过被监视地区附近的目标，并能测定其方位。

（2）红外夜视

红外夜视是一种利用红外辐射进行观测和探测的技术，主要用于在低光或无光环境下实现目标的观察和识别。红外夜视的应用主要有以下 3 个方面。

1）用于各种作战武器：武装直升机的夜间导航瞄准、目标搜索和跟踪；为制导武器及非制导武器提供精确的制导和瞄准，以提高命中精度。

2）用于舰载观察和火控系统：红外夜视仪器分辨率高，具有探测掠海飞行目标的优势。

3）用于陆上侦察、瞄准、火控和车辆驾驶：红外热像仪可用于夜间的战场侦察和观测；配有红外瞄准具的反坦克导弹和火炮能在夜间对敌方目标进行精确定位、跟踪和射击；在火控系统中配有红外跟踪、电视摄像和高炮防空系统，不怕电子干扰，能有效地应对遥控飞行器和巡航导弹的威胁等。

（3）红外制导

红外制导利用目标本身的红外辐射来引导导弹接近目标以提高命中率。红外制导是空空、空地、地空、反坦克导弹等采用的普通工作方式，分为以下两种。

1）红外点源制导：把敌方目标视为一个点源红外辐射体，红外接收设备接收敌方目标红外辐射，经聚集和光电转换，解析出制导导弹飞行的控制信号，制导导弹飞向目标。

2）红外成像制导：红外成像接收设备接收由于目标体表面温度分布及辐射系统的差异而形成的目标体"热图"。

红外成像探测技术在未来军事技术中的应用会更加广泛和重要，其战略地位表现在以下 3 个方面：1）红外成像探测技术是维护国家安全的主要技术手段，弹道导弹和远程巡航导弹的早期预警、跟踪、识别和拦截对国家战略目标安全至关重要；2）红外探测器是侦察卫星、资源遥感卫星、气象卫星必备的传感器，对国家的安全和经济利益有着重大影响；3）红外成像探测技术是未来高科技局部战争的主要技术之一，未来高科技局部战争必然是在高强度电子对抗条件下进行的，夜间或恶劣气候下的战斗可能性较大，此时红外系统被动工作的优越性将会更加充分地显示出来，在获得战场信息方面占优势，对夺取战斗的胜利和损失减少具有决定性的作用。

1.1.3.2 按承载平台

（1）机载红外成像探测系统

按作战使用功能分类，机载红外成像探测系统主要分为红外搜索跟踪系统（Infrared Search and Track，IRST）和前视红外系统（Forward-Looking Infrared，FLIR）。其中，IRST 系统主要用于对空中弱小目标的探测，并兼顾对地面大目标探测；FLIR 系统则主要用于在夜间或者恶劣天气条件下对地面目标的搜索发现和识别。机载 IRST 系统与 FLIR 系统相互配合，分工合作，可实现对空中目标进行探测粗定位和近距识别及确认等功能，是现代战机的必备装备。

由于目标特性和空中大气环境的特点，同舰载和地基的 IRST 系统相比，机载红外成像探测系统具有如下特点：1）可采用中红外，甚至近红外的工作波段；2）扫描帧速和数据率高，一般要求与民用电视速率兼容，实时显示；3）作用距离远，高达几十千米。

（2）舰载红外成像探测系统

为避开空中、海面及岸基武器的打击，作战舰艇一般在夜间或不良气象条件下作战。借助舰载红外成像探测系统，其可不受夜间或不良气象条件的限制，从而进行有效的作战。与雷达探测系统相比，舰载红外成像探测系统虽然探测距离短且不能测距，但其主要优点在于：1）符合现代隐身舰艇自身高度隐蔽性的需求，不发射用于探测的能量，隐蔽性强；2）采用被动式探测，不辐射电磁波，故抗电磁干扰能力强；3）成像质量较雷达高，目标分辨率高，目标识别性能强。目前舰载红外成像探测系统已成为研制未来作战舰艇及改装现役作战舰艇舰载电子设备的重要项目之一。

舰载红外成像探测系统主要具有如下 3 种功能。

1）舰艇导航功能。舰载红外成像探测系统的前视红外传感器可在昼夜及不良气象条件下显示出作战舰艇航路前方的地形地物图，并将其叠加在舰艇驾驶员前方的显示器上，提供航路的地形地物信息，为作战舰艇导航。舰载红外成像探测系统与无线电高度表、地形跟随雷达、惯性导航系统、数字地图显示器及全球定位系统等配合，可更好地进行夜间导航。

2）目标搜索及目标识别功能。前视红外传感器对航向前方及两侧进行搜索，并将信息及时输入自动目标识别系统，作为雷达与目视之间的一种补充，可昼夜不停地使用。舰载红外成像探测系统可远距离对空进行红外点源搜索探测，近距离进行成像识别与跟踪。性能先进的舰载红外成像探测系统具有面对空红外搜索与跟踪功能，可有效地攻击空中、海面或岸基目标。

3）目标跟踪与瞄准功能。武器瞄准系统的红外传感器一旦捕获到目标，系统便进入自动跟踪状态，并向激光指示器测距系统发出指令，进行激光瞄准，以便发射激光制导武器。此种前视红外/激光瞄准系统通常由三轴平台稳定的舰载红外成像探测系统用宽视场搜索和识别后，改用窄视场精确地跟踪目标，再由与其同光轴的激光器照射并测距，最后由载舰或友舰实施攻击。

（3）车载红外成像探测系统

车载红外成像探测系统是从坦克夜视仪发展而来的。20 世纪 50 年代，为了提高坦克的夜间机动能力，把具有夜间视觉能力的设备仪器安装在坦克上，可以使坦克在夜间行动自如。车载红外成像探测系统基于红外热成像技术将视场内的热像内容转换为二维图像，并通过显示器显示，可有效地消除对面会车时的强光刺激，以及侧面炫光对视线的干扰，不会对视野产生任何影响。其可以使驾驶员在黑夜或是恶劣天气条件下也能够清楚地观察到道路上的车辆行人以及障碍物等，大大提高安全性。车载红外成像探测系统集成了红外光电成像技术、图像处理技术和智能报警技术，具有以下特点。

1）凸显不发光散热体。车载红外成像探测系统能够在全天候条件下为驾驶员自动识别并凸显步行人、汽车人、车辆、动物等不发光的散热体。通过显示前灯光束范围以外的道路情况，帮助驾驶员更好地了解整体行驶情况，有效地改善光线不足时的视觉效果。

2）探测距离远。车载红外成像探测系统的作用距离较之近光灯和远光灯均有明显的优势

3）防眩目。车载红外成像探测系统通过采集外部红外辐射能量而形成相应影像，有效地降低驾驶员因眩目带来的行车安全隐患。

4）全天候使用。车载红外成像探测系统适应各种恶劣天气（雨、雾、霾、沙尘等），并且不受光线影响，适用于在各种时段、各种天气环境下使用。

（4）弹载红外成像探测系统

随着材料、微电子、微系统集成以及信号处理等技术的快速发展，红外成像探测器在军事领域得到迅速推广，已广泛应用于红外侦察、红外导航、目标指示以及红外制导方面。特别是在各类末制导常规导弹上，红外成像技术运用尤为突出。红外成像制导导弹利用探测目标与背景的微小温差形成目标的热像，可得到更多的目标信息，具有更强的抗干扰能力，成为空空武器中的首选装备。红外成像制导导弹的对抗也成为机载平台自卫对抗的一个重要方面。

红外成像制导系统通常由红外成像系统、图像处理系统和随动系统三大部分组成。目标的红外辐射经红外成像系统处理后，输出相应的视频信号，经图像处理器测定目标在视场中的位置，计算出与视场中心的偏差量，再将误差信号转换成电压信号，控制随动系统和俯仰电动机，使红外成像系统的视场中心对准目标；与此同时，装在随动系统轴上的角度传感器输出角度信号，与误差信号一起输给自动驾驶仪，控制导弹飞行。

弹载红外成像探测系统具有以下几个优点。

1）空间分辨率和灵敏度高。

2）目标跟踪方式灵活，成像导引头使用了实时图像处理技术，可灵活选择跟踪点，实现精确制导。

3）高帧频工作焦平面探测器的工作帧频可达 200～300 Hz，有的甚至达 1 000 Hz，大大缩短了导引头的检测识别时间，提高了制导反应能力。

4）抗干扰能力强，使用相应的检测算法对抗诱饵弹，能在各种复杂的人为和自然背景干扰条件下实现对目标的自动识别。

1.1.3.3　按工作波段

早期的红外成像探测系统工作在 3～5 μm，主要用于探测飞机发动机的热辐射。为了提高对飞机的迎头探测距离，目前的红外成像探测系统大都选择工作在 8～12 μm 的长波器件。由于目标的伪装、环境干扰、辐射波段的移动等，单一波段红外探测系统的探测能力和准确度下降。采取 3～5 μm 和 8～12 μm 双波段探测器件将提高系统对假目标的鉴别能力，降低阈值电平，提高系统探测能力。随着多元双色探测器件技术的成熟，新一代红

外成像探测必将采用双色探测器件。

德国的 IRIS-T 空空导弹采用 128×4 元线列扫描中波红外成像制导技术，导引头具有较好的响应均匀性，抗人工和自然干扰性能好；德国的 LFKNG 车载防空导弹采用红外凝视成像制导技术，防御目标除了固定翼和旋翼飞机外，还包括无人机等目标；英国的 ASRAAM 导弹采用 128×128 元中波凝视焦平面红外成像制导技术，导引头具有多目标跟踪和全向跟踪能力，具备抗红外诱饵干扰能力；美国的 AIM-9X 空空导弹采用 128×128 元中波凝视焦平面红外成像制导技术，导引头的目标截获距离在背景条件良好情况下为 13~16 km，具有大范围红外寻的与发射后截获能力。相关导弹的导引头如图 1-19 所示。

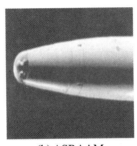

(a) IRIS-T　　　　　　(b) ASRAAM　　　　　　(c) AIM-9X

图 1-19　典型单波段导引头

以色列的"Python-5"空空导弹采用中/短双波段红外成像制导技术，利用目标、背景、干扰的双波段成像特性差异实现目标识别，具备下视、复杂云层背景下拦截目标能力，大幅提升了抗干扰性能；土耳其的游隼（Gokdogan）空空导弹同样采用高分辨率双波段红外成像制导技术，提升了系统的抗干扰能力；美国的 SM-3 导弹担负海基中段反导拦截任务，其改进型号 Block1B 和 Block2 为提高抗诱饵干扰能力，采用大面阵 512×512 元长波双波段红外成像制导技术，在拦截末段，利用红外双波段信息进行目标鉴别、捕获，实现对来袭弹道导弹的精确制导和碰撞杀伤。相关导弹的导引头如图 1-20 所示。

(a) Python-5　　　　　　(b) 游隼　　　　　　(c) SM-3

图 1-20　典型双波段导引头

1.2　典型红外成像探测系统介绍

　　红外成像探测技术在现代军事和民用领域中扮演着重要角色。红外成像导引系统、红外搜索与跟踪系统、红外告警系统,以及涉及的红外小目标探测等已经成为红外成像探测技术应用领域的研究热点。这些系统和技术在对红外目标的探测、跟踪、告警和导引过程中发挥着关键作用。同时,为了评估和比较这些系统的性能,研究人员提出了一系列红外小目标探测性能指标。本节将介绍和探讨红外成像导引系统、红外搜索与跟踪系统、红外告警系统以及红外小目标探测性能指标的关键概念和特点。

1.2.1　红外成像导引系统

1.2.1.1　空空导弹红外导引头发展历程

　　红外制导是利用红外探测器捕获和跟踪目标自身辐射的能量来实现寻的制导的技术。红外制导技术是精确制导武器一个十分重要的技术手段,分为红外成像制导技术和红外点源(非成像)制导技术两大类,如图 1-21 所示。在各种精确制导体系中,红外制导因其制导精度高、抗干扰能力强、隐蔽性好、效费比高等优点,在现代武器装备发展中占据着重要地位。红外制导技术最先应用在空空导弹上,且至今仍是其典型应用。红外空空导弹的全称为红外制导空空导弹,随着红外探测器技术的发展,截至目前已经发展到了第四代红外空空导弹,如图 1-22 和表 1-5 所示。在红外制导空空导弹的前段,有一个对于导弹很关键的部分——红外成像导引系统,也称为红外导引头。下面通过空空导弹的发展,总结出红外导引头的发展历程。

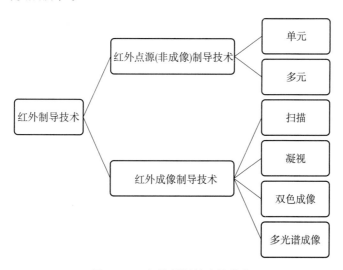

图 1-21　红外制导技术的分类

第一代红外空空导弹(依次为中国PL-2、苏联K-13、美国AIM-9B)　第二代红外空空导弹(依次为中国PL-5、苏联R-60、法国R-530)　第三代红外空空导弹(依次为俄罗斯R-73、美国AIM-9L)　第四代红外空空导弹(依次为美国AIM-9X、以色列Python-5、德国IRIS-T)

图 1-22　历代典型红外空空导弹

表 1-5　红外空空导弹发展史

红外导引头	代表型号	国家	抗干扰能力
第一代点源式	AIM-9B	美国	差
	K-13	苏联	差
	PL-2	中国	差
第二代点源式	AIM-9D	美国	较差
	R-60	苏联	较差
	R-530	法国	较差
第三代点源式/准成像式	AIM-9L	美国	一般
	Python-3	以色列	一般
	AIM-9M	美国	一定的抗干扰能力
	R-73	俄罗斯	一定的抗干扰能力
第四代成像式	AIM-9X	美国	较强
	Python-5	以色列	较强
	PL-10E	中国	较强

第一代红外空空导弹于 20 世纪 50 年代中期开始装备部队，采用鸭式气动布局，三通道控制。红外探测器采用非致冷单元探测器，可探测的红外波段范围较小，用超小型电子管放大器进行信号处理，导弹只能从目标尾后探测发动机喷口产生的热辐射，攻击范围仅有 2～3 km，抗干扰能力几乎为零，这一代空空导弹仅能起到辅助机炮的作用。其代表产品有美国的 AIM-9B、苏联的 K-13、中国的 PL-2 等。

第二代红外空空导弹于 20 世纪 60 年代开始装备部队，仍采用鸭式气动布局。红外探测器采用致冷型单元探测器，采用晶体管电路处理信号，提升了导弹的探测灵敏度，减小了导弹质量，飞行速度、可靠性和寿命大为提高。第二代红外空空导弹的抗干扰能力较第一代的有所提升，但依然不足，导弹发射后常常追着太阳而去。其代表产品有美国的 AIM‑9D、法国的 R‑530、苏联的 R‑60、中国的 PL‑5 等。

第三代红外空空导弹于 20 世纪 80 年代初开始装备，采用鸭式气动布局。其采用高灵敏度的致冷锑化铟探测器，探测灵敏度和跟踪能力较第二代红外空空导弹有较大提高，能够实现全向攻击。但本质上其与第二代红外空空导弹并无太大区别，典型产品有美国的 AIM‑9L、以色列的 Python‑3 等。直到 20 世纪 90 年代，第三代空空导弹改进版被开发出来（俗称三代半），它们采用扫描探测技术、红外多元探测技术或数字处理技术，实现了对目标的全向攻击，同时具有一定的抗干扰能力。其典型产品如美国的 AIM‑9M 和俄罗斯的 R‑73。

第四代红外空空导弹出现于 21 世纪，这类导弹采用了红外成像探测器，可以全方位探测，大幅度提高了探测能力，因而具有良好的抗干扰性能、较高的机动性和灵巧的发射方式。其典型产品有美国的 AIM‑9X、英国的 ASRAAM、德国的 IRIS‑T、以色列的 Python‑5、法国的 MICA 红外型、南非的 A‑Darter 等。

红外导引系统是红外空空导弹的核心，从红外空空导弹的发展过程可以看出，红外导引系统的设计技术发展至今经历了 3 个阶段，即单元探测导引阶段、多元探测导引阶段和成像探测导引阶段。

1）在单元探测导引阶段中，用一个单元探测器对红外目标进行探测、跟踪并实现导引。该阶段单元导引技术简单可靠，易于工程实现，但是探测性能低，获得的目标信息少，抗干扰能力差。

2）20 世纪 70 年代，军事技术强国都开始大力探索红外导引技术，产生了多元探测制导技术，由此进入了多元探测导引阶段。多元探测器采用脉冲信号处理方法，增加了对目标的探测距离，改善了对目标的识别能力，通过复杂的信号处理将目标与干扰分离开，较好地解决了抗干扰问题。

3）高科技成果在红外导引系统中的应用，又催生了图像导引系统，由此进入成像探测导引阶段。当今成像制导技术蓬勃发展，其前景包括扫描成像、凝视成像、双色成像和多光谱成像等。目前成像制导技术已经成为发展主流。

1.2.1.2　基本组成与工作原理

红外成像导引系统的设计技术经历了 3 个阶段的发展，为导引能力提供了强大的支撑。下面将详细介绍红外成像导引系统的基本组成部分以及相关原理和技术，包括红外探测系统、跟踪稳定系统、目标信号处理系统、导引信号形成系统等。

（1）红外成像导引系统的基本组成

红外成像导引系统通常设置在导弹的最前端，所以又称为红外导引头。按功能分解，红外成像导引系统通常由红外探测系统、跟踪稳定系统、目标信号处理系统及导引信号形成系统组成，如图 1‑23 所示。按结构和技术专业，红外探测系统与跟踪稳定系统构成导引头的目标位标器，目标信号处理系统与导引信号形成系统构成导引头的电子组件。

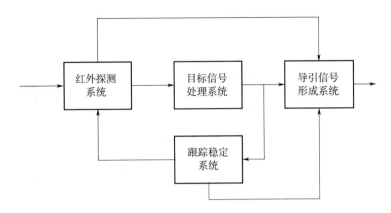

图 1-23 红外成像导引系统的基本构成

（2）红外探测系统

红外探测系统是用来探测目标、获得目标有关信息的系统。若将被检测对象与背景及大气传输作为系统组成的环节来考虑，则红外探测系统的基本构成框图如图 1-24 所示。空空导弹红外探测系统可分为点源探测（单元探测、多元探测）与成像探测两大类，点源探测系统主要用来测量目标辐射和目标偏离光轴的失调（误差）角信号，而成像探测系统还可获得目标辐射的分布特征。

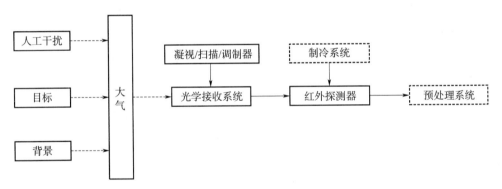

图 1-24 红外探测系统的基本构成框图

（3）跟踪稳定系统

跟踪稳定系统的主要功能是在红外探测系统和目标信号处理系统的参与和支持下，跟踪目标并实现红外探测系统光轴与弹体的运动隔离，即空间稳定。红外成像导引系统中使用的跟踪稳定系统概括地分为动力陀螺式和速率陀螺式两大类。跟踪稳定系统一般由台体、力矩器、测角器、动力陀螺或测量用陀螺以及放大、校正、驱动等处理电路组成，如图 1-25 所示。

（4）目标信号处理系统

目标信号处理系统的基本功能是处理来自红外探测器组件的目标信号，识别目标，提取目标误差信息，驱动稳定平台跟踪目标。红外成像导引系统的目标信号处理系统种类很

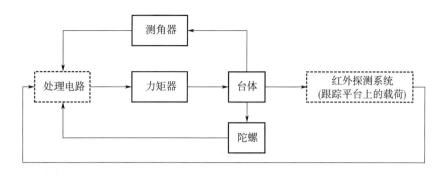

图 1 - 25　跟踪稳定系统的基本构成框图

多，有调幅信号、调频信号、脉位调制信号、图像信号处理等系统。它们的构成也不尽相同，概括起来主要由前置放大、信号预处理、自动增益控制、抗干扰、目标识别及误差提取、目标截获、跟踪功放等组成，如图 1 - 26 所示。

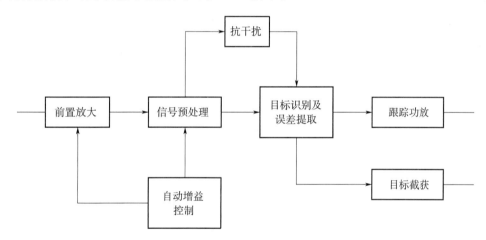

图 1 - 26　目标信号处理系统的基本构成框图

（5）导引信号形成系统

导引信号形成系统的基本功能是根据导引律从角跟踪回路中提取与目标视线角速度成正比的信号或其他信号并进行处理，形成制导系统所要求的导引信号。先进的红外空空导弹，其导引系统并非将视线角速度信号直接作为控制指令，而是要根据复杂的导引律要求进行必要的处理。导引信号形成系统一般由变增益、导引信号放大、时序控制、偏置以及离轴角补偿等功能电路组成。

1.2.2　红外搜索与跟踪系统

红外搜索与跟踪系统，简称红外搜索系统（Infrared Search System，IRSS），是一类基于红外辐射的被动式的探测系统，用于及时探测和捕获背景中的特定红外辐射目标，并向显示系统或武器控制系统发送目标的方位、威胁度等告警信息。

根据使用平台的不同，红外搜索系统分为机载型红外搜索系统、陆基型红外搜索系统、舰载型红外搜索系统等。机载型红外搜索系统通常作为飞机武器火控系统的一种重要传感器，主要完成对空目标的搜索和跟踪，其主要的要求是体积小、重量轻；陆基型红外搜索系统主要完成对地面和低空目标全方位的探测识别与告警，为地面防空系统或武器火控系统提供敌方来袭武器的方位等信息，通过组网可以实现对战区空域的严密防控；舰载型红外搜索系统则强调对各种反舰导弹的全方位搜索、跟踪和告警功能，与陆基型红外搜索系统功能相近。

现有的红外搜索系统多数为舰载系统，其次是机载系统、地面防空系统以及车载系统，工作波段多为 $3\sim 5\ \mu m$ 或者 $8\sim 12\ \mu m$。表1-6列举了几种比较典型的红外搜索系统型号及主要战术技术指标。

表1-6　典型红外搜索系统型号及主要战术技术指标

指标	国家及型号							
	美国/加拿大 AN/SAR-8	以色列 SPIRTAS	荷兰(双波段)IRSCAN	荷兰(单波段)IRSCAN	法国 VAMPIR-MB	法国 SPIRAL	法国 VAMPIRML	瑞典 IRS700
红外探测器	2个480×12元MCT	2×50元InSb	InSb2个MCT1个	1024元MCT	红外CCD288×4	128元(4×32元)	InSb或MCT	—
工作波长/μm	3~5或8~12	3~5	3~5或8~12	8~12	8~12	3~5	3~5或8~12	8~12
光学系统	254mm F=1	150mm垂直视场3.4°	垂直视场4.3mrad	—	垂直视场3.4°	200mm垂直视场3.4°	垂直视场6°	—
方位扫描速度/(rad/s)	0.5	0.8	3.0	1.3	1.5	1.0	2.0	—
扫描头质量/kg	612	120	350	75	150	180	180	
处理目标能力/个	200	—		32	—	—	>50	
虚警率/(次/min)	—	1/60		1/60		1/60		
反应时间/s							2	
目标指示精度	0.1°	几个毫弧度	≤1 mrad	1 mrad		1 mrad	1 mrad	

从20世纪60年代开始，法国、美国、瑞典等国家就陆续开始了红外搜索系统的研制工作，先后发展了第一代基于探测元、第二代基于线阵焦平面探测器的红外搜索系统，第三代基于面阵焦平面探测器的先进红外搜索系统正处于研发和测试阶段。早期的红外搜索系统只是一些具备简单目标指示或跟踪处理功能的前视红外摄像机，作用距离短，虚警率

高；之后随着探测器工艺水平、热成像技术和信息处理技术的迅速发展，红外搜索系统的功能不断增多，性能也不断提高。

美国的 F-14D 战斗机上装备了 AAS-42 红外搜索系统（图 1-27）。AAS-42 红外搜索系统工作在长波红外波段，晴朗时能在 185 km 距离处探测机身摩擦产生的红外信号。AAS-42 红外搜索系统可以从各个方向探测目标，而不必处在能看到加力燃烧室尾烟的位置。

图 1-27 AAS-42 红外搜索系统

瑞典的萨博动力公司研制的 IR-OTIS 红外搜索系统（图 1-28）安装在"萨博"JA-37 飞机上，其采用宽视场和窄视场两种工作方式。IR-OTIS 红外搜索系统能够提供昼夜被动态势感知，并向飞机的火控系统传送目标数据。

图 1-28 IR-OTIS 红外搜索系统

俄罗斯苏-27SK 装备的 OEPS-29 红外搜索系统（图 1-29）采用了 64 元线列锑化铟器件，其对高空目标的迎头探测距离约为 50 km，低空约为 15 km。目标图像可以在座舱内的 ILS-31 平显或者 SEI-31 垂直情况显示器中显示。OEPS-29 红外搜索系统将红外方位仪、激光测距仪、头盔瞄准器综合在一起形成一个完整系统，其中红外和激光共用一个光学通道，激光测距仪可以精确地照射目标，同时也减小了系统的体积和质量。

图 1-29　OEPS-29 红外搜索系统

红外搜索系统是红外技术应用的重要领域之一，不同国家在该领域都有着丰富的研究和应用经验。在前面的内容中介绍了美国、瑞典和俄罗斯 3 个国家的红外搜索系统。接下来，将深入介绍红外搜索系统的基本组成、工作原理和功能。

1.2.2.1　红外搜索系统的基本组成

红外搜索系统（图 1-30）通常由红外扫描头（红外传感器和扫描单元）、信号处理装置（包括潜目标提取单元、航迹处理单元）、测角系统、导航单元、随动伺服系统、稳定平台、电源单元和显控台等组成。下文主要介绍红外搜索系统的核心部分组成。

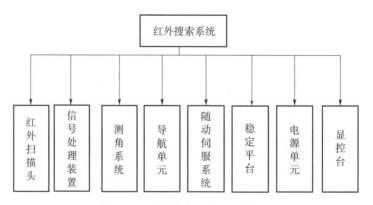

图 1-30　红外搜索系统的基本组成

（1）红外扫描头

红外扫描头安装在稳定平台上，一般装载在坦克、装甲车、舰艇及飞机的外部，以接收目标的红外辐射，在俯仰位伺服单元和方位伺服单元的驱动下，实现在不同俯仰角上的连续回转水平扫描。

（2）信号处理装置

信号处理装置通常包括实时处理装置和边扫描边跟踪装置两部分，必要时还需要空间相关、时间相关和光谱相关、图像处理、目标处理、数据融合、图像存储转换、决策支持及威胁判断报警等功能。在扫描期间实时处理全部像素，有利于获得高探测灵敏度的同时保持低虚警率。这种信号处理方法是把标准阈值与自适应阈值相结合，因而可得到恒虚警率。当实时进行光谱相关处理时，可在复杂背景条件下降低虚警率。边扫描边跟踪装置接收在扫描期间的目标数据，完成目标提取，产生跟踪目标，将数据传输到武器系统。边扫描边跟踪装置要完成目标图像提取所需要的每一个点源目标的自动扫描和跟踪，产生目标、保持跟踪并进行滤波，对跟踪目标进行识别和相关处理，同时考虑辐射强度的相关性，必要时利用光谱信息进行滤波处理。

（3）测角系统

测角系统为红外扫描头和稳定平台提供角位置反馈信息，为红外传感器提供时序。测角系统可分为扫描头测角单元和稳定平台测角单元。

（4）导航单元

导航单元将平台罗经的纵摇横摇三相交流轴角信息转换为数字量，并为稳定平台提供导航系统的数字信息，系统使用的导航单元应满足总体分配的指标要求。

（5）随动伺服系统

随动伺服系统可引导红外图像、电视跟踪处理器的运行，一旦对目标搜索成功，可给予智能化图像处理。在满足图像跟踪的条件下，利用图像跟踪处理器，可获得光轴角误差。当系统跟踪误差低于一定值且符合激光测距条件时，便能够发射激光进行测距。随动伺服系统获取瞄准线偏差量值后，需对其进行处理、解译，然后将其转变为模拟信号，提供至伺服转台电路，驱动伺服执行机构实施搜索、归零、跟踪等功能。随动伺服系统具备多种功能，如接收火控台指令信息，并且解算信息处理机所提供的数据，还需输出目标角位置误差，提供至伺服控制电路等。

（6）稳定平台

稳定平台一般由稳定内环和稳定外环组成，其中内环包括内环轴随动系统执行电动机、内环测角系统敏感元件和密封环节等部件，外环包括外环轴随动系统执行电动机、外环测角系统敏感元件和密封环节等部件。稳定平台的作用是敏感并消除隔离承载体的摇摆、晃动，使承载的红外扫描头稳定在地理水平面内。

1.2.2.2 红外搜索系统的工作原理

在红外搜索系统中，红外传感器具有重要的作用。红外搜索系统的一般工作原理是将来自目标和背景的红外辐射通过红外光学成像系统聚集于红外探测器，探测器（$1\sim3\ \mu m$、$3\sim5\ \mu m$ 等）将目标和背景的红外辐射转换成电信号。该信号输入预处理电路，经过放大后被提供到合适的程度，之后经 A/D 转换后按顺序暂存，然后在信号处理机中进行空间鉴别。通过最小均方滤波、滑动窗口、自适应阈值和检测电路，使目标的输出控制在一定范围之内，以满足必需的探测概率和低虚警率。在此基础上，再加上红外双波段光谱的相关处理，进一步滤除前面漏掉的虚假目标。

经过空间鉴别处理和光谱鉴别等方法筛选出的有限个含有潜在目标的像素单元被送到航迹（点迹）处理机中。航迹处理机利用时间相关技术跟踪确定潜在目标，并对真实的目标进行威胁判断，计算目标角位置，最后以给定的数据率向火控系统输出目标的批号、稳定角坐标。或者直接将最有威胁的目标的批号、稳定角坐标指示给武器系统的目标跟踪装置（如雷达指向器、雷达光电指向器和光电跟踪仪等），对目标进行拦截；同时，通过另一数据接口，将目标批号、稳定角坐标及威胁标志送到显控台显示，供指挥人员决策。

如图1-31所示，红外扫描头安装在稳定平台上，在方位伺服系统的驱动下，以某一固定的俯仰角进行方位无限回转，完成连续水平扫描。扫描头内装有红外传感器，红外传感器的红外物镜将景物成像在红外探测器上。扫描头回转一周，完成水平总视场360°的一帧扫描。探测器光电转换产生的信号经信号预处理后通过导电滑环传送给潜目标提取单元，存入帧存储器。

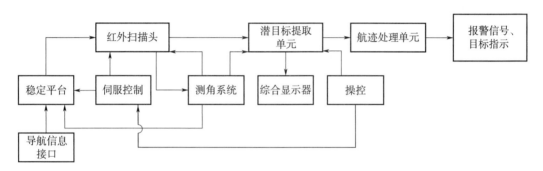

图1-31 红外搜索系统的工作原理框图

潜目标提取单元对采集的数字图像信号进行进一步处理，实现潜在目标的提取，并把提取后的目标特征参数——角坐标、灰度级等送往航迹处理单元。同时，把扫描所得的全部像素经处理后送往综合显示器，稳定显示出全景目标和局部放大图像。为便于操作手掌握必要的信息，综合显示器还以文字和数字形式显示出目标参数和工作参数。

航迹处理单元将潜目标提取单元送来的潜在目标数据进行航迹处理，滤除静止目标，形成动目标的轨迹数据，将威胁目标上报给作战系统。

1.2.2.3 红外搜索系统的功能

红外搜索系统应具有对给定目标（如各种空中、海上或地面红外目标）进行探测、警戒，并测定目标参数（如空间角位置、角速度等）的功能，具体如下。

1）探测给定目标（如空中或海上红外目标，尤其是迎头飞行的掠海导弹），实时提供目标的批号及方位角、高低角等目标指示数据，并可发送目标方位角速率、高低角速率、视频信号和系统状态信息。

2）全方位搜索、探测追踪多批次目标。

3）全方位目标显示、局部放大图像显示、目标参数与工作参数的文字与数字显示。

4）自检和故障诊断。

5）向载体上有关系统输送各种目标数据。

6）全景录像、输出给定目标的指示数据。

7）其他功能。

1. 2. 3　红外告警系统

机载红外告警系统主要应用于飞机、导弹等载具上，用于探测目标的红外辐射，以便及时发现目标并进行打击。机载红外告警系统主要由红外探测器、信号处理器、显示器等部分组成。在军事领域，机载红外告警系统可以用于战斗机、武装直升机、预警机等飞行器上，用于发现敌方飞机、导弹等目标，提高作战效率。此外，机载红外告警系统还可以用于民用领域，如火灾预警、地质勘探等方面。战机的红外告警系统到目前为止一共发展了三代。

第一代红外告警系统：美国在 20 世纪 50 年代中期到 60 年代进行了第一代导弹来袭红外告警系统（图 1 - 32）的研制，第一代红外告警系统受限于技术条件与材料，十分原始。其具体的工作原理类似于早期红外格斗弹的检测原理，使用旋转或扫描式的调制盘不断扫描空间角度，同时从外部来的红外光经过滤光片过滤后照射到光敏元件上，从光信号转为电信号，对电信号进行门限比对，如果电压超过门限，则输出指示灯亮，报警器响，同时输出调制盘的扫描角度指示方位。第一代红外告警系统使用很原始的滤光片过滤，减少太阳光、云层地面的红外杂波信号，同时设置死板的门限电平检测目标，受制于当时光敏元件技术，其灵敏度也不高，导致具有虚警率高、可靠性低、检测距离近、性能差等缺点。和早期格斗弹一样，其采用的是点源检测方式而非日后常见的线阵扫描或面阵成像，实战性能较差，并且检测覆盖的空域视场角度偏小，难以做到大范围预警。

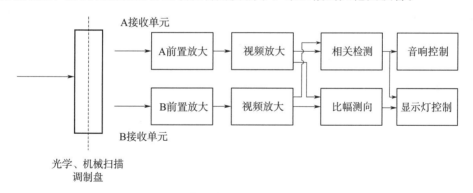

图 1 - 32　第一代红外告警系统构成框图

第二代红外告警系统：从 20 世纪 60 年代中期到 70 年代末，随着计算机技术、数字信号处理技术的发展进步，以及光敏传感器元件材料的进步，红外告警系统开始具备实战价值。第二代红外告警系统（图 1 - 33）的特点是采用计算机进行数字化信号处理，从之前的简单模拟式处理进化为数字信号分析，使用数字滤波算法代替之前的简单滤光片，对探测目标的具体方位、光谱、强度等信息进行解析，同时在战机报警声音、指示灯、战术显示器上进行指示，使得探测的可靠性、准确度都有了大幅度的提升。除了使用计算机进行数字化处理这一大特征之外，其还采用了线列阵扫描以及多光谱频段检测方式，使得红外告警系统对典型来袭导弹的探测距离达到几千米到几十千米不等，真正具备了实战价值。第二代红外告警系统由于使用了数字计算机，因此具备与对抗自卫系统联动的能力（如自动投放干扰弹等），也具备同时对多个探测目标进行跟踪报警检测的能力。

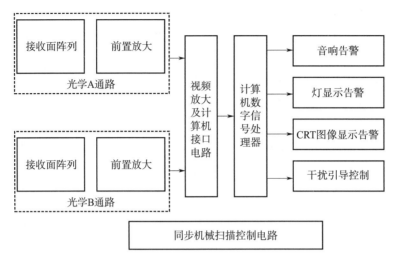

图 1 - 33　第二代红外告警系统构成框图

第三代红外告警系统：从 20 世纪 80 年代到现在是第三代红外告警系统（图 1 - 34）不断发展的阶段，其特点主要是采用大规模的面阵凝视模式代替了第二代的光机线阵扫描模式，这其实也和现代先进格斗弹的面阵成像是一个道理。配合计算机的先进空间光谱处理识别算法，红外告警系统的分辨率与可靠性、探测性能进一步提高。第三代红外告警系统还具备数据库比对识别能力，使用战机预先携带的红外特征数据库进行比对，从而识别出具体威胁的种类。第三代红外告警系统与战机的硬件综合程度也在不断提高。例如，F35 战机的光电分布式孔径系统（Electro - Optical Distributed Aperture System，EODAS）就具有全向红外告警系统功能。类似 F35 和 J20 战机上的 EODAS 已经不再单纯作为告警系统使用，而是综合了逼近告警、对地对空探测、穿透座舱视野等多种功能，第三代红外告警系统也更深度地融入了整个战机的体系当中。

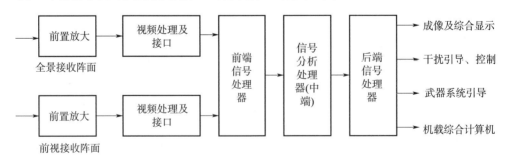

图 1 - 34　第三代红外告警系统构成框图

1.2.4　红外小目标探测性能指标

红外小目标探测性能指标是评估红外探测系统在探测、识别和跟踪小目标方面的能力的关键指标。在红外探测应用领域，准确评估和了解系统性能至关重要。

（1）目标探测距离

目标探测距离是红外搜索系统的一项重要指标。在系统对付威胁目标的过程中，当大于一定距离（如大于 4 km）时，目标在传感器成像面上往往只是一个点状或近似点状的像目标，因此红外搜索系统的目标探测距离实际上是点目标探测距离。其具体作用距离方程形式如下：

$$R = \left[\frac{\pi D_0 (\mathrm{NA}) D^* J_{\lambda_1 \sim \lambda_2} \tau_a \tau_0}{2(\omega \Delta f)^{1/2} (V_s / V_n)} \right]^{1/2} \tag{1-6}$$

式中，R 为系统的作用距离；$\lambda_1 \sim \lambda_2$ 为系统工作波段；$J_{\lambda_1 \sim \lambda_2}$ 为被测目标在系统工作波段 $\lambda_1 \sim \lambda_2$ 区间的辐射强度；τ_a 为大气在波长 $\lambda_1 \sim \lambda_2$ 范围内的平均透射比；D_0 为光学系统入瞳直径；τ_0 为光学系统的透射比；D^* 为探测器在工作波段上的平均探测度；Δf 为信号处理系统的等效噪声带宽；ω 为系统瞬时视场；NA 为光学系统的数值孔径；V_s / V_n 为系统输出的电压信杂比。

为了估算各个参数变化的影响，可将 $V_s / V_n = 1$ 时的距离定义为理想作用距离：

$$R = \left[\frac{\pi D_0 (\mathrm{NA}) D^* J_{\lambda_1 \sim \lambda_2} \tau_a \tau_0}{2(\omega \Delta f)^{1/2}} \right]^{1/2} \tag{1-7}$$

通常认为，由于入射到探测器上的功率与孔径面积成正比，因此信杂比必然与入射孔径的平方成正比。这种推论忽略了一个事实，即按比例放大某一光学设计时，一般必须保持数值孔径的值不变。因此，放大光学系统的直径，就需要按比例放大焦距。

（2）虚警时间

虚警时间指噪声电压超过门限阈值电平 V_b 时，出现一次虚警的平均时间间隔。

（3）虚警概率和探测概率

噪声电压超过门限阈值电平的概率称为虚警概率。在既有目标又有噪声的情况下，系统正确探测出目标的概率，即探测概率。虚警概率 P_{fa} 与探测概率 P_d 是红外搜索系统的重要技术指标。平均虚警间隔时间 t_{fa} 和虚警概率 P_{fa} 之间的关系如下：

$$P_{fa} = \frac{1}{\Delta f \cdot t_{fa}} \tag{1-8}$$

式中，Δf 为放大器频带宽。

设噪声与信号的输出电压的概率密度函数分别为 $P_1(U)$ 和 $P_0(U)$，则探测概率 P_d 与虚警概率 P_{fa} 相应为

$$P_d = \int_{V_b}^{\infty} P_1(U) \, \mathrm{d}U \tag{1-9}$$

$$P_{fa} = \int_{V_b}^{\infty} P_0(U) \, \mathrm{d}U \tag{1-10}$$

式中，V_b 为阈值电平。

1.3　红外小目标检测技术发展概况

在红外成像领域，小目标检测技术一直是备受关注和研究的热点之一。随着红外技术的不断发展和应用的广泛推广，对小目标的高效检测成为实际应用的迫切需求。本节将对红外小目标检测技术的发展概况进行综述和总结。首先描述小目标检测问题的特点和挑战，接着深入介绍小目标检测技术的分类、原理和方法，最后概括总结本书的主要内容。通过对红外小目标检测技术的全面讲解，希望读者能够获得深入了解和应用该领域技术的基础知识，为解决实际问题提供有力支持。

1.3.1　小目标检测问题描述

由于实际战场环境复杂多变，因此红外搜索与跟踪系统在对远距离目标进行探测过程中，小目标本身的红外特性导致其探测具有一定的难度；加之小目标所在背景的对比度很低，小目标极易被淹没在背景杂波中。这些复杂的自身因素和环境干扰因素使得红外成像导弹对弱小目标检测技术在实际应用中面临如下挑战。

（1）小目标红外特性弱

对于红外图像中的弱小目标，其核心特征主要有"弱"和"小"两方面。其中，"弱"指的是目标的强度小，信杂比低，容易被复杂的背景淹没；"小"指的是目标的成像面积小，在图像中占据的像素数少，检测时难以获得形状和纹理等细节信息，可利用的只有灰度和位置信息。根据国际光学工程学会（Society of Photo - Optical Instrumentation Engineers，SPIE）对红外弱小目标的定义，成像尺寸小于整个成像区域 0.12% 的目标可被称为弱小目标。成像尺寸为 256 像素×256 像素时，目标所占像素数不超过 81 个，其像素尺寸一般从 2 像素×2 像素到 9 像素×9 像素变化。

如图 1-35 所示，图中框出的即为红外图像中的弱小目标。红外小目标的成像特性使得红外热成像导引头采集的红外图像序列中目标区域成像面积小，在大背景下通常以点目标的形式出现，缺乏明显的结构和形状信息，没有足够的特征模型。同时，远距离探测传输与探测器分辨率的限制使得红外图像信杂比降低，噪声干扰强，目标与背景的对比度低。低信杂比弱小目标在灰度相似的背景中容易被淹没，当其运动到灰度较低的背景中时又重新出现。若与目标灰度相似的背景面积较大，将造成目标长时消失；反之，则导致目标短时消失。因此，低信杂比目标的长、短时消失造成大量漏检是急需解决的问题。

（2）暗目标检测问题

在红外小目标检测中，暗目标检测一直是一个重要的研究方向。暗目标的红外辐射信号通常比较弱，甚至低于背景噪声水平，使得其很难被有效地检测和识别。暗目标的尺寸小，占据的像素少，容易受到噪声和压缩的影响。暗目标的形状和姿态多样，可能存在遮挡和相互重叠的情况。暗目标的光照条件不均匀，可能存在强光、反光、阴影等干扰因

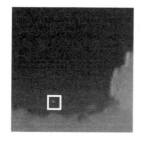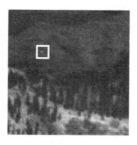

图 1 - 35　典型红外弱小目标图像

素。暗目标的分布不确定，可能出现在图像的任何位置，且数量不固定。如图 1 - 36 所示，图中框出的即为红外图像暗目标。

图 1 - 36　红外图像暗目标（见彩插）

（3）复杂背景目标干扰问题

在红外小目标检测中，复杂背景中的目标干扰是一个严重的问题。这些弱小目标通常尺寸小，对比度低，没有明显的形状和纹理特征，可利用的信息有限。因此，检测算法需要同时保证较高的检测率和较低的虚警率，需要有效抑制背景和增强目标。实际战场环境复杂多变，红外场景中的背景形式多样，弱小目标利用的信息也很有限。

复杂背景会导致目标、干扰和背景融合图像信杂比低，各类阈值分割方法的自适应处理能力较低，且背景的快速移入/移除会极大干扰目标检测。此外，背景动态变化也会导致目标短时消失，而低信杂比的红外图像还会使低信杂比目标在灰度相似的背景中容易被淹没，从而造成大量漏检情况。

图 1 - 37 和图 1 - 38 分别为复杂地面背景和复杂海面背景下的红外弱小目标，可以看出对于红外小目标检测来说，复杂背景目标干扰问题确实是一个重要的问题。复杂背景具有不均匀性和灰度起伏大等特点，导致大量背景杂波和疑似目标干扰目标检测，特别是点状杂波与目标的灰度范围重叠，易被算法误判为目标，产生虚警。同时，在强反射背景下，背景边缘的不连续性会使背景边缘被检测为目标，降低了检测的鲁棒性。

图 1-37　复杂地面背景红外弱小目标（见彩插）

图 1-38　复杂海面背景红外弱小目标（见彩插）

1.3.2　小目标检测技术研究现状

红外探测技术因其具有较高的隐蔽性、全天候工作和较强的抗干扰能力，在军事领域得到广泛应用。作战环境愈发复杂以及红外探测技术不断发展，对红外弱小目标检测技术提出了新的挑战，红外弱小目标检测技术是红外告警系统面临的重要技术难题之一，也是各军事大国红外装备中的核心问题。国内外学者对此进行了大量研究，并取得了一定成果。按照技术路线，红外弱小目标检测算法大致可以分为传统算法和深度学习算法，其中传统算法又可以划分为单帧算法和多帧算法，深度学习算法则包括基于语义分割和基于目标检测两大类。

对于传统算法中的多帧算法和单帧算法，多帧检测是利用多帧图像中运动目标的连续性和相关性实现红外小目标检测；而单帧检测主要利用单帧图像，提取小目标在红外图像中的梯度、灰度、对比度等特征，通过目标增强或背景抑制等方式实现弱小目标检测。

传统算法和深度学习算法的区别在于传统的红外小目标检测算法中通常是根据小目标本身灰度值、邻域背景信息等特征来进行检测识别，这些算法选取的特征大多是基于人工的选择，因此在算法设计中考虑的特征参数总是有限的；而深度学习能通过训练提取数据中深层次的中层以及高层特征，用以目标表征，提升目标检测的鲁棒性。但深度学习算法虽然检测性能较好，但普遍存在实时性欠佳问题，在高性能图形处理器（Graphics Processing Unit，GPU）上尚未实现实时处理，对于计算资源有限的场合（如弹载平台）

更是难以应用。下面将按照这 3 类算法对研究现状进行阐述。

1.3.2.1　单帧红外弱小目标检测算法

基于单帧的目标检测算法即利用图像的单帧信息判别、识别弱小目标。现有的基于单帧的弱小目标检测算法主要有 3 种：1）基于目标特征的算法——根据目标和周围背景在单帧红外图像中的灰度、结构等特征差异设计检测方法，直接提取目标；2）基于背景特征的算法——从图像背景角度出发，采用相应方法抑制图像的背景，从而实现弱小目标的检测；3）基于图像数据结构的算法——通过查找低维子空间结构以及使用预设的超完整字典来显示数据结构，从而实现小目标的检测。

（1）基于目标特征的算法

基于目标特征的算法是根据人眼视觉注意机制、亮度及对比度相关理论，通过设计的不同的显著图生成算法达到弱小目标检测的目的。其具有代表性的算法就是基于人类视觉机制（Human Visual System，HVS）的弱小目标检测算法。Chen 等[1]根据亮目标的灰度值高于邻域灰度这一特征，基于视觉对比度机制提出了一种局部对比测量（Local Contrast Measure，LCM）算法。该算法并不能很好地解决目标尺度变化的问题，因此 Wei 等[2]在此基础上提出了多尺度块的对比测量（Multiscale Patch - Based Contrast Measure，MPCM），设计了一种新的显著图计算方法。局部对比测量算法没有对真实目标进行有目的的增强，容易受到噪声的干扰。于是，Han 等[3]提出了一种改进的局部对比测量（Improved LCM，ILCM）算法，该算法采用了 HVS 大小自适应过程和注意力转移机制，有效地降低了噪声点过强现象的发生，但该算法容易把小目标变得平滑。Qin 和 Li[4]提出了一种新颖的局部对比度测量（Novel Local Contrast Measure，NLCM）算法。不同于 ILCM 使用近似于小目标尺寸的滑动窗口，NLCM 使用尺寸大于小目标的局部区域作为滑动窗口，这更有利于在复杂场景中增强目标和背景的对比度。为了进一步提高算法的检测性能，Du 和 Hamdulla[5]提出了一种同质加权局部对比度测量（Homogeneity - Weighted Local Contrast Measure，HWLCM）算法。该算法能够充分利用中心和周围区域的局部对比特征以及周围区域的加权均匀性特征。这些特征的使用有利于增强目标强度和抑制复杂背景。

由于 LCM 算法被提出时间并不是很长，因此仍有许多学者对该类算法进行研究和改进，如多尺度局部同质测度（Multiscale Local Homogeneity Measure，MLCM）[6]、相对局部对比测量（Relative Local Contrast Measure，RLCM)[7]、局部差异量度（Local Difference Measure，LDM)[8]、改进的 LCM[9]等。在计算局部对比度时，LCM 及其改进算法大多使用的是比率形式定义。这些算法先计算图像中某局部中心与其邻域之间的比率作为增强因子，然后将增强因子与局部中心值的乘积作为局部对比度[7]。

除了上述使用比率形式定义计算局部对比度的算法之外，许多算法还使用了差异形式定义，即使用图像中的某局部中心以及邻域之间的差异结果作为局部对比度[10,11]。这类算法中较为典型的是由 Kim 等[12]提出的拉普拉斯-高斯（Laplacian of Gaussian，LoG）算子。该算子可以有效地提高被检测弱小目标与其周围区域之间的对比度，从而实现目标的检测。针对该算法在具有比较复杂的背景杂波时容易产生虚警的问题，一种局部定向 LoG 算子被提出[13]。该算法首先将 LoG 滤波器分解为具有 4 个方向的局部 LoG 滤波器，然后使用局部 LoG 滤波器生成的内核对图像进行卷积，最后通过最小滤波器获得最终的空间滤波图像。这种算法可以有效地提高检测率并消除云边缘带来的虚警。此外，Shao 等[14] 在结合形态学操作的基础上对 LoG 算子进行了改进，取得了良好的小目标检测结果。

（2）基于背景特征的算法

基于背景特征的算法是从图像背景角度出发，采用相应算法抑制图像背景，从而实现弱小目标的检测。根据背景抑制方式的不同，基于背景特征的弱小目标检测算法主要分为两类：基于空域滤波和基于变换域滤波。基于背景特征的算法应用较早，整体上计算量小，但效果差。

①基于空域滤波

基于空域滤波的算法首先估计图像的背景信号，然后利用原始图像与估计得到的图像背景进行差分运算，最后在差分图像中使用阈值分割算法实现弱小目标的检测。其中，实现图像背景估计的步骤如下：首先在图像中取每个像素点对应的局部区域；然后利用此局部区域中的灰度信息对该像素点的背景强度值进行估计；最后对图像上所有的像素点进行遍历，从而获取图像背景的预测图。传统基于空域滤波的算法有最大中值/最大均值（Max - Mean/Max - Median）滤波算法[15]、二维最小均方（Two - Dimensional Least Meansquare，TDLMS）滤波算法[16-19]、数学形态学算法[20-23]、双边滤波器[24,25]、高通模板滤波算法[26,27]、中值滤波算法[26,27]等。

Max - Mean/Max - Median 算法是一种非线性的滤波算法，该算法在中值滤波算法的基础上，对图像进行滤波后再进行差分运算[15]。在处理过程中，当被处理的像素点在目标上时，使用 Max - Mean/Max - Median 算法所获得的背景预测值近似于该像素点邻域的平均信号强度值。而在图像中目标点的信号强度值和其邻域的平均强度值之间具有较大的差异，于是，在原图和预测的背景图进行差分运算后该像素点具有较大的响应值。当被处理的像素点在平缓变化的背景上时，用 Max - Mean/Max - Median 算法获得的背景预测值与该像素点的灰度值两者之间非常接近，在原图和预测的背景图进行差分运算后该像素点对应的响应值较小。当像素点位于景象边缘时，使用 Max - Mean/Max - Median 算法获得的背景预测值为景象边缘上的平均强度值，所以该像素点的强度值与预测值的差异很小，进行差分运算后该像素点对应的响应值也很小。因此，Max - Mean/Max - Median 算法不仅能够对被检测图像上起伏的背景信号进行有效抑制，还可以有效地抑制图像边缘具有的纹理信息，这些抑制有利于后续的弱小目标检测。

数学形态学算法是一种基于集合理论和几何学的非线性滤波算法。数学形态学运算基于两个基本操作：腐蚀和膨胀，这两个基本操作在原始图像和结构元素构成的集合上进行。最常用的数学形态学算法是顶帽变换（Top - hat Transformation，Top - hat）算法[21]，该算法首先构造合适的结构元素，然后利用形态学开运算滤除小于结构元素的亮奇异点，同时利用形态学闭运算滤除小于结构元素的暗奇异点，最后使用原始图像与预测的背景图像进行差分处理,得到包含残差和弱小目标的图像。

②基于变换域滤波

相比于具有较低计算复杂度的空域滤波算法,变换域滤波算法计算复杂度较高。但是,近年来随着相关计算设备性能的提升,一些基于变换域滤波的算法也在工程实践中被证明具有良好的背景抑制性能[28]。基于变换域滤波的算法首先使用相应的变换算法获取红外图像的变换域信息,然后在变换域中处理获取的信息,最后使用逆变换算法将变换域中的图像变换至空间域,从而得到相应的结果。

经典的频域滤波算法首先通过傅里叶变换算法[29]将图像变换到频域中,然后在保护目标相关特征的同时对其进行高通滤波,最后经过逆变换获得背景抑制后的红外图像。这种算法可以有效地抑制变化比较缓慢的背景,同时能够保留弱小目标、景象边缘以及图像中的随机噪声。常见的频域弱小目标检测算法主要有理想高通滤波[30]、巴特沃斯高通滤波[31]等。

小波变换滤波算法考虑到红外图像中背景对应的辐射强度小于目标区域对应的辐射强度,同时弱小目标与周围背景灰度不连续,因此在检测小目标的过程中,小目标可以被认为是红外图像的高频部分,而图像背景则可以被认为是红外图像的低频部分。基于此,可以首先使用小波变换算法分离红外图像中的高频部分和低频部分,然后分别处理两个不同的部分,从而实现图像信杂比的提升以及对弱小目标的检测[32]。常见的小波变换滤波算法主要有基于 Countourlet 变换的算法、基于非下采样轮廓波变换的算法等[27]。

除了上面几类基于背景特征的检测算法之外,随着非局部均值滤波(Non - Local Means Denoising,NLM)算法在图像去噪领域取得的优异效果,该算法被引入了小目标检测领域[33,34]。NLM 的主要思想是使用与评估像素具有相似邻域结构的像素加权平均值来替换评估像素[33]。基于 NLM 算法,使用相同的原理寻找相似的局部块,并对图像背景进行估计。在这类算法中,非局部检测(Detection by NLM,D - NLM)是一种典型的算法,该算法首先寻找图像的相似块,然后根据分析忽略相似块中两个最不相似的像素来修改距离度量,以便在存在小目标的情况下稳健地估计图像背景。在 D - NLM 的基础上,文献[35]提出一种基于块匹配和三维滤波以及高斯混合匹配滤波器(Detection by Block Matching and Three - Dimensional Filtering and Gaussian Mixture Matched Filter,DBM3D+GMMF)的算法,该算法基于块匹配和三维滤波算法的输出值来估计图像背景的均值[36,37],并结合高斯混合匹配滤波器,最终有效地对红外图像的背景进行估计,成功提取了红外弱小目标。

(3)基于图像数据结构的算法

传统的基于单帧图像的弱小目标检测的基本思路是认为被检测的红外图像由小目标、背景以及噪声 3 个部分组成,通过设计不同的算法实现增强目标信号或者抑制背景和噪声,进而实现弱小目标的检测。基于图像数据结构的弱小目标检测算法则主要是根据红外图像中目标的稀疏性和背景的低秩性等不同的结构特点,实现目标图像和背景图像的分离。基于图像数据结构的算法引起了越来越多的关注[38]。基于图像数据结构的算法通常利用以下两种方式对小目标进行检测[39,40]。

1）在查找低秩子空间结构的算法中，代表性的是基于红外图像块（Infrared Patch - Image，IPI）模型的算法[41]。该算法中，小目标被认为是一个稀疏分量，同时背景被认为是一个低秩分量。通过分析图像中背景、噪声以及小目标的特点，IPI 模型可以表示为

$$\min_{B,T} \| \boldsymbol{B} \|_* + \lambda \| \boldsymbol{T} \|_1 + \frac{1}{2\mu} \| \boldsymbol{I} - \boldsymbol{B} - \boldsymbol{T} \|_F^2 \qquad (1-11)$$

式中，$\boldsymbol{I}$ 为红外图像对应的矩阵；$\boldsymbol{T}$ 为小目标矩阵；$\boldsymbol{B}$ 为背景矩阵；λ 和 μ 为给定的参数。

在该算法中，对小目标的检测被转换成从数据矩阵中恢复两个分量的过程。但是，IPI 算法并未考虑当红外图像背景是较复杂的异构背景的情况。此时，单独的子空间很难有效地表示图像中复杂的异构背景。为此，Wang 等[42]设计了一种稳定多子空间学习（Stable Multi - Subspace Learning，SMSL）算法，该算法将图像的异构背景数据看作一种多子空间的结构，并提出了一种学习多子空间策略的模型，有效地实现了对小目标的检测。该模型可以表示为

$$\min_{D,a,T} \| a \|_{\text{row}-1} + \lambda \| \boldsymbol{T} \|_1 + \frac{1}{2\mu} \| \boldsymbol{I} - \boldsymbol{D}\alpha - \boldsymbol{T} \|_F^2, \quad s.t.\, \boldsymbol{D}^{\mathrm{T}}\boldsymbol{D} = \boldsymbol{I}_k \quad \forall\, i \quad (1-12)$$

式中，$\boldsymbol{D} = [D_1, D_2, \cdots, D_k]$ 为背景数据空间；$\alpha = [\alpha_1, \alpha_2, \cdots, \alpha_k]$ 为系数；λ 和 μ 为给定的参数；k 为子空间维度。

此外，Dai 等[43]对 IPI 模型进行了改进，借助结构张量和重新加权的思想，设计了一种基于局部结构权重和稀疏增强权重相结合的方式来代替全局恒定的加权参数。该算法消除了强边缘和未充分利用先验信息给小目标检测带来的影响，并取得了更好的背景估计效果。

2）利用预设超完备字典的算法首先对图像进行预设超完备字典，之后使用该字典显示图像的数据结构[44]。He 等[45]首先通过使用二维高斯模型来预设超完备目标字典，之后使用低秩稀疏表示模型对图像矩阵进行分解，以获得弱小目标对应的数据分量，从而实现对小目标的检测。Yang 等[46]提出了一种鲁棒字典学习的检测算法。该算法设计了两个惩罚项，分别用于发现小目标的位置和表征背景，而在线字典学习则用于消除噪声。Li 等[47]提出了一种使用时空分类冗余字典对弱小目标的形态特征和运动信息进行表示的算法，该时空分类冗余字典中的原子主要由背景时空原子和目标时空原子构成，在对弱小目标进行检测时，弱小目标以及图像中的背景杂波将分别被字典中相应的原子重建，从而实现最终的弱小目标检测。基于对图像中目标和背景进行分离的思路，Liu 等[48]提出了一种基于分形背景超完备字典和广义高斯目标超完备字典的小目标检测算法，通过在分形背景超完备字典上的稀疏表示，可以消除背景杂波，同时广义高斯目标超完备字典用于表示目标。

1.3.2.2　多帧红外弱小目标检测算法

多帧红外弱小目标检测算法综合利用序列图像的空域信息和时域信息，实现对弱小目标的检测。在序列图像中，弱小目标的运动具有一定的连续性和规律性；而噪声杂波的运动随机，无规律。由此可见，多帧红外弱小目标检测算法可以根据小目标、噪声以及背景

在时域的特性差异实现弱小目标检测。

（1）基于动态规划的弱小目标检测算法

动态规划（Dynamic Programming，DP）是解决多阶段决策过程最优化问题的数学算法。Barniv[49]首次将该算法用于弱小目标检测领域，以减少运算负荷。该算法将单帧检测得到的疑似目标作为动态规划节点，将目标在轨迹上累积的能量等效为决策函数，通过递推方式寻找最优决策结果，得到整个序列图像的目标运动轨迹。Tonissen 和 Evans[50]提出一种旨在跟踪匀速运动或机动较慢目标的检测算法，然而，当被检测小目标的速度变快后，该算法具有的检测效果也会随之变差。基于 Tonissen 和 Evans 的算法，Johnston 和 Krishnamurthy[51]利用极值理论，得到算法检测率以及虚警率的显式表达式。Arnold 等[52]通过引入新的赛道评分函数和帧内搜索程序改进传统的动态算法。Orlando 等[53]设计了一种以小目标周边图像区域的溢出能量作为参考的小目标运动模型，该溢出能量是在小目标运动时产生的，之后与广义似然比准则结合，使用设计的小目标运动模型进行目标决策。Grossi 等[54]在 2014 年使用截尾观察法并结合广义似然比准则进行小目标的统计决策。Sun 等[55]使用动态规划算法检测视频中目标的轨迹，并沿轨迹积累能量增强目标，能够明显地增强目标并适当抑制背景。

（2）基于三维匹配滤波器的弱小目标检测算法

基于三维匹配滤波器的弱小目标检测算法匹配滤波器是在背景中检测信号的最优滤波器，可最大限度地提高目标运动时产生的信杂比来提高目标的可检测性。Reed 等[56,57]将三维匹配滤波算法引入小目标检测领域，该算法对一维和二维滤波理论进行扩展，在给定的空间域和固定的时间周期内运行，并最大化定义信杂比。此外，Porat 和 Friedlander[58]设计了一种基于频域中定向滤波的三维匹配滤波器，但该算法的局限性较大。在研究三维匹配滤波器算法的基础上，Kendall 等[59]提出了一种对该算法进行延伸的速度滤波器算法，但是这种算法需要满足小目标具有恒定速度的假设。Xiong 等[60]提出一种基于线性变换系数差分方程的运动目标指示算法，将三维匹配滤波器的适用范围推广到匀加速运动模型。

（3）基于粒子滤波的弱小目标检测算法

粒子滤波用于小目标检测，首先分析被检测小目标的运动状态，并使用不同粒子对应不同的状态；然后判定粒子的状态并更新；最后，阈值化不同粒子的后验概率，最终实现弱小目标的检测。Salmond 和 Birch[61]将粒子滤波引入目标检测，取得了一定的效果。基于传统的粒子滤波，李翠芸和姬红兵[62]在 2009 年提出了一种遗传粒子滤波算法，该算法基于进化思想，能够有效地处理检测算法中出现的粒子退化以及粒子贫乏等问题。2010年，王鑫和唐振民[63]基于特征融合的思路，设计了一种新颖的基于粒子滤波的小目标检测算法。该算法融合了目标的分形特征和灰度特征，有效地实现了对小目标的检测。2018年，李明杰等[64]设计了一种结合粒子滤波以及背景减除的新算法。该算法在不需要任何目标先验知识的情况下，使用粒子滤波和背景减除的算法，可有效地检测以及跟踪弱小目标。尽管基于粒子滤波的小目标检测算法具有良好的检测性能，但是由于在算法检测过程中需要对大量粒子进行相关处理，这在一定程度上也增加了算法的计算复杂度，因此这类算法具有较差的实时性。

（4）基于投影变换的弱小目标检测算法

基于投影变换的弱小目标检测算法是将被检测的小目标在三维空间中的运动轨迹转化到二维平面中，以实现对小目标的检测。这类算法的主要思想如下：首先，将三维空间中的待检测图像序列投影到由平面构成的二维空间中；然后在投影后的空间中搜索小目标的可能轨迹并在该轨迹上进行能量的累积；最后对所有可能轨迹积累的能量进行判定，最先达到阈值的轨迹被判定为小目标的轨迹。

在基于投影变换的弱小目标检测算法中，有两类用于对比的传统投影算法：最大值投影算法和叠加投影算法。最大值投影算法首先对待检测图像上每个像素点对应的时域剖面求取最大值，然后遍历整张图像上每一个像素点后获取特征图像，最后在得到的特征图像上检测弱小目标轨迹。不同于最大值投影算法，叠加投影算法将最大值的运算替换为直接求和运算。Chu[65]在深入研究了基于投影变换的小目标检测算法后，提出一种最佳投影算法，最终通过与传统的叠加投影算法和最大投影算法的实验对比，证明了最佳投影算法能够有效地检测运动速度较慢的弱小目标。陈非等[66]在传统投影算法的基础上，设计了一种改进的基于投影变换的小目标检测算法。该算法首先使用形态学滤波算法对连续多帧图像进行预处理，然后在组合帧中统计并分析小目标和红外图像背景的幅值分布特性，最终实现对小目标的检测。Moyer 等[67]使用霍夫变换在序列图像的二维投影平面上实现小目标运动轨迹的检测。在 Moyer 等研究思路的基础上，Sahin 和 Demirekler[68]使用基于多维霍夫技术提取了小目标在三维空间中的轨迹。同一时期，Gong 等[69]提出了一种相邻帧时间差异的标准化最大投影算法。Qin 等[70]提出了一种有效的杂波背景抑制和小目标增强算法，该算法的主要思想是首先使用非下采样金字塔变换来分离主要的杂波背景，然后使用随机投影进一步抑制其他杂波背景并增强目标。刘峰等[71]在研究小目标检测过程中，首先使用特征三角形对红外图像进行配准，之后使用最大值投影变换算法对序列图像进行处理，从而实现了对小目标的检测。由于基于投影变换的算法把小目标轨迹投影到了二维空间，在投影过程中会丢失一些小目标的运动特征和能量，因此其很难有效地检测小目标的运动轨迹。

（5）基于管道滤波的弱小目标检测算法

基于管道滤波的弱小目标检测算法是一种在时空域中实现滤波的算法，这类算法主要根据小目标在空间中的运动具有连续性的特征实现对弱小目标的检测。其基本思想是在图像序列的第一帧图像中设置某个检测目标，并以该目标为中心在图像序列中建立一个沿时间进行扩展的空间管道。该空间管道如图 1-39 所示，其长度代表连续检测图像的帧数。当需要检测的弱小目标在建立的管道中出现次数达到预先设定的阈值时，即判定该检测目标为真实目标，否则将被认为是干扰。

Wang 等[72,73]提出了一种根据帧间块匹配获取帧间抖动量的算法，并设计了一种具有抗抖动性能的管道滤波算法。在此技术上，Dong 等[74]提出一种结合视觉注意模型与抗振

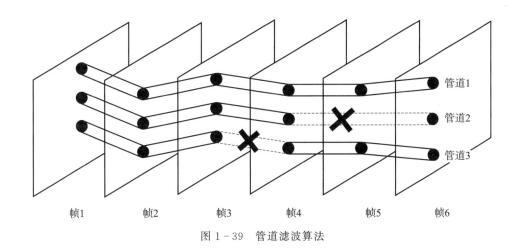

图 1-39   管道滤波算法

动管道过滤算法的小目标检测算法，该算法首先根据背景平滑度评估自动选择特定的模态以计算显著性图的方式；然后根据设计的自动显著性处理策略提取高度可疑的目标；最后，为了消除外界干扰，采用基于多帧杂波消除算法的抗振动管道滤波算法。这种算法可以提高对小目标检测的成功率和效率。张雅楠等[75]研究了一种使用管道滤波算法和局部峰值检测技术的小目标检测算法。该算法首先利用局部峰值检测技术对图像中的疑似目标进行提取，然后根据自适应域值去除疑似目标中的大部分干扰，最后使用管道滤波算法对残留的干扰进行清除，以实现准确地检测小目标。尽管有许多改进的管道算法被提出，但是当弱小目标的运动具有复杂多变的特征时，这类算法很难取得良好的检测性能。

（6）基于能量累积的弱小目标检测算法

基于能量累积的弱小目标检测算法最初是在雷达检测领域使用，后来被引入光学系统中并取得了广泛的应用。由于弱小目标自身的信号强度比较小，使用直接检测算法比较困难，因此使用基于能量累积的弱小目标检测算法可以有效地增强目标的能量，从而实现最终的检测。

基于能量累积的弱小目标检测算法中关键的前提是能否沿着正确的弱小目标运动轨迹实现弱小目标的能量累积。因为在累积弱小目标能量过程中，图像的信杂比只有在沿着正确的目标运动轨迹进行目标能量累积时才能获得有效的提升。在实际场景中，远距离目标的运动会具有一定的连续性和规律性，同时在得到的图像序列中弱小目标也会有相同的特点和规律。根据这些特点和规律，有许多基于能量累积的弱小目标检测算法被提出。

Zhang 等[76]设计了一种具有代表性的基于能量累积的弱小目标检测算法。该算法结合投影算法，首先将连续多帧红外图像投影到二维空间中，然后在该空间中沿着弱小目标可能的 4 种运动方向对弱小目标的能量进行累积。这种算法只在 4 个运动方向上累积目标能量，因此能够有效地控制算法的计算量。但是，该算法在投影过程中很可能使信号较弱的目标被淹没，导致最终无法检测小目标。与上述算法类似，Pan 等[77]提出了一种在图像信杂比为 3 时，仍能够有效检测小目标的算法。但是，该算法所面向的目标比较特殊，在图像中其位置是固定不变的。此外，Ma 等[78]提出了一种能够有效检测匀速运动小目标的算法。该算法首先对小目标的能量进行累积，该过程能够有效地提升信杂比；然后设计坐标空间和运动参数空间，并在两个空间中求极值，实现对小目标位置和速度的检测。Ma 等[79]在前面研究的基础上，提出了一种能够检测匀速运动以及匀加速直线运动小目标的算法。该算法首先对被检测小目标建立运动空间以及位置空间，在此基础上实现能量累积，并得到新的图像序列，之后使用恒虚警率判决法在新的序列中得到准目标点，最终根据文中定义的体密度，得到位置空间产生的目标位置局部极值以及运动空间中产生的体密度局部极值，并根据局部极值判定准目标点是否是真实的目标点，将判定得到的目标点通过反演算法在源图像序列中实现检测。但当图像背景中存在复杂的云杂波时，该算法的性能将会下降。为了有效地检测复杂云杂波背景下的弱小目标，Ren 等[80]提出了一种基于三维协同滤波和空间反演（Three - Dimensional Collaborative Filtering and Spatial Inversion，3DCFSI）的算法。该算法首先采用基于三维协同滤波和差分计算的算法抑制复杂的背景云杂波；然后设计了一种基于能量积累的算法来增强弱小目标；最后，根据恒定的虚警率判断和统计算法，通过基于运动参数的空间反演模型实现弱小目标的检测。尽管基于能量累积的弱小目标检测算法能够取得很好的检测效果，但是由于需要使用多帧图像，因此这类算法的实时性不是特别好。

1.3.2.3　深度学习算法

深度学习算法在红外弱小目标检测中的应用大致可以分为基于语义分割算法和基于目标检测算法。

（1）基于语义分割算法

Zhao 等[81]提出一种用于红外小目标检测的轻量级网络算法（Target Extraction，Background Suppression，Classification Loss，TBC - Net），该算法由目标提取模块（Target Extraction Module，TEM）和语义约束模块（Semantic Constraint Module，SCM）组成，引入了一种联合损失函数和训练算法，有效降低了虚警，并在 Jetson AGX Xavier 上实现了实时检测。Wang 等[82]为了平衡红外弱小目标检测中的一个关键问题：漏检和虚警，创新性地引入了生成对抗模型（Data Loss GAN），并采用两个生成模型实现上述任务，在弱小目标识别上取得了较好的效果。Li 等[83]提出了一种密集嵌套网络（Dense Nested Attention Network，DNANet），通过设计密集嵌套交互模块（Dense Nested Interactive Module，DNIM）实现了高级特征和低级特征的交互。DNIM 模块中包含通道和注意力模块（Channel and Spatial Attention Module，CSAM），能够实现自适应增强。Dai 等[84]提出了一种基于模型驱动的算法，融合了基于人类视觉机制的局部对比度算法（Local Contrast Method，LCM）。为了突出和保留小目标特征，作者还提出了一种自底向上的注意力机制，在小样本上取得了较好的效果。Zhao 等[85]提出了一种新的基于生成对抗网络的弱小目标检测算法。该算法将弱小目标视为图像上的噪声，通过学习背景的特征分布，得到只包含背景的图像，再通过图像差分最终给出目标位置。Liu 等[86]提出了一种基于 Transformer 的弱小目标检测算法，结合精心设计的特征增强模块，结果表明该算法具有较强的跨场景泛化和抗噪声干扰能力。Zhang 等[87]提出了一种金字塔结构的算法，包括注意力引导模块、上下文金字塔模块、非对称融合模块 3 部分，在公开的弱小目标检测数据集上取得了较好的效果。

（2）基于目标检测算法

Ding 等[88]基于 SSD 目标检测算法，采用了更高分辨率的特征图用作目标检测，同时设计了一种基于时间和运动相关的自适应管道滤波算法，在复杂场景上较传统算法有更强的鲁棒性。Du 等[89]提出了一种面向目标的浅−深特征检测算法，为基于卷积神经网络的红外弱小目标检测算法开辟了新的方向。作者证明了空间上更精细的浅层特征对于小目标检测至关重要，而语义上更强的深层特征有助于提高检测概率。Du 等[90]提出了一个两阶段小目标检测算法，首先通过能量积累的算法得到显著图，接着使用时空提取模块获得感兴趣区域，最后通过分类模块判定感兴趣区域内是背景还是目标。刘宝林等[91]针对运动场景目标轨迹预测不准的问题，提出了一种融合光流信息和 YOLOv5 的弱小目标检测算法，使用 LK 算法提取光流信息，在有限数据集上获取了较好的效果。

传统算法和基于语义分割的深度学习算法没有过多关注算法的后处理问题，算法追求较高的检测率，进而导致算法虚警率较高，后处理过程需要人为先验知识参与。这类算法无法实现端到端的数据输出，同时传统算法的处理速度较慢，而后处理过程需要对红外图像作逐像素计算，这些原因都会导致算法的实时性差，无法满足红外告警系统的相关技术要求。基于目标检测算法能实现端到端的数据输出，通过硬件加速算法的实时性也可以得到保障，然而红外图像的特殊性也导致针对可见光图像的大量研究成果往往无法直接在红外目标检测中应用。

1.3.3　本书主要内容

本书面向实际的应用领域，主要内容覆盖单波段、双波段成像探测系统小目标检测及智能化目标检测等领域，涉及红外小目标检测技术概述、红外暗弱小目标探测理论基础、低信杂比环境红外弱小目标检测技术、强反射环境红外暗弱小目标检测技术、强杂波环境红外弱小目标检测技术、复杂背景红外弱小目标智能检测技术、弱小目标红外双波段图像融合检测技术、红外与可见光图像融合弱小目标检测技术等方面。

第 2 章重点介绍了红外暗弱小目标与背景特性，包括红外图像的特性、暗弱小目标的红外特性和背景的红外特性；其次探讨了常用暗弱小目标检测方法，包括空域处理方法、变换域处理方法、时域处理方法和深度学习方法；最后详细介绍了暗弱小目标检测性能指标。

第 1 章首先回顾了红外成像探测技术的发展概况，从基本原理到当前的技术现状和广泛应用；其次介绍了红外成像探测系统的分类，包括红外成像导引系统、红外搜索与跟踪系统以及红外告警系统；最后介绍了红外小目标检测技术的发展概况。

第 3 章介绍了低信杂比环境红外弱小目标检测技术，首先介绍了基于空域显著性的弱小目标检测，包括空域显著特性、空域滤波算法、空域显著图计算、显著度分割和弱小目标检测算法；其次介绍了基于频域显著性的弱小目标检测，包括频域显著特性、频域滤波算法、频域显著图计算、频域谱残差计算和弱小目标检测算法；最后介绍了基于时−空−频域显著性的弱小目标检测，包括时域能量累积、时域管道滤波、时域动态规划和弱小目标检测算法。

第 4 章介绍了强反射环境红外暗弱小目标检测技术，首先介绍了暗目标检测算法，包括局部能量因子和两种暗目标检测算法；其次介绍了空域先验信息背景抑制算法，包括背景与暗目标灰度直方图分析、背景与暗目标灰度概率分布模型和背景抑制算法；最后介绍了融合背景先验的时空显著性暗目标检测。

第 5 章介绍了强杂波环境红外弱小目标检测技术，首先介绍了自适应图像分割，包括场景区域分类和自适应阈值分割；其次分析了背景抑制算法，包括背景特征分析和基于梯度特征的背景抑制算法；再次详细介绍了位置-灰度-面积关联的动态管道滤波，包括背景时空波动特征分析和基于位置-灰度-面积关联动态管道波原理；最后研究了自适应红外小目标检测，包括算法原理、算法流程和示例。

第 6 章介绍了复杂背景红外弱小目标智能检测技术，首先讨论了卷积神经网络小目标检测，包括通用检测网络、小目标检测网络设计和示例；其次介绍了基于深度学习的分割算法，包括通用分割网络、小目标分割网络设计和示例；再次展示了三维卷积神经网络小目标检测，包括通用检测网络、小目标检测网络设计和示例；最后介绍了融合时序信息的小目标智能检测，包括基于时空信息关联算法、基于融合注意力机制的时空神经网络算法原理和示例。

第 7 章介绍了弱小目标红外双波段图像融合检测技术，首先分析了目标与背景双波段特性，包括目标双波段特性、背景双波段特性和融合图像特性；其次介绍了双波段图像融合算法，包括传统融合算法、深度学习融合算法和传统-深度学习融合算法；最后讲述了弱小目标双波段检测，包括融合检测原理、算法流程和示例。

第 8 章介绍了红外与可见光图像融合弱小目标检测技术，首先介绍了红外与可见光融合理论基础，包括图像预处理、红外与可见光图像融合基本算法和评价标准；其次介绍了基于边缘特征和互信息的红外与可见光图像配准，包括边缘检测、边缘检测结合互信息的图像配准和示例；最后讲述了基于 NSST - PCNN 的红外与可见光的图像融合方法，包括非下采样剪切波变换、脉冲耦合神经网络、NSST - PCNN 图像融合算法和示例。

本章小结

本章主要从红外成像探测技术、红外成像探测系统分类和红外小目标检测技术发展 3 个方面介绍了红外小目标检测技术概述，读者可对红外小目标探测方面有系统性的了解。其中，1.1 节介绍了红外成像探测基本原理、技术发展现状和技术应用概况；1.2 节叙述了红外成像导引系统、红外搜索与跟踪系统和红外告警系统，并且给出了红外小目标探测性能指标；1.3 节从实际出发，首先对小目标检测问题进行了描述，并分析了小目标检测技术研究现状，最后概括了本书主要内容。

第2章　红外暗弱小目标探测理论基础

在红外图像处理领域，红外暗弱小目标检测是一项具有挑战性的任务。红外图像中的暗弱小目标通常具有小尺寸、低对比度、模糊不清等特点，同时还受到复杂背景干扰的影响。然而，准确地检测和定位这些目标对军事侦察、探索、预警等方面至关重要。红外暗弱小目标检测的理论基础主要是利用目标与背景的红外辐射特性差异来将两者进行分离，从而实现红外暗弱小目标的检测。本章将从红外图像特性及暗弱小目标和背景的特性开始分析，然后介绍红外暗弱小目标检测的常用检测方法，最后给出暗弱小目标检测性能指标。

2.1　红外暗弱小目标与背景特性

红外暗弱小目标与背景特性是红外图像处理与分析中的依据，对于实现精确的目标检测和识别具有重要意义。本节将深入探讨红外暗弱小目标和背景的特性，旨在帮助读者全面理解和分析红外图像中的目标与背景信息。首先介绍红外图像的特性，包括辐射特性、空间分布特性等，以揭示红外图像与可见光图像的差异与优势。随后，将分别讨论红外小目标、红外弱目标和红外暗目标的红外特性。同时，还将探究背景的红外特性。通过对红外暗弱小目标与背景特性的深入分析，读者能够更好地理解红外图像中目标与背景的相互作用，为后续的目标检测与识别方法提供基础和依据。

2.1.1　红外图像的特性

2.1.1.1　红外图像与可见光图像的区别

红外图像不包含彩色信息，这与可见光图像的目标检测可以利用目标本身的多种特性来进行确定不同。但是，红外图像在夜光和低光环境下具有优势，也可以检测到隐藏在烟雾、雾、灰尘等环境中的目标。

从对比度来说，红外图像的对比度比可见光图像的对比度低，目标与背景的差异相对不明显。因为红外图像反映物体的温度分布，而可见光图像反映物体反射的光分布。红外辐射受大气吸收和散射的影响，使得红外图像对比度较低。

从清晰度来说，红外图像的清晰度一般比可见光图像的清晰度低，其受到红外波长较长的影响，导致分辨率较低。

从能量特性来说，红外图像主要反映目标与周围环境的温度差异，因此能量特性主要与物体的热辐射能力有关。由此可见，光图像主要反映目标对光的反射和吸收情况，因此能量特性主要与物体的光学性质有关，可见光图像获取目标的能力较为侧重物体颜色和反射率等因素。

从目标本身的纹理形状来说，对于红外图像，由于红外成像主要反映温度分布，因此目标的纹理形状可能与所成像的表面温度特征相关；对于可见光图像，由于可见光成像主要反映物体的表面光学特性，因此目标的纹理形状更容易在其中展现。

从局部特性来说，红外图像的局部特性可能受到温度梯度和大气扰动的影响，因此局部特征可能不那么明显；而对于可见光图像，由于可见光波长较短，因此局部特性在可见光图像中更为明显且易于辨识。

从全局特性来说，红外图像的全局特性主要体现在目标与背景的温度差异上，因此全局特性在红外图像中可能更加鲜明；而在可见光图像中，全局特性可能受到光照、阴影等因素的影响，导致全局特性不够明显。

2.1.1.2 红外图像的特点

红外线是一种电磁波，任何温度在绝对零度以上的物体都能向外辐射红外能量，且红外辐射的强度也与物体的温度有关。红外成像技术是利用红外探测器，根据物体辐射或反射红外线的特征来探测和识别物体的技术。红外图像是红外探测器生成的一张灰度图，通过灰度值大小反映空间内对应物体的辐射强度。物体温度越高，红外辐射越强，红外图像中的灰度值越高；反之，物体温度越低，红外辐射越弱，则图像中的灰度值越低。如图 2-1 所示，红外弱小目标检测任务中，一幅红外图像通常由目标、背景和噪声 3 部分组成。

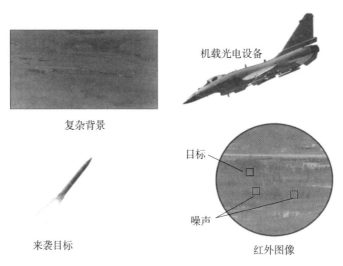

图 2-1 红外图像组成

1) 目标：待检测对象，如导弹、无人机等。在红外图像中，目标常常为几个像素，呈现出小目标形态。

2) 背景：目标所在空间的背景信息，如平原、丘陵、建筑物、海面、云层等。背景通常为除目标外的图像信息，是红外图像的主要组成部分，相对稳定，一般连续分布，有很强的相关性。

3) 噪声：由红外探测器的各个部分如扫描系统、电路处理系统等或者由背景干扰产生，一般认为是均值为零的高斯白噪声，通常为红外图像的高频部分；另外，噪声在红外图像中出现的位置是随机的，且与背景、目标无关，所以噪声在红外图像序列中没有稳定的运动状态。

由于成像系统可以视为线性系统，红外图像可由目标、背景和噪声线性叠加得到，因此图像数据可以描述为

$$f(x,y,k)=f_T(x,y,k)+f_B(x,y,k)+n(x,y,k) \qquad (2-1)$$

式中，x、y、k 分别为红外图像中像素的横坐标、纵坐标和图像序列的帧数；$f(x,y,k)$ 为 k 帧坐标 (x,y) 处原始图像的灰度值；$f_T(x,y,k)$、$f_B(x,y,k)$、$n(x,y,k)$ 分别为坐标 (x,y) 处目标、背景、噪声对灰度的贡献值。

复杂场景的热辐射要经历大气传输、光学系统、传感器光电转换等复杂的过程才能形成最终呈现在监控设备上的红外图像。一般来说，红外图像具备以下几个显著特点。

（1）信杂比低和噪声高

虽然红外探测器可以分辨的温差在 0.1 ℃以下，其温度灵敏度较高，但是其抗干扰能力较差，红外图像的噪声比可见光的大很多。红外图像中存在着一些独立于入射辐射而且无法避免的固定噪声。当在暗箱内拍摄时，可见光图像中不会出现肉眼可见的噪声点。然而，红外图像却并非如此，即使将热像仪的镜头盖上，在没有入射辐射的情况下拍摄到的红外热图像中还是存在大量固定噪声。另外，可见光的信号强度要比红外信号大，由此可知红外图像的信杂比远小于可见光图像。

（2）对比度和清晰度低

图像的对比度为该图像的最大灰度与最小灰度的比值，该值的大小表明了图像灰度值的分布范围。由于红外和可见光成像机理不同，可见光比红外图像有着更高的对比度，其直方图一般可以分布在整个灰度空间中，且直方图比红外图像更加平坦，这表明可见光图像中包含了更大的信息量和更丰富的细节；而对于红外图像来说，其对比度一般不如可见光图像，直方图会局限在一个较小的灰度空间中，且直方图尖锐，这表明红外图像中的细节信息量小且图像细节较少。

自然界的复杂背景，如岩石、山脉、建筑物在不同光照条件下容易形成亮带，同时红外成像系统的分辨率普遍低于可见光图像，因此红外图像的对比度较低，成像质量不高。

（3）目标的纹理特征较弱

红外图像的目标纹理特征相较于可见光图像体现较少，不能清晰地反映出图像的细节信息。除了背景的红外辐射会干扰成像质量外，目标本身的辐射特性、大气衰减等导致红外图像一般无法呈现目标具体的纹理、轮廓细节等特征信息。红外图像表征的是物体表面温度的高低差异，灰度图像不具备颜色特征。红外图像这些特征导致红外弱小目标检测算法无法根据纹理、轮廓、颜色等特征检测目标，因此红外目标检测算法的研究更具有挑战性，相关的研究和理论都滞后于可见光算法。

2.1.2　暗弱小目标红外特性

由于环境复杂多变，目标、背景在远距离成像过程中图像动态特性变化大、随机性

大，目标呈现出暗、弱、小等不同特性，目标在海浪、鱼鳞光、丘陵、云团等复杂背景条件下呈现出强烈的多变性、起伏性、随机性等。一般来说，目标的红外辐射强于背景，在红外图像中目标的亮度高于背景。但背景随机波动，在强光反射下，背景灰度分布不均匀，可能会形成红外图像中的弱小目标现象，也可能会形成大面积高亮度的背景杂波、目标亮度相对较低的暗目标现象。对于远距离成像的目标来说，其在像平面上通常会以点目标的形式出现。由于大气散射、背景噪声及 CCD 部件成像的影响，目标在红外图像中最终会因"点扩散效应"出现模糊，并呈现斑状分布。

红外弱小目标的主要属性是"弱"和"小"。一般小目标基本位于红外成像的极限作用距离上，所以其信号强度是比较弱的。红外暗目标的灰度值低于周围背景的灰度值，主要体现为暗目标亮度相对背景较低。下面就针对红外小目标、红外弱目标和红外暗目标的特点进行分析。

（1）红外小目标分析

红外小目标中的"小"是指目标在图像上所占区域小，具体反映到图像上就是指目标所占的像素数目很少。对小目标的描述普遍是"红外小目标可以认为是几何尺寸小到几乎没有形状信息的目标"。通常国内文献中小目标表示在分辨率为 256 像素×256 像素的图像中，小于 6 像素×6 像素的目标；国外文献中表示在分辨率为 640 像素×512 像素的图像中，小于 9 像素×9 像素的目标。所以，6 像素×6 像素以下的目标都可以认为基本没有形状信息，进而可以将其认作小目标。总的来说，红外图像中的弱小目标是指目标在图像平面上占有的像素个数较少且信杂比低。因此，根据弱小目标的不同性质可将其分为两类，一类是低对比度目标，即灰度弱目标；一类是像素少的目标，即小目标。一般情况下，认为同时满足信杂比小于 4，像素尺寸小于 6 像素×6 像素的目标才为弱小目标。

在远程成像系统中受到能量衰减、大气衍射、透镜像差和光学散焦的影响，图 2-2 所示的红外小目标实际上是一个符合光学点扩散函数的高斯形状小光点，可以使用二维高斯点扩散函数来描述目标：

$$f(x,y) = \left(\frac{1}{2\pi\sigma_x\sigma_y} \exp\left\{ -\frac{1}{2}\left[\frac{(x-x_0)^2}{\sigma_x^2} + \frac{(y-y_0)^2}{\sigma_y^2} \right] \right\} \right), (x,y) \in D \quad (2-2)$$

式中，(x_0, y_0) 为目标的中心位置；σ_x、σ_y 为目标在 x、y 方向上的扩散半径，即扩散函数的标准差；D 为目标的扩散域。

（2）红外弱目标分析

对于红外图像来说，通常情况下当信杂比小于 4 时，可以认为是弱目标。红外弱目标中的"弱"主要体现在目标的灰度相比于背景的灰度来说比较低。在红外图像中，弱目标对比度和信杂比较低，其纹理特征和结构形状特别模糊，难以进行有效检测。例如，当空中有云层或者云层较厚的情况下，红外图像中的目标就呈现为弱目标。图 2-3 所示是两种典型场景下的红外弱目标图像以及邻域三维灰度图。

(a) 复杂背景下红外小目标图像

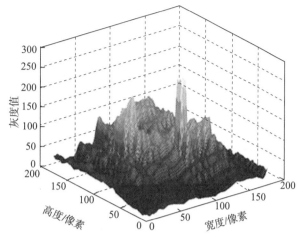

(b) 小目标以及邻域三维灰度图

图 2-2　复杂背景下红外小目标图像及其邻域三维灰度图

(a) 云层背景红外弱目标图像

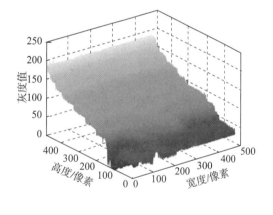

(b) 云层背景红外弱目标图像三维灰度图

(c) 复杂背景红外弱目标图像

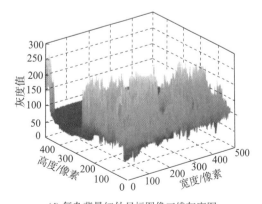

(d) 复杂背景红外目标图像三维灰度图

图 2-3　红外弱目标图像以及邻域三维灰度图

对于红外弱目标，主要是通过两个方面来提升空间红外弱目标的检测效果，分别是红外探测技术和红外弱目标检测算法。在红外探测技术方面，主要是研究性能更高的探测器，如使用新材料制作探测效果更好的焦平面器件，采用大面阵及单片多波段探测；其次是研究复合和双波段探测技术，如采用雷达/红外复合检测系统。在红外弱目标检测算法方面，相较于传统算法，其越来越倾向于将深度学习应用于空间红外弱目标检测研究，类似于卷积神经网络（Convdutional Neural Networks，CNN）系列算法和 YOLO 系列算法。

（3）红外暗目标分析

红外暗目标其目标区域的灰度值低于周围背景的灰度值，除灰度外其余特性与亮目标一致，同样满足类二维高斯模型，目标尺寸小，信号强度弱，无纹理特征。图 2-4 展示了红外亮、暗目标及其三维灰度图，目标均为类高斯模型，没有明显的几何特征、纹理特征以及颜色信息，仅反映灰度和位置信息。

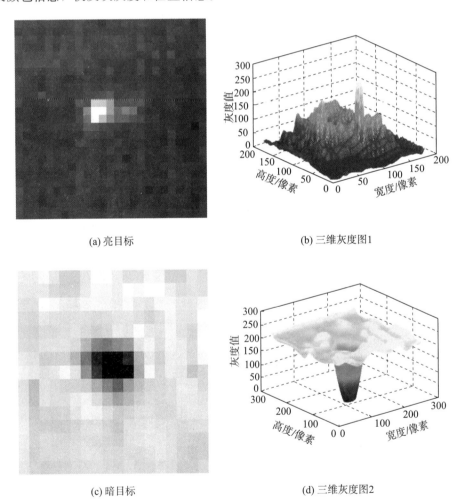

(a) 亮目标　　　　　　　　　　　　(b) 三维灰度图1

(c) 暗目标　　　　　　　　　　　　(d) 三维灰度图2

图 2-4　红外亮、暗目标及其三维灰度图

图 2-5 和图 2-6 分别展示了红外亮、暗目标及其背景区域灰度值，内框表示目标，外框表示背景，可知目标区域与背景区域具有较大的灰度差异，利用该差异构造局部对比度区分目标与背景。

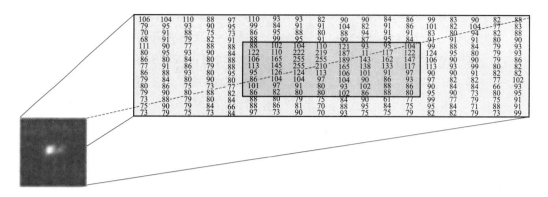

图 2-5　红外亮目标及其背景区域灰度值

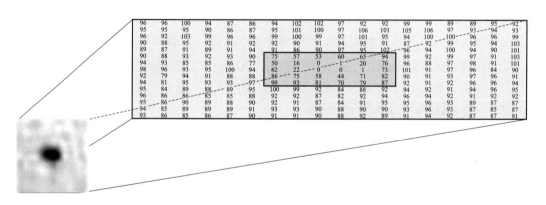

图 2-6　红外暗目标及其背景区域灰度值

综合上述分析，红外弱小目标在图像中所占的像素数少（一般为 2 像素×2 像素～9 像素×9 像素），对于一个复杂背景下的红外图像，可能既有灰度大于周围背景的亮目标，也有灰度低于周围背景的暗目标，成像系统接收到的辐射能量较弱，目标包含信息有限，仅反映灰度和位置信息。由于背景复杂多样，不同背景图像对比度有巨大差异，因此对弱小目标检测算法提出了更高要求。

2.1.3　背景红外特性

在红外弱小目标识别中，研究背景的红外特性是至关重要的。背景的红外特性对于目标的探测、分析和识别起着重要的作用。通过了解背景的红外特性，可以确定目标与背景之间的对比度，分离和去除背景干扰信号，并优化目标检测算法。通常来说，红外图像中背景的分布存在较大的相关性和连贯性，在频带分布中占据中低频部分，但是受到场景变化及探测器内部噪声的影响，背景图像往往是一个非平稳过程，导致局部灰度分布可能出现波动，出现高频成分的背景，如云层边缘、海天交界线、陆海交界线等。这部分背景干扰是影响算法检测效果的主要因素，因此分析背景的红外特性是一个重要的内容。根据应用场景和视场内景物的不同，可以将红外图像的背景大致分为 5 类：天空背景、地面背景、海面背景、强反射背景和强杂波背景。接下来就分别分析这 5 种背景的红外特征。

（1）天空背景

在红外图像中，天空背景具有一些独特的红外特性。天空背景主要包括云层和大气层的热辐射。天空背景中的干扰主要是云层，由于太阳辐射可以被云层吸收、散射和反射，因此红外图像中云层的灰度值通常较大。在不同的气象条件下，云层的分布、厚度、形态有明显差异，云层边缘、厚积云、条状积云、云层旋涡等都容易对检测造成干扰。云层在红外图像中呈现较低的灰度值和不均匀的分布，同时云层边缘可能产生较高强度的辐射，给图像中的目标检测带来一定的困难。大气层的热辐射也会在红外图像中表现为较低的灰度值，并且在不同气候条件下具有一定的变化。天空背景的红外特性使得弱小目标在天空背景下更加难以被检测到，因为目标的对比度较低，容易受到云层遮挡或与云层辐射相混淆。

图 2-7 展示了两张典型天空背景的红外图像及其三维灰度图。图 2-7（a）中云层具有明显的聚集性，以团簇的形式分布在图像中，积云区域灰度值较高且具有不规则的形状，整幅图像灰度起伏大，空间分布非平稳；图 2-7（b）展示了一个高云量的天空背景，云层占据了图像的大部分区域，在空间上厚度分布不均匀，厚云层可能对目标造成遮挡。

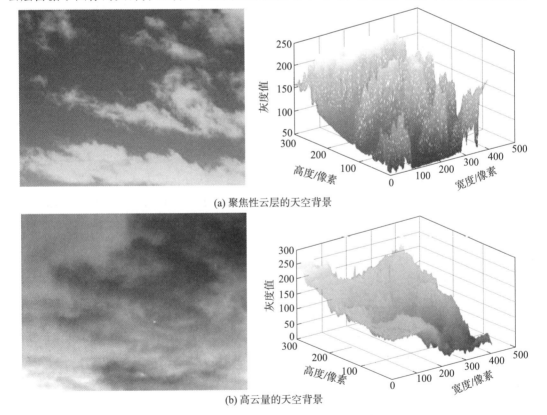

(a) 聚焦性云层的天空背景

(b) 高云量的天空背景

图 2-7　典型天空背景的红外图像及其三维灰度图

（2）地面背景

在红外图像中，地面背景最为复杂。地面背景包括地表的不同材质和结构，如土地、草地、道路、建筑物等，这些地面背景在红外图像中呈现出不同的热辐射特征。具体而言，地面背景通常具有较高的灰度值，尤其是在阳光照射下，因为地面能够吸收和储存较多的热能。不同地表材质的红外辐射特性也会有所差异，如土地和草地可能呈现出较为均匀的温度分布，而道路和建筑物可能具有不规则的热辐射分布。此外，地面背景还受到地形的影响，如山脉、山谷等地形变化会导致红外图像中的地面背景出现灰度的变化和不规则的热辐射分布。地面背景的这些红外特性使得在复杂地面背景下的红外小目标检测面临着挑战，因为目标的热辐射很容易与地面背景混合，使其难以准确识别和提取。

实际应用中，山地背景最为常见，复杂的山脉走向、零散分布的树木、多变的辐射源往往会给检测带来较多的虚警。如果背景中包含建筑物，由于建筑物对太阳辐射具有很强的吸收和反射作用，因此建筑物往往呈现高强度，加上其复杂的结构和丰富的纹理信息，大大增加了目标检测的难度。

图 2-8 展示了两张典型地面背景的红外图像及其三维灰度图。图 2-8（a）由建筑物和天空组成，建筑物对太阳辐射具有较强的吸收和反射作用，灰度值较高，而且结构复杂，伴有丰富的纹理、形状等细节信息；图 2-8（b）展示了一个山地场景，山脉走向为不规则曲线，树木呈现低灰度特性，零散分布导致树木的缝隙透出较强的地面辐射，形成不定形高强度杂波。

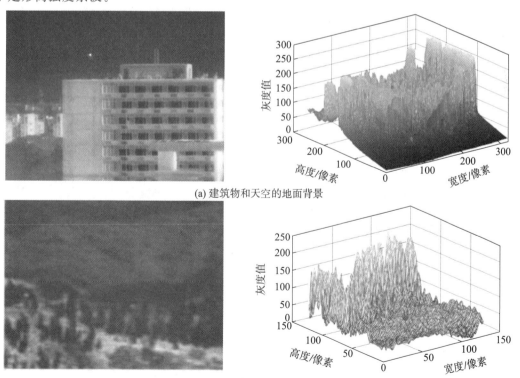

(a) 建筑物和天空的地面背景

(b) 山地场景的地面背景

图 2-8 典型地面背景的红外图像及其三维灰度图

（3）海面背景

海面背景主要由水体组成，其红外特性受到多种因素的影响。首先，海面的温度分布通常不均匀，受到海流、季节变化、太阳辐射等因素的影响，导致海面呈现出温度梯度和不规则的热分布。其次，海面的热辐射受到光学效应的影响，如太阳光的反射和折射，形成红外图像中的光斑和热点。此外，海面背景还受到气候条件的影响，如大气湿度、云层等，这些因素会对海面的红外辐射产生干扰。海面上的波浪、涟漪、海雾等也会对红外图像中的海面背景造成影响，使其出现纹理和灰度的变化。海杂波的形状、尺寸、强度，会随着天气、光照、风速的不同发生变化。此外，海浪、海天交界线和陆海交界线这类高频背景同样会对检测造成干扰。

图 2-9 展示了两张典型海面背景的红外图像及其三维灰度图。图 2-9（a）中海面背景红外图像较为典型，图像背景由天空和海面共同组成，其中天空背景灰度较为均匀，海面背景的灰度部分较为波动。图 2-9（b）中海面背景红外图像下半部分的海面因为镜面反射形成了条状亮带，灰度分布出现波动；图中还存在一条明显的海天分界线，分界线两端灰度出现阶跃式升高。

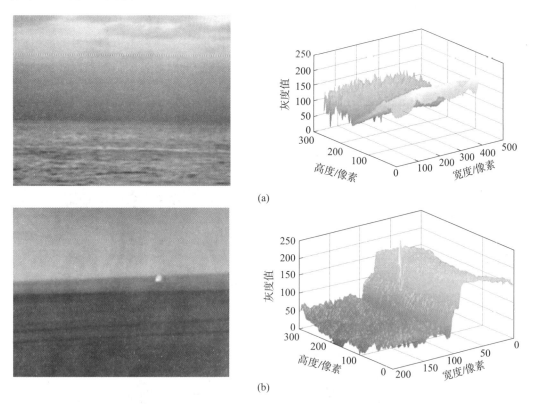

(a)

(b)

图 2-9 典型海面背景的红外图像及其三维灰度图

（4）强反射背景

在红外图像中，强反射背景是指具有高反射率的表面或物体，其红外特性具有一些独特的特点。首先，强反射背景会产生明亮的热点或光斑，这是由于物体表面对红外辐射的高反射率导致的。这些热点或光斑在红外图像中呈现出明显的亮度增强区域，可能会掩盖或混淆周围的目标信息。其次，强反射背景的边缘部分常常具有不连续性，即灰度值的突然变化或跳跃，这可能会导致边缘部分被错误地检测为目标。此外，强反射背景通常具有高对比度和明显的纹理特征，这可能会干扰目标的检测和提取。强反射背景还可能受到光照条件的影响，如阳光直射或光照角度变化，产生亮闪的地面或海面背景，进一步增加了背景的复杂性和干扰性。

图 2-10 展示了典型的强反射背景的红外图像和对应的三维灰度图，海面由于强镜面反射形成了大面积海亮带，呈现高灰度，具有复杂的层次纹理，而且海天分界线的存在使得灰度出现剧烈变化。强反射导致三维灰度图剧烈变化，对弱小目标的识别造成了干扰。

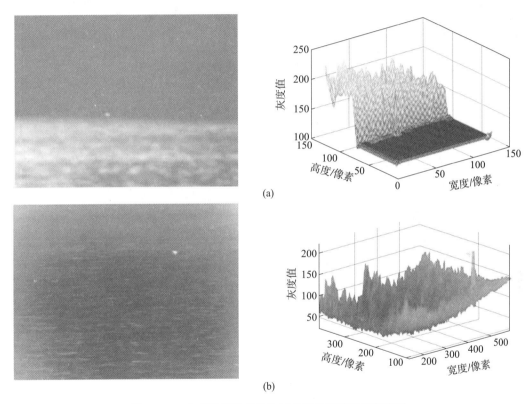

图 2-10 典型强反射背景的红外图像及其三维灰度图

（5）强杂波背景

强杂波背景具有高幅度的背景杂波信号，强杂波红外图像由于杂波背景复杂，使得背景像素之间相关性降低。首先，强杂波背景红外图像中出现高辐射的点状杂波，其数量多、分布广，这些点状杂波与目标的灰度范围重叠，可能会被误认为是疑似目标，成为红外图像中的虚警源；其次，强杂波背景常常具有不规则的空间分布和灰度起伏，这使得杂波在灰度图像中呈现出较强的非均匀性和变化性，给目标的检测和提取带来了挑战。此外，强杂波背景中可能存在各种形态和尺寸的杂波结构，如点状、线状或斑块状的背景杂波，这增加了目标与背景的区分难度。

　　图 2 - 11 展示了典型强杂波背景的红外图像及其三维灰度图。图 2 - 11 中，由于海水随机波动，海面形成起伏剧烈的海杂波；受阳光的影响，背景红外图像灰度分布不均匀，同时产生大量与目标大小、灰度分布相似的较强耀斑，且从三维灰度图中可以看出目标与耀斑的像素值存在部分交叠。

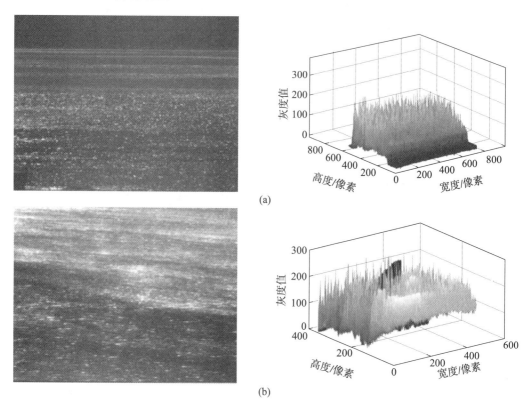

(a)

(b)

图 2 - 11　典型强杂波背景的红外图像及其三维灰度图

2.2　常用暗弱小目标检测方法

　　在红外暗弱小目标探测领域，为了有效地检测和识别目标，研究人员提出了多种方法和算法。这些方法在不同的领域和应用场景中都取得了一定的成果。本节将介绍常用的暗弱小目标检测方法，包括空域处理方法、变换域处理方法、时域处理方法以及深度学习方法。

2.2.1　空域处理方法

　　空域是指图像平面本身，即组成图像的像素的集合。空域处理方法是直接对图像像素灰度值进行运算处理。在红外小目标检测中，空域处理的主要目的是去除图像中的噪声和增强图像的特定部分，以便更好地进行目标检测。

2.2.1.1　空域滤波

基于空域滤波的方法，通过抑制背景得到差分图像，利用阈值分割检测目标。传统基于空域滤波的方法有最大中值/最大均值（Max – Mean/Max – Median）滤波方法、二维最小均方（Two – Dimensional Least Mean Square，TDLMS）滤波方法、形态学滤波（Morphological Filtering）方法等。

（1）最大中值滤波方法

最大中值滤波器（Max – Median Filters）在有效地去除噪声的同时保持信号的几何特征。最大中值滤波器分别取水平、垂直和两条对角线共 4 个方向上的相邻像素和中心像素一起计算中值，最终取 4 个中值的最大值作为背景部分的估计值。用于奇数采样的一维非递归中值滤波器可以表示为

$$y(m) = \text{median}[x(m-N), \cdots, x(m-1), x(m), x(m+1), \cdots, x(m+N)]$$

$$(2-3)$$

式中，x 为输入；y 为窗口大小为 $2N+1$ 的中值滤波器的输出。

最大中值滤波器可以用来去除脉冲噪声，并且其计算效率也很高。最大中值滤波器的长处是保持比观察空间维数低的信号特征，如二维空间中的线。$2N+1$ 大小的最大中值滤波器的输出结果 $y(m, n)$ 可以定义为

$$y(m, n) = \max[z_1, z_2, z_3, z_4] \qquad (2-4)$$

式中：

$$z_1 = \text{median}[x(m, n-N), \cdots, x(m, n), \cdots, x(m, n+N)] \qquad (2-5)$$

$$z_2 = \text{median}[x(m-N, n), \cdots, x(m, n), \cdots, x(m+N, n)] \qquad (2-6)$$

$$z_3 = \text{median}[x(m+N, n-N), \cdots, x(m, n), \cdots, x(m-N, n+N)] \qquad (2-7)$$

$$z_4 = \text{median}[x(m-N, n-N), \cdots, x(m, n), \cdots, x(m+N, n+N)] \qquad (2-8)$$

图 2 – 12 显示了在窗口中的最大中值滤波器的执行过程。窗口大小为 $2N+1$ 的最大中值滤波器跨过了 $8N+1$ 个采样点，并按从左至右、从上至下的顺序移动。如图 2 – 12 所示，图中 z_1、z_2、z_3、z_4 的表达式分别为

$$z_1 = \text{median}(a41, a42, a43, a44, a45, a46, a47) \qquad (2-9)$$

$$z_2 = \text{median}(a14, a24, a34, a44, a54, a64, a74) \qquad (2-10)$$

$$z_3 = \text{median}(a71, a62, a53, a44, a35, a26, a17) \qquad (2-11)$$

$$z_4 = \text{median}(a11, a22, a33, a44, a55, a66, a77) \qquad (2-12)$$

图 2 – 13 展示了最大中值滤波算法检测效果。

（2）最大均值滤波方法

最大均值滤波是一种常用的图像处理方法，常用于小目标识别中的预处理阶段。其可以有效地减小图像中的噪声，增强目标的边缘和细节，提高小目标的可见性和辨别性。最大中值滤波器可以通过将中值操作替换为均值操作转化为最大均值滤波器。最大均值滤波器的输出可以表示为

$$y(m, n) = \max[z_1, z_2, z_3, z_4] \qquad (2-13)$$

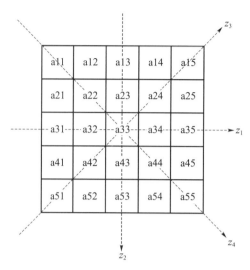

图 2 - 12　最大中值滤波器的执行过程

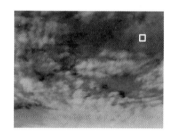

图 2 - 13　最大中值滤波算法检测结果

式中：

$$z_1 = \text{mean}[x(m, n-N), \cdots, x(m,n), \cdots, x(m, n+N)] \tag{2-14}$$

$$z_2 = \text{mean}[x(m-N, n), \cdots, x(m,n), \cdots, x(m+N, n)] \tag{2-15}$$

$$z_3 = \text{mean}[x(m+N, n-N), \cdots, x(m,n), \cdots, x(m-N, n+N)] \tag{2-16}$$

$$z_4 = \text{mean}[x(m-N, n-N), \cdots, x(m,n), \cdots, x(m+N, n+N)] \tag{2-17}$$

经过均值滤波后的图像 y 的输出的方差可以表示为

$$\sigma_y^2 = \frac{1}{N^2} \Big[\sum_{i=1}^{N} \sigma_{x_i}^2 + 2 \sum_{i=1}^{N} \sum_{j=1}^{N} R_{\parallel}(i,j) \Big] \tag{2-18}$$

式中，$\sigma_{x_i}^2$ 为输入信号的方差；N 为滤波器窗口的大小；$R_{\parallel}(i, j)$ 为二阶统计。

从式（2 - 18）可以很容易地看出，输出信号的方差依赖于窗口大小和输入信号的方差。在具有较大方差的区域（存在边缘），均值滤波器趋向于使边缘变得模糊。当 N 值增加时，输出信号的方差相对于输入信号的方差会越来越小，这标志着边缘信息越来越模糊。但是，该性质可以用来抑制信号中的尖峰脉冲（孤立点）。N 值越大，尖峰脉冲信号被抑制得越多。一般地，N 必须足够大来抑制尖峰脉冲信号，又必须足够小来保持边缘信息。

最大中值滤波和最大均值滤波相对于二维中值滤波，可以更好地保持图像的边缘细节。同时，由于小目标在图像中可以看作是孤立的，因此可以通过采用最大中值滤波或最大均值滤波抑制目标，然后用原始图像减去滤波后的图像来实现增强目标。

（3）二维最小均方滤波方法

由于背景灰度往往不是均匀分布的，而是变化的，采用固定权值模板进行背景预测有一定的局限，因此产生了自适应权值的线性滤波背景预测算法。二维最小均方误差算法是一种典型的自适应权值背景预测算法（Two - Dimensional Least Mean Square，TDLMS）。

二维最小均方误差算法[92]是一种典型的自适应空间预测滤波算法。设 $f(x，y)$ 表示一幅红外图像在点 $(x，y)$ 处的灰度值，则根据点 $(x，y)$ 附近某一空间邻域内其他点的灰度值对点 $(x，y)$ 的灰度值 $f(x，y)$ 进行线性预测的估计值 $f'(x，y)$ 可以表示为

$$f'(x,y) = \sum_{(p,q)\in S} W(p,q)G(x-p,y-q) \tag{2-19}$$

式中，$W(p，q)$ 为线性预测系数；S 为预测域。

由式（2 - 19）可见，预测估计值是通过对预测域内的每一点进行加权求和得到的。预测误差定义为

$$E(x,y) = f(x,y) - f'(x,y) \tag{2-20}$$

实际中，自然背景红外辐射的空间分布虽然存在较大的相关性，但并不是均匀的，在对背景的红外辐射空间分布进行预测时要考虑到背景辐射强度的起伏。因此，当预测器的形式确定后，预测器的参数应当随着背景辐射强度的起伏而变化。采用 TDLMS 自适应空间预测滤波技术可以克服背景辐射强度的起伏对预测结果的影响。

TDLMS 自适应空间预测滤波器根据预测域和被预测点的相对位置关系以及预测域的形状和大小，可以分为因果、半因果和非因果 3 种情况，它们的差别在于数据利用率和预测估计准确性不同。红外成像系统一般是在一幅图像采集完后，再对其中的小目标进行检测，因此可以采用非因果形式的 TDLMS 自适应空间预测滤波器，利用被预测点周围尽量多的图像数据提高预测估计的准确性，从而提高目标检测性能。非因果 TDLMS 自适应空间预测滤波的具体算法如下[92]。

设图像 $(x，y)$ 处像素点灰度值 $f(x，y)$，尺寸为 $M \times M$，预测域为正方形，预测域尺寸（对应于权矩阵 W 的尺寸）为 $N \times N(N$ 一般取奇数），被预测点选为预测域的中心点，则 $f(x，y)$ 的预测值 $f'(x，y)$ 为权矩阵与预测域内点的加权和：

$$f'(x，y) = \sum_{p=0}^{N-1} \sum_{q=0}^{N-1} W_j(p，q)G(x-p，y-q)，\quad (x，y=0，1，2，\cdots，M-1) \tag{2-21}$$

式中，W_j 为第 j 次迭代的权矩阵。

若上述误差预测过程对一幅图像是逐行逐列进行的，则迭代次数为 $j = mM + n$，预测误差为

$$E(x，y) = \varepsilon_j = f(x，y) - f'(x，y) \tag{2-22}$$

每次迭代后，根据预测值误差和被预测点的实际值，对权矩阵修正如下：

$$W_{j+1}(p，q) = W_j(p，q) - 2\mu\varepsilon_j G(x，y)，\quad (p，q=0，1，2，\cdots，N-1) \tag{2-23}$$

式中，μ 为收敛因子。

在上述算法中，收敛因子对预测效果有很大的影响。实际中确定收敛因子的方法有多种，对于选用固定收敛因子的情况，大量的实际数据实验表明比较合适的收敛因子数值约为[92]$\mu = 10^{-6}$。

（4）形态学滤波方法

形态学滤波是从数学形态学中发展出来的一种新型的非线性滤波技术。形态学滤波器基于信号或图像的几何结构特性，利用预定义的结构元素（相当于滤波窗口）对信号进行匹配或局部修正，以达到提取信号、抑制噪声的目的。由早期的二值形滤波器发展为后来的多值（灰度）形态学滤波器。形态学滤波器在形状识别、边缘检测、纹理分析、图像恢复和增强等领域有广泛的应用。

数学形态学是由一组形态学的代数运算子组成的。最基本的形态学算子有膨胀（Dilation）、腐蚀（Erosion）、开（Opening）和闭（Closing）。通常设 A 为图像矩阵，B 为结构元素矩阵，形态学滤波就是使用矩阵 B 对矩阵 A 进行操作。下面分别介绍二值形态学运算、灰度形态学运算和 Top-Hat 变换。

1）二值形态学运算。

在二值形态学中，A 被 B 腐蚀表示为 $A \odot B$，定义为

$$A \odot B = \{x \mid (B)_x \subseteq A\} \tag{2-24}$$

式（2-24）表明 B 对 A 腐蚀的结果是所有 x 的集合，其中 B 平移 x 后仍在 A 中，即 B 腐蚀 A 得到的集合是 B 完全包括在 A 中时 B 的原点位置的集合。

膨胀是腐蚀的对偶运算，可以通过对补集的腐蚀来定义。A 被 B 膨胀表示为 $A \oplus B$，定义为

$$A \oplus B = [A^c \odot (-B)]^c \tag{2-25}$$

式中，上标 c 为补集。

由于膨胀和腐蚀并不是互为逆运算，因此可以将它们级联使用。开运算就是先对图像进行腐蚀，然后膨胀其结果；闭运算则是先对图像进行膨胀，然后腐蚀其结果。

开运算的运算符：A 用 B 来做开运算写作 $A \circ B$，其定义为

$$A \circ B = (A \odot B) \oplus B \tag{2-26}$$

闭运算的运算符：A 用 B 来做闭运算写作 $A \cdot B$，其定义为

$$A \cdot B = (A \oplus B) \odot B \tag{2-27}$$

开运算和闭运算都可以除去比结构元素小的特定图像细节，同时保证不产生全局失真。开运算可以把比结构元素小的突起滤掉，切断细长连接而起到分离作用；闭运算可以把比结构元素小的缺口或孔填充上，连接短的间断而起到连通作用。开运算常用来去除小的亮点，闭运算常用来去除小的暗点。在实际应用过程中，开运算经常用于去除比结构元素小的图像噪声及干扰，保留图像灰度值和较大的背景。

2）灰度形态学运算。

形态学可用于一般的灰度图像。一种简单的方法是将灰度图像二值化，而更好的办法是定义与二值图像形态学运算略有不同的灰度形态学运算。灰度形态学图像的灰度值

$f(x，y)$ 可取 0、1 以外的值，因此不能用集合表示，而选用数字图像函数来描述灰度形态学处理。

设输入图像灰度值为 $f(x，y)$，其中 $0 \leqslant x \leqslant M-1, 0 \leqslant y \leqslant N-1$；结构元素 $m \times n$ 的模板为 $T(i，j)$，其中 $0 \leqslant i \leqslant m-1, 0 \leqslant j \leqslant n-1$。设 $E(x，y)$ 和 $D(x，y)$ 分别为模板对 $f(x，y)$ 腐蚀和膨胀的结果，则灰度腐蚀定义为

$$E(x,y) = (f \odot T)(x,y) = \min_{\substack{0 \leqslant i \leqslant m-1 \\ 0 \leqslant j \leqslant n-1}} \left[f(x+i,y+j) - T(i,j) \right] \qquad (2-28)$$

灰度膨胀定义为

$$D(x,y) = (f \oplus T)(x,y) = \max_{\substack{0 \leqslant i \leqslant m-1 \\ 0 \leqslant j \leqslant n-1}} \left[f(x+i,y+j) + T(i,j) \right] \qquad (2-29)$$

如果结构元素的所有像素都为正，则膨胀使图像变亮，腐蚀使图像变暗；膨胀使黑色细节减少或去除，腐蚀使亮细节减弱或去除，这取决于结构元素的形状和像素值。由此可以看出，灰度图像的膨胀和腐蚀还可分别用于区域边界的下凹填补和上凸抹平。

3）Top-Hat 变换。

Top-Hat 算法是一种形态学图像处理算法，可以用于图像的分割、边缘检测、小目标检测等。在小目标检测中，Top-Hat 算法可以通过对空域图像进行初步处理，大致划分出可能的小目标区域，节省后续处理的计算量，达到要求的时效性和准确性。Top-Hat 运算定义为

$$\text{WTT}(X) = X - X \circ T \qquad (2-30)$$

式中，$\text{WTT}(X)$ 为经过 Top-Hat 变换处理后得到的结果；X 为输入图像；T 为结构元素，也称为结构元。

常见的结构元 $\boldsymbol{T}$ 如下：

$$\boldsymbol{T} = \begin{pmatrix} 0 & 1 & 0 \\ 1 & 1 & 1 \\ 0 & 1 & 0 \end{pmatrix} \qquad (2-31)$$

经处理后，大于结构元素的目标会保留下来，而小于结构元素的噪声被去除，原始图像中高灰度的且变化缓慢的背景也会被有效抑制。Top-Hat 算法检测结果如图 2-14 所示。

图 2-14　Top-Hat 算法检测结果

2.2.1.2　基于局部对比度的方法

人类视觉系统机制在目标检测领域应用广泛。根据人眼视觉感知特性，视觉注意具有

一定的选择性，将引起注意的部分定义为显著性区域。对人类视觉系统而言，视觉对比机制能够更好地认知事物，如目标与其周围背景间具有显著差异，这些差异使目标能够被快速检测。为充分利用目标与背景局部对比特征，基于视觉对比机制，LCM 算法首先被提出。在此基础上，MLCM 算法、多尺度局部均匀性度量（Multiscale Local Homogeneity Measure，MLHM）算法、RLCM 算法、MPCM 算法等相继被提出并应用于暗弱小目标的检测中，下面就分别对这些算法进行简要介绍。

（1）LCM 算法

LCM 算法通过计算当前位置和其邻域之间的差异来获得输入图像的局部对比度图，当前位置和其邻域之间差异程度越大，局部对比度的值越大，该区域出现目标的可能性就越大。

通常目标所在区域的灰度和其邻域有所不同，这意味着目标所在的局部区域会显著一些。如图 2-15 所示，在图像中取一个滑动窗口，将该窗口分为 9 个子块，中心子块记作 h_0，这是目标可能出现的区域；将周围邻域的 8 个子块分别记为 $h_i(i=1，\cdots，8)$。局部对比度用来衡量中心子块 h_0 的灰度值与局部背景的 8 个子块的灰度值的差异。LCM 算法提出的假设是目标的灰度比邻域的要高，让滑动窗口在需要识别小目标的图像上滑动，当子块 h_0 滑动到小目标的位置时，其余子块所在位置就是小目标的局部背景位置。滑动窗口每滑动到一个位置，就会得到一个局部对比度的值，该值越大，说明窗口覆盖的子块 h_0 存在目标的可能性越大。窗口滑遍图像的所有位置后，计算每个位置的局部对比度，从而得到局部对比度图像。

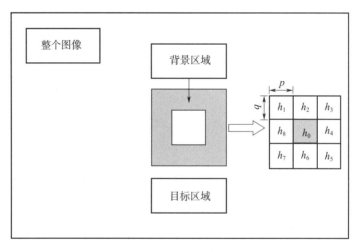

图 2-15　滑动窗口

图 2-16 是一个大小为 $3p \times 3q$ 的窗口，在周围子块 $h_1 \sim h_8$ 中，将每个子块里的灰度平均值记作 $m_i(i=1，2，\cdots，8)$：

$$m_i = \frac{1}{N_u} \sum_{j=1}^{N_u} f_j^i \qquad (2-32)$$

式中，N_u 为第 i 个子块包含的像素数量；f_j^i 是第 i 个子块内第 j 个像素点对应的灰度值。

有了周围子块灰度均值的表达式后，便能给出中心子块与周围子块的对比度的定义：

$$c_i^n = \frac{L_n}{m_i} \quad (2-33)$$

式中，n 为窗口滑动时图像块的编号；L_n 为该图像块中区域 h_0 的最大像素值。

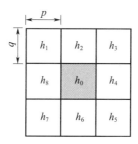

图 2-16　将目标及局部背景划分成 9 个区域

此外，红外图像中小目标通常会比局部背景区域像素值大。但是，由于目标与背景区域的区分度有时会很小，为了进一步增强目标信号，最终局部对比度的定义如下：

$$C_n = \min_i L_n \times c_i^n = \min_i L_n \times \frac{L_n}{m_i} = \min_i \frac{L_n^2}{m_i} \quad (2-34)$$

计算整幅图中每个位置的对比度 C_n 后，得到局部对比度图像。局部对比度图像的值越大，意味着该位置出现目标的可能性就越大。

（2）MLCM 算法

MLCM 算法是一种在小目标识别中广泛应用的图像处理方法。该算法旨在增强图像中小目标的可见性和辨别性，通过对图像的多个尺度进行分析，以便更好地检测和识别小目标。

MLCM 算法基于上文的 LCM 算法，其基本思想是在 LCM 算法基础之上对不同尺度下的图像进行分析，以捕捉不同大小的目标信息。对于不同的小目标，其大小会发生一定变化。对于红外小目标而言，一般情况下，目标的大小一般在 9 像素 × 9 像素范围内。设滑动窗口的大小是 $3p \times 3q$。如果窗口选择过小，会导致将小目标当作背景，造成目标漏检；如果窗口选择过大，会导致计算量冗余且效率低下。

MLCM 算法流程：首先给出窗口大小取值范围，即 p 和 q 可取值的范围；然后将 p 和 q 取遍所有可选的值，进行不同的组合，求取对应的局部对比度，记为 $C^l(p,q)$；最后得出 MLCM：

$$\text{MLCM} = \max_{l=1,2,\cdots,L} C^l(p,q) \quad (2-35)$$

式中，l 为不同尺度。

（3）MLHM 算法

MLHM 算法通过目标在子块内的同质性以及目标与背景之间的异质性，增强小目标的显著性；利用局部区域的多尺度测量方法，获得最合适的响应；通过自适应阈值分割，实现小目标检测。下面是该算法的具体推导过程。

利用 $3p \times 3q$ 滑动窗口将原始图像分块，滑动窗口划分为 9 个子块，中心子块定义为

h_0，相邻子块定义为 $h_i(i=1,2,\cdots,8)$。

计算中心图像块和相邻子块之间的异质性 D：

$$D=[d_{h_1},d_{h_2},\cdots,d_{h_8}]^{\mathrm{T}} \tag{2-36}$$

$$d_{hi}=m_{h0}-m_{hi},i=1,2,\cdots,8 \tag{2-37}$$

式中，m_{h_0}，m_{h_i} 分别为中心图像块 h_0 和相邻子块 h_i 的灰度平均值。

计算中心图像块与相邻图像块在第 i 方向上的异质性：

$$\widetilde{d}_{hi}=d_{hi}*d_{h_{i+4}},(i=1,2,\cdots,4) \tag{2-38}$$

计算整个图像块的异质性：

$$C(x_0,y_0)=\min_{i=1,2,\cdots,4}\widetilde{d}_{hi} \tag{2-39}$$

式中，$(x_0，y_0)$ 为图像块中心子块 h_0 的中心。

计算图像块的局部同质性：

$$W^l=C^l\times\frac{1}{\sigma^l+\varepsilon},\varepsilon=0.01,l=1,2,\cdots,L \tag{2-40}$$

式中，标准差 σ 反映图像块的灰度变化，表征中心图像块的同质性。

图像的 MLHM 计算如下：

$$\mathrm{MLHM}=\max_{l=1,2,\cdots,L}W^l(p,q) \tag{2-41}$$

式中，l 为个同尺度。

W^l 的值越大，则该区域是目标的可能性越大。

（4）RLCM 算法

RLCM 算法首先计算原始图像每个像素的 RLCM，通过比值运算增强目标，差值运算抑制干扰；然后通过自适应阈值提取目标。该算法可有效处理复杂背景下大小不同的小目标检测，且无需预处理消除高亮背景。下面是该算法的具体推导过程。

对原始图像采取分块策略，每个滑动窗口图像块由 9 个单元格组成，单元格的大小应该接近或略大于目标。计算原始图像每个像素的 RLCM，即在原始图像上逐像素从左到右、从上到下滑动图像块：

$$\mathrm{RLCM}=\min\left(\frac{f_0}{f_i}f_0-f_0\right) \tag{2-42}$$

$$=\min(z_if_0-f_0),i=1,2,\cdots,8$$

$$f_0=\frac{1}{k_1}\sum_{j=1}^{k_1}G_0^j \tag{2-43}$$

$$f_i=\frac{1}{k_2}\sum_{j=1}^{k_2}G_i^j,i=1,2,\cdots,8 \tag{2-44}$$

式中，G_0^j 和 G_i^j 分别为中心子块和第 i 个子块中的第 j 个最大灰度值；k_1 和 k_2 为参与计算的最大灰度值个数；z_i 为中心单元在对应方向上的增强因子。

为增强目标，k_2 设为略大于 k_1。

（5）MPCM 算法

MPCM 算法为了有效增强目标并且抑制背景，采取了图像分块策略。MPCM 算法的局部图像块的嵌套结构如图 2 - 17 所示。在介绍 MPCM 之前，先要介绍块局部对比度（Patch - Based Contrast Measure，PCM）的概念。如图 2 - 17 是大小为 $3p \times 3p$ 的图像块，该图像块分成 9 个子块 $h_i (i = 0，1，\cdots，8)$，$(x_0，y_0)$ 是图像块中心子块 h_0 的中心。

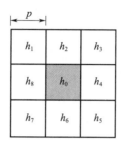

图 2 - 17　局部图像块的嵌套结构

中心子块 h_0 和周围子块 $h_i (i = 1，\cdots，8)$ 之间的亮度差异定义为

$$D(h_0) = \begin{pmatrix} d(h_0, h_1) \\ d(h_0, h_2) \\ \vdots \\ d(h_0, h_8) \end{pmatrix} \qquad (2 - 45)$$

$$d(h_0, h_i) = m_{h0} - m_{hi}，(i = 1, 2, \cdots, 8) \qquad (2 - 46)$$

式中，m_{h0} 和 m_{hi} 分别为 h_0 和 h_i 的灰度平均值。

度量第 i 个方向上，中心子块与周围子块之间的亮度不相似性 $\tilde{d}_i$：

$$\tilde{d}_i = d(h_0, h_i) * d(h_0, h_{i+4})，(i = 1, 2, \cdots, 4) \qquad (2 - 47)$$

检测暗目标时，目标区域的强度小于背景区域，满足以下条件：

$$d(h_0, h_i) < 0，d(h_0, h_{i+4}) < 0 \qquad (2 - 48)$$

因此，$\tilde{d}_i > 0$。当亮暗目标同时存在时，满足以下条件：

$$\tilde{d}_i = \begin{cases} d(h_0, h_i) * d(h_0, h_{i+4})，[d(h_0, h_i) > 0，\quad d(h_0, h_{i+4}) > 0 \| d(h_0, h_i) < 0，d(h_0, h_{i+4}) < 0] \\ 0，\qquad\qquad\qquad\qquad\qquad\qquad\qquad\qquad\qquad\qquad 其他 \end{cases}$$

$$(2 - 49)$$

基于以上概念及公式，计算图像块的 PCM：

$$w(x_0, y_0) = \min_{i = 1, \cdots, 4} \tilde{d}_i \qquad (2 - 50)$$

式中，$(x_0，y_0)$ 为中心子块 h_0 的中心点坐标。

将图像块作为滑窗遍历整个图像，最后得到图像的对比度图。

将滑窗两边的长度 p 和 q 取最大范围 L 内不同的值组合并计算 PCM，将图像的 MPCM 记作 $\hat{w}$，w^l 是 l 尺度下的 PCM 大小，图像的 MPCM 便可表达为

$$\mathrm{MPCM} = \max_{l = 1, 2, \cdots, L} w^l(p, q) \qquad (2 - 51)$$

2.2.2　变换域处理方法

图像变换域处理是将空间域图像信号转换到另外一种特征空间进行处理的方式，利用

目标和背景之间变换域信息的差异，在变换域中处理相应的信息，将背景和杂波滤除，最终通过逆变换转回至空间域，得到相应的目标区域。

（1）频域高通滤波

经典的频域滤波方法首先通过变换将图像变换到频域中；然后在保护目标相关特征的同时，对其进行高通滤波；最后，经过逆变换获得背景抑制后的红外图像。弱小目标在红外图像的频带中往往占据高频部分而背景占据低频部分，因此采用频域高通滤波器对图像进行处理，可以将背景滤除，留下目标部分。这种方法可以有效地抑制变化比较缓慢的背景，同时能够保留弱小目标、景象边缘以及图像中的随机噪声。常见的频域弱小目标检测方法主要有理想高通滤波、高斯高通滤波、巴特沃斯高通滤波等。

理想高通滤波器（Ideal High Pass Filter，IHPF）定义为

$$H(u,v)=\begin{cases}0 & D(u,v)\leqslant D_0\\1 & D(u,v)>D_0\end{cases} \tag{2-52}$$

式中，D_0 为截止频率；$D(u,v)$ 为频域点 (u,v) 与频率矩形中心的距离，即

$$D(u,v)=[(u-P/2)^2+(v-Q/2)^2]^{1/2} \tag{2-53}$$

式中，P 为填充后的尺寸。

高斯高通滤波器（Gaussian High Pass Filter，GHPF）定义为

$$H(u,v)=1-e^{-D^2(u,v)/2D_0^2} \tag{2-54}$$

n 阶巴特沃斯高通滤波器（Butterworth High Pass Filter，BHPF）定义为

$$H(u,v)=\frac{1}{1+[D_0/D(u,v)]^{2n}} \tag{2-55}$$

上述 3 种高通滤波器如图 2-18 所示，从图中可以看出理想高通滤波器对背景抑制彻底，但存在严重的"振铃"现象，可能会导致产生较高的虚警率。高斯高通滤波器因其在高频与低频之间存在平滑的过渡，所以没有"振铃"现象，但是滤波效果较差。巴特沃斯高通滤波器是它们之间的一个平衡，其滤波效果比高斯滤波器好，同时"振铃"现象也在可以接受的范围内，因此常选取巴特沃斯高通滤波器对图像进行简单的高通滤波。

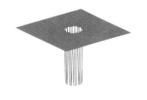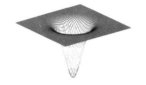

(a) 理想高通滤波器　　　　　　(b) 二阶巴特沃斯高通滤波器　　　　　(c) 高斯高通滤波器

图 2-18　频域高通滤波器对比

（2）拉普拉斯金字塔变换

图像拉普拉斯金字塔变换包括 3 个步骤：图像高斯金字塔建立、图像拉普拉斯金字塔建立和拉普拉斯金字塔图像重建[93]。

图像的高斯金字塔建立是通过依次对下层图像与具有低通特性的窗口函数进行卷积，

再把卷积结果进行隔行隔列的降采样来实现的，所选窗口权函数的形状类似于高斯分布函数。

置源图像 I_0 为高斯金字塔的第 0 层（最下层），高斯金字塔第 l 层图像 I_l 通过将 $l-1$ 层图像 I_{l-1} 和一个具有低通特性的窗口函数 $w(x,y)$ 进行卷积后的结果进行隔行隔列的降采样来构造，即

$$I_l(i,j) = \sum_{m=-2}^{2} \sum_{n=-2}^{2} w(x,y) I_{l-1}(2i+x, 2j+y)$$
$$0 < l \leqslant N, 0 \leqslant i < C_l, 0 \leqslant j < R_l \qquad (2-56)$$

式中，N 为高斯金字塔顶层的层号；C_l 为高斯金字塔第 l 层图像的列数；R_l 为对应的行数；$w(x,y)$ 为窗口的权函数。

引入图像的缩小算子 Reduce，将 I_l 构造函数简写为

$$I_l = \text{Reduce}(I_{l-1}) \qquad (2-57)$$

根据图层构造函数依次构造每个图层后，$I_0, I_1, \cdots, I_N$ 构成了图像高斯金字塔，总层数为 $N+1$，每一图层图像的大小依次为其相邻下一图层图像大小的 $\dfrac{1}{4}$。

拉普拉斯金字塔的每一层图像是高斯金字塔本层图像与其上一层图像经所定义的放大算子放大后图像的差，该过程相当于带通滤波。

设放大算子为 Expand，I_l^* 为 I_l 内插后所得的放大图像，而且 I_l^* 的尺寸和 I_{l-1} 的尺寸相同，则：

$$I_l^* = \text{Expand}(I_l) \qquad (2-58)$$

Expand 算子定义为

$$I_l^*(i,j) = 4 \sum_{m=-2}^{2} \sum_{n=-2}^{2} w(x,y) I_l\left(\frac{i+x}{2}, \frac{j+y}{2}\right)$$
$$0 < l \leqslant N, 0 \leqslant i < C_l, 0 \leqslant j < R_l \qquad (2-59)$$

式中：

$$I_l\left(\frac{i+x}{2}, \frac{j+y}{2}\right) = \begin{cases} I_l\left(\dfrac{i+x}{2}, \dfrac{j+y}{2}\right), & \text{当} \dfrac{i+x}{2} \text{、} \dfrac{j+y}{2} \text{为整数时} \\ 0 & \text{其他} \end{cases}$$

Expand 算子可看作 Reduce 算子的逆算子，I_l^* 尺寸与 I_{l-1} 尺寸虽然相同，但 I_l^* 不等于 I_{l-1}，从 Expand 算子的定义［式（2-59）］可以看出，I_{l-1} 低通滤波处理后得到的 I_l 通过对像素值的加权平均内插运算得到图像 I_l^*。由于 I_l 是模糊化、降采样的 I_{l-1}，因此 I_l^* 所包含的图像细节信息少于 I_{l-1}，两者在高斯金字塔中对应层的差运算得到拉普拉斯金字塔的图像：

$$\begin{cases} \text{LP}_l = I_l - \text{Expand}(I_{l+1}), & \text{当} 0 \leqslant l < N \text{时} \\ \text{LP}_N = I_N, & \text{当} l = N \text{时} \end{cases} \qquad (2-60)$$

式中，N 为拉普拉斯金字塔顶层的层号；LP_l 为拉普拉斯金字塔第 l 层的图像。

图 2-19 为拉普拉斯金字塔的构造过程。从拉普拉斯金字塔构造过程来看，尺度越

大，经过高斯平滑的次数越多。随着尺度增大，低频信息逐渐突出，高频信息逐渐消失。LP_0, LP_1, …, LP_l, …, LP_N 构成的拉普拉斯金字塔各层图像均保留并突出了图像压缩、图像分析等处理所需要的图像特征信息（如小目标、纹理、边缘信息）。经过各成分滤波，将背景成分剔除后，使用滤波后的图像构造检测图像拉普拉斯金字塔的各层系数，由金字塔重构得到检测结果。

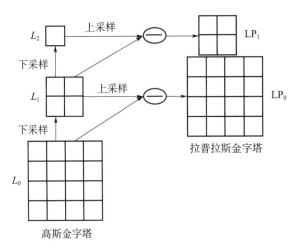

图 2-19　拉普拉斯金字塔的构造过程

（3）离散小波变换

离散小波变换把图像分解到更低分辨率水平上，这一级的子图像由低频信息和源图像在水平、垂直和对角线方向高频部分的细节信息组成。一幅图像 $f(x, y)$ 可以看作一个二维离散函数，可以通过离散的小波变换对图像进行处理。离散小波变换基于多分辨理论中的信号分解和重建的塔式算法，具有计算效率高、近移位不变性和方向选择性等优点。

离散小波变换通过选择适当的滤波器，可以极大地消除提取的不同特征之间的相关性。图像中的高频小波系数包含整体细节，因此利用小波变换对图像进行分解，可以得到高频图像与低频图像。离散小波变换分解原理如下。

给定可分离的二维缩放和小波函数，缩放和转换后的函数为

$$\varphi_{s,m,n}(x,y) = 2^{s/2}\varphi(2^s x - m, 2^s y - n) \tag{2-61}$$

$$\psi^d_{s,m,n}(x,y) = 2^{s/2}\psi(2^s x - m, 2^s y - n), d = \{H, V, D\} \tag{2-62}$$

式中，$\varphi_{s,m,n}(x, y)$ 和 $\psi^d_{s,m,n}(x, y)$ 分别为不同尺度和位置的尺度函数和小波函数；(x, y) 为像素坐标；m 为沿着行采样位置的偏移量；n 为沿着列采样位置的偏移量；s 为变换尺度（变换的阶数），s 越大，细节的阶数越高，其尺度越小，小波变换越细致；d 为变换的方向；ψ^H、ψ^V、ψ^D 分别为水平、垂直、对角线方向的二维小波函数。

设 $f(x, y)$ 是图像分辨率为 $M \times N$ 的强度，设置为

$$U = \{(x,y) \mid 0 \leqslant x \leqslant M-1, x \in Z, 0 \leqslant y \leqslant N-1, y \in Z\} \tag{2-63}$$

那么图像的离散小波变换为

$$W_{\varphi} = \frac{\sum\limits_{(x,y)\in U} f(x,y)\varphi_{s_0,m,n}(x,y)}{\sqrt{MN}} \tag{2-64}$$

$$W_{\varphi}(s_0,m,n) = \frac{\sum\limits_{x=0}^{M-1}\sum\limits_{y=0}^{N-1} f(x,y)\varphi_{s_0,m,n}(x,y)}{\sqrt{MN}} \tag{2-65}$$

$$W_{\psi}^{d}(s,m,n) = \frac{\sum\limits_{x=0}^{M-1}\sum\limits_{y=0}^{N-1} f(x,y)\psi_{s,m,n}^{d}(x,y)}{\sqrt{MN}} \tag{2-66}$$

式中，s_0 为开始的尺度；$W_{\varphi}(s_0,m,n)$ 为 $f(x,y)$ 的 0 阶近似值。

当尺度 $s \geqslant s_0$ 时，$W_{\psi}^{d}(s,m,n)$ 为水平、垂直与对角线细节的系数。给定方程中 W_{φ} 和 W_{ψ}^{d}，$f(x,y)$ 可以通过逆离散小波变换得到：

$$f(x,y) = \frac{\sum\limits_{m}\sum\limits_{n} W_{\varphi}(s_0,m,n)\varphi_{s_0},m,n(x,y)}{\sqrt{MN}} + \frac{\sum\limits_{d=\mathrm{H,V,D}}\sum\limits_{s=s_0}^{\infty}\sum\limits_{m}\sum\limits_{n} W_{\psi}^{d}(s,m,n)\psi_{s,m,n}^{d}(x,y)}{\sqrt{MN}}$$
$$\tag{2-67}$$

图 2-20 为图像的两级小波分解。由图 2-20 可以看到，在每一分解层上，图像均被分解为 1 个低频分量 LL 和 3 个高频分量 LH、HL 和 HH，共 4 个频带，其中低频分量 LL 保留了原图背景的大部分信息，高频分量 LH、HL、HH 包含了小目标、边缘、区域轮廓等细节信息。在小波分解的下一层，仅对低频分量 LL 进行分解。

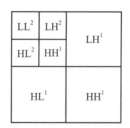

图 2-20　两级小波分解

（4）轮廓波变换

轮廓波变换是由 Do 和 Vetterli[94] 提出的一种多尺度、多分辨率的图像表示方法，这种方法能够高效地捕捉到图像的边缘和轮廓信息[95]。其最初是在离散域中提出的一种多尺度、多方向性的变换方法，后来才被推广到连续域。轮廓波变换由拉普拉斯变换演变而来，继承了脊波变换的思想，利用不可分的方向滤波器组来构造离散域上多尺度、多方向的基函数，实现对图像的多尺度、多方向分解；同时，其拥有各向异性尺度关系，能够有效地表示图像中的轮廓和边缘信息，充分捕捉图像中的高维奇异性信息[96]。

轮廓波变换的基本思路如下：首先利用拉普拉斯金字塔进行分解；再使用方向滤波器组（Directional Filter Bank，DFB）将同一方向的轮廓点结合构成线条，构成基本轮廓线条。由于该变换利用类似于轮廓段的基本结构，灵活地在多尺度、多方向上表示图像，因此被称为轮廓波变换。

如图 2-21 所示是轮廓波分解的频域示意框图，其中阴影部分表示图像分解时滤波器在频域的支撑空间，而 ↓（2，2）则表示经过采样矩阵 $\begin{pmatrix} 2 & 0 \\ 0 & 2 \end{pmatrix}$ 下采样。轮廓波分解包括尺度分解和方向子带分解。其中，尺度分解是由拉普拉斯变换完成的，图像被分解到各个特定尺度上，实现多尺度分解；通过拉普拉斯变换分解得到的各个高频分量部分通过 DFB 进行频域解析，进而得到多个方向子带，即方向子带分解。

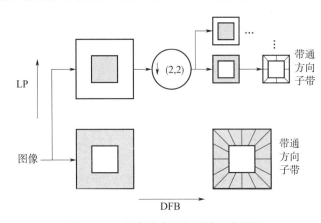

图 2-21　轮廓波分解的频域示意框图

2.2.3　时域处理方法

在某些背景复杂的红外场景中常常出现大量点状杂波干扰，基于频域和空域信息的单帧检测算法难以对弱小目标和这些点状杂波进行有效区分。由于小目标在运动过程中辐射强度比较稳定，因此经过探测器接收处理后，在不同帧图像中的灰度值也比较稳定。而背景中的点状杂波的成因不同，其辐射条件可能随着时间发生变化，导致成像后的灰度值出现波动。因此，对于单帧检测可能出现的多个疑似目标问题，可以利用时域信息对弱小目标进行进一步的精确检测。时域弱小目标检测算法可以根据小目标、噪声以及背景在时域的特性差异实现弱小目标检测。常用的时域处理方法包括管道滤波、动态规划、光流法等。

（1）管道滤波算法

管道滤波是一类典型而有效的时域、空域相结合的红外小目标探测算法，其核心思想是利用目标运动轨迹时间与空间连续性。管道滤波算法的思路是在序列图像中目标的空间位置处构建管道（通常管道为圆柱体），其中管道半径的设定由目标大小、运动速度、图像帧率等因素综合确定，而管道的长度表示图像帧数。图 1-39 所示为管道滤波算法。

管道滤波算法的步骤如下。

1）初始化滤波器参数：根据待检测目标的大小设定管道直径（一般管道直径略大于目标大小），管道的长度为检测所需的图像帧数 N。

2）连续输入 N 帧图像并对第一帧图像进行目标检测操作，确定图像中所有的目标候选点 $T_i(i=1，2，3，\cdots)$，并记录它们的位置信息。

3）以这些目标候选点 T_i 为圆心，根据 1）中给定的参数构建各个候选目标点对应的管道 $P_i(i=1，2，3，\cdots)$。

4）对于所有的管道 P_i，判断下一帧图像中各个管道内部是否存在目标点。如果存在，则目标出现计数器 M_i 加 1，并判断目标点的位置是否发生变化。如果位置发生改变，则相应的目标位置变化计数器 S_i 加 1，记录该帧图像中目标的位置作为候选目标点位置输出；如果位置不变，则直接搜索下一帧图像，直至管道中 N 帧图像都搜索完毕。

5）N 帧图像搜索完毕后，判断目标出现计数器 M_i 的值是否不小于 K_1 且目标位置变化计数器 S_i 是否不小于 K_2。如果满足上述条件，则判定该管道对应的目标候选点为真实目标，并标记其位置；否则认为其是虚假目标，并剔除。

6）更新输入的图像序列，转到步骤 2），直至处理完整个待检测图像序列。

传统的管道滤波算法虽然能够利用图像序列间目标运动的特点提高目标检测的准确性和效率，但是还存在 4 个比较严重的问题。

1）传统的管道滤波算法需要以第一帧图像中检测到的候选目标为管道中心，如果第一帧图像中对某一目标发生了漏检现象，则在后续的检测中该目标就不会被检测出来。

2）传统管道滤波算法后续的检测都是在第一帧图像确定的管道内进行的，如果管道的直径较小且管道的长度较长（检测时间较长），就可能发生目标移出管道的现象，这时目标会被当作噪声从而被剔除。

3）如果图像中有固定噪声存在，噪声会一直在图像中某个位置附近出现，会被误判成目标。

4）现实环境下有许多障碍物，如礁石、波浪、水面杂物等，传统的管道滤波算法中如果目标出现短暂的消失，目标会被当成噪声点剔除。

（2）动态规划算法

动态规划算法的基本思想是将小目标的轨迹搜索问题转化为最优寻迹问题。Barniv 首次将动态规划算法用于红外小目标的检测任务中，即 DP - TBD 算法，将目标在不同阶段的运动范围作为决策空间，将轨迹的累积能量作为值函数，通过递推方式实现全局最优的运动轨迹。DP - TBD 算法从初始时刻开始，逐步对所有可能的轨迹积累值函数，并存储轨迹在当前阶段的位置信息。经过给定帧数的累积后，对所有轨迹进行值函数的阈值判定。若轨迹的值函数小于阈值，则判定其为虚警轨迹；若轨迹的值函数大于阈值，则判定其为目标轨迹。对满足条件的轨迹进行回溯，得到目标在各帧图像中的实际位置。

假定一个目标在图像的二维平面内做匀速直线运动，将目标在第 k 帧图像中的状态变量定义为 $\boldsymbol{s}_k$，则目标的运动模型可以表示为

$$\boldsymbol{s}_k = \boldsymbol{F}\boldsymbol{s}_{k-1} \tag{2-68}$$

式中，$\boldsymbol{s}_k$ 和 $\boldsymbol{F}$ 的表达式具体为

$$\boldsymbol{s}_k = \begin{bmatrix} x_k \\ v_{xk} \\ y_k \\ v_{yk} \end{bmatrix}, \boldsymbol{F} = \begin{bmatrix} 1 & T & 0 & 0 \\ 0 & 1 & 0 & 0 \\ 0 & 0 & 1 & T \\ 0 & 0 & 0 & 1 \end{bmatrix} \tag{2-69}$$

式中，x_k、y_k 分别为目标在水平方向和垂直方向的位置；v_{xk}、v_{yk} 分别为目标在水平方向和垂直方向的速度；T 为相邻两帧图像间的时间间隔。

目标在共 K 帧的图像序列中的轨迹 $\boldsymbol{S}_K$ 可以表示为

$$\boldsymbol{S}_K = (x_1, x_2, \cdots, x_K) \tag{2-70}$$

红外图像的成像过程中，对于第 k 帧图像而言，每个测量单元都会获得一个量测值，每一帧图像的量测平面是一个由像素点构成的平面：

$$Z_k = \{z_{i,j}(k)\} \tag{2-71}$$

式中，$z_{i,j}(k)$ 为测量单元在第 k 帧的量测值，可以表示为

$$z_{i,j}(k) = \begin{cases} w_{i,j}(k) & \text{测量单元}(i,j)\text{内无目标} \\ A(k) + w_{i,j}(k) & \text{测量单元}(i,j)\text{内有目标} \end{cases} \tag{2-72}$$

式中，$A(k)$ 为目标的灰度幅度，是一个时变的随机变量；$w_{i,j}(k)$ 为背景灰度，假设相互独立且满足高斯分布。

基于动态规划的 DP-TBD 算法的基本流程如下。

1）进行初始化，对于所有的状态 $s_1 \in S_1$，值函数及当前时刻的位置表示为

$$I(s_1) = \omega_1(s_1, u_1) \tag{2-73}$$

$$\psi_1(s_1) = 0 \tag{2-74}$$

2）进入递归过程，当 $2 \leqslant k \leqslant K$ 时，对所有的状态 s_k 在上一时刻该位置的邻域内进行搜索，满足 k 阶段的值函数最大，值函数及下一时刻的位置表示为

$$I(s_k) = \max_{s_{k-1}} [I(s_{k-1}) + \omega_k(s_{k-1}, u_{k-1})] \tag{2-75}$$

$$\psi_k(s_k) = \arg \max_{s_{k-1}} [I(s_{k-1})] \tag{2-76}$$

3）进行阈值判定，根据给定的阈值 V_T，找到所有满足条件的轨迹。若轨迹的值函数小于阈值，则判定其为虚警轨迹；若轨迹的值函数大于阈值，则判定其为目标轨迹：

$$\overline{S}_K = \{s_K : I(s_K) > V_T\} \tag{2-77}$$

4）对轨迹回溯，当通过阈值判定得到弱小目标轨迹后，进行逆向推算，得到各个时刻对应轨迹的估计状态：

$$\overline{s}_k = \psi\{\overline{s}_1, \overline{s}_2, \cdots, \overline{s}_k\} \tag{2-78}$$

由上述分析可知，值函数的选取对动态规划算法的检测效果至关重要。关于阶段值函数的选取，目前主要有两种形式。一种是直接将像素的灰度值作为值函数，这种方式较为直观且计算量不大，对图像组成的先验信息要求不高，适用于信杂比高的场景。该阶段值函数的表达式为

$$I(s_1) = f_{x,y}(1) \tag{2-79}$$

$$I(s_k) = \max_{\{u_k\} \in U_k} [f_{x,y}(k) + I(s_{k-1})], k = 2, 3, \cdots, K \tag{2-80}$$

式中，$f_{x,y}(k)$ 为第 k 帧图像中坐标为 $(x，y)$ 的像素的灰度值。

当信杂比较低时，背景杂波和噪声会将目标淹没，因此难以检测图像中的微弱目标。

另一种是将目标和背景噪声的分布形式组成的似然函数作为值函数。当图像中的像素不含目标时，假设这些像素的灰度值服从均值为 0，方差为 σ^2 的高斯分布，则概率密度可以表示为

$$p\left[f_{x,y}(k) \mid H_0\right] = \frac{1}{\sqrt{2\pi}\sigma} \exp\left\{-\frac{\left[f_{x,y}(k)\right]^2}{2\sigma^2}\right\} \tag{2-81}$$

式中，$f_{x,y}(k)$ 为第 k 帧像素 $(x，y)$ 的灰度值；H_0 为像素不包含目标的假设。

当图像中的像素包含目标时，假设这些像素的灰度值服从均值为目标强度的估计值，方差为 σ^2 的高斯分布，则概率密度可以表示为

$$p\left[f_{x,y}(k) \mid H_1\right] = \frac{1}{\sqrt{2\pi}\sigma} \exp\left\{-\frac{\left[f_{x,y}(k)-a\right]^2}{2\sigma^2}\right\} \tag{2-82}$$

式中，a 为目标灰度值的估计值；H_1 为像素包含目标的假设。

在这种情况下，则可以选用似然比函数作为动态规划的值函数：

$$I(s_k) = \max_{u_k \in U_k}\left(\ln\left\{\frac{p\left[f_{x,y}(k) \mid H_1\right]}{p\left[f_{x,y}(k) \mid H_0\right]}\right\} + I(s_{k-1})\right), k=2,3,\cdots,K \tag{2-83}$$

当像素点的灰度值越接近目标灰度值的估计值时，似然比函数取值越大。然而，以上概率密度的计算都基于背景近似服从高斯分布的假设，在实际应用过程中，通常需要预先获取背景分布的先验信息，在此基础上构建似然函数，再进行动态规划的运算。综上，利用动态规划原理进行红外弱小目标的序列检测，是将目标的能量积累与运动轨迹有机结合起来，从而达到时域上的多帧检测目的。但是，动态规划算法也存在一些缺点，具体如下。

1）动态规划算法需要对问题空间进行全局搜索，因此在面对大规模数据或复杂的目标场景时，计算复杂度会显著增加。

2）导致较大的内存占用，尤其是在处理高分辨率图像或大规模数据时。

3）动态规划算法的性能很大程度上取决于目标的形状和尺寸。如果目标具有复杂的形状或存在多个可能的尺寸，算法可能需要更多的状态和转移操作，增加了计算的复杂性和难度。

4）在处理红外图像中的小目标时，动态规划算法容易受到噪声和背景干扰的影响。

5）由于动态规划算法的计算复杂度较高，因此在实时应用场景中，如移动目标跟踪或实时监测，算法的实时性可能无法满足要求。

（3）光流法

当眼睛观察运动物体时，物体的景象在人眼的视网膜上形成一系列连续变化的图像，这一系列连续变化的信息不断"流过"视网膜（或图像平面），好像一种光的"流"，故称之为光流。经典的 HS 光流法是一种全局连续算法，其将整场的光流约束方程和平滑约束正则化构造连续能量泛函，利用变分法最小化能量泛函，光流用等价的偏微分方程迭代解获得。HS 光流法计算流程如图 2-22 所示。

图 2-22　HS 光流法计算流程

假设前后两帧图像 I 的对应灰度满足：

$$I(x + \Delta x, y + \Delta y, t + \Delta t) = I(x, y, t) \qquad (2-84)$$

将左式泰勒展开：

$$I(x + \Delta x, y + \Delta y, t + \Delta t) = I(x, y, t) + \frac{\partial I}{\partial x}\Delta x + \frac{\partial I}{\partial y}\Delta y + \frac{\partial I}{\partial t}\Delta t + O(\cdot)$$

$$(2-85)$$

式中，$\dfrac{\partial I}{\partial x}$、$\dfrac{\partial I}{\partial y}$ 为空间微分；$\dfrac{\partial I}{\partial t}$ 为时间微分。

当 Δx、Δy、Δt 足够小时，高阶项可省略，则

$$\frac{\partial I}{\partial x}\Delta x + \frac{\partial I}{\partial y}\Delta y + \frac{\partial I}{\partial t}\Delta t \approx I(x + \Delta x, y + \Delta y, t + \Delta t) - I(x, y, t) = 0 \quad (2-86)$$

两边同除以 Δt，并整理可得

$$\nabla I \cdot V = -\frac{\partial I}{\partial t} \qquad (2-87)$$

再令：

$$V = s\boldsymbol{n} \qquad (2-88)$$

式中，s 为速率；$\boldsymbol{n}$ 为单位方向向量。

$$s = \frac{-\dfrac{\partial I}{\partial t}}{|\nabla I|} \qquad (2-89)$$

$$n = \frac{\nabla I}{|\nabla I|} \qquad (2-90)$$

偏离光滑性要求的误差为

$$E_s = \iint \left[\underbrace{\left(\frac{\partial u}{\partial x}\right)^2 + \left(\frac{\partial u}{\partial y}\right)^2}_{\nabla u^2} + \underbrace{\left(\frac{\partial v}{\partial x}\right)^2 + \left(\frac{\partial v}{\partial y}\right)^2}_{\nabla v^2} \right] \mathrm{d}x\,\mathrm{d}y \qquad (2-91)$$

偏离灰度的误差为

$$E_c = (\nabla I \cdot V + I_t)^2 \qquad (2-92)$$

光流计算方程如下：

$$\iint (E_c + \lambda^2 E_s)\mathrm{d}x\,\mathrm{d}y = \min \qquad (2-93)$$

$$I_x[I_x\boldsymbol{u}^{(n+1)} + I_y\boldsymbol{v}^{(n+1)} + I_t] = -\lambda^2(\nabla u)^2 \qquad (2-94)$$

$$I_y\big[I_x\boldsymbol{u}^{(n+1)} + I_y\boldsymbol{v}^{(n+1)} + I_t\big] = -\lambda^2(\nabla v)^2 \tag{2-95}$$

式中，n 为迭代次数；$\boldsymbol{u}$，$\boldsymbol{v}$ 分别为水平方向和垂直方向的矢量。

令

$$(\nabla u)^2 = u^{(n+1)} - \bar{u}^n \tag{2-96}$$

$$(\nabla v)^2 = v^{(n+1)} - \bar{v}^n \tag{2-97}$$

式中，$\bar{u}$、$\bar{v}$ 为 u、v 的局部邻域的平均，可用图像局部平滑模板得到。

模板的大小视图像的不同要求而定，但考虑到计算量的问题，一般采用 3×3 或 5×5 模板，因此式（2-94）和式（2-95）可以写为

$$(I_x^2 + \lambda^2)u^{(n+1)} + I_x I_y v^{(n+1)} = \lambda^2 \bar{u}^n - I_x I_t \tag{2-98}$$

$$(I_x^2 + \lambda^2)v^{(n+1)} + I_x I_y u^{(n+1)} = \lambda^2 \bar{v}^n - I_y I_t \tag{2-99}$$

最后求得迭代方程的解：

$$u^{(n+1)} = \bar{u}^n - \frac{I_x(I_x \bar{u}^n + I_y \bar{v}^n + I_t)}{\lambda^2 + I_x^2 + I_y^2} \tag{2-100}$$

$$v^{(n+1)} = \bar{v}^n - \frac{I_y(I_x \bar{u}^n + I_y \bar{v}^n + I_t)}{\lambda^2 + I_x^2 + I_y^2} \tag{2-101}$$

求解可疑点的瞬时速度，并记录其坐标、灰度值，然后进一步跟踪下一帧图像中的目标，再进行上述分析。如果连续 J 帧中可疑点目标的瞬时速度和灰度基本保持不变，则可断定该点的运动具有连续性和一致性，是可能的小目标。HS 光流法的优点是运算速度快，获得的光流场平滑性好。但是 HS 光流法同样有缺点，具体如下。

1）HS 光流法对亮度变化敏感。HS 光流法基于亮度恒定的假设，即假设在连续帧之间，目标的亮度不会发生变化。然而，在实际应用中，红外图像中的目标可能面临不同的照明条件，导致亮度发生变化，这会影响光流的计算结果，使得光流向量的准确性下降。

2）HS 光流法在计算光流时依赖于图像的纹理信息。当目标的纹理较弱或缺乏明显的纹理特征时，光流的计算结果可能不稳定，容易受到噪声干扰，导致目标运动的估计不准确。

3）HS 光流法无法处理快速运动和大位移。当目标存在快速运动或者大位移时，HS 光流法假设不再成立，会导致光流估计的误差增大，无法准确捕捉目标的运动轨迹。

2.2.4　深度学习方法

自从基于深度学习的基于区域的卷积神经网络（Region - Based Convolutional Neural Network，RCNN）目标检测算法诞生以来，目标检测算法便呈现出爆炸式增长。图 2-23 展示了基于深度学习的目标检测算法的发展历程。基于深度学习的目标检测算法大致分为两阶段算法和一阶段算法，两阶段算法通常是一个模块负责提供一些候选对象，另一个网络将其分类为目标或背景，代表性算法有 Faster RCNN；而一阶段算法则是通过一个模块一次性给出目标的类别和位置，代表性算法有 YOLO 系列、Center Net 等。

（1）Faster RCNN 算法

Faster RCNN 是两阶段算法中的代表算法，其第一阶段需要在整幅图片中找出大量的

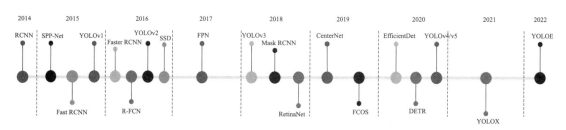

图 2-23　基于深度学习的目标检测算法的发展历程

预选区域作为目标的可能存在的区域，第二阶段再通过卷积神经网络进行样本分类。

图 2-24 展示了 Faster RCNN 的网络结构。

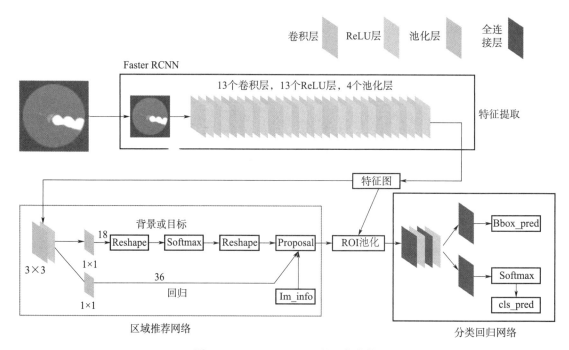

图 2-24　Faster RCNN 的网络结构

Faster RCNN 算法主要可以分为 4 个部分：

1）特征提取。Faster RCNN 选择了以 VGG 分类网络作为骨干网络，以提取目标特征，得到后续步骤所需的特征图。

2）区域推荐网络。区域推荐网络用于生成推荐区域。该层对特征图上的每个点预测 9 个预选框，并判断每个预选框中的目标属于背景还是前景后，利用边框回归修正预选框，以得到准确的推荐区域。

3）ROI 池化部分。该层将特征图中不同大小的推荐区域通过池化操作转化为相同尺寸，再经过全连接层判定目标类别。

4）分类回归网络。利用推荐特征图计算推荐的类别，同时再次使用边框回归，获得检测框最终的精确位置。

（2）YOLO 系列算法

1）YOLOv1。

YOLOv1 的灵感来自用于图像分类的 Google Net 模型[97]，该模型使用较小卷积网络的级联模块[98]。YOLOv1 在 ImageNet 数据[99]上进行预训练，使得模型达到较高的精度；针对不同的下游问题，可以通过添加随机初始化的卷积和全连接层进行微调；同时，使用非极大值抑制（Nom Maximum Suppression，NMS）消除特定类别的多次检测。图 2-25 为 YOLOv1 的结构，图中的特征提取网络一般选用 ImageNet 上预训练的特征提取网络。YOLOv1 在准确性和速度上都大大超过了当时的单阶段模型。然而，其也有明显的缺点，即对小的或聚集的物体的定位精度以及对每个网格中最大检测物体数量有限制，这些问题在 YOLO 的后续版本中得到了解决。

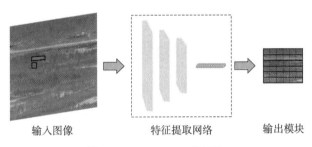

输入图像　　　　　特征提取网络　　　　输出模块

图 2-25　YOLOv1 的结构

2）YOLOv2。

YOLOv2[100]是对 YOLO 的改进，YOLOv2 平衡了算法的精度和速度，YOLOv2 模型可以实时对 9000 种型的对象进行检测。YOLOv2 用 DarkNet-19 取代了 Google Net 的主干架构。YOLOv2 运用批量标准化[101]以提高收敛性，联合训练分类和检测模型以提高检测率，移除全连接的层以提高速度，并使用学习过的锚定框提高算法的召回率和精度。YOLOv2 在速度和精度上提供了更好的灵活性来选择模型，并且新架构的参数更少。图 2-26 所示为 YOLOv2 的结构。

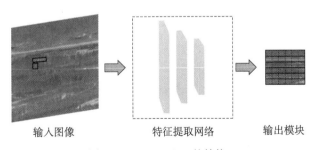

输入图像　　　　　特征提取网络　　　　输出模块

图 2-26　YOLOv2 的结构

3）YOLOv3。

YOLOv3 比之前的 YOLO 版本有较大的改进，其网络结构采用了 Darknet-53 作为主干网络，它是一个具有 53 层卷积的深度神经网络。网络通过多个尺度的特征图进行目标检测，从而能够检测不同尺寸的目标。除了多尺度外，YOLOv3 还进行了数据增强、批量标准化等。YOLOv3 的分类器层 Softmax 被逻辑分类器取代。此外，针对红外小目标，YOLOv3 引入了特征金字塔网络[102]，以更好地处理图像中的弱小目标。图 2-27 所示为 YOLOv3 的结构。

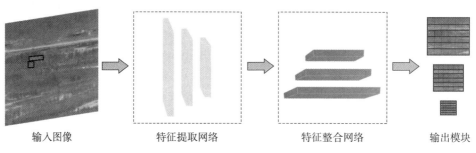

输入图像 　　特征提取网络 　　特征整合网络 　　输出模块

图 2-27　YOLOv3 的结构

（3）Center Net 算法

Center Net 算法的主要思想是通过预测目标的中心点和尺寸完成目标检测任务。Center Net 算法将目标预测为边界框中心的单个点。图 2-28 所示为 Center Net 算法结构。Center Net 算法采用预训练的 Hourglass-101 网络[103] 作为特征提取器，并包含 3 个输出头：热图头用于确定目标中心，维度头用于估计目标大小，偏移头用于校正目标中心点的偏移。在训练过程中，通过多任务损失将这 3 个头的预测结果与真实标签进行比较，然后使用反向传播更新特征提取器的参数。在推理过程中，通过目标热图检测头的输出确定目标点，并生成边界框。由于预测结果是点而不是边界框，因此不需要进行非极大值抑制等后处理操作，这使得 Center Net 算法更简洁和高效。

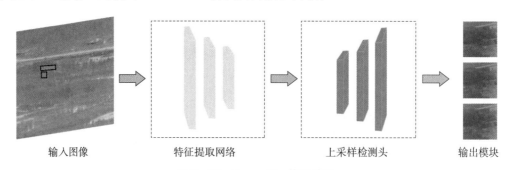

输入图像 　　特征提取网络 　　上采样检测头 　　输出模块

图 2-28　Center Net 算法结构

2.3　暗弱小目标检测性能指标

本节将介绍在红外暗弱小目标检测中常用的性能评价指标。为了全面评估检测算法的效果，需要使用一些指标来衡量目标的信号质量、图像的信号质量以及算法的性能，这些指标分别为目标信号质量指标、图像信号质量指标和检测算法性能指标。目标信号质量指标主要关注目标信号的强度和与背景杂波之间的比较。目标信号质量指标是对目标本身的一种评价，可以衡量弱小目标自身特性以及目标在红外图像中的识别难度。图像信号质量指标关注的是红外图像本身的质量和特性，这些指标能够提供关于图像清晰度、信息熵、信杂比和峰值信杂比等方面的评估。通过分析图像信号质量指标，可以了解红外图像的噪声水平、细节信息丰富程度以及图像的整体质量。检测算法性能指标主要用于评估检测算法的性能表现和准确度，包括背景抑制因子（Background Suppression Factor，BSF）、检测率、虚警率、受试者工作特征曲线（Receiver Operating Characteristic Curve，ROC）等。通过对检测算法性能指标的分析，可以评估算法对不同背景条件下的抑制效果、目标检测的准确率、误报的情况以及算法的灵敏度和特异性。接下来，将详细介绍这 3 类指标。

2.3.1　目标信号质量指标

（1）目标与背景的对比度

目标与背景的对比度主要反映了目标强度与背景之间的差异，定义如下：

$$C = \frac{|\mu_t - \mu_c|}{\mu_c} \tag{2-102}$$

式中，μ_t 为目标区域的平均灰度值；μ_c 为目标局部邻域的背景平均灰度值。

（2）目标信杂比

目标信杂比（Signal‑to‑Clutter Ratio，SCR）表示目标信号与背景信号之间的比例关系，用于衡量目标信号在背景杂波中的可辨识程度。目标信杂比公式如下：

$$SCR = \frac{\mu_t - \mu_b}{\delta_b} \tag{2-103}$$

式中，μ_t 为目标区域的平均灰度值；μ_b 为背景区域的平均灰度值；δ_b 为背景区域灰度值标准差。

信杂比越大，目标与背景的对比度越大，目标越明显。

（3）信杂比增益

信杂比增益（Signal‑to‑Clutter Ration Gain，SCRg）是指处理后的图像的信杂比与原始图像的信杂比的比值。信杂比增益 SCR_g 定义如下：

$$SCR_g = \frac{SCR_{out}}{SCR_{in}} \tag{2-104}$$

式中，in 和 out 分别为输入和输出图像。

信杂比增益可用来描述目标增强能力，信杂比增益越大，表明目标增强效果越好。

（4）局域信杂比

局部信杂比（Local Signal‑to‑Clutter Ration，LSCR）主要反映目标与局部背景之间的相关性，局部信杂比越小，表明目标被背景干扰越严重。局部信杂比定义如下：

$$LSCR = 10\lg \frac{(\mu_t - \mu_c)^2}{\sigma_c^2} \tag{2-105}$$

式中，μ_t 为目标的平均灰度值；μ_c 为目标局部邻域的背景平均灰度值；σ_c 为目标局部邻域的背景方差。

2.3.2 图像信号质量指标

（1）灰度直方图

灰度直方图是一种统计图表，用于表示图像中各个灰度级别的像素数量或像素百分比。灰度直方图以灰度级别为横坐标，以像素数量或像素百分比为纵坐标，展示了图像中不同灰度级别的像素分布情况。灰度直方图可以提供图像的整体亮度和对比度信息，以及图像中各个灰度级别的分布情况。通过分析灰度直方图，可以了解图像的亮度范围和对比度的分布情况。灰度直方图 $P(r_k)$ 的定义为

$$P(r_k) = \frac{n_k}{N}(k = 0, 1, 2, \cdots, L - 1) \tag{2-106}$$

式中，r_k 为第 k 个灰度等级；N 为图像中像素值的综合；n_k 为图像中第 k 个灰度等级的像素值的和。

（2）清晰度

清晰度用于评估红外图像中目标的边缘清晰程度和强度。较高的清晰度表示图像中的目标边缘更加清晰。红外图像清晰度的评价方法有多种，如图像标准差（Standard Deviation，SD）、梯度平方（Squared Gradient，SG）、傅里叶频谱的高频分量等。其中，图像标准差可以反映图像的整体分布，标准差大则表明图像的细节多，且图像清晰。对于大小为 $M \times N$ 的图像 $f(x, y)$，图像标准差定义为

$$SD = \sqrt{\frac{1}{M \times N} \sum_x \sum_y [f(x, y) - \mu]^2} \tag{2-107}$$

式中，μ 为灰度均值：

$$\mu = \frac{1}{M \times N} \sum_x \sum_y f(x, y) \tag{2-108}$$

梯度平方主要反映图像中灰度值变化较大的区域（如物体的边缘等）的特征信息，该值表明了图像中物体的边缘的锐利程度。其定义为

$$SG = \sum_x \sum_y [\nabla g(x, y)]^2 = \sum_x \sum_y G_x^2 + G_y^2 \tag{2-109}$$

式中，$\nabla g(x, y)$ 为图像的梯度向量的模的矩阵；G_x、G_y 分别为图像在点 (x, y) 处的水平及垂直方向的梯度，可以采用 Sobel 算子或者是 Roberts 算子。

（3）信息熵

信息熵用于衡量图像中像素灰度分布的不确定性和复杂性。较低的信息熵表示图像中的像素灰度分布更为均匀和清晰。信息熵的计算公式为

$$H = -\sum_{k=0}^{L-1} p_r(r_k) \log_2 p_r(r_k) \tag{2-110}$$

式中，L 为灰度级数；r_k 为图像的灰度；$p_r(r_k)$ 为 k 级灰度出现概率；H 为红外图像的信息熵。

（4）图像信杂比和峰值信杂比

一般用信杂比（Signal Noise Ratio，SNR）或者峰值信杂比（Peak Signal Noise Ratio，PSNR）来衡量红外图像质量的好坏。信杂比或者峰值信杂比越大，表明去噪效果越好。图像的信杂比定义如下：

$$\mathrm{SNR} = 10\lg \frac{\sum\limits_{x=1}^{M}\sum\limits_{y=1}^{N}[f(x,y)-\overline{f}]}{\sum\limits_{x=1}^{M}\sum\limits_{y=1}^{N}[f(x,y)-f_0(x,y)]^2} \tag{2-111}$$

式中，$f_0(x,y)$ 为原始的参考图像；$f(x,y)$ 为处理后需要评价的图像；$\overline{f}$ 为图像 $f(x,y)$ 的均值。

对于灰度图像来说，常用峰值信杂比对红外图像进行评价。其定义如下：

$$\mathrm{PSNR} = 10\lg \frac{255^2}{\dfrac{1}{M\times N}\sum\limits_{x=1}^{M}\sum\limits_{y=1}^{N}[f(x,y)-f_0(x,y)]^2} \tag{2-112}$$

2.3.3　检测算法性能指标

（1）背景抑制因子

背景抑制因子是一种用于评估弱小目标检测算法对背景杂波的抑制能力的指标，用于衡量目标信号与背景杂波之间的相对强度差异。背景抑制因子定义如下：

$$\mathrm{BSF} = \frac{\delta_{\mathrm{in}}}{\delta_{\mathrm{out}}} \tag{2-113}$$

式中，in 和 out 分别为输入和输出图像；δ 为背景区域的灰度值标准差。

（2）检测率

在红外小目标检测中，检测率（p_f）是指正确地检测到目标的能力。检测率较大，则表示系统能够有效地发现并识别出目标，具有较好的目标检测性能；检测率较小，则意味着系统可能会错过一些目标或者无法准确地检测到目标。检测率定义如下：

$$p_f = \frac{\text{正确检测目标数}}{\text{真实目标数}} \times 100\% \tag{2-114}$$

（3）虚警率

在红外小目标检测中，虚警率（p_d）是用来衡量在没有真实目标存在的情况下错误地报警或误报的概率。通常情况下，虚警率较高则表示系统容易产生误报，即将背景中的一些非目标物体错误地判定为目标。这会导致系统的可靠性降低，产生大量不必要的警报和干扰，影响系统的实际应用价值。虚警率较低，则表示系统产生误报的概率较小，即系统能够在背景中较为准确地区分出目标和非目标。虚警率定义如下：

$$p_d = \frac{\text{虚假目标数}}{\text{图像序列总像素数}} \times 100\% \tag{2-115}$$

（4）ROC 曲线

ROC 曲线的水平轴为虚警率（p_d），垂直轴为检测率（p_f），其直观地反映了检测率和虚警率之间的关系。因此，可以通过 ROC 曲线判断不同算法的检测性能，即越靠近 ROC 曲线的左上方表明效果越好，曲线下的面积越大，检测效果越好。

在检测算法性能指标中，除了常见的典型评价指标如检测率、虚警率和背景抑制因子之外，还有一些其他指标也可以用来评估算法的性能，其中包括召回率（Recall）、准确率、平均精度（Average Precission，AP）和帧率（Frames）等。这些指标常用于评价一些基于深度学习的算法，它们在不同方面反映了算法的性能表现，从不同角度衡量了目标检测的准确性、全面性、处理速度等关键因素。通过综合考虑这些指标，可以更全面地评估红外小目标检测算法的优劣，并选择最适合特定应用场景的解决方案。

（5）准确率

准确率 P 表示实际为正样本且被准确预测为正的样本数与所有被预测为正的样本数的比例。准确率越高，表示算法在判定为目标的样本中有更高的准确性，算法能够更好地过滤非目标样本，即更少的误报；准确率较小，则表示算法在判定为目标的样本中存在更多的误判，会将非目标样本错误地识别为目标，给后续的目标处理和分析带来困扰。准确率的计算公式如下：

$$P = \frac{TP}{TP + FP} \tag{2-116}$$

式中，TP（True Positive）为实际为正样本，算法预测也为正样本的样本个数；FP（False Positive）表示实际为负样本，但是预测为正样本的样本个数。

（6）召回率

召回率 R 为实际为正样本且被正确预测为正的样本数与所有实际为正样本数的比例。召回率较大意味着算法能够较好地发现真实目标，成功检测到更多的目标样本；召回率较小表示算法在检测目标时可能会漏检，即存在一定程度的目标遗漏。召回率的计算公式如下：

$$R = \frac{TP}{TP + FN} \tag{2-117}$$

式中，FN（False Negative）为实际为正样本，但是模型预测为负样本的样本个数。

（7）F_1 指标

F_1 指标（$F_1 - score$）可以评估算法在检测暗弱小目标时的综合性能，因为 F_1 指标同时考虑了准确率和召回率。较高 F_1 的指标意味着算法在保持较高准确率的同时，能够较好地覆盖真实目标样本，即在检测到目标时能够尽可能减少漏检（FN）和误检（FP）的情况。F_1 指标的定义如下：

$$F_1 = \frac{2 \times R \times P}{R + P} \tag{2-118}$$

（8）平均精度

平均精度 AP 为准确率与召回率构成的曲线与坐标轴围成的曲线面积，可以反映算法在不同阈值下的综合性能。平均精度的取值范围是 0~1，值越大表示算法在不同召回率下的准确性越高；较小的平均精度表示算法在不同召回率下的准确性较低，可能存在较高的误报率或漏报率。平均精度计算公式如下：

$$\mathrm{AP} = \int_0^1 P(R)\,\mathrm{d}R \tag{2-119}$$

（9）帧率

帧率（FPS）为算法每秒可以处理的图像帧数，反映了算法的实时性和效率。较高的帧率意味着算法能够以更快的速度处理图像，从而实现更高的实时性；帧率较低，则表示算法延迟较高，处理速度较慢，可能无法满足实时要求。帧率计算公式如下：

$$\mathrm{FPS} = \frac{T}{N} \tag{2-120}$$

式中，T 为总用时；N 为序列包含的图像总数。

本章小结

本章主要从红外暗弱小目标与背景特性、常用暗弱小目标检测方法以及暗弱小目标检测性能指标 3 个方面介绍了红外暗弱小目标探测技术概况。其中，2.1 节介绍了红外图像的特性、暗弱小目标红外特性和背景的红外特性；2.2 节介绍了常用的暗弱小目标检测方法，分别对空域、变换域、时域和深度学习的 4 种类型的方法进行了叙述；2.3 节列出了暗弱小目标检测性能指标，首先介绍了典型评价指标，其次介绍了其他类指标。通过本章的学习，读者将对红外暗弱小目标探测的基本原理、常用方法和评估指标有全面的了解，为后续章节中的实践应用和深入研究提供理论基础。

第3章　低信杂比环境红外弱小目标检测技术

低信杂比环境下的红外弱小目标检测是红外图像处理领域中具有挑战性的难题。在这种环境中，目标常常表现出小尺寸、低对比度和模糊等特点，并受到复杂背景干扰的影响易被背景淹没或受背景起伏影响而特性不稳定。为了解决这些问题，本章将介绍针对低信杂比环境下红外弱小目标检测的相关技术，包括基于空域显著性、频域显著性以及时–空–频域显著性的弱小目标检测方法。

3.1　基于空域显著性的弱小目标检测

以第2章的红外弱小目标检测理论为基础，本节介绍一种基于空域局部对比度的红外弱小目标检测算法。该算法采用由粗到细的分阶段思想，结合红外弱小目标图像特征和人类视觉特性，首先引入 DoG（Difference of Gaussian）算子对图像预先进行背景抑制、目标增强；然后运用图像信息熵和背景的空间相似性，提取单帧显著性区域，在区域内进行局部对比度计算，通过阈值分割确定出目标所在位置。图3-1所示为基于空域局部对比度的红外弱小目标检测算法的流程。

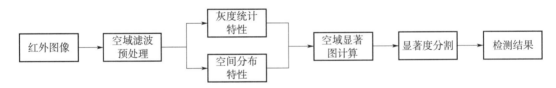

图3-1　基于空域局部对比度的红外弱小目标检测算法的流程

3.1.1　空域显著特性

在红外弱小目标检测中，滤波是一种常用的预处理技术，而高斯二维差分（2D-DoG）滤波器被广泛应用于图像处理领域。本小节将重点探讨 DoG 滤波前后空域显著特性的变化。通过对红外图像进行 DoG 滤波，可以引起图像中目标和背景的显著性差异，使得目标更加突出和可观察，如图3-2所示。这些显著性变化体现在灰度、空间分布、对比度和亮度等方面。

从灰度来说，滤波后的图像背景区域的灰度值明显减小，使得红外图像中的背景区域受到抑制且变得更加平滑；而目标区域的灰度值滤波前后差别不大。从空间分布来说，滤波后的图像中，目标的边缘部分更加清晰和锐利。DoG 滤波器具有边缘增强效果，可以使目标的边缘特征得到突出。因此，滤波后的图像中目标的纹理特征和细节特征更加明显，使得轮廓更加清晰，有助于提高目标的空间分布特征。从对比度来说，DoG 滤波增强

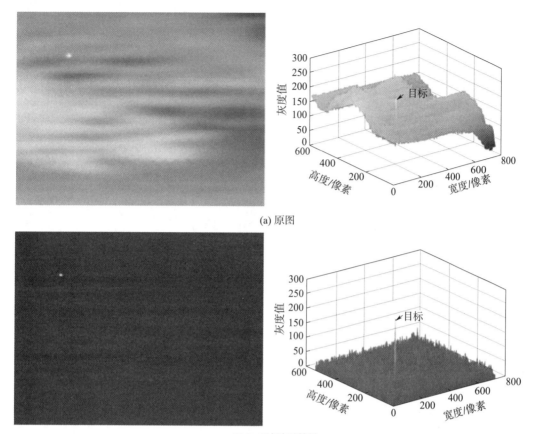

(a) 原图

(b) DoG滤波后结果

图 3 - 2　DoG 滤波前后空域显著特性

了目标与背景之间的灰度差异，使目标区域在滤波后的图像中更加突出。因此，目标与背景之间的对比度可能更高，使目标更容易被观察和检测到。从图片亮度来说，滤波前后的图像整体亮度分布可能有所变化，滤波后的图像在整体亮度上有所变暗。

3.1.2　空域滤波方法

在本节基于空域显著性的弱小目标算法中，空域滤波预处理方法选择的是 2D - DoG。在预处理过程中，若红外图像噪声较多，则首先对红外图像进行分类中值滤波处理；为了进一步抑制背景、提升目标的局部对比度，再用 2D - DoG 滤波进行滤波处理。空域滤波的具体过程如下。

（1）分类中值滤波

针对图像传感器点噪声较多的情况，首先对输入图像 I_t 采取中值滤波方法进行降噪。滤波模板尺度选择 3×3。同时，考虑到不同背景、光照对目标的影响，提出分类处理策略，即对于均匀缓变背景，中值滤波图像 I_m 采取差分运算；对于非均匀变化较快背景仅采取中值滤波，可表示如下：

$$I_{\text{temp}} = \begin{cases} I_t - I_m & [\mu(I_t - I_m) \geqslant T_0] \\ I_m & [\mu(I_t - I_m) < T_0] \end{cases} \quad (3-1)$$

式中，I_{temp} 为中间过程图像；I_t 为当前第 t 帧图像；I_m 为 I_t 的中值滤波处理图像；$\mu(I_t - I_m)$ 为差分图像的均值；T_0 为分类阈值，根据不同类图像试验确定，本节中取值 1。

进一步地将图像归一化：

$$I'_{\text{temp}}(x, y) = \begin{cases} I_{\text{temp}}(x, y), & I_{\text{temp}}(x, y) \geqslant 0 \\ 0, & I_{\text{temp}}(x, y) < 0 \end{cases} \quad (3-2)$$

$$I_N = I'_{\text{temp}} \frac{(X_{\max} - X_{\min})}{X_{\max}} \frac{255}{X_{\max}} \quad (3-3)$$

式中，$X_{\max}$、$X_{\min}$ 分别为矩阵 I'_{temp} 的最大值与最小值；I_N 为经过分类中值滤波处理后的去噪图像。

（2）2D-DoG 滤波

考虑到弱小目标的特性，为了抑制背景、提升目标与背景局部对比度，在空域滤波预处理中，采用 2D-DoG 滤波器做进一步处理。2D-DoG 滤波器是多个窄带通高斯滤波器的组合：

$$\sum_{n=1}^{N} \text{DoG}(x, y, \sigma_1^n, \sigma_2^n) = G(x, y, \sigma_1^n) - G(x, y, \sigma_2^n) \quad (3-4)$$

式中，N 为滤波器数量；$\sigma_1^n > \sigma_2^n$，其分别为低截止频率和高截止频率，为了完整地增强显著性区域，低截止频率 σ_1^n 尽可能低；另外，高截止频率 σ_2^n 也要尽可能高以保留目标细节。

考虑到高频噪声和计算复杂度，算法中选择 5×5 高斯卷积核和均值滤波模板对源图像进行卷积操作，达到预处理的效果。滤波结果图像表示为

$$I_c(x, y) = \left| I_N(x, y) * [G(x, y, \sigma_1^n) - G(x, y, \sigma_2^n)] \right| \quad (3-5)$$

式中，卷积核取为 $\dfrac{1}{256} \begin{bmatrix} 1 & 4 & 6 & 4 & 1 \\ 4 & 16 & 24 & 16 & 4 \\ 6 & 24 & 36 & 24 & 6 \\ 4 & 16 & 24 & 16 & 4 \\ 1 & 4 & 6 & 4 & 1 \end{bmatrix}$。

图 3-3 展示了红外图像经过空域滤波后的效果和滤波前后图像的三维灰度图。

（3）基于灰度统计特性和空间分布特性的显著性筛选

在预处理和显著图计算（3.1.3 节）环节之间，可以加上灰度统计特性来更好地筛选显著性区域，以得到感兴趣的目标。根据信息论相关原理，信息量的大小与事物的不确定性有关，而信息熵就是平均而言发生一个事件得到的信息量。如果将一幅图看作一个虚构的零记忆"灰度信源"的输出，则可通过观察图像的直方图来估计该信源的符号概率。这时，灰度信源的熵变为

$$H = -\sum_{k=0}^{L-1} p_r(r_k) \log_2 p_r(r_k) \quad (3-6)$$

式中，L 为灰度级数；r_k 为图像的灰度；$p_r(r_k)$ 为 k 级灰度出现概率。

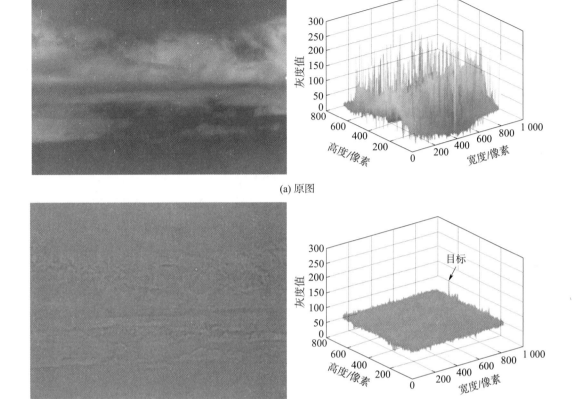

(a) 原图

(b) 空域滤波结果

图 3 - 3　空域滤波效果和滤波前后图像的三维灰度图

红外弱小目标图像中，背景往往表现出平缓性；而目标区域的灰度变化明显，信息量大。基于这一特点，可以利用局部熵衡量区域的显著性，熵值越大，则显著性越强。

对结果进行二值化，保留大于阈值的区域作为显著性区域，如下：

$$\hat{H}(x,y) = \begin{cases} 1, & H(x,y) \geqslant k \\ 0, & H(x,y) < k \end{cases} \tag{3-7}$$

上述一维信息熵只考虑了灰度统计特性，结合背景的空间分布相似性，采用相似性度量方法进一步剔除背景重复区域，减少图像冗余，突出显著性区域。

相似性度量定义如下：在图像中选取大小相等的两个邻近区域，通过计算灰度矩阵之间的相似性来比较邻近区域的相似程度。其计算公式为

$$\rho_{\Omega_1,\Omega_2} = \frac{1}{|f_{\Omega_1}(x,y) - f_{\Omega_2}(x,y)|^2} \tag{3-8}$$

式中，$f_{\Omega_1}(x,y)$ 和 $f_{\Omega_2}(x,y)$ 分别为两个邻近区域的灰度值。

邻近区域按水平和垂直两个方向选取，当相似度大于设定标准 τ，即 $\rho \geqslant \tau$ 时，表明 Ω_1 和 Ω_2 相似性强，为非显著区域，将两者标记为 0；否则就认为是显著区域，标记为 1。

遍历整幅图，对两个结果执行"与"操作，将水平和垂直两个方向均被标记为 1 的区域保留，得到显著图 S。

综合两个灰度统计特性和空间分布特性的区域显著性度量，按下式融合，获得最终的显著图 R，图中标记为 1 的显著性区域将作为候选目标区域进行目标检测：

$$R = \hat{H} \& S \tag{3-9}$$

最终获得的显著图 R 可以代替空域显著图计算（3.1.3 节）步骤中的一般输入——滤波后图像 I_c，进行后续计算，在某些情况下可能获得更好的检测效果。

3.1.3　空域显著图计算和显著度分割

（1）显著图的计算

对于空域显著性区域提取采用 ILCM 算法，其核心思想是利用局部对比度描述显著性。针对不同类图像中存在目标尺度大小不同以及变化的问题，同时考虑到该算法图像块大小对最终显著性区域提取结果的影响，本阶段在空域显著图的计算中结合尺度自适应思想，对局部对比度方法做了一定改进，以适应不同的目标尺寸。其具体步骤如下。

首先，对于一般的输入——滤波预处理后图像 I_c 采取一定的图像分块策略，利用 $p \times p$ 滑窗，以固定步长由左到右、从上到下遍历整幅图，得到一系列图像块。本算法中取 $p = 15$，步长为 7。

多尺度下的局部对比度计算是以每个图像块为中心，依次变换尺度，计算其局部对比度，将此目标块在所有尺度下得到的最大局部对比度值定义为此块的局部对比度，并记录下此尺度。所有目标块的局部对比度值组成图像的显著度矩阵，生成显著图。如图 3-4 所示，0 区域为上一步骤的图像块，当作目标区域；取周围 8 个大小相同的区域作为局部背景，在计算中，不断变化 0 区域的尺度，$\sigma = 3, 5, 7, \cdots, p$。

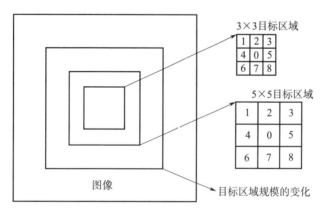

图 3-4　多尺度局部对比度计算原理

取得到的图像块作为疑似目标区域（标号 0），8 邻域图像块为局部背景，计算不同尺度下该图像块的局部对比度。首先，有如下定义。

中心单元均值：

$$m_0^\sigma = \frac{1}{N_{u_n^\sigma}} \sum_{(x,y) \in u_n^\sigma} I_c(x,y) \tag{3-10}$$

周围单元均值：

$$m_k^\sigma = \frac{1}{N_{v_k^\sigma}} \sum_{(x,y) \in v_k^\sigma} I_c(x,y) \tag{3-11}$$

中心单元最大值：

$$L_n^\sigma = \max[S_N(x,y)], (x,y) \in u_n^\sigma \tag{3-12}$$

中心单元与周围单元对比度：

$$C_k^\sigma = \frac{m_0^\sigma}{m_k^\sigma} \tag{3-13}$$

σ 尺度下图像块局部对比度：

$$C_n^\sigma = \min L_n^\sigma \times C_k^\sigma = \min \frac{L_n^\sigma \times m_0^\sigma}{m_k^\sigma} \tag{3-14}$$

式中，u_n^σ 为第 n 个候选目标区域（σ 尺度下）；N 为区域内像素总数；v_k^σ 为 u_n^σ 对应的局部背景区域（σ 尺度下）；$k=1,2\cdots,8$，分别对应 8 个单元；C_k^σ 为第 k 个单元与中心单元之间的对比度（σ 尺度下）；C_n^σ 为该候选区域在 σ 尺度下与整个周围局部背景的显著度，可以理解成与其最为相似的局部背景单元之间的对比度。

将各尺度中的最大对比度作为 $p \times p$ 图像块的局部对比度：

$$C_n = \max(C_n^\sigma)(\sigma = 3,5,\cdots,p) \tag{3-15}$$

（2）显著图的显著度分割

经过空域显著图计算后，便可以根据得到的对比度结果对图像感兴趣的区域进行分割。经过局部对比度计算后，可以得到的显著度矩阵 $\boldsymbol{S}'$：

$$\boldsymbol{S}'(x,y) = \boldsymbol{C}_n \tag{3-16}$$

式中，x、y 分别为图像块的行、列数。

对显著度矩阵 $\boldsymbol{S}'$ 进行阈值分割，提取感兴趣目标显著图 $\boldsymbol{T}$，可表示为

$$\begin{cases} \boldsymbol{T}(x,y) = \boldsymbol{S}'(x,y) & S'(x,y) \geqslant \text{Th} \\ \boldsymbol{T}(x,y) = \boldsymbol{0} & S'(x,y) < \text{Th} \end{cases} \tag{3-17}$$

式中，Th 为阈值分割的阈值。

为了适应多类背景感兴趣目标区域提取，Th 由一种自适应阈值方法，定义如下：

$$\text{Th} = \mu_s + k\sigma_s \tag{3-18}$$

$$k = k_0 \sqrt{\frac{\sigma_{I_d}}{\mu_{I_d}}} \tag{3-19}$$

式中，μ_s 和 σ_s 分别为显著度矩阵的均值和标准差；k 为自适应调节因子，由原图与中值滤波差分图的均值、方差决定；k_0 一般根据图像数据测试选取。

3.1.4　弱小目标检测算法

基于空域显著性检测算法拥有更强的抗噪性能，能够在有效抑制背景的同时准确地将

感兴趣目标区域筛选出来。该算法的主要步骤如下。

1）对红外图像进行空域滤波预处理，再进行去噪处理，得到图像分类滤波后的图像 I_N；对图像进行 2D-DoG 滤波处理，得到预处理后的图像 I_C。

2）为了更好地突出图像的显著性信息，剔除显著性区域，突出感兴趣的显著性区域，需要将预处理后图像的灰度统计特性和空间分布特性进行融合，在计算图像的熵后得到基于灰度统计特性的显著图 $\hat{H}$，在计算图像的相似性后得到基于空间分布特性的显著图 S，融合后得到最终的显著图 R。

3）对得到的融合后的显著图 R 采用 ILCM 算法，在空域显著图的计算中结合尺度自适应思想，计算不同尺度下的对比度并进行比较，最终得到图像的局部对比度。

4）经过局部对比度计算后，可以得到显著度矩阵 S'。结合本算法中的自适应阈值方法，便可以有效检测出多类背景的弱小目标。

图 3-5 所示是红外图像经过基于空域显著性算法后空域特征的对比，可以看出与原图相比，图片的背景得到了抑制，目标被很好地识别出来。与滤波预处理后的空域特征相比，经过算法处理后的背景抑制得更彻底、更平滑，不同类型背景下的弱小目标都被很好地识别出来。

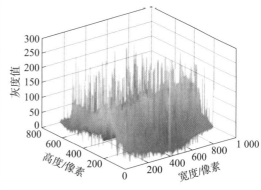

(a) 原图

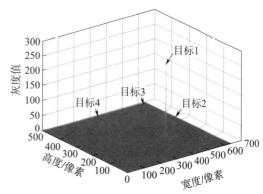

(b) 空域显著性算法结果

图 3-5 基于空域显著性算法效果

　　图 3-6 是两种算法的检测效果对比。由图 3-6 可以看出，ILCM 算法存在目标识别不准确的问题，红外图像经过 ILCM 算法后，目标与背景的差异度不大，难以准确确定目标的位置；而基于空域显著性算法很好地解决了这个问题，能够精确识别目标，并且处理后图像具有清晰的边缘信息，使得目标在图像中更加鲜明可见。

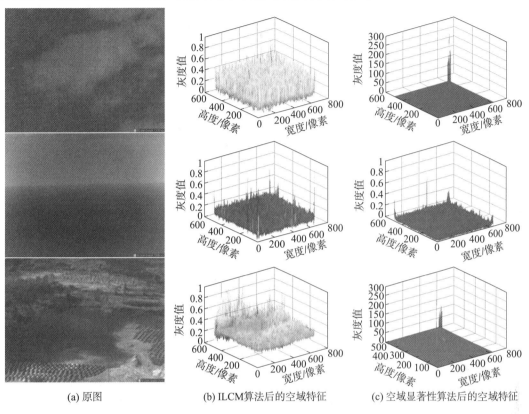

(a) 原图　　　　　　(b) ILCM算法后的空域特征　　　　　(c) 空域显著性算法后的空域特征

图 3-6　两种算法的检测效果对比

　　为了客观地量化低信杂比情况下，红外图像目标检测算法在增强目标、抑制背景方面的作用，接下来介绍两个指标：信杂比增益（SCR_g）和背景抑制系数（BSF）。背景抑制系数仅从背景抑制角度评价算法效果，而信杂比增益综合考虑背景抑制和目标增强两方面。表 3-1 给出了两种算法目标检测效果评估，可以看出本节的基于空域显著性的弱小目标检测算法在背景抑制方面和目标增强的作用，相比于单独的 ILCM 算法有着明显的效果。针对天空、海面和地物背景，本节的算法在信杂比增益方面分别是 3.39、2.73 以及 1.62，可以看出效果较好。在背景抑制方面，本算法在天空背景、地物背景和海面背景都有很好的抑制作用。

表 3-1　两种算法目标检测效果评估

背景	原图		ILCM 算法		基于空域显著性算法	
天空背景	SCR_{in}	6.94	SCR_g	1.13	SCR_g	3.39
	σ_{in}	22.74	BSF	0.89	BSF	2.30

续表

背景	原图		ILCM 算法		基于空域显著性算法	
海面背景	SCR_{in}	15.43	SCR_g	0.59	SCR_g	2.73
	σ_{in}	4.16	BSF	0.17	BSF	0.7
地物背景	SCR_{in}	9.63	SCR_g	0.93	SCR_g	1.62
	σ_{in}	9.65	BSF	0.71	BSF	1.73

3.2　基于频域显著性的弱小目标检测

在红外弱小目标检测中，频域处理具有许多优点。基于频域能够从红外图像中提取频域特征，揭示不同频率成分的能量分布情况，从而更好地描述目标和背景之间的差异。此外，频域处理还能有效抑制红外图像中的各种噪声，提高图像的质量和清晰度。通过突出目标的频率特征，频域处理能够使目标在频域上更加突出，从而提高目标的可辨识性和检测性能。本节介绍两个基于频域显著性的弱小目标检测算法，分别为改进的频谱残差（Spectral Residual，SR）检测算法和基于多特征的频谱检测算法。

图 3-7 所示为改进的频谱残差检测算法流程图，频谱残差算法可以将图像的空间域与频域谱对应起来，而在红外图像中往往空间特征比较少，因此频谱残差方法在减少计算复杂度的基础上，还可以取得较好的实验结果。基于频谱残差算法，改进的频谱残差检测算法引入了轮廓波以及边缘检测算子，作为其他两个通道的特征与频谱残差算法结合。

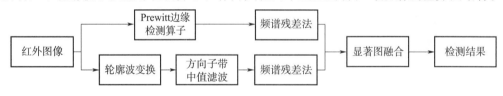

图 3-7　改进的频谱残差检测算法流程

图 3-8 所示为基于多特征的频谱检测算法流程。为了在红外弱小目标检测中尽可能多地使用视觉特征，基于多特征的频谱检测算法沿用了 HFT 算法中超复数傅里叶变换（Hypercomplex Fourier Transform，HFT）思想，并将其原本适合彩色图像的颜色等特征替换成强度、方向、运动特征。

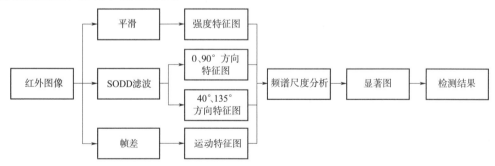

图 3-8　基于多特征的频域检测算法流程

3.2.1　频域显著特性

在红外弱小目标识别中，将红外图像转换到频域进行处理具有重要意义。频域分析能够揭示红外图像中目标和背景的显著特性，从灰度特性、空间分布、对数幅度谱以及频谱残差等方面呈现出不同的特点。本小节将重点讨论频域处理对红外图像的显著特性的影响。通过将红外图像转换到频域，并简要分析灰度特性、空间分布、对数幅度谱以及频谱残差等方面呈现出不同的特点，揭示红外图像中目标和背景的频域显著特性。

从灰度特性的角度来看，频域处理可以增强目标与背景之间的灰度对比度，使目标区域的灰度值得到突出。从空间特性来看，频域中的空间分布特性能够反映目标在频域中的集中分布情况，进一步突出目标的位置和形状。如图 3-9 所示，对数幅度谱分析可以凸显目标在特定频率上的能量，从而突出目标的频域显著性；频谱残差分析能够反映目标与背景之间的差异程度，使目标在频域中的特征更加明显。

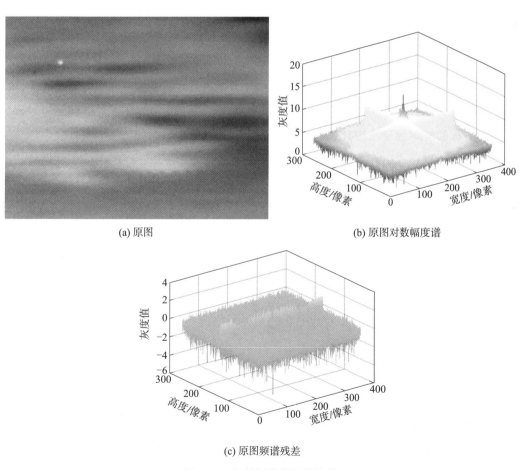

(a) 原图　　　　　　　　　　　　　　(b) 原图对数幅度谱

(c) 原图频谱残差

图 3-9　红外图像的频域特性

通过分析和提取这些频域显著特性，可以实现对红外弱小目标的有效检测和识别，降低背景干扰，并优化检测算法的设计。因此，转换到频域处理红外图像对于弱小目标识别至关重要。

3.2.2 频域滤波方法

(1) 轮廓波滤波和方向子带中值滤波

对输入的红外图像 I_t，用轮廓波对其作多尺度分解，可表示如下：

$$\boldsymbol{C}_{ij} = C^+(I_t) \tag{3-20}$$

式中，$C^+(\cdot)$ 为轮廓波变换；i 为尺度（$i=1,2,\cdots,m$）；j 为方向（$j=1,2,\cdots,n$）；$\boldsymbol{C}_{ij}$ 为图像 I_t 的轮廓波变换在 i 尺度 j 方向下的子带分解系数矩阵，描述了图像在该方向的纹理信息。

定义轮廓波变换域子带分解系数矩阵 $\boldsymbol{C}_{ij}$ 的对数幅度谱 $L(w)$ 为

$$L(w) = \log[\Re(\boldsymbol{C}_{ij})] \tag{3-21}$$

式中，$\Re$ 为取模运算。

$L(w)$ 包含了目标和背景的轮廓波变换域信息。

红外背景的轮廓波变换域对数幅度谱 $B(w)$ 可利用子带分解系数矩阵 $\boldsymbol{C}_{ij}$ 的对数幅度谱邻域窗口平滑后的结果进行表示：

$$B(w) = h_n(w) * L(w) \tag{3-22}$$

式中，$h_n(w)$ 为 n 阶窗口滑动均值滤波器，本节选取 $n=15$ 阶均值滤波器。

红外目标的轮廓波变换域对数幅度谱 $R(w)$ 为子带分解系数矩阵 $\boldsymbol{C}_{ij}$ 的对数幅度谱中的不平滑部分，可以表示为

$$R(w) = L(w) - B(w) \tag{3-23}$$

定义轮廓波滤波变换公式，得到新的子带分解系数矩阵 $\hat{\boldsymbol{C}}_{ij}$，可表示为

$$\hat{\boldsymbol{C}}_{ij} = \{\exp[R(w) + P(w)]\}^2 \tag{3-24}$$

式中，$P(w)$ 为相位谱。

对新的各方向子带分解系数进行轮廓波反变换 C^-，并进行中值滤波 median，可得重构图像 $\boldsymbol{I}_f$ 滤波。重构图像 $\boldsymbol{I}_f$ 表示如下：

$$\boldsymbol{I}_f = \text{median}[C^-(\boldsymbol{C}_{ij})] \tag{3-25}$$

将得到的滤波重构图像归一化：

$$I_f' = I_f \frac{(X_{\max} - X_{\min})}{X_{\max}} \frac{255}{X_{\max}} \tag{3-26}$$

式中，$X_{\max}$、$X_{\min}$ 分别为矩阵 $\boldsymbol{I}_f$ 的最大值与最小值。

轮廓波滤波效果如图 3-10 所示。

(2) SODD 滤波

远距离红外弱小目标由于光学扩散效应而近似于各向同性的类高斯型，而背景杂波和噪声在局部范围内呈单一方向。基于这一差异，Qi 等利用 SODD 滤波器提取目标的方向特征。与传统拉普拉斯算子不同的是，SODD 滤波器采用小面模型（Facet Model）方法

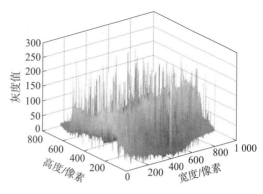

(a) 原图

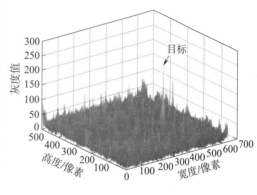

(b) 轮廓波滤波结果

图 3 - 10　轮廓波滤波效果

构建，降低了对噪声的敏感性，并且平滑性更好。SODD 滤波的具体步骤如下。

在点 (x_0, y_0) 处沿方向向量 $\boldsymbol{l}$ 的二阶方向导数表示如下：

$$\left. \frac{\partial^2 f(x,y)}{\partial l^2} \right|_{(x_0, y_0)} = \frac{\partial}{\partial l}(f'_x \cos\alpha + f'_y \sin\alpha)$$

$$= 2K_4(x_0, y_0)\cos^2\alpha + 2K_5(x_0, y_0)\cos\alpha \sin\alpha + 2K_6(x_0, y_0)\sin^2\alpha$$

$$(3-27)$$

式中，f 为图像的灰度函数；α 为 $\boldsymbol{l}$ 与 X 轴（图像行方向）的夹角。

式（3-27）中的拟合系数 $K_i(x_0, y_0)(i=4,5,6)$ 可通过如下模板运算获得：

$$\boldsymbol{W}_4 = \frac{1}{70}\begin{bmatrix} 2 & 2 & 2 & 2 & 2 \\ -1 & -1 & -1 & -1 & -1 \\ -2 & -2 & -2 & -2 & -2 \\ -1 & -1 & -1 & -1 & -1 \\ 2 & 2 & 2 & 2 & 2 \end{bmatrix}, \quad \boldsymbol{W}_5 = \frac{1}{100}\begin{bmatrix} 4 & 2 & 0 & -2 & -4 \\ 2 & 1 & 0 & -1 & -2 \\ 0 & 0 & 0 & 0 & 0 \\ -2 & -1 & 0 & 1 & 2 \\ -4 & -2 & 0 & 2 & 4 \end{bmatrix}, \quad \boldsymbol{W}_6 = \boldsymbol{W}_4^{\mathrm{T}}$$

$$(3-28)$$

　　取 $\alpha = 0°$、$45°$、$90°$、$135°$，通过式（3 - 27）可以写出 4 个方向的二阶方向导数，表示如下：

$$\begin{cases} \left. \dfrac{\partial^2 f(x,y)}{\partial l^2} \right|_{\alpha=0°} = 2K_4(x,y) \\[3mm] \left. \dfrac{\partial^2 f(x,y)}{\partial l^2} \right|_{\alpha=45°} = K_4(x,y) + K_5(x,y) + K_6(x,y) \\[3mm] \left. \dfrac{\partial^2 f(x,y)}{\partial l^2} \right|_{\alpha=90°} = 2K_6(x,y) \\[3mm] \left. \dfrac{\partial^2 f(x,y)}{\partial l^2} \right|_{\alpha=135°} = K_4(x,y) - K_5(x,y) + K_6(x,y) \end{cases} \tag{3-29}$$

　　根据 4 个方向的二阶方向导数可以获得 4 个方向的 SODD 滤波图，目标位置的灰度值为负，而其邻域的灰度值为正。为了方便进一步检测，对得到的 4 个 SODD 滤波图进行修正：1）大于零的灰度值均置零；2）整幅图取负，将其归一化至区间 $[0,1]$；3）使用 5×5 模板平滑图像的边缘。

　　最后，采用正交融合策略，对 4 个方向中垂直的方向两两融合，得到最终的两个融合后的 SODD 滤波图。融合操作能有效地从正交方向抑制有向的背景杂波区域，突出受滤波方向影响不大的小目标区域。其具体表达式如下：

$$\text{SODD}_1 = \frac{\partial^2 f(x,y)}{\partial l^2} \Big|_{\alpha=0} \cdot \frac{\partial^2 f(x,y)}{\partial l^2} \Big|_{\alpha=90°}$$

$$\text{SODD}_2 = \frac{\partial^2 f(x,y)}{\partial l^2} \Big|_{\alpha=45°} \cdot \frac{\partial^2 f(x,y)}{\partial l^2} \Big|_{\alpha=135°} \tag{3-30}$$

SODD 滤波结果如图 3 - 11 所示。

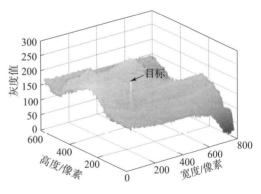

(a) 原图

图 3 - 11　SODD 滤波结果

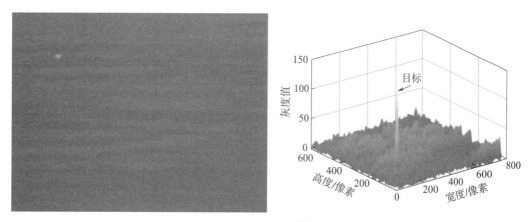

(b) SODD₁滤波结果

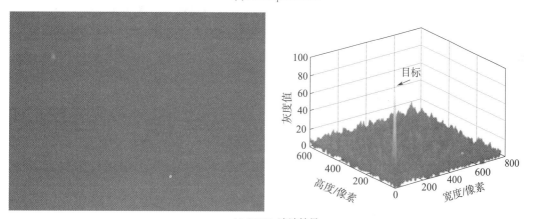

(c) SODD₂滤波结果

图 3-11　SODD 滤波结果（续）

3.2.3　频域显著图计算

　　频域显著图（特征）计算是红外弱小目标检测领域中的关键步骤之一，其利用频域分析的方法提取图像中目标的显著性信息。通过计算频域显著图，可以突出目标在频域上的特征，减弱背景干扰，从而更好地实现目标的检测和定位。在频域显著图的计算过程中，频谱尺度分析是一种常用的技术，其通过对图像频谱的尺度进行分析，提取不同尺度上的频域信息。本节基于频域尺度分析方法，实现频域显著图的计算，利用最佳尺度的滤波器平滑频谱尖峰，从而抑制处于频域中的零频率，即背景信息和其他周期性背景信息。其具体实现步骤如下。

　　使用 SODD 滤波图、运动特征图和强度特征图构造超复数矩阵，

$$q(x,y,t)=\lambda_1 p_1+\lambda_2 p_2 i+\lambda_3 p_3 j+\lambda_4 p_4 k \tag{3-31}$$

式中，i、j、k 为 3 个虚轴；p_1、p_2、p_3、p_4 为 4 个通道。

　　本节频域尺度分析方法设置各通道如下：p_1 为运动通道，p_2 和 p_3 为方向通道，p_4 为强

度通道。

运动通道 p_1 的表达式如下：

$$p_1 = |I(x,y,t) - I(x,y,t-\tau)| \tag{3-32}$$

式中，I 为输入的红外图像；$\tau = 3$。

方向通道 p_2 和 p_3 为 SODD 滤波后得到的两个融合后的 SODD 滤波图，即

$$p_2 = \text{SODD}_1$$
$$p_3 = \text{SODD}_2 \tag{3-33}$$

强度通道 p_4 为平滑后的图像：

$$p_4 = h \times I(x,y) \tag{3-34}$$

式中，h 为高斯平滑滤波器：

$$h = \mathrm{e}^{-\frac{x^2+y^2}{2\sigma^2}} \tag{3-35}$$

各自权重为 $\lambda_1 = \lambda_2 = \lambda_3 = \lambda_4 = 0.25$，考虑到不同通道特征图数量级不统一，在融合之前先进行归一化操作。在利用不同特征构造超复数矩阵后，需要对其进行傅里叶变换，以得到频谱 $A(u,v)$。傅里叶变换定义为

$$F[q(x,y,t)] = Q(u,v) = R(u,v) + S(u,v)\mathrm{j} \tag{3-36}$$

式中，F 为对超复数矩阵进行傅里叶变换。

频谱 $A(u,v)$ 的表达式如下：

$$A(u,v) = |Q(u,v)| = [R^2(u,v) + S^2(u,v)]^{1/2} \tag{3-37}$$

用下式表示的高斯低通滤波器簇平滑超复数矩阵的频谱，并获得频谱尺度空间 Λ：

$$g(u,v;k) = \frac{1}{\sqrt{2\pi}\, 2^{k-1} t_0} \mathrm{e}^{-(u^2+v^2)/(2^{2k-1} t_0^2)} \tag{3-38}$$

式中，k 为尺度参数，$k = 1, \cdots, K$，其中 $K = \log_2 \min\{H, W\} + 1$，$H$、$W$ 是图像的高和宽；t_0 取常数 0.5，则滤波器的标准差为 2^{k-1}。

求取频谱尺度空间 Λ 的表达式如下：

$$\Lambda(u,v;k) = [g(u,v;k) * A](u,v) \tag{3-39}$$

式中，$A(u,v)$ 为超复数矩阵的频谱；$*$ 为卷积操作。

将处理后的频谱尺度空间结合原相位，进行傅里叶反变换，可以得到显著图组：

$$S(x,y)_k = h * |F^{-1}[\Lambda(u,v;k)\mathrm{e}^{\mathrm{j}\phi(u,v)}]|^2 \tag{3-40}$$

式中，$\phi(u,v)$ 为超复数矩阵的原始相位谱；h 为高斯平滑滤波器，取 $\sigma = 2.5$，以增强显著图效果。

利用二维信息熵从显著图组中选择最佳显著图 $\widetilde{\text{SM}}$，二维熵 H_{2D} 简化定义为

$$H_{2D}[S(u,v)_k] = H[g_n * S(x,y)_k] \tag{3-41}$$

式中，低通高斯核 g_n 的尺度取 $(0.01 \sim 0.03) * W$；$S(x,y)_k$ 为显著图组。

最后，通过下式可得到最佳显著图的相应滤波器尺度 k_p。一般认为最佳显著图的目标区域和背景区域应当在最大程度上被区分，滤波器尺度 k_p 将对应最小熵值。

$$k_\mathrm{p} = \underset{k}{\arg\min}\{H_{2D}[S(x,y)_k]\} \tag{3-42}$$

得到 k_p 后，便可求解出最佳显著图 $\widetilde{S}(x，y)$：

$$\widetilde{S}(x,y)=h * \mid F^{-1}\big[\Lambda(u,v;k_p)\mathrm{e}^{j\phi(u,v)}\big]\mid^2 \tag{3-43}$$

3.2.4　频谱残差计算

频谱残差法是一种基于频域分析的红外弱小目标检测算法，利用目标与背景在频域上的差异实现目标的检测和提取。频谱残差法可以将图像的空间域与频域谱对应起来，而在红外图像中往往空间特征比较少，因此频谱残差法在减少计算复杂度的基础上，还可以取得较好的实验结果。

实验表明，人眼在观察一幅图像时得到的信息通常由两部分组成，即大面积平滑的背景以及小面积显著的目标。因此，利用空间域的显著性可以区分目标和背景，在频谱表示上，大面积背景的频谱往往分布于图像傅里叶变换后的平缓变化部分；而红外目标区域往往面积小、灰度值大，与周围背景有一定区别，因此分布在频谱中突出不平滑的部分。按照这一原理，可以通过求红外图像的频谱残差进行目标检测。频谱残差法的主要原理如下。

对于输入图像每一个像素点 $I(x，y)$，将傅里叶变换后取模 $A(f)$ 表示为幅度谱，取相位 $P(f)$ 表示为相位谱，如下：

$$A(f)=\Re\{F[I(x,y)]\} \tag{3-44}$$

$$P(f)=\Im\{F[I(x,y)]\} \tag{3-45}$$

式中，F 为傅里叶变换；$\Re$ 与 $\Im$ 分别为取模与取相位运算。

红外图像的对数幅度谱可以用 $L(f)$ 表示：

$$L(f)=\log[A(f)] \tag{3-46}$$

通过一个均值滤波器 $h_n(f)$ 与图像的对数幅度谱 $L(f)$ 进行卷积运算，估计图像中的冗余信息，再对对数幅度谱 $L(f)$ 作差，得到频谱残差 $R(f)$，即

$$R(f)=L(f)-h_n(f) * L(f) \tag{3-47}$$

式中，$h_n(f)$ 为 n 阶窗口滑动均值滤波器。

本节选取 3 阶均值滤波器：

$$\boldsymbol{h}_3(f)=\frac{1}{9}\begin{bmatrix} 1 & 1 & 1 \\ 1 & 1 & 1 \\ 1 & 1 & 1 \end{bmatrix} \tag{3-48}$$

结合频谱残差 $R(f)$ 和相位谱 $P(f)$，经过傅里叶反变换 F^{-1}，通过一个高斯平滑滤波器 h，得到最终的显著图 $S(x，y)$：

$$S(x,y)=h * F^{-1}\{\exp[R(f)+i \cdot P(f)]^2\} \tag{3-49}$$

频谱残差法检测结果如图 3-12 所示。

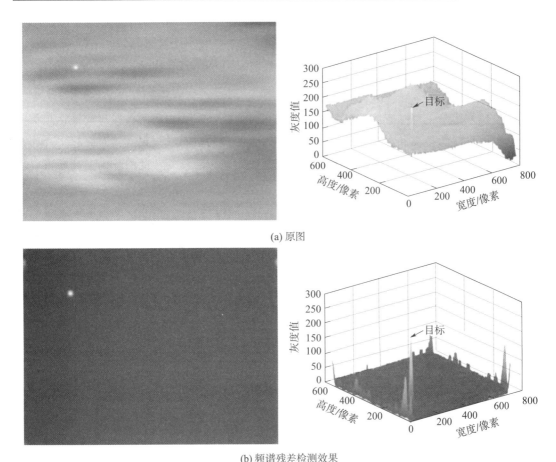

(a) 原图

(b) 频谱残差检测效果

图 3 - 12　频谱残差法检测结果

3.2.5　弱小目标检测算法

　　结合前面的原理和介绍，给出两种基于频域显著性的弱小目标检测方法，分别为改进的频谱残差检测算法和基于多特征的频域检测算法。两种算法的流程已在图 3 - 7 和图 3 - 8 中给出，本节主要对流程中未介绍的部分进行解释并总结每个算法的流程步骤。

　　（1）改进的频谱残差检测算法

　　单一原始图像往往受到背景和噪声的干扰，改进的频谱残差检测算法引入了轮廓波以及边缘检测算子两个通道的特征与频谱残差算法结合。轮廓波变换后的系数代表不同层次频率的权重，与频谱残差的理论类似，背景中的频谱分布较为均匀，因此首先对分解得到的每个方向子带的方向系数进行中值滤波，然后利用中值滤波后的系数重构轮廓波图像，最后对重构后的图像采用频谱残差法；边缘检测算子通道则在提取边缘特征后直接采用频谱残差法，得到显著图，两个通道的显著图融合即可得到最终结果。改进的频谱残差检测算法中的轮廓波变换、方向子带中值滤波和频谱残差法前面已经介绍过，接下来介绍两个通道的显著图融合方法，并给出改进的频谱残差检测算法的流程。

两个通道显著图实现两幅图像融合有很多方法，接下来介绍常用的 3 种融合算法。

1）归一化后加权融合。这种算法在理解上比较简单并且实用性较强，在更宽的区间内可以融合多域信息。通常在加权进行加法运算之前，要对空间域和时间域的显著性进行归一化，即将灰度值范围动态拉伸到 $[0,1]$，然后预设两个权重进行加法运算，得到最终的时空融合显著图，表示为 $S(x,y)$：

$$S(x,y) = w_s S_1 + w_t S_2 \tag{3-50}$$

式中，w_s、w_t 为分配给不同区域显著性的权重，是根据先验知识设定的常数，可以在 $0.3 \sim 0.5$ 取值。

2）归一化最大值融合。首先对两个区域显著图进行灰度动态拉伸，然后从这里直接取两个图中像素的最大值，有可能导致其中一个显著性比例太低，实际上更合理的是各自取最大像素值。

$$S(x,y) = \max[S_1(x,y), S_2(x,y)] \tag{3-51}$$

3）归一化乘法运算融合。首先将两个区域显著图进行灰度动态拉伸，然后将两个显著图用点积运算得到时空显著图，目的是找到在时域和空间域均显著的部分。

$$S(x,y) = S_1(x,y) S_2(x,y) \tag{3-52}$$

本节改进的频谱残差检测算法选择的是双通道显著图相乘的融合方法，图 3-13 所示为双通道显著图归一化乘法融合。

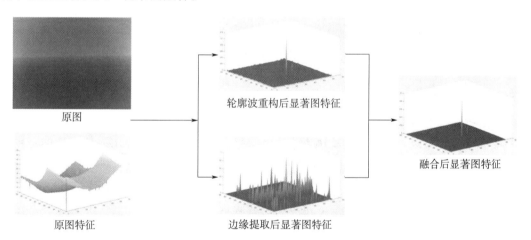

图 3-13　双通道显著图归一化乘法融合

改进的频谱残差算法的流程如下。

1）对红外图像用 Prewitt 检测算子进行边缘检测后，进行频谱残差处理并归一化，得到第一个通道的显著图 $S_1(x,y)$。

2）对输入的红外图像同时进行轮廓波变换，求解出各个方向的子带分解系数 C_{ij}，对这些分解系数 C_{ij} 进行平滑处理，得到新的子带分解系数矩阵 $\hat{C}_{ij}$。

3）对新的各方向子带分解系数进行轮廓波反变换，并进行中值滤波，得到重构图像 I_f 滤波，将重构图像 I_f 进行频谱残差处理并归一化，得到第二通道显著图 $S_2(x,y)$。

4）对两个通道的显著图相乘融合，得到最终的显著图 $S(x, y)$，根据自定的阈值进行分割，最终检测识别出红外图像中的弱小目标。

图 3-14 为改进的频谱残差检测算法效果，经过算法处理后的红外图像，其目标与背景的差异更明显，算法对于弱小目标的检测有着较好的性能。

（2）基于多特征的频域检测算法

目标信息的缺失使得各种算法存在不同瓶颈，增加目标的信息是红外目标检测的良好思路。目标和背景在多个特征方面存在显著差异，然而在复杂背景下，不同的特征对不同场景的贡献不一样，因此仅仅利用单一特征往往得不到好的检测效果。因此，本节介绍的基于多特征的频域检测算法结合强度、方向、运动三通道特征以弥补单一特征检测算法的不足，通过多特征取长补短，达到良好的红外弱小目标的检测效果。

基于多特征的频域检测算法中的主要环节如 SODD 滤波、频谱尺度分析等已详细介绍过，下面给出该算法的主要流程。

1）输入的红外图像采用帧差法得到运动通道 p_1，根据 SODD 滤波得到红外图像的方向通道 p_2 和 p_3，根据高斯滤波得到平滑后的强度通道 p_4。

2）使用得到的 3 个通道构造超复数矩阵，通过频谱尺度分析可得到最佳显著图的相应滤波器尺度 k_p。

3）得到最佳尺度 k_p 后便可求解出最佳显著图 $\widetilde{SM}$，根据自定的阈值对最佳显著图 $\widetilde{SM}$ 进行分割，最终检测识别出红外图像中的弱小目标（图 3-15）。

3.3　基于时-空-频域显著性的弱小目标检测

3.3.1　时域能量累积

在红外图像处理中，由于红外弱小目标的低信杂比和低对比度等特点，传统的单帧目标检测算法往往难以实现准确的检测。为了克服这一困难，本节将介绍一种时域能量累积的弱小目标检测算法——基于多帧能量累积的目标检测跟踪（Detection - Based - Tracking，DBT）。

对于实际的红外图像序列而言，足够高的帧频将保证图像序列中目标和背景在各帧间的运动和差异不大，显然这样的硬件条件对于抑制序列中存在的呈随机分布的高斯白噪声大有益处。多帧能量累积方法就是一种能够有效提高图像信杂比、抑制噪声干扰的方法，其通过对图像序列中待处理的某帧图像的前面多帧实际图像求取平均值来达到降噪的目的。通常在求得的帧间平均图像中，原序列中的静止部分（如大量的背景等）不会发生改变，而序列中的噪声则会因为帧间累积太慢而被削弱。同时，由于图像中小目标的运动速度一般大大低于系统的帧频，因此帧间能量累积可以增强图像序列中小目标对象的能量，从而达到提高图像信杂比的目的。可以通过以下过程来分析多帧能量累积对于单帧图像信杂比提升的效果。设由 M 帧运动图像组成一个图像序列 $f(x, y)$，有

$$f(x,y,i)=f_{\mathrm{T}}(x,y,i)+f_{\mathrm{B}}(x,y,i)+n(x,y,i)=g(x,y,i)+n(x,y,i)$$

$$(3-53)$$

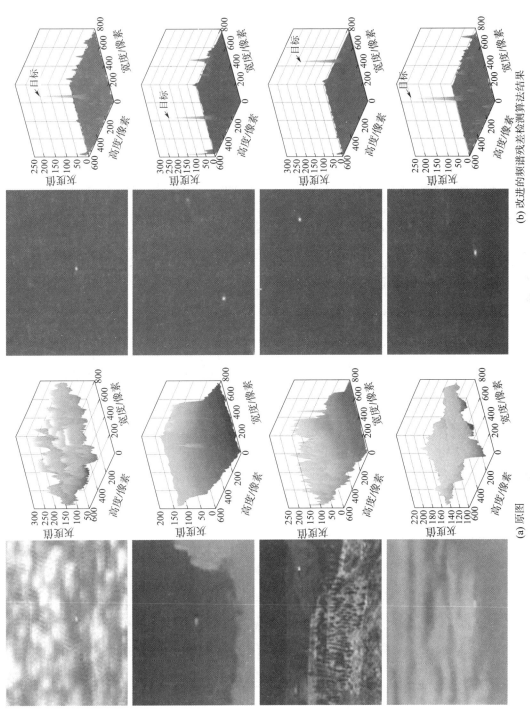

(a) 原图

(b) 改进的频谱残差检测算法结果

图 3 - 14　改进的频谱残差检测算法效果图

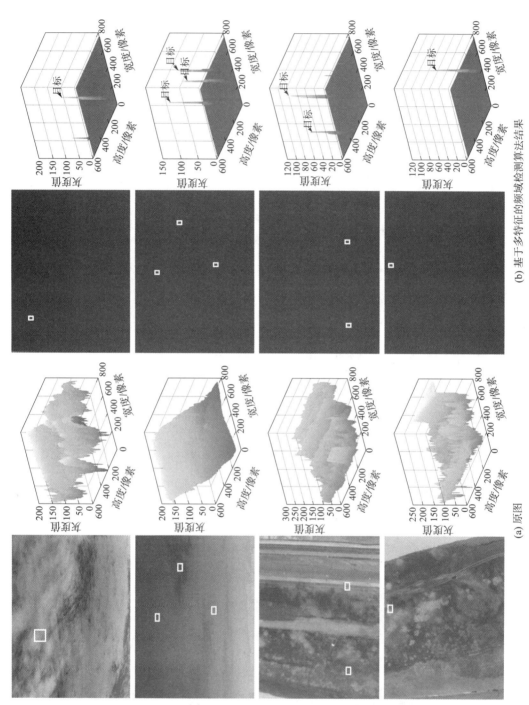

(a) 原图　　(b) 基于多特征的频域检测算法结果

图 3 - 15　基于多特征的频域检测算法效果

式中，$f(x，y，i)$ 为序列中第 i 帧（$i=1，2，\cdots，M$）实时图像的灰度值；$f_{\mathrm{T}}(x，y，i)$ 为第 i 帧中小目标点图像灰度；$f_{\mathrm{B}}(x，y，i)$ 为第 i 帧中背景图像的灰度；$n(x，y，i)$ 为第 i 帧中噪声图像。

由于研究的目的在于讨论多帧累积对于单帧图像信杂比提升的效果，因此将式（3-53）中的 $f_{\mathrm{T}}(x，y，i)+f_{\mathrm{B}}(x，y，i)$ 记为该帧中感兴趣的理想图像 $g(x，y，i)$。于是，该图像序列中每帧图像 $f(x，y，i)$ 都可以理解为理想图像 $g(x，y，i)$ 被噪声图像 $n(x，y，i)$ 退化的结果。假定这里的噪声图像都来源于同一个互不相关的白噪声图像样本集，则有

$$E[n(x,y,i)]=0 \tag{3-54}$$

$$E[n(x,y,i)+n(x,y,j)]=E[n(x,y,i)]+E[n(x,y,j)](i\neq j) \tag{3-55}$$

$$E[n(x,y,i)\cdot n(x,y,j)]=E[n(x,y,i)]\cdot E[n(x,y,j)](i\neq j) \tag{3-56}$$

式中，E 为对表达式求取均值。

对于第 i 帧图像中任意点，可以定义功率信杂比为

$$P(x,y,i)=\frac{g^{2}(x,y,i)}{E[n^{2}(x,y,i)]} \tag{3-57}$$

设对第 i 帧图像的前 $k-1$ 帧图像进行能量累积并求取平均图像，可得

$$\bar{g}(x,y,i)=\frac{1}{k}\sum_{j=i-k+1}^{i}[g(x,y,j)+n(x,y,j)] \tag{3-58}$$

由于多帧累积平均预算对于序列中理想图像部分的影响不大，因此平均图像的功率信杂比可写为

$$P(x,y,i)=\frac{g^{2}(x,y,i)}{E[n^{2}(x,y,i)]} \tag{3-59}$$

由于图像中理想图像部分在累积平均前后变化可忽略，因此对功率信杂比求取均值可以得到：

$$
\begin{aligned}
P(x,y,i)&\approx\frac{k^{2}g^{2}(x,y,i)}{E\{[\sum\limits_{j=i-k+1}^{i}n(x,y,j)]^{2}\}}\\
&=\frac{k^{2}g^{2}(x,y,i)}{\sum\limits_{j=i-k+1}^{i}E[n^{2}(x,y,j)]+\sum\limits_{h=j-k+1}^{i}\sum\limits_{j=i-k+1}^{i}E[n(x,y,h)]\cdot E[n(x,y,j)]}
\end{aligned}
\tag{3-60}
$$

由于前面假定了噪声图像分布相同、互不相关的白噪声图像，因此式（3-60）中分母的第二项可以根据互不相关的性质化为 0，则可以将式（3-60）化简为

$$\bar{P}(x,y,i)\approx\frac{k^{2}g^{2}(x,y,i)}{k\cdot E[(n^{2}(x,y,j)]}(j=i-k+1,i-k+2,\cdots,i)=k\cdot P(x,y,i) \tag{3-61}$$

由式（3-61）可知，对第 i 帧图像做 k 帧图像能量累积平均后，可使其每一点的功率信杂比提高 k 倍，则对功率信杂比求平方根可得到幅度信杂比，其表达式为

$$\mathrm{SNR}_i = \sqrt{\overline{P(x,y,i)}} = \sqrt{k} \cdot \sqrt{\overline{P(x,y,i)}} \qquad (3-62)$$

通过以上公式的推导，可以得出进行能量累积的连续图像序列帧数 k 越大，平均后的结果图像上每一点的信杂比就越高；但同时，运动目标在帧间的整体位移也会随之增大，这是不愿见到的。所以，利用多帧能量累积进行小目标检测时，通常情况下取 $3\sim5$ 帧的连续帧图像进行能量累积较为合理。

首先对红外图像序列进行预处理操作；接着对连续帧图像进行能量累积，能削弱随机噪声，并在一定程度上提高图像信杂比；然后，通过对序列图像中候选目标运动特征和轨迹进行判定，就可进一步确定真实目标。小目标检测技术发展至今，已形成了各种各样的 DBT 算法，因其方法简单、实时性好、可移植性强等诸多优点被广泛使用，在实际应用中发挥着不可替代的作用。

3.3.2 时域管道滤波

管道滤波算法是基于序列图像中目标轨迹的连续性构建时空滤波器，其基本思想是以第一帧图像中的一个疑似目标为中心，建立一条沿时间轴延伸的空间管道。管道的长度表示连续检测的时间跨度，直径表示检测的范围。当疑似目标在管道中出现的频率满足阈值要求时，将可疑目标识别为真实目标；否则，将其作为干扰删除。

为提高算法检测复杂运动目标的性能，动态管道滤波算法被提出。动态管道滤波算法通过匹配相邻两帧之间的检测结果，实时更新管道中心。当相邻帧中两个疑似目标的相对位移满足条件时，将后一帧的疑似目标位置作为新的管道中心，形成具有一定弯曲特性的管道。在有限序列长度内，如果单帧检测结果能够实现连续匹配，即检测结果可以构建一个完整的管道，则将其识别为真实目标；如果目标匹配中断，如疑似目标在序列图像中丢失或目标帧间位移过大导致管道中断，则无法构建完整的管道，将其识别为干扰并删除管道。

动态管道滤波算法利用位置信息形成候选目标关联，以第 $(k-1)$ 帧图像的每个候选目标 $P_{k-1}^n (n=1,2,\cdots,N)$ 的质心坐标为中心，形成半径为 R 的圆形区域（R 表示帧间总位移范围）。根据小目标轨迹的连续性，如果第 k 帧图像中，第 m 个候选目标的质心坐标 $P_k^m (m=1,2,\cdots,M)$ 位于 P_{k-1}^n 的圆形区域中，即 P_k^m 成功相关，则相邻图像中两个候选目标视为同一个目标，否则将其删除。

$$\sqrt{(\overline{x_k^m} - \overline{x_{k-1}^n})^2 + (\overline{y_k^m} - \overline{y_{k-1}^n})^2} \leqslant R \qquad (3-63)$$

式中，(x_k^m, y_k^m) 为第 k 帧图像目标位置。

邻域半径 R 一般根据实际情况确定，这里给出一种根据光流法确定邻域半径 R 的方法。

根据 2.2.3 节中的光流法，可以得到光流场 $U = \{u(x,y)\}$ 和 $V = \{v(x,y)\}$，对光流场 U、V 进行阈值分割，提取连通区域可估计得到 l 个运动目标区域集合 I_c，可表示为

$$I_c = \{I_{c1}, I_{c2}, \cdots, I_{cl}\} \qquad (3-64)$$

假设空域提取到的 k 个疑似目标连通区域集合 I_s 可表示为

$$I_s = \{I_{s1}, I_{s2}, \cdots, I_{sk}\} \tag{3-65}$$

计算所有 k 个疑似目标连通区域的质心，可得

$$\begin{cases} \bar{x}_j = \left[\sum_{x=0}^{M-1} \sum_{y=0}^{N-1} I_{sj}(x,y) \times x \right] / \sum_{x=0}^{M-1} \sum_{y=0}^{N-1} I_{sj}(x,y) \\ \bar{y}_j = \left[\sum_{x=0}^{M-1} \sum_{y=0}^{N-1} I_{sj}(x,y) \times y \right] / \sum_{x=0}^{M-1} \sum_{y=0}^{N-1} I_{sj}(x,y) \end{cases} \tag{3-66}$$

式中，$j = 1, 2, \cdots, k$。

采用质心位置配准原则进行运动目标筛选，可得候选目标区域表示为

$$\{I_{cp} \mid p = 1, 2, \cdots, l \cap (\bar{x}_j, \bar{y}_j) \in I_{cp}\} \tag{3-67}$$

进一步地，对所有候选目标质心位置使用管道滤波方法来进一步剔除虚假目标和预测目标丢失时的位置，从而确保准确、连续目标检测。

一般地，较远距离成像时两帧短时间内目标质心位置变化很小，即可认为下一帧目标质心位置处于当前帧目标质心位置的某一方向邻域内。质心位置变化矢量 $\boldsymbol{d}$ 可表示为

$$\begin{cases} \boldsymbol{d}(\bar{x}_t, \bar{y}_t) \leqslant R^2 \\ \boldsymbol{d}(\bar{x}_t, \bar{y}_t) = \sqrt{(\bar{x}_t - \bar{x}_{t-1})^2 + (\bar{y}_t - \bar{y}_{t-1})^2} \end{cases} \tag{3-68}$$

式中，R 为方向邻域半径，与光流估计运动区域所有像素平均速度 v 成比例关系，即

$$R = \beta v \tag{3-69}$$

式中，β 为比例放大因子。

$\boldsymbol{d}$ 的方向与光流估计的运动区域所有像素平均速度方向一致。在间隔帧时间内，光流估计的运动区域平均速度可认为短时间内是不变的。

候选目标位置关联如图 3-16 所示，前一帧中每个候选目标的质心坐标用紫色点表示，并在其周围形成半径为 R 的圆形区域。如果后一帧中用红色点表示的候选目标的坐标位置位于前一帧中候选目标的圆形区域内，则将相邻两帧中的两个坐标关联为相同的候选目标。

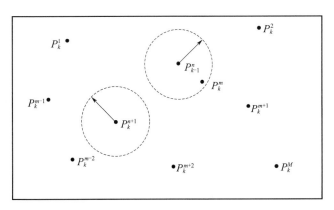

图 3-16　候选目标位置关联

图 3-17 为动态管道滤波算法流程，动态管道滤波算法基本步骤如下。

　　1）根据前一帧给定候选目标区域，将当前帧的候选目标与前一帧候选目标匹配，如果匹配成功，转到步骤 2），否则转到步骤 3）。

　　2）目标出现次数 $L+1$，更新管道中心。

　　3）目标出现次数 $L-1$。

　　4）目标出现次数判决：如果管道长度 $L \geqslant T$，则判定为真实目标并在下一帧中继续搜索；如果管道长度 $L < t$，则删除该管道；如果管道长度 $t \leqslant L < T$，则根据目标的运动速度更新管道中心。

　　5）在下一帧中继续沿管道半径搜索。

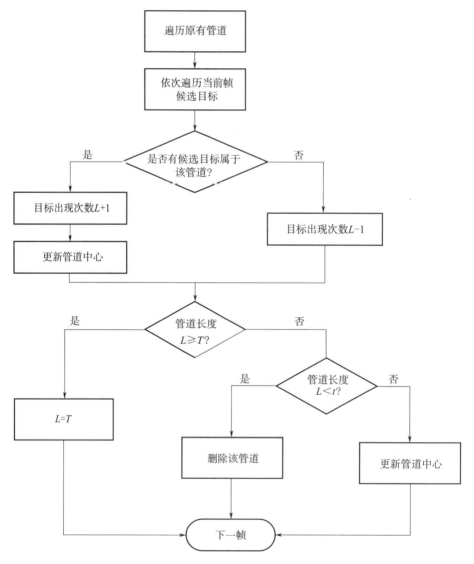

图 3-17　动态管道滤波算法流程

　　当目标运动到灰度较为相似的背景中时，出现短时消失，形成漏检。该动态管道滤波算法允许目标短暂消失 $T-t$ 帧，当管道长度 $t \leqslant L < T$ 时，通过目标运动速度进行位置预测，执行位置关联，继续在下一帧的同一管道继续进行搜索关联。执行完上述步骤后，对剩余候选目标建立新管道。需要指出的是，如果多个目标与同一管道匹配，则引入模板匹配算法，确定真实目标。

3.3.3　时域动态规划

传统的基于动态规划的红外弱小目标检测算法已在第 2 章的时域处理方法中介绍过，但传统动态规划方法的搜索范围过大，限制了方法的实用性。因此，在传统时域动态规划基础上，本节讲述一种基于运动特征关联的动态规划算法。红外图像中弱小目标的成像距离较远，由于惯性作用，目标在图像中的速度不会突变，基于运动特征关联的动态规划算法根据先前帧的位置估计目标当前运动速度的大小和方向，通过值函数的累积进一步估计出目标在下一帧最可能存在的位置，并在估计位置附近进行小邻域的目标搜索。基于运动特征关联的动态规划算法主要步骤如下。

首先，通过传统动态规划方法得到目标在前 5 帧图像的位置 s_1、s_2、s_3、s_4、s_5，如图 3-18 所示，将这些位置顺次连接，得到目标在这 5 帧图像中相邻帧间的运动速度大小及方向。

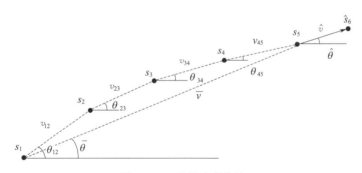

图 3-18　目标速度估计

从 s_1 到 s_2 的速度记作 v_{12}，速度方向记作与水平线正向的夹角 θ_{12}，表达式为

$$v_{12} = \sqrt{(x_2 - x_1)^2 + (y_2 - y_1)^2} \qquad (3-70)$$

$$\theta_{12} = \begin{cases} \arctan \dfrac{y_2 - y_1}{x_2 - x_1}, & x_2 - x_1 > 0 \\[2mm] \pm \dfrac{\pi}{2} & x_2 - x_1 = 0, y_2 - y_1 \neq 0 \\[2mm] \arctan \dfrac{y_2 - y_1}{x_2 - x_1} - \pi, & x_2 - x_1 < 0 \end{cases} \qquad (3-71)$$

式中，(x_1, y_1) 和 (x_2, y_2) 分别为 s_1 和 s_2 的横纵坐标，下同。

从 s_2 到 s_3 的速度记作 v_{23}，速度方向记作 θ_{23}。以此类推，得到目标在前 5 帧图像中的速度大小 $\{v_{12}, v_{23}, v_{34}, v_{45}\}$ 和方向 $\{\theta_{12}, \theta_{23}, \theta_{34}, \theta_{45}\}$。

连接 s_1 和 s_5 ，得到目标在这 5 帧图像中的平均速度大小 $\bar{v}$ 和方向 $\bar{\theta}$ ：

$$\bar{v} = \frac{\sqrt{(x_4 - x_1)^2 + (y_4 - y_1)^2}}{4} \qquad (3-72)$$

$$\bar{\theta} = \begin{cases} \arctan\dfrac{y_4 - y_1}{x_4 - x_1}, & x_4 - x_1 > 0 \\[2mm] \pm\dfrac{\pi}{2}, & x_4 - x_1 = 0, y_4 - y_1 \neq 0 \\[2mm] \arctan\dfrac{y_4 - y_1}{x_4 - x_1} - \pi, & x_4 - x_1 < 0 \end{cases} \qquad (3-73)$$

通常来说，图像中的目标在大部分情况下都可以近似视为匀速直线运动。当目标发生机动时，其速度大小和方向发生变化。但是，由于远距离成像特性，在图像中速度大小和方向的变化幅度不明显，因此可以将目标的速度特性按照大小变化分为匀速运动和匀变速运动，按照方向变化分为直线运动和缓慢转弯运动。

考虑目标帧间的速度大小变化量，即

$$\begin{cases} \Delta v_a = v_{23} - v_{12} \\ \Delta v_b = v_{34} - v_{23} \\ \Delta v_c = v_{45} - v_{34} \end{cases} \qquad (3-74)$$

则目标当前的加速度和速度可以估计为

$$\hat{a} = \begin{cases} \dfrac{\Delta v_a + \Delta v_b + \Delta v_c}{3t}, & \Delta v_a + \Delta v_b + \Delta v_c > \Delta V_{\mathrm{T}} \\[2mm] 0, & \text{其他} \end{cases} \qquad (3-75)$$

$$\hat{v} = \begin{cases} v_{45} + \hat{a}t, & \Delta v_a + \Delta v_b + \Delta v_c > \Delta V_{\mathrm{T}} \\[2mm] \bar{v}, & \text{其他} \end{cases} \qquad (3-76)$$

式中， ΔV_{T} 为给定的加速度阈值； t 为帧间时间大小。

也就是说，如果这 3 个速度大小变化量之和超过阈值 ΔV_{T} ，则将目标运动判定为加速度大小为 $\hat{a} = \dfrac{\Delta v_a + \Delta v_b + \Delta v_c}{3t}$ 的匀变速运动；否则将目标运动判定为速度为 $\bar{v}$ 的匀速运动。

考虑目标帧间的速度方向变化量，即

$$\Delta\theta_a = \theta_{23} - \theta_{12}$$
$$\Delta\theta_b = \theta_{34} - \theta_{23}$$
$$\Delta\theta_c = \theta_{45} - \theta_{34} \qquad (3-77)$$

则目标当前运动方向的角速度和角度可以估计为

$$\hat{\omega} = \begin{cases} \dfrac{\Delta\theta_a + \Delta\theta_b + \Delta\theta_c}{3t}, & \Delta\theta_a + \Delta\theta_b + \Delta\theta_c > \Delta\theta_{\mathrm{T}} \\[2mm] 0, & \text{其他} \end{cases} \qquad (3-78)$$

$$\hat{\theta} = \begin{cases} \theta_{45} + \hat{\omega}t, & \Delta\theta_a + \Delta\theta_b + \Delta\theta_c > \Delta\theta_T \\ \bar{\theta}, & \text{其他} \end{cases} \qquad (3-79)$$

式中，$\Delta\theta_T$ 为给定的角速度阈值。

也就是说，如果这 3 个速度方向变化量之和超过阈值 $\Delta\theta_T$，则将目标运动判定为角速度大小为 $\hat{\omega} = \dfrac{\Delta\theta_a + \Delta\theta_b + \Delta\theta_c}{3t}$ 的缓慢转弯运动；否则将目标运动判定为速度为 $\bar{\theta}$ 的直线运动。

根据预测目标当前速度的大小和方向，进一步估计出目标在下一帧中最可能存在的位置 (x_6, y_6)：

$$x_6 = \text{round}(x_5 + \hat{v}\cos\hat{\theta}) \qquad (3-80)$$

$$y_6 = \text{round}(y_5 + \hat{v}\sin\hat{\theta}) \qquad (3-81)$$

式中，round($\cdot$) 为四舍五入操作。

由于图像中像素的坐标都是离散值，因此需要对估计的位置进行取整。

在获取目标在下一时刻的估计位置后，只需要在估计位置附近进行小邻域搜索，而不是在原位置进行大位置搜索。在图 3-19 中，s_1 和 s_2 为前后两帧的实际位置，$\hat{s}_2$ 为根据先前帧轨迹得到的估计位置。传统动态规划算法为了保证能搜索到下一帧的目标，邻域窗口需要大于图 3-19 中的实线圆形区域，而当该区域有其他目标时，就会出现多目标的模糊处理。进行速度预测后，在估计位置的邻域窗口进行搜索，此时窗口只需要比图 3-19 中的虚线圆形区域大即可。因此，基于运动特征关联的动态规划算法可以有效解决多目标检测时出现的邻域尺寸难以统一和邻近目标分辨率低的问题。

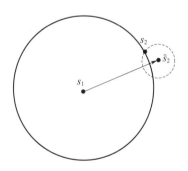

图 3-19　速度预测后的搜索邻域

如图 3-20 所示，针对某红外场景，采用基于运动特征关联的动态规划算法对弱小目标进行检测，从第 5 帧开始，每一帧都会根据先前帧的运动轨迹进行速度预测，速度矢量用箭头给出，共显示 20 帧图像的轨迹。图 3-21 给出了算法估计的目标位置与目标实际位置在水平和垂直两个方向上的偏差，共 50 帧图像。

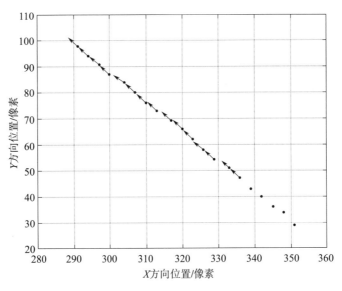

图 3 - 20   弱小目标检测轨迹及速度预测

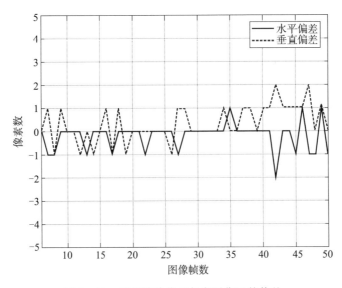

图 3 - 21   目标估计位置与实际位置的偏差

3.3.4   弱小目标检测算法

前面分别介绍了基于空域显著性、频域显著性以及时域显著性的弱小目标检测算法，这些方法在各自的领域中取得了一定的成果，但它们仍然存在一些局限。为了进一步提升弱小目标检测的准确性和鲁棒性，本节将介绍几种基于时-空-频域显著性的算法。时-空-频域显著性综合了时间、空间和频率域的信息，通过充分利用多个邻域的特征，可以更全面地描述和分析目标的显著性。由于几种基于时-空-频域显著性的算法各个环节中的具体方法已经在前文介绍过，因此本节重点在于给出算法的框架和流程。

3.3.4.1　基于视觉显著性的红外弱小目标检测算法

基于视觉显著性的红外弱小目标检测算法流程如图 3 - 22 所示，算法总体分为预处理、单帧检测、多帧确认 3 个阶段。其中，预处理阶段根据图像情况采取不同策略：中值滤波降噪、背景差分突出目标，并利用 2D - DoG 滤波抑制背景、增强目标；单帧检测阶段首先结合尺度自适应思想，计算局部对比度提取显著性区域，再融合强度、方向特征，利用四元数傅里叶变换结合频谱尺度分析构建显著图，获得候选目标；多帧确认阶段依据帧间运动信息、出现频率以及模板匹配方法进一步筛选候选目标，本算法中的管道滤波与传统管道滤波不同，采用的是第 2 章时域管道滤波中提到的动态管道滤波算法。经过空域、频域、时域处理后，最终得到弱小目标的检测结果。

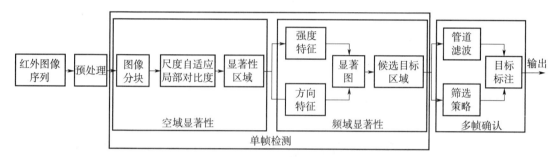

图 3 - 22　基于视觉显著性的红外弱小目标检测算法流程

随着研究的逐步深入，发现在一些复杂环境低信杂比条件下，如海背景，普通算法存在一定的问题：1）不能够很好地定位目标中心；2）针对运动目标，缺乏方向预测能力；3）在复杂背景下，目标检测率有待进一步提升。针对以上 3 个问题，本节对目前算法进行合理改进。为使算法能够比较准确地定位目标中心，能够预测目标运动方向，同时在天空、海面、地物背景下有稳定的检测性能，本节提出改进的基于视觉显著性的红外弱小目标检测算法。

如图 3 - 23 所示，改进基于视觉显著性的红外弱小目标检测算法流程由 5 部分组成：预处理、空域显著区域提取、频域显著性重构、光流匹配和多帧确认。预处理部分利用中值滤波降噪，根据图像情况判断是否进行背景差分，并统一使用 2D - DoG 滤波抑制背景、增强目标；结合尺度适应思想，计算局部对比度，使用自适应阈值提取显著性区域；频域显著性重构融合强度、方向特征，利用频谱尺度分析构建显著图，进一步抑制背景；光流匹配在时域中，将通过光流法提取的运动区域与显著区域匹配；多帧确认利用动态管道滤波的多帧筛选策略，获得真实目标位置。该检测算法的核心思想是依据运动目标的光流特性，较好地定位目标区域，将目标较为准确地提取出来，并能够预测目标运动方向，在不同背景下提升目标检测率。

对于改进基于视觉显著性的红外弱小目标检测算法，其实验使用天空、海天、地物 3 类场景红外图像序列，每场景各包含 5 组图像序列。在本实验中，通过 3 类背景共 15 组序列图像，说明改进基于视觉显著性的红外弱小目标检测算法的连续帧检测性能。值得说明的是，为了与改进基于视觉显著性的红外目标检测算法的自适应阈值相比，Top - Hat、ILCM 算法

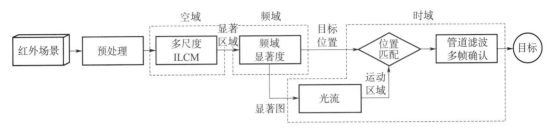

图 3-23　改进基于视觉显著性的红外弱小目标检测算法流程

的阈值均设置在固定范围内。实验前，实际的目标位置已标注，在原图中用红圈标出。

　　图 3-24 及表 3-2 是天空背景下不同算法的序列检测结果。图 3-24（b）列显示了改进基于视觉显著性算法的检测结果，黄框代表检测到的目标，绿框代表待确认的区域；图 3-24（c）和（d）列分别是 Top-Hat 和 ILCM 算法的检测结果，检测到的目标均用黄框标记。针对 Seq.2，只有改进基于视觉显著性算法将 4 个大小、亮度不一致的目标检测出来，其他算法都有不同程度上的漏检；Seq.5 的目标较小且背景云层复杂，其他算法的单帧虚警数为 6 以上，而本改进基于视觉显著性算法经过候选目标的筛选，虚警数减少至 0。5 个序列的检测结果中，改进基于视觉显著性算法的检测率最高，虚警数最少。

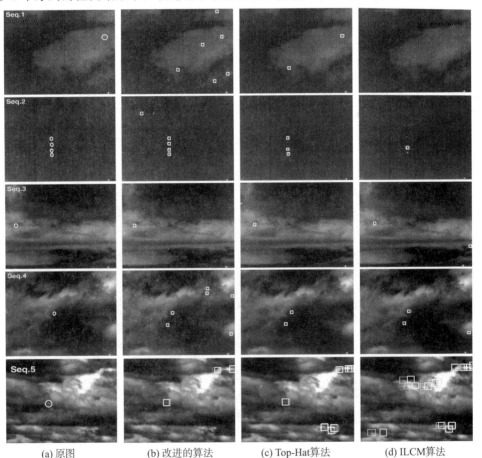

　　(a) 原图　　　　　　(b) 改进的算法　　　　(c) Top-Hat算法　　　　(d) ILCM算法

图 3-24　天空背景的序列检测结果（见彩插）

表 3-2　天空背景的序列检测结果

图像序列	总帧数	目标数	目标尺寸范围/(像素×像素)	目标信杂比范围	Top-Hat 算法		ILCM 算法		改进的算法	
					检测率/%	虚警数/帧	检测率/%	虚警数/帧	检测率/%	虚警数/帧
Seq. 1	117	1	3×3~6×6	2.71~5.51	97.4	0.897	82.1	0.846	100	0.559
Seq. 2	117	4	3×3~5×5	2.63~5.44	66.0	0.051	36.5	0.026	96.3	0.007
Seq. 3	150	1	3×3~4×4	4.95~5.28	100	0.440	100	0.120	100	0
Seq. 4	150	1	3×3~4×4	5.15~9.26	100	3.060	100	3.220	100	2.133
Seq. 5	150	1	2×2~3×3	2.89~4.96	100	9.540	46.0	11.280	100	0

　　图 3-25 及表 3-3 是海天背景下不同算法的序列检测结果。其标记方式与天空背景下的相同，其中图 3-25（b）列为改进基于视觉显著性算法的检测结果，图 3-25（c）和（d）列分别是 Top-Hat 和 ILCM 的检测结果。表 3-3 中，Seq. 1 和 Seq. 3 表明改进基于视觉显著性算法在多目标情况下，检测率仍然保持在 90% 以上。当一帧图像中的目标尺寸、亮度存在差异时，改进基于视觉显著性算法能够对所有目标进行对比度增强。从 Seq. 4 和 Seq. 5 的结果可以发现，其中 Seq. 4 中目标的信杂比较低，且背景中存在很多干扰，改进基于视觉显著性算法在保证检测率 93.3% 的同时，平均检测性能均优于其他方法。

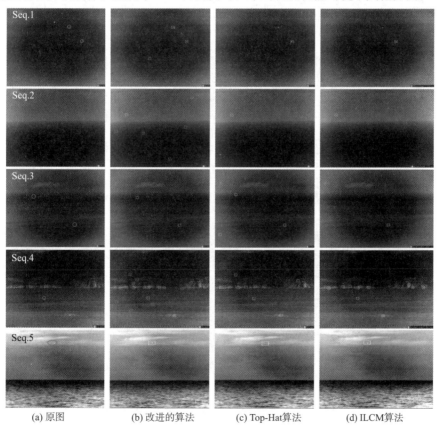

　(a) 原图　　　　　　　(b) 改进的算法　　　　　　(c) Top-Hat算法　　　　　　(d) ILCM算法

图 3-25　海天背景的序列检测结果（见彩插）

表 3 - 3　海天背景的序列检测结果

图像序列	总帧数	目标数	目标尺寸范围/(像素×像素)	目标信杂比范围	Top - Hat 算法		ILCM 算法		改进的算法	
					检测率/%	虚警数/帧	检测率/%	虚警数/帧	检测率/%	虚警数/帧
Seq. 1	153	2	3×3～5×5	3.54～4.57	75.5	0.196	50.0	0	95.6	0.369
Seq. 2	150	1	2×2～3×3	2.41～4.67	100	0	100	0.280	100	0
Seq. 3	288	2	2×2～4×4	4.46～5.36	39.1	1.115	100	0.646	98.9	0.416
Seq. 4	150	1	3×3～4×4	3.88～4.74	82.0	10.620	100	12.330	93.3	6.200
Seq. 5	147	1	2×2～3×3	5.77～7.83	100	1.388	100	13.796	95.5	1.000

　　图 3 - 26 和表 3 - 4 是地物背景下不同算法的序列检测结果，标记方式与前述相同。5 组序列改进基于视觉显著性算法的检测率都达到 100%。前 4 个序列的结果表明，其他方法在复杂的地物背景下效果一般，检测率和虚警数都会受到影响。特别地，Seq. 5 中，改进基于视觉显著性算法与 ILCM 算法检测率相同，但虚警数高于 ILCM 算法。这是因为目标相较于虚警点的亮度更低，在显著区域提取时，自适应阈值引入了较多假目标区域。

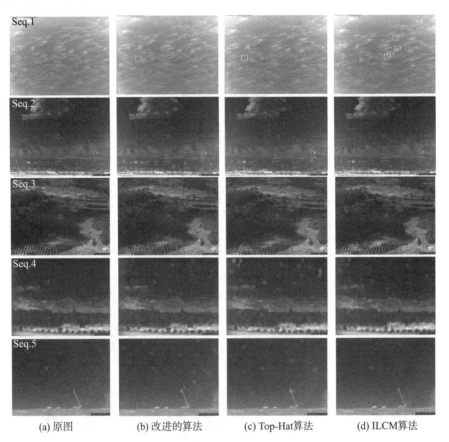

(a) 原图　　　　　　(b) 改进的算法　　　　　(c) Top-Hat算法　　　　(d) ILCM算法

图 3 - 26　地物背景的序列检测结果（见彩插）

表 3 - 4　地物背景的序列检测结果

图像序列	总帧数	目标数	目标尺寸范围/(像素×像素)	目标信杂比范围	Top - Hat 算法		ILCM 算法		改进的算法	
					检测率/%	虚警数/帧	检测率/%	虚警数/帧	检测率/%	虚警数/帧
Seq. 1	144	1	2×2～3×3	1.96～3.52	93.8	2.854	10.4	4.667	100	0.163
Seq. 2	150	1	3×3～4×4	4.72～5.77	84.0	8.920	80.0	10.70	100	0.956
Seq. 3	159	1	3×3～4×4	4.85～5.57	100	3.169	90.6	19.170	100	0.354
Seq. 4	150	1	2×2～3×3	3.74～4.76	78.0	23.940	58.0	54.530	100	1.644
Seq. 5	150	1	2×2～3×3	3.86～4.45	100	5.620	100	2.400	100	4.089

综合 3 类背景的检测结果，改进基于视觉显著性的弱小目标检测算法对背景类型具有很强的适应性，体现为检测率最高，虚警数较低。Top - Hat 算法的检测率在多数情况下较好，但受边缘形态影响较大。ILCM 算法的分块尺寸固定，这造成算法性能极易受到目标尺寸、目标背景对比度的影响。当目标尺寸较小、信杂比较低时，ILCM 算法不能有效检测目标。

3.3.4.2　基于时空频谱显著性的红外弱小目标检测算法

基于时空频谱显著性的红外弱小目标检测算法流程如图 3 - 27 所示，共由 4 部分组成：预处理、多特征提取、频域显著性重构和多帧确认。首先利用模拟人眼对比机制的 2D - DoG 滤波器对图像进行预处理；其次，通过对比度测量、光流法速度估计、方向特征提取实现多特征提取，构造超复数矩阵的 4 个数据通道；随后在频域下进行重构，完成显著性检测；最后依据目标运动特性，采用管道滤波多帧确认，降低虚警率。该检测算法的核心思想是在目标粗提取的基础上，结合更多的目标特征信息，如目标显著的运动特性、目标显著的对比度特性、目标各向同性的类高斯特性，从而更加精确地定位目标位置；同时，利用更多特征有利于更好地将目标提取出来，在复杂的海面背景下，目标检测率有一定提升。

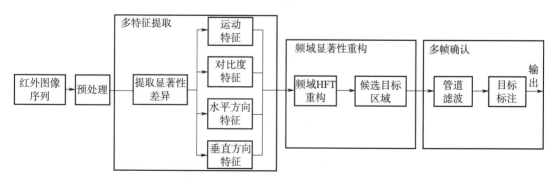

图 3 - 27　基于时空频谱显著性的红外弱小目标检测算法流程

本算法多特征提取部分的依据是目标与背景之间的特征差异性，多特征提取部分通过提取显著性差异特性，更好地分离目标和背景。算法多特征提取部分从 3 方面对特性进行分析：目标显著的运动特性、目标显著的对比度特性、目标各向同性的类高斯特性。采用小面模型构建 SODD 滤波器，提取目标的方向特征；利用 ILCM 算法提取图像的对比度特征，具体步骤在空域显著性弱小目标检测章节（3.1 节）有所讲解。考虑到目标的运动特性，采用光流法进行运动速度估计，运动速度较大的区域认为是对应目标区域，而速度较小的区域认为是背景杂波。本项目选择经典的 HS 光流法提取运动特性。

本算法中的频域重构即为前文频域分析的方法，只不过需要将输入的 4 个通道中的运动特征改为本算法中的经典 HS 光流法提取的运动特性，频域分析重构的不同特征通道权重 λ_1、λ_2、λ_3、λ_4 在本算法中设置为 0.15、0.15、0.35、0.35。

3.3.4.3　基于时空显著性特征的红外弱小目标检测算法

基于时空显著性特征的红外弱小目标检测算法流程如图 3-28 所示，算法共由两部分组成：空域显著性区域匹配与预测和时域显著性区域匹配与预测。首先，利用轮廓波变换与边缘特征提取获取图像轮廓和边缘信息，结合频谱残差方法重构目标融合显著图，有效进行背景抑制，提升目标信杂比。对于显著图中目标区域的阈值选取，可以采用自适应阈值的方法。其次，基于光流法对融合显著图中的目标运动区域进行估计，与感兴趣目标区域进行匹配，实现运动目标检测。该检测算法的核心思想在于利用轮廓波多尺度特性实现对不同尺寸目标轮廓提取，同时拥有更强的抗噪性能，能够有效抑制背景，尤其是在复杂背景下，可以有效提升目标检测率。

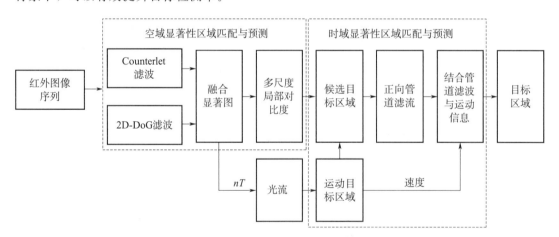

图 3-28　基于时空显著性特征的红外弱小目标检测算法流程

选择一定的多帧红外数据集对基于时空显著性特征的红外弱小目标检测算法进行测试并评价，评价标准采用 AUC（Area Under Curve）和 F_1 指标。其中，AUC 指标即以 ROC 曲线下面积占总方格的比例来衡量各算法目标检测效果整体性能的优劣，面积越大，表明检测效果越好，算法的整体性能越优异；为了表征算法能够达到检测性能最优效果，引入 F_1 指标进行量化表征。红外数据集情况统计如表 3-5 所示，构建的红外图像数据集序列如图 3-29 所示，图中圆圈标注的为真实目标位置。

表 3 - 5　红外数据集情况统计

背景类型	序列编号	总帧数	目标数	目标尺寸范围/（像素×像素）	目标信杂比范围
天空背景	Seq. 1	195	1	3×3～5×5	3.16～4.84
	Seq. 2	788	4	3×3～6×6	3.01～8.04
	Seq. 3	1 500	1	3×3～5×5	2.95～5.17
	Seq. 4	978	1	2×2～4×4	2.96～4.43
	Seq. 5	250	1	3×3～4×4	3.01～7.04
	Seq. 6	728	3	2×2～6×6	2.56～5.63
海面背景	Seq. 1	1 276	1	2×2～4×4	2.69～5.49
	Seq. 2	488	3	2×2～6×6	2.35～7.38
	Seq. 3	178	1	3×3～5×5	4.05～6.23
	Seq. 4	2 100	3	3×3～9×9	2.94～9.16
地物背景	Seq. 1	53	1	2×2～4×4	2.51～3.82
	Seq. 2	1 144	1	4×4～9×9	5.12～9.96
	Seq. 3	1 104	1	3×3～5×5	2.05～3.23
	Seq. 4	648	1	3×3～5×5	2.01～2.85

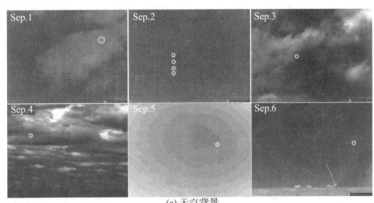

(a) 天空背景

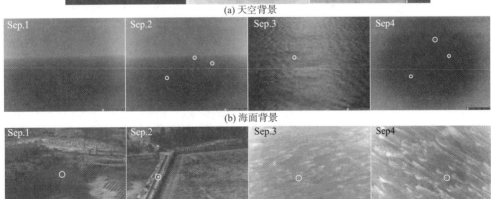

(b) 海面背景

(c) 地面背景

图 3 - 29　红外图像数据集序列

　　针对天空、地物和海面背景，分别设计相关实验，验证基于时空显著性特征的红外弱小目标检测算法对红外弱小目标的检测性能。由于不同算法的阈值选择不同，因此检测效果差别很大。目前进行各算法性能间的比较存在一定不合理性，即基于时空显著性特征的红外弱小目标检测算法通过调整阈值得到最佳的检测效果，而对于经典算法只是选择固定阈值下的检测效果，导致无法客观地对算法性能进行评价；同时，阈值的选择与数据集密切相关，目前还没有一个场景丰富、目标类型与尺寸多样的标准数据集用来评估红外弱小目标检测算法的性能，因此阈值的选取存在一定偶然性，无法准确反映算法的最优检测效果。为了公平比较各算法性能，基于构建的红外图像数据集，使用 LABELIMAGE 图像标注软件，对数据集中弱小目标的真实位置进行标注；同时，基于连续帧图像中的目标检测结果遍历阈值，通过比较体现算法整体性能的指标 AUC 和能够达到的检测性能最优效果指标 F_1，验证算法效能。

　　图 3 - 30 所示为天空背景下 Seq.1 和 Seq.2 的检测结果，第 1 列用圆圈对真实目标进行标注，第 2~4 列是各算法的检测结果，目标在检测结果中用方框标出。Top - Hat 检测结果对应第 1、2 行；ILCM 检测结果对应第 3、4 行；第 5、6 行是本节算法的检测结果。由图 3 - 30 第二行中的 Top - Hat 检测效果可以发现，第 710 帧图像无法准确检测到全部 4 个目标，同时在 697 帧和 702 帧，虚假目标已经充满视场。

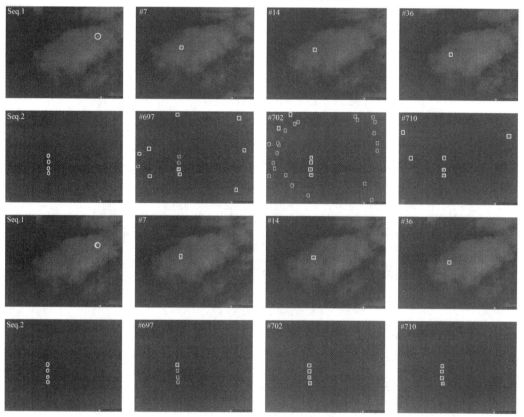

图 3 - 30　天空背景下 Seq.1 和 Seq.2 的检测结果

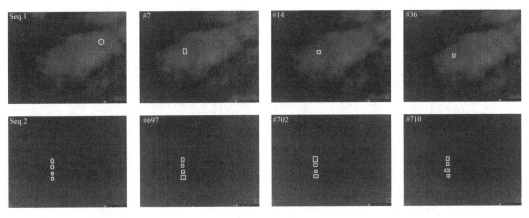

图 3 - 30　天空背景下 Seq.1 和 Seq.2 的检测结果（续）

天空背景下各算法检测性能统计结果如表 3 - 6 所示。从表 3 - 6 中可以发现，针对 6 组天空背景下的图像序列，Top - Hat 算法、ILCM 算法和基于时空显著性特征算法的 AUC 指标平均值分别为 0.876 2、0.926 9 和 0.987 2，同时 F_1 指标平均值分别为 0.885 3、0.936 9 和 0.991 4。基于时空显著性特征算法检测性能明显优于其他两种算法；同时，根据 3.13 节介绍的自适应阈值方法得到的 F_1 值为 0.938 4，即能够达到的最优检测效果也大于其他两种算法。

表 3 - 6　天空背景下各算法检测性能统计结果

图像序列	Top - Hat 算法		ILCM 算法		时空显著性特征算法		
	AUC	F_1	AUC	F_1	AUC	F_1	F_1（自适应阈值）
Seq. 1	1	1	1	1	1	1	0.853 7
Seq. 2	0.849 2	0.874 5	0.932 4	0.956 1	1	1	0.987 2
Seq. 3	0.853 4	0.864 5	0.919 0	0.918 9	1	1	0.945 9
Seq. 4	0.827 9	0.836 2	0.872 1	0.896 8	0.976 5	0.985 4	0.913 4
Seq. 5	0.912 4	0.913 2	0.974 2	0.975 1	1	1	0.987 7
Seq. 6	0.814 1	0.823 5	0.863 6	0.874 3	0.946 5	0.963 2	0.942 6

图 3 - 31 展示了海面背景下 Seq.1 和 Seq.2 的检测结果。图 3 - 31 中，第 1、2 行对应 Top - Hat 检测结果，第 3、4 行对应 ILCM 检测结果，第 5、6 行对应时空显著性特征算法检测结果；第 1 列为真实标注目标，第 2～4 列为检测结果。以 Seq.1 为例，Top - Hat 算法和改进的基于视觉显著性算法都能准确检测到真实目标；由第 3 行中的 ILCM 算法检测效果可以发现，第 1 帧、44 帧和 78 帧，不管阈值怎么改变，在视场中一直存在一个虚假目标。

表 3 - 7 所示为海面背景下各算法检测性能指标统计结果，从中可以发现，针对 4 组海面背景下的图像序列，Top - Hat 算法、ILCM 算法和基于时空显著性特征算法的 AUC 指标平均值分别为 0.948 8、0.979 4 和 1，同时 F_1 指标分别为 0.945 5、0.954 5 和 1。时空显著性特征算法无论是 AUC 指标还是 F_1 指标均明显优于其他两种算法，ILCM 算法检

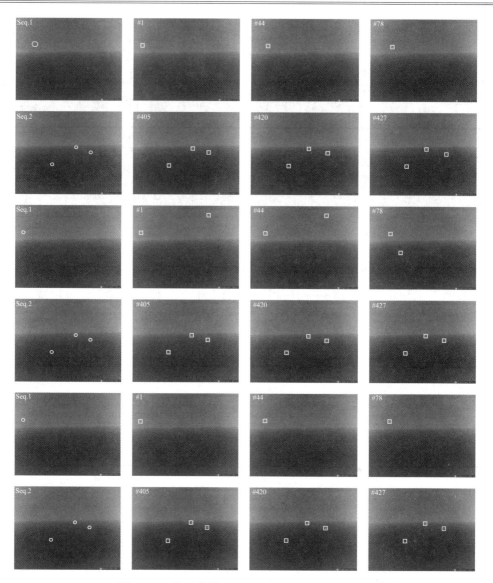

图 3 - 31　海面背景下 Seq.1 和 Seq.2 的检测结果

测性能要优于 Top - Hat 算法，同时基于自适应阈值方法得到的 F_1 值为 0.990 5，即能够达到的最优检测效果也远远大于其他两种算法。

表 3 - 7　海面背景下各算法检测性能指标统计结果

序列编号	Top - Hat 算法		ILCM 算法		时空显著性特征算法		
	AUC	F_1	AUC	F_1	AUC	F_1	F_1（自适应阈值）
Seq. 1	1	1	0.981 4	0.915 7	1	1	1
Seq. 2	1	1	1	1	1	1	1
Seq. 3	0.822 7	0.813 6	0.960 7	0.947 9	1	1	0.987 7
Seq. 4	0.972 4	0.968 4	0.975 6	0.964 8	1	1	0.974 2

图 3 - 32 展示了地面背景下 Seq. 1 和 Seq. 2 的检测结果，其他相关设置与前文保持不变。对于 Seq. 1 图像序列，3 种算法都能准确检测到真实目标；第 1 行中的 Top - Hat 算法检测到真实目标，但是在第 28 帧引入 2 个虚警，41 帧和 53 帧分别引入 1 个虚警；第 3 行 ILCM 算法将堤坝石块都误作为目标。

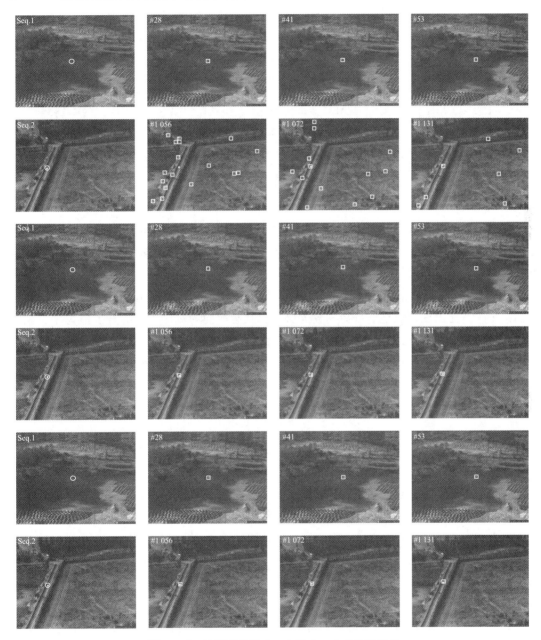

图 3 - 32　地面背景下 Seq. 1 和 Seq. 2 的检测结果

计算 AUC 指标和 F_1 指标，结果如表 3 - 8 所示。从表 3 - 8 中可以发现，针对 4 组地面背景下的图像序列，Top - Hat 算法、ILCM 算法和基于时空显著性特征算法的 AUC 指标平均值分别为 0.296 3、0.295 5 和 0.972 9，F_1 指标分别为 0.272 1、0.296 6 和 0.969 1。基于时空显著性特征算法的检测性能无论是 AUC 指标还是 F_1 指标，均明显优于其他两种算法，但 Top - Hat 算法的检测性能要略高于 ILCM 算法。同时，基于自适应阈值方法得到的 F_1 值为 0.853 8，即能够达到的最优检测效果也远远大于其他两种算法的结果。基于时空显著性特征算法之所以明显优于其他两种算法，主要是因为引入了光流信息和管道滤波方法，对于运动目标可以准确进行定位以及判断，很大程度上减少了虚警率。

表 3 - 8   地面背景下各算法检测性能指标统计结果

序列编号	Top - Hat 算法		ILCM 算法		时空显著性特征算法		
	AUC	F_1	AUC	F_1	AUC	F_1	F_1（自适应阈值）
Seq. 1	0.499 3	0.461 5	0.022 4	0.058 3	1	1	0.851 8
Seq. 2	0.285 2	0.261 4	0.463 2	0.441 8	1	1	0.921 4
Seq. 3	0.322 1	0.314 2	0.561 1	0.542 9	1	1	0.846 8
Seq. 4	0.078 4	0.051 3	0.135 2	0.143 2	0.891 5	0.876 4	0.795 2

综上所述，基于时空显著性特征算法与传统算法相比在红外弱小目标检测性能方面有明显的优势。当视场中存在多个尺寸不一的目标时，Top - Hat 算法对大目标的检测能力较差，同时会引入大量虚警，这一点在天空背景以及地物背景 Seq. 2 中可以清晰地体现。ILCM 算法只能对固定尺寸大小的目标进行检测，不具有尺度适应性，会造成地物背景 Seq. 2 的情况出现，弱小点目标和较大块目标具有相同的对比度，提升了虚警率。基于时空显著性特征算法充分利用 2D - DoG 滤波与轮廓波滤波进行预处理，通过多尺度 ILCM 算法计算目标显著图，为了降低虚警率，引入正向管道滤波并融合光流运动估计信息，很好地实现了红外弱小目标的准确检测。

本章小结

本章主要介绍了低信杂比环境下的红外弱小目标检测技术。3.1 节探讨了基于空域显著性的弱小目标检测方法，详细讨论了空域显著特性的重要性，并介绍了空域滤波方法和空域显著图的计算方法；最后介绍了一种基于空域显著性的弱小目标检测算法，旨在提高目标的检测性能。3.2 节转向基于频域显著性的弱小目标检测技术，首先讨论了频域显著特性，并介绍了频域滤波方法和频域显著图的计算方法；然后详细介绍了频域谱残差计算的原理和方法，并介绍了两种基于频域显著性的弱小目标检测算法，以提高目标的检测准确性和鲁棒性。3.3 节介绍了基于时-空-频域显著性的弱小目标检测方法，简要讨论了时域能量累积、时域管道滤波和时域动态规划的基本原理，并讲述了相应的弱小目标检测算法，旨在利用时域、空域和频域的显著性信息实现更精确的目标检测。

第 4 章　强反射环境红外暗弱小目标检测技术

在特定场景下（如海面背景、沙漠背景等强反射环境），目标的亮度可能低于背景的亮度，通常将这样的目标称为暗目标。以海面背景为例，受到太阳光照射角度的影响，因镜面强反射效应导致海面背景红外辐射能量强，当海面较平静时，易形成大面积海亮带；当存在海浪高低起伏时，海面背景红外图像灰度起伏大，空间分布非平稳，易形成有层次纹理的图像亮带。此时，当目标出现在海面背景时，目标辐射能量远小于背景能量，局部图像会呈现目标暗、背景亮的视觉反转特性，且目标信杂比、对比度大幅度降低，这种情况下便会出现暗目标现象。LCM、ILCM 等传统检测算法通常假定目标的灰度均值高于背景的灰度均值[1,3]，忽略暗目标灰度特性，导致检测暗目标时算法难以适应，目标检测概率降低。此外，部分算法[4,6,7]虽能够检测暗目标，但忽略了海杂波由于阳光照射形成的较暗阴影区域干扰，导致大量疑似目标出现。目前，由于暗目标情况较为少见，因此对于暗目标的检测方法研究较少。本章介绍基于局部能量因子的多尺度块对比度检测（Multiscale Patch-Based Contrast Measure-Local Energy Factor，MPCM-LEF）算法，结合目标与背景的灰度概率分布差异和动态管道滤波方法，讲述一种融合背景先验的时空显著性暗弱小目标检测算法。

4.1　暗目标检测方法

4.1.1　局部能量因子

局部能量因子（Local Energy Factor，LEF）是一种用来度量目标区域与相邻区域的不相似性的方法[104]。定义图 4-1 所示的大小为 $3p \times 3p$ 的图像块，该图像块分成 9 个子块 $h_i(i=0,1,\cdots,8)$，(x_0,y_0) 是图像块中心子块 h_0 的中心。通过度量中心子块 h_0 和其他子块之间的不相似性，确定中心像素点 (x_0,y_0) 是不是目标。

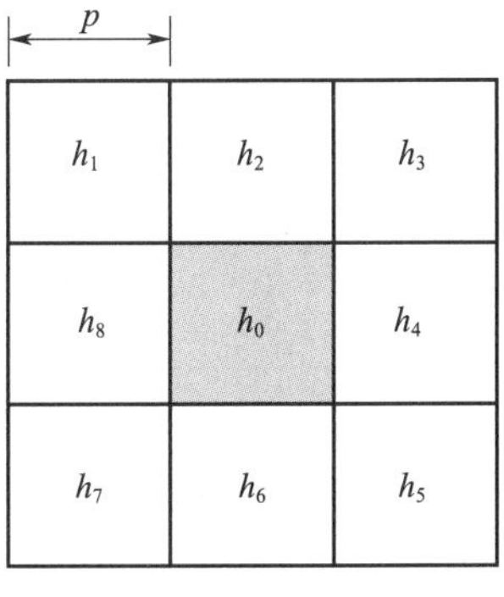

图 4-1　局部图像块结构

将子块 $h_i (i = 0, 1, \cdots, 8)$ 沿列向量化为二维矩阵 $\boldsymbol{L}$ 的列向量 l_i：

$$\boldsymbol{L} = [l_0, \cdots, l_8] \tag{4-1}$$

利用局部能量度量相对亮度：

$$E = \| \boldsymbol{L} - \overline{\boldsymbol{L}} \|_F^2 \tag{4-2}$$

式中，$\| \cdot \|_F$ 为 F 范数 $\{ \| A \|_F = [\mathrm{tr}(\boldsymbol{A}^{\mathrm{T}} \boldsymbol{A})]^{1/2} = (\sum\limits_{pq} \boldsymbol{A}_{pq}^2)^{1/2} \}$；$\overline{\boldsymbol{L}}$ 为 $\boldsymbol{L}$ 的平均列向量。当矩阵 $\boldsymbol{L}$ 中移除第一列 l_0 后，表示为 $(\boldsymbol{L}_0^{\daleth})$，其定义为

$$\boldsymbol{L}_0^{\daleth} = \mathrm{Del}(\boldsymbol{L}, 1) \tag{4-3}$$

式中，$\mathrm{Del}(\boldsymbol{L}, 1)$ 表示从矩阵 $\boldsymbol{L}$ 中移除第一列 l_0。

其局部能量可以表示为

$$E_0^{\daleth} = \| \boldsymbol{L}_0^{\daleth} - \overline{\boldsymbol{L}}_0^{\daleth} \|_F^2 \tag{4-4}$$

式中，$\overline{\boldsymbol{L}}_0^{\daleth}$ 为 $\boldsymbol{L}_0^{\daleth}$ 的平均列向量。

计算图像块中心点的 LEF：

$$\begin{aligned} S^P &= \frac{E/\mathrm{Col}(\boldsymbol{L}) - E_0^{\daleth}/\mathrm{Col}(\boldsymbol{L}_0^{\daleth})}{E_{ij}/\mathrm{Col}(\boldsymbol{L})} \\ &= 1 - \frac{\mathrm{Col}(\boldsymbol{L}) E_0^{\daleth}}{\mathrm{Col}(\boldsymbol{L}_0^{\daleth}) E} \end{aligned} \tag{4-5}$$

式中，$\mathrm{Col}(\boldsymbol{L})$ 为矩阵 $\boldsymbol{L}$ 的列数。

LEF 度量以 (x_0, y_0) 为中心的中心子块 h_0 对图像块的能量贡献，即 h_0 与其他子块 $h_i (i = 1, \cdots, 8)$ 的局部不相似度。

4.1.2　MLCM-LEF 暗目标检测算法

小目标与背景的差异性表现在两个方面：不相似性和亮度差异。本小节利用灰度均值度量目标与背景区域的亮度差异。如图 4-1 所示，大小为 $p \times p$ 的所有周围子块 $h_i (i = 1, \cdots, 8)$ 的灰度均值表示为

$$m^p = \frac{1}{8p^2} \sum\limits_{i=1}^{8} \sum\limits_{y=1}^{p} \sum\limits_{x=1}^{p} f_i(x, y) \tag{4-6}$$

其中，$f_i(x, y)$ 为周围子块 h_i 内像素点 (x, y) 的灰度值。

给定像素点 (x_0, y_0) 的局部亮度差表示为

$$d^p = \alpha [f(x_0, y_0) - m^p] \tag{4-7}$$

因为检测暗目标，所以 $\alpha = -1$。对于尺度 $p \in \{3, 5, \cdots, P\}$，$s^p$ 和 d^p 分别表示通过尺度为 $3p \times 3p$ 的图像块遍历整幅图像得到的 LEF 映射和局部亮度差映射。归一化 s^p 和 d^p，有

$$\widetilde{s}^p(x_0, y_0) = [s^p(x_0, y_0) - s_{\min}] / (s_{\max} - s_{\min}) \tag{4-8}$$

$$\widetilde{d}^p(x_0, y_0) = [d^p(x_0, y_0) - d_{\min}] / (d_{\max} - d_{\min}) \tag{4-9}$$

式中，$s_{\max}$ 和 $s_{\min}$ 分别为各尺度 LEF 图中的最大值和最小值；$d_{\max}$ 和 $d_{\min}$ 分别为各尺度局部亮度差图中的最大值和最小值。

通过计算以（1，1）为中心的加权二维高斯核的乘积构造置信度来表示局部对比度[105]：

$$G(x,y)=\exp\left\{\frac{\alpha(x-1)^2+(1-\alpha)(y-1)^2}{-2h^2}\right\} \tag{4-10}$$

式中，h 和 α 分别为控制去噪效果和输入参数影响的常数。

计算图像的 MLCM - LEF：

$$c(x_0,y_0)=\max_{p=3,5,\cdots,P}G\left[\tilde{s}^p(x_0,y_0),\tilde{d}^p(x_0,y_0)\right] \tag{4-11}$$

为分析 MLCM - LEF 算法的暗弱小目标检测性能，本节实验用红外实测数据集对检测算法进行测试分析。检测结果如图 4-2 所示，第 1 行为各序列暗目标图像，目标用矩形框标出；第 2 行为各序列 MLCM - LEF 算法检测结果。

(a) 各序列暗目标图像

(b) 各序列MLCM-LEF算法检测结果

图 4-2　MLCM - LEF 暗弱小目标检测算法结果

各序列 MLCM - LEF 算法检测统计结果如表 4-1 所示，可以看出，MLCM - LEF 算法的平均暗目标检测率 89.05%，算法具有较好的暗目标检测能力。但是，在序列 3 和 6 中 MLCM - LEF 算法漏检较多，且序列 1、3、4、6 的残留大量背景干扰，将导致后续虚警率增加，进而影响精确检测任务。因此，需要进一步考虑抑制残留背景干扰。

表 4-1　各序列 MLCM - LEF 算法检测统计结果

图像序列		1	2	3	4	5	6
总帧数		114	132	84	108	81	144
目标数		1	1	1	1	1	1
MLCM - LEF	检测率/%	100.00	100.00	75.00	96.15	100.00	63.16
	残留背景数/帧	68.14	38.26	67.25	79.62	39.29	63.94

4.1.3　MPCM - LEF 暗目标检测算法

本节介绍 MPCM - LEF 算法来检测暗目标的方法，MPCM - LEF 算法充分利用 LEF

度量局部不相似性以及 MPCM 度量局部亮度差异的优势，进一步提高目标的检测率，抑制背景，增强算法的鲁棒性。

　　本节将 PCM 对比度图作为局部亮度差映射，与 LEF 映射共同构成图像的 MPCM - LEF。MPCM - LEF 算法定义如下：

$$\widetilde{w}^{p}(x_0,y_0)=[w^{p}(x_0,y_0)-w_{\max}]/(w_{\max}-w_{\min}) \tag{4-12}$$

$$c(x_0,y_0)=\max_{p=3,5,\cdots,P}G[\widetilde{s}^{p}(x_0,y_0),\widetilde{w}^{p}(x_0,y_0)] \tag{4-13}$$

式中，$w_{\max}$ 和 $w_{\min}$ 分别为各尺度 PCM 图中的最大值和最小值；w^{p} 的表达式为 $w^{p}(x_0,y_0)=\min_{k=1,\cdots,4}\widetilde{d}_k$；$G(\cdot)$ 为加权二维高斯核乘积；p 为滑窗中每个小区间的尺度。

　　根据自适应阈值分割提取疑似目标：

$$T=\mu+k\times\delta \tag{4-14}$$

式中，μ 为对比度图中各像素点对应值的均值；δ 为对比度图中各像素点对应值的标准差；k 为决策阈值。

　　MPCM - LEF 算法框架如图 4 - 3 所示，流程如表 4 - 2 所示。

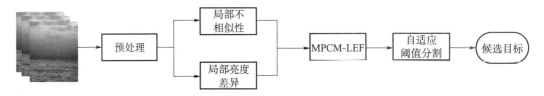

图 4 - 3　MPCM - LEF 算法框架

表 4 - 2　MPCM - LEF 算法流程

MPCM - LEF 算法
输入：$m\times n$ 的红外图像序列。
输出：候选目标。
1：for $p=3:2:P$ do(取遍所有的尺寸)
2：　for $x=1:m$ do
3：　　for $y=1:n$ do
4：　　　利用滑窗得到像素点 (x,y) 的局部图像块。
5：　　　将图像块分为 9 个图像子块 $h_i(i=0,1,\cdots,8)$。
6：　　　计算图像块的局部能量 E。
7：　　　从图像块中移除 h_0 并计算周围区域局部能量 E_{0}^{-}。
8：　　　计算图像块的 LEF 值 s^{p}，用于度量 h_0 与 $h_i(i=1,\cdots,8)$ 的局部不相似度。
9：　　　分别计算中心子块 h_0 与周围 $h_i(i=1,\cdots,8)$ 的平均灰度。
10：　　　计算图像块的 PCM 值 w^{p}，用于度量 h_0 和 $h_i(i=0,1,\cdots,8)$ 之间的亮度差异。
11：　　　end for
12：　　end for
13：end for

续表

14：将 $3p \times 3p$ 的图像块遍历整幅图像得到的 LEF 映射 s^p 归一化 $\tilde{s}^p$。

15：将 $3p \times 3p$ 的图像块遍历整幅图像得到的亮度差映射 w^p 归一化 $\tilde{w}^p$。

16：计算图像的自适应阈值，得到候选目标区域。

　　验证 MPCM-LEF 算法的暗弱小目标检测性能，本节实验的红外实测数据集与 4.1.2 小节完全相同。原始图像如图 4-2 第一行所示，检测结果如图 4-4 所示。各序列 MPCM-LEF 算法检测统计结果如表 4-3 所示。

图 4-4　MPCM-LEF 算法检测结果

表 4-3　各序列 MPCM-LEF 算法检测统计结果

图像序列		1	2	3	4	5	6
总帧数		114	132	84	108	81	144
目标数		1	1	1	1	1	1
MPCM-LEF	检测率/%	100.00	100.00	75.00	100.00	100.00	65.79
	残留背景数/帧	47.93	40.88	41.75	60.50	23.94	40.08

　　由表 4-3 可知，MPCM-LEF 算法的平均检测率为 90.13%，相比 MLCM-LEF 算法提升了 1.08%，残留背景数平均每帧减少了 27.66%，表明该算法不仅提高了暗弱小目标检测率，还进一步抑制了背景干扰。

4.2　空域先验信息背景抑制方法

4.2.1　背景与暗目标灰度直方图分析

　　暗目标检测时，若暗目标与周围背景的对比度较强，则经过 MPCM-LEF 单帧检测算法就能确定目标位置。以海面背景为例，当暗目标与周围背景的对比度较弱，且场景中海杂波形成较暗阴影面时，经过 MPCM-LEF 单帧检测之后，图像中仍残留较多类二维高斯分布的局部背景区域，导致较高虚警率。如图 4-5（a）和（c）所示的暗目标海面背景图像，目标用红色矩形框标出。与暗目标相似的海杂波区域在检测时被认为是暗目标，这些区域用绿色矩形框标出。图 4-5（b）和（d）是经过 MPCM-LEF 处理之后的图像，从图像中可以看出，虽然大部分背景被抑制，但仍然残留了大量与目标区域对比度相似的局部背景区域。

| (a) 暗目标图像1 | (b) MPCM-LEF图像1 | (c) 暗目标图像2 | (d) MPCM-LEF图像2 |

图 4 - 5　暗目标海面背景红外图像及其经过 MPCM - LEF 处理之后的图像（见彩插）

计算目标区域和虚警点的 SCR_g 对比如表 4 - 4 所示。在图 4 - 5（a）图像中，目标区域的信杂比与虚警点 5 处的大小基本相同，较虚警点 1、2、3、4 的大。经过 MPCM - LEF 算法背景抑制，虽然暗目标区域得到增强，但其余 5 个虚警点处的 SCR_g 均比目标区域要大，因此提取目标的同时会有较多残留背景被分割出来。在图 4 - 5（c）图像中，目标区域的信杂比最小，经过 MPCM - LEF 算法背景抑制，虽然暗目标区域的 SCR_g 最大，但是剩余 5 个虚警点也得到了增强，其中虚警点 3 和虚警点 4 与暗目标区域的 SCR_g 大小基本相同，同样会分割出较多残留背景被当作疑似目标。残留背景与暗目标具有相似的局部亮度差异和局部不相似性，MPCM - LEF 算法未能剔除这种残留背景。为进一步抑制背景干扰，本节利用背景与目标的灰度概率分布差异剔除残留背景。

表 4 - 4　目标与虚警点的 SCR_g 对比

序列	指标	暗目标	虚警点 1	虚警点 2	虚警点 3	虚警点 4	虚警点 5
图 4 - 5(a)	SCR_{in}	-1.314	-0.944	-1.150	-0.775	-1.073	-1.439
	SCR_{out}	1.581	2.083	1.960	2.200	2.000	2.148
	SCR_g	1.203	2.206	1.704	2.839	1.864	1.493
图 4 - 5(c)	SCR_{in}	-0.666	-0.977	-1.495	-0.761	-0.761	-1.098
	SCR_{out}	1.375	1.500	2.455	1.524	1.571	1.433
	SCR_g	2.065	1.535	1.642	2.003	2.064	1.305

本章中，由于输入图像是暗目标，目标比周围背景区域灰度值低，因此暗目标区域的信杂比为负值。信杂比增益代表目标的增强效果，根据其物理意义，本章采用输入图像信杂比的绝对值计算信杂比增益，反映图像信杂比增加的程度：

$$SCR_g = \frac{SCR_{out}}{|SCR_{in}|} \tag{4 - 15}$$

下面进一步分析目标区域与虚警点的灰度直方图分布差异。本节以 MPCM - LEF 处理之后得到的目标区域和虚警点的质心为中心，在原始图像上取 $s \times s(s > 9)$ 大小的图像子块。由于目标大小不超过 9 像素×9 像素，因此如果图像子块是以目标区域质心为中心，则该图像除暗目标外同时包含较亮的海面背景或者较暗的背景（暗目标与背景极其相似，被近似认为是同一个区域）；如果图像子块是以虚警点质心为中心，则该图像块包含场景有 3 种情况：第 1 种是包含较亮的海面背景和较暗的海面背景，第 2 种是纯净的天空背景，第 3 种是较暗或者较亮的海面背景，如表 4－5 所示。

表 4－5　灰度直方图的几种情况

以目标区域质心为中心	暗目标＋较亮的海面背景
	暗目标＋较暗的海面背景
以虚警点质心为中心	较亮的海面背景＋较暗的海面背景
	纯净的天空背景
	较暗的海面背景/较亮的海面背景

4.2.2　背景与暗目标灰度概率分布模型

根据对背景与暗目标的灰度直方图的分析，本节介绍一种背景与暗目标灰度概率分布模型。

假设图像子块的灰度直方图服从双高斯分布，通过双高斯拟合，确定目标与残留背景区域的灰度概率分布模型。双高斯函数的计算公式为

$$f(x) = a_1 \exp\left[-\left(\frac{x-b_1}{c_1}\right)^2\right] + a_2 \exp\left[-\left(\frac{x-b_2}{c_2}\right)^2\right] \tag{4-16}$$

式中，a_1 和 a_2 为高斯曲线的峰值；b_1 和 b_2 为高斯曲线的均值；c_1 和 c_2 为影响高斯函数的半宽度。

a_1、b_1、c_1、a_2、b_2、c_2 为待确定参数，通过最大似然估计得到双高斯函数的参数：

$$L(a_1,b_1,c_1,a_2,b_2,c_2) = \prod_{k=1}^{n}\left\{a_1 \exp\left[-\left(\frac{n_k-b_1}{c_1}\right)^2\right] + a_2 \exp\left[-\left(\frac{n_k-b_2}{c_2}\right)^2\right]\right\} \tag{4-17}$$

对式（4－17）取对数，有

$$L(a_1,b_1,c_1,a_2,b_2,c_2) = \sum_{k=1}^{n}\ln\left\{a_1 \exp\left[-\left(\frac{n_k-b_1}{c_1}\right)^2\right] + a_2 \exp\left[-\left(\frac{n_k-b_2}{c_2}\right)^2\right]\right\} \tag{4-18}$$

L 对 a_1、b_1、c_1、a_2、b_2、c_2 的偏导数为 0。

$$\frac{\partial L(a_1,b_1,c_1,a_2,b_2,c_2)}{\partial a_1} = \sum_{k=1}^{n}\left\{\frac{1}{a_1 + a_1 \exp\left[\left(\frac{n_k-b_1}{c_1}\right)^2 - \left(\frac{n_k-b_2}{c_2}\right)^2\right]}\right\} = 0 \tag{4-19}$$

$$\frac{\partial L(a_1,b_1,c_1,a_2,b_2,c_2)}{\partial b_1} = \sum_{k=1}^{n}\left\{\frac{\dfrac{2n_k}{c_1^2} - \dfrac{2b_1}{c_1}}{1 + \dfrac{a_2}{a_1}\exp\left[\left(\frac{n_k-b_1}{c_1}\right)^2 - \left(\frac{n_k-b_2}{c_2}\right)^2\right]}\right\} = 0 \tag{4-20}$$

$$\frac{\partial L(a_1,b_1,c_1,a_2,b_2,c_2)}{\partial c_1} = \sum_{k=1}^{n}\left\{\frac{2(n_k-b_2)^2}{c_1{}^2\left(1+\frac{a_2}{a_1}\exp\left[\left(\frac{n_k-b_1}{c_1}\right)^2-\left(\frac{n_k-b_2}{c_2}\right)^2\right]\right)}\right\}=0$$

$$(4-21)$$

$$\frac{\partial L(a_1,b_1,c_1,a_2,b_2,c_2)}{\partial a_2} = \sum_{k=1}^{n}\left\{\frac{1}{a_1\exp\left[\left(\frac{n_k-b_2}{c_2}\right)^2-\left(\frac{n_k-b_1}{c_1}\right)^2\right]}\right\}=0 \quad (4-22)$$

$$\frac{\partial L(a_1,b_1,c_1,a_2,b_2,c_2)}{\partial b_2} = \sum_{k=1}^{n}\left\{\frac{\frac{2n_k}{c_2{}^2}-\frac{2b_2}{c_2}}{1+\frac{a_2}{a_1}\exp\left[\left(\frac{n_k-b_2}{c_2}\right)^2-\left(\frac{n_k-b_1}{c_1}\right)^2\right]}\right\}=0$$

$$(4-23)$$

$$\frac{\partial L(a_1,b_1,c_1,a_2,b_2,c_2)}{\partial c_2} = \sum_{k=1}^{n}\left\{\frac{2(n_k-b_1)^2}{c_2{}^2\left(1+\frac{a_1}{a_2}\exp\left[\left(\frac{n_k-b_2}{c_{21}}\right)^2-\left(\frac{n_k-b_1}{c_1}\right)^2\right]\right)}\right\}=0$$

$$(4-24)$$

求解得 a_1、b_1、c_1、a_2、b_2、c_2 的估计值。

对 4.1 节各序列目标及残留背景空域先验信息如图 4-6 所示，图 4-6 中对序列图像的灰度直方图进行双高斯拟合，通过观察序列 2、序列 4、序列 5 和序列 6 的拟合结果，以建立剔除残留背景的规则。

序列 2 和序列 5 中，以目标区域质心为中心的图像子块包含暗目标以及较亮的海面背景，双高斯分布中均值较小的代表暗目标，均值较大的代表背景。暗目标的灰度较低，面积较小，因而对应的高斯分布均值小，峰值小。海面背景灰度较高，面积较大，对应的高斯分布均值较大，峰值较高。在这种场景中，两个区域的均值相差较大。序列 4 中，以目标区域质心为中心的图像子块由于包含的暗目标大小为 2 像素×2 像素～3 像素×3 像素，暗目标相对来说极小且目标灰度分布分散，高斯拟合分布体现为近似与横轴重合。因此，拟合的高斯分布没有呈现目标的空域先验信息，是一种特殊情况，其均值或峰值接近边界极限值，如均值接近灰度最大值 255 或峰值接近极限值 s^2。序列 6 中，以目标区域质心为中心的图像子块由于包含的暗目标与较暗的海面背景极其相似，因此在建模时近似认为是同一个区域，两个高斯分布比较接近，近似为同一个高斯分布，均值相差较小。序列 2 中，以虚警点 6 和虚警点 10 的质心为中心的区域分别代表较暗的纯海面背景和较亮的纯海面背景，纯净亮或暗海面背景因区域分布一致，因此近似为单高斯模型，两个双高斯分布的均值比较接近。序列 5 中，以虚警点 2 的质心为中心的区域同时包含较亮背景和较暗背景。在该区域中，亮暗背景分布均匀，因此模型是较为对称的两个高斯分布，均值较小的高斯分布代表暗背景区域，均值较大的高斯分布代表较亮的背景区域。序列 5 中，以虚警点 5 的质心为中心的区域代表纯净的天空背景，同样，因为区域分布一致，所以近似为单高斯模型，两个双高斯分布的均值比较接近。序列 6 中，以虚警点 14 的质心为中心的区域代表云边缘背景。从图像可知，该背景一半是云边缘背景，另一半是纯净的天空背景，均值较小的高斯分布对应较暗的云边缘背景，均值较大的高斯分布对应较亮的天空背景。序列 6 中，以虚警点 22 的质心为中心的区域同时包含较亮背景和较暗背景，代表暗背景的高斯分布与代表较亮背景的高斯分布由于区域分布不一致，因此两个高斯分布的参数相差较大。

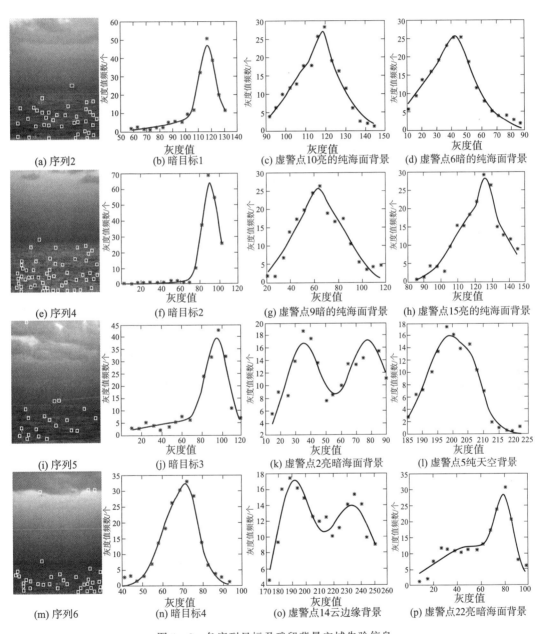

图 4-6　各序列目标及残留背景空域先验信息

4.2.3　背景抑制方法

根据前面的分析，本节介绍一种基于空域先验信息的背景抑制方法。该方法通过对海面背景与暗目标的灰度直方图分析，利用灰度概率分布构造暗目标与海面背景模型，根据模型中的均值、峰值和标准差构建背景抑制方法，建立剔除残留背景的规则，在保证目标检测率的基础上进一步抑制残留背景。

均值差代表模型类型，均值差小表示该模型近似为单高斯模型，反之则为双高斯模型。双高斯模型中两个高斯分布各自的峰值与标准差的比值分别表示该高斯分布的形状，比值较大的高斯分布一般呈瘦高型，峰值大，标准差小，多为面积较大、灰度较高的海面背景；比值较小的高斯分布一般呈矮胖型，峰值较小，标准差较大，多为面积较小、灰度较低的暗目标。两个高斯分布比值的差值代表该图像子块中两个分布的差异性，若差值大，则高斯分布代表的场景差异大，大概率反映目标与背景的差异，该图像块是目标的可能性更高；若差值小，则分布代表的场景差异小，大概率反映该图像子块包含亮背景与暗背景。

首先，同时包含较为相似的目标与较暗背景的图像子块，以及纯净天空背景、较亮纯海面背景、较暗纯海面背景的模型均近似于单高斯分布，均值差较小。为保证目标检测率，均值差小的图像子块全部保留。其次，当双高斯分布未能反映目标信息时，导致高斯分布均值和峰值接近极限值。同样，为保证目标检测率，存在该特殊情况的图像子块全部保留。最后，同时包含暗目标以及较亮海背景的图像子块，与亮暗背景同时存在的图像子块模型形状较为相似，均值差均较大。但两者的模型在峰值及标准差参数上差异较大，通过两个高斯分布峰值与标准差比值的差值进一步区分目标与虚警点，目标区域模型两参数比值的差值较大，而虚警点两参数比值的差值较小。因此，根据两个高斯分布参数比值的差值大小区分场景类型，完成残留背景抑制。如图4-7所示为图像暗目标以及亮暗背景同时存在的图像块空域先验信息展示。

序列2(21)　　　　　序列2(27)　　　　　序列5(6)　　　　　序列5(18)

(a) 暗目标和亮暗背景的红外图像

图4-7　图像暗目标以及亮暗背景同时存在的图像块空域先验信息展示

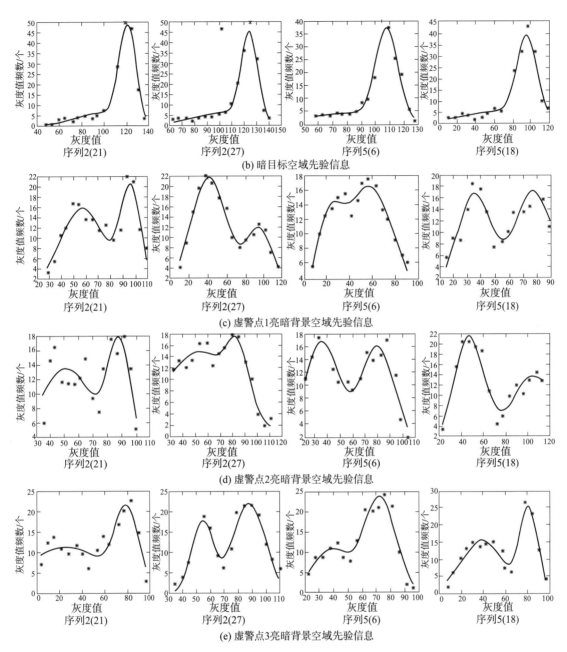

(b) 暗目标空域先验信息

(c) 虚警点1亮暗背景空域先验信息

(d) 虚警点2亮暗背景空域先验信息

(e) 虚警点3亮暗背景空域先验信息

图 4 - 7　图像暗目标以及亮暗背景同时存在的图像块空域先验信息展示（续）

　　从表 4 - 6 可以看出，在同时包含暗目标与较亮背景的图像子块和亮暗背景同时存在的图像子块中，模型的两个高斯分布的均值差均比较大，但是包含暗目标与较亮背景的图像子块两个高斯分布差异较大，峰值与标准差的比值差较大；而亮暗背景同时存在的图像子块两个高斯分布较为相似，峰值与标准差的比值差较小。因此，通过模型中两个高斯分布的均值差以及峰值与标准差比值的差值可以区分暗目标与暗背景形成的虚警点，实现目标检测和残留背景抑制。

表 4-6　图像暗目标以及亮暗背景同时存在的图像块高斯分布参数比较

	指标	暗目标	虚警点 1	虚警点 2	虚警点 3
序列 2(21)	均值差	23.019 7	39.085 7	37.930 2	54.963 7
	比值 1	7.500 8	2.658 4	1.974 8	1.917 2
	比值 2	0.275 1	0.898 0	0.657 6	0.315 1
	比值差	7.225 8	1.760 4	1.317 2	1.602 0
序列 2(27)	均值差	20.509 2	54.197 2	30.505 2	33.621 4
	比值 1	7.453 9	0.853 2	1.217 1	1.959 5
	比值 2	0.259 5	1.189 9	0.539 3	2.540 9
	比值差	7.194 0	0.336 7	0.677 7	0.581 4
序列 5(6)	均值差	24.199 8	36.020 7	44.576 3	34.387 3
	比值 1	5.115 6	0.792 5	1.214 2	2.255 6
	比值 2	0.145 2	0.892 3	1.242 1	0.838 4
	比值差	4.970 4	0.099 9	0.027 9	1.417 2
序列 5(18)	均值差	25.993 6	42.528 9	58.112 6	42.094 0
	比值 1	3.660 0	1.296 5	0.695 3	3.577 4
	比值 2	0.131 1	1.429 5	1.659 3	0.881 4
	比值差	3.528 8	0.133 0	0.964 3	2.695 9

基于空域先验信息的背景抑制方法流程如表 4-7 所示。

表 4-7　基于空域先验信息的背景抑制方法流程

算法：基于空域先验信息的背景抑制方法

输入：$s \times s$ 的以目标或残留背景区域质心为中心的图像子块。

输出：暗目标及残留背景位置。

1：if 均值差 < λ

2：　　保留该图像子块的位置。

3：else if 均值或峰值接近边界极限

　　　　保留该图像子块的位置。

4：　　else if 比值差 > η

5：　　　　保留该图像子块的位置。

6：　　else

7：　　　　剔除残留背景。

8：　　end

9：　　end

10：end

4.3　融合背景先验的时空显著性暗目标检测

4.3.1　算法原理

　　针对强杂波海背景暗目标检测问题，本节讲述了一种基于时空显著性＋背景先验信息的暗弱小目标检测算法。如图 4 - 8 所示，首先，利用 MPCM - LEF 算法在空域上增强目标，抑制背景，通过自适应阈值分割得到暗目标及残留背景；然后，对暗目标与海面背景进行灰度直方图分析，利用目标与背景的灰度概率分布的背景先验信息进一步剔除残留背景；最后，在时域上采用动态管道滤波算法，得到真实目标的位置，提高暗目标检测性能。该算法中的很多问题在前面内容中已经给出解释，动态管道滤波原理也在第 3 章时域管道滤波说明过。

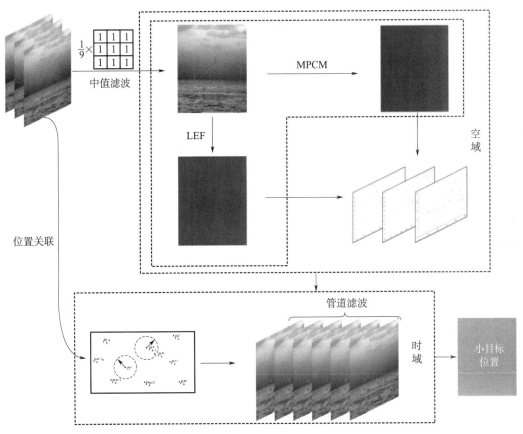

图 4 - 8　基于时空显著性＋背景先验信息的暗弱小目标检测算法框架

4.3.2　算法流程

　　根据基于时空显著性＋背景先验信息的暗弱小目标检测算法的原理，其流程如下：
1）采用滑窗方式处理红外海面背景图像序列，并将图像分割为局部图像块进行处理；2）利用局部能量、局部不相似度、像素变化度量等指标评估图像块中的暗弱目标特征；3）通过LEF映射和亮度差映射进行归一化，以获取目标的置信度和亮度信息；4）根据置信度和亮度信息，计算自适应阈值，得到候选目标区域；5）对候选目标区域进行灰度直方图拟合，并根据拟合参数进行目标筛选和背景剔除；6）根据前一帧的候选目标区域，与当前帧进行匹配和跟踪，判断目标的运动和出现次数；7）根据目标出现次数的判决规则，判定是否为真实目标，并在下一帧中继续搜索；8）通过管道半径搜索，对目标进行跟踪和更新。

基于时空显著性＋背景先验信息的暗弱小目标检测算法的具体实现如表 4-8 所示。

表 4-8　基于时空显著性＋背景先验信息的暗弱小目标检测算法

算法：基于时空显著性＋背景先验信息的暗弱小目标检测算法
输入：$m \times n$ 的红外海面背景图像序列。
输出：图像暗目标位置。
1：for $p = 3:2:P$ do
2：　for $x = 1:m$ do
3：　　for $y = 1:n$ do
4：　　　利用滑窗得到像素点 (x, y) 的局部图像块。
5：　　　将图像块分为 9 个图像子块 $h_i (i = 0, 1, \cdots, 8)$。
6：　　　计算图像块的局部能量 E。
7：　　　从图像块中移除 h_0 并计算周围区域局部能量 $E_0^{\neg}$。
8：　　　计算图像块的 LEF 值 s^p，度量 h_0 与 $h_i (i = 0, 1, \cdots, 8)$ 的局部不相似度。
9：　　　分别计算中心子块 h_0 与周围 $h_i (i = 0, 1, \cdots, 8)$ 的平均灰度。
10：　　　计算图像块的 PCM 值 w^p，度量 h_0 和 $h_i (i = 0, 1, \cdots, 8)$ 之间的亮度差异。
11：　　end for
12：　end for
13：end for
14：将 $3p \times 3p$ 的图像块遍历整幅图像得到的 LEF 映射 s^p 归一化 $\tilde{s}^p$。
15：将 $3p \times 3p$ 的图像块遍历整幅图像得到的亮度差映射 w^p 归一化 $\tilde{w}^p$。
16：for $x = 1:m$ do
17：　for $y = 1:n$ do
18：　　利用加权二维高斯核乘积构造置信度计算图像 MPCM-LEF$c(x, y)$。
19：　end for
20：end for
21：计算图像的自适应阈值，得到候选目标区域。
22：通过候选目标区域质心取 $s \times s$ 大小的图像子块。
23：对图像子块灰度直方图双高斯拟合确定候选目标的灰度概率分布模型，计算两个高斯分布的均值差以及峰值与标准差比值的差值。
24：if 均值差 $< \lambda$
25：保留该图像子块的位置。
26：else if 均值或峰值接近边界极限
27：　　保留该图像子块的位置。
28：　else if 比值差 $> \eta$
29：　　　保留该图像子块的位置。
30：　else
31：　　　剔除残余背景。

续表

32：　　　end

33：　　　end

34：end

35：根据前一帧给定候选目标区域,将当前帧的候选目标与前一帧候选目标匹配,如果匹配成功,则转到 36,否则转到 37。

36：更新管道中心,目标出现次数 $L+1$。

37：目标出现次数 $L-1$。

38：目标出现次数判决:如果管道长度 $L \geqslant T$,则判定为真实目标并在下一帧中继续搜索;如果管道长度 $L < t$,则删除该管道;如果管道长度 $t \leqslant L < T$,则根据目标的运动速度更新管道中心。

39：在下一帧中继续沿管道半径 R 搜索。

4.3.3　示例

本节为了验证基于时空显著性＋背景先验信息的检测算法对红外暗弱小目标检测的有效性和鲁棒性,选取 6 组表 4－9 所示的红外实测暗目标数据集(由于实测数据序列包含暗目标帧数有限,因此利用目标帧位置插值法对数据集进行扩充),其中包括大小尺寸变化的暗目标、局部亮度差异变化的暗目标、复杂海面背景和复杂云背景等情况,并与能够检测暗目标的 MLCM－LEF 算法、MPCM 算法、MLHM 算法、LDM 算法[8]进行对比。采用 MALAB. R2020A 开发平台进行文中算法的实现和测试,通过统计各算法对测试数据集的检测率和单帧虚警数进行对比分析。

表 4－9　测试数据集介绍

序列	帧数	目标状态	目标尺寸/(像素×像素)	信杂比范围	杂波干扰
1	114	清晰的暗目标	4×6	−5.87～−4.96	海杂波
2	132	较为清晰的暗目标	3×8	−3.88～−3.10	海杂波、云边缘
3	84	与背景相似的暗目标	4×3	−2.36～−1.97	海杂波、厚积云
4	108	较为清晰的暗目标	3×2	−3.54～−2.80	海杂波、少量云层
5	81	清晰的暗目标	4×7	−4.33～−3.67	海杂波、云边缘
6	144	与背景相似的暗目标	2×2	−2.35～−1.10	海杂波、厚积云

本节在实验中背景抑制方法的图像子块大小 $s=14$,双高斯分布的均值差阈值参数 $\lambda=20$,比值差阈值系数 $\eta=3.5$,自适应阈值分割参数 $k=4$,动态管道滤波邻域半径 $R=9$,$T=5$,$t=3$。

(1) 单帧暗弱小目标检测性能对比分析

单帧暗弱小目标检测算法的检测结果如图 4－9 所示〔在图 4－9(a)中,目标用矩形框标出〕。

用 SCR_g 指标和 BSF 指标对暗弱小目标检测算法的目标增强效果以及背景抑制效果进行定量评价。通过上述两个指标,评价 MPCM－LEF、MLCM－LEF、MPCM、MLHM 和 LDM 等 5 种算法对 6 个序列图像的暗弱小目标检测效果,结果如表 4－10 所示。

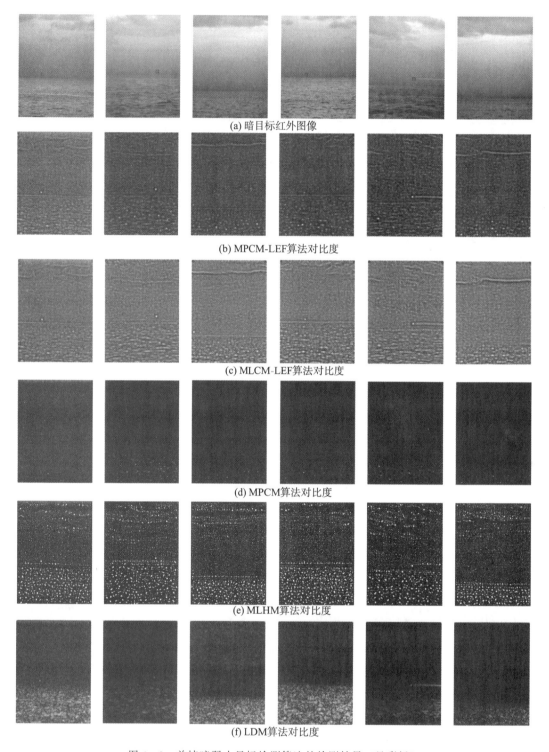

(a) 暗目标红外图像

(b) MPCM-LEF算法对比度

(c) MLCM-LEF算法对比度

(d) MPCM算法对比度

(e) MLHM算法对比度

(f) LDM算法对比度

图 4 - 9 单帧暗弱小目标检测算法的检测结果 （见彩插）

表 4 - 10　各检测算法在 6 个序列中的平均 SCR_g 和 BSF 指标

方法	指标	序列 1	序列 2	序列 3	序列 4	序列 5	序列 6
MPCM - LEF	SCR_g	1.921	3.355	3.053	2.599	2.807	2.812
	BSF	32.28	40.80	40.31	36.01	27.95	32.86
MLCM - LEF	SCR_g	1.798	3.345	3.143	2.584	2.553	2.779
	BSF	30.78	32.16	38.44	35.50	31.32	30.10
MPCM	SCR_g	1.669	3.354	3.824	2.927	2.804	3.227
	BSF	1.990	2.257	3.789	15.87	3.741	6.023
MLHM	SCR_g	1.810	3.041	2.746	2.345	2.566	2.312
	BSF	3.742	4.637	6.783	4.426	3.741	9.374
LDM	SCR_g	1.773	3.068	1.607	1.214	1.227	2.668
	BSF	18.18	23.16	10.15	12.78	13.89	12.46

图 4 - 9 和表 4 - 10 是海面背景下暗目标检测不同算法的评估结果。MPCM - LEF 算法的 BSF 指标在序列 1、2、3、4、6 中达到最优，序列 5 仅略低于 MLCM - LEF，说明该算法具有较强的背景抑制能力。同时，该算法在序列 1、2、5 中达到最优信杂比增益，序列 3、4、6 的信杂比增益略低于 MPCM，这是由于 LEF 算法的结合虽提升了背景抑制能力，但对信杂比较小场景的目标对比度增强能力有较小的影响。综上所述，本节的 MPCM - LEF 算法在目标对比度提升与背景抑制两个方面的综合性能优于其他方法。

为定量描述算法性能，本节通过设置不同的阈值绘制 ROC 曲线，对算法的检测效果进行定量评价，如图 4 - 10 所示。在 ROC 曲线中，越靠近左上角的曲线代表检测性能越好。从图 4 - 10 可以看出，基于 MPCM - LEF 的暗目标检测算法最靠近左上角，其单帧检测性能最好。同时，随着对比度图像分割阈值约束降低，虚警率增加，检测率有所提升。

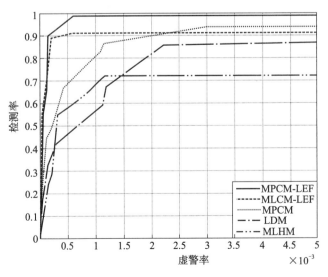

图 4 - 10　不同算法暗目标海面背景 ROC 曲线

（2）基于空域先验信息的背景抑制算法性能分析

由表 4-11 可知，基于空域先验信息的背景抑制算法能够有效剔除平均 49.30％的经 MPCM-LEF 处理之后的残留背景。

表 4-11　基于空域先验信息的背景抑制算法背景抑制效果

图像序列	1	2	3	4	5	6
总帧数	114	132	84	108	81	144
目标数	1	1	1	1	1	1
MPCM-LEF 残留背景数	5 464	5 396	3 507	6 534	1 939	5 771
背景抑制方法残留背景数	2 333	2 360	1 953	2 941	962	3 895
剔除背景数	3 131	3 036	1 554	3 593	977	1 876

（3）连续帧暗弱小目标检测性能对比分析

连续帧暗弱小目标检测算法的检测结果如图 4-11 所示［在图 4-11（a）中目标用红色矩形框标出］，白色矩形框代表经过动态管道滤波多帧确认之后检测到的目标，黑色矩形框代表经过动态管道滤波多帧确认之后筛除的虚警点。

图 4-11 及表 4-12 是海面背景暗目标序列不同检测算法的结果，可以看出，MLCM-LEF 算法平均检测率为 89.05％，单帧平均虚警数为 59.42 帧；MPCM 算法平均检测率为 93.09％，单帧平均虚警数为 143.09 帧；MLHM 算法平均检测率为 55.21％，单帧平均虚警数为 79.03 帧；LDM 算法平均检测率为 83.01％，单帧平均虚警数为 247.31 帧；基于时空显著性＋背景先验信息的暗目标检测算法（本章算法）的平均检测率为 91.44％，单帧平均虚警数减少至 9.89 帧。

表 4-12　暗目标海背景序列检测统计结果

序列	总帧数	目标数	本章算法		MLCM-LEF		MPCM		MLHM		LDM	
			检测率/％	虚警数/帧	检测率/％	虚警数/帧	检测率/％	虚警数/帧	检测率/％	虚警数/帧	检测率/％	虚警数/帧
1	114	1	96.49	10.28	100.00	68.14	100.00	110.79	92.86	82.07	83.21	246.96
2	132	1	96.97	5.68	100.00	38.26	100.00	97.94	79.41	65.15	94.12	133.71
3	84	1	82.57	13.23	75.00	67.25	87.50	160.33	25.00	60.50	87.50	228.87
4	108	1	96.30	12.79	96.15	79.62	100.00	235.02	34.62	153.50	88.46	385.12
5	81	1	95.06	3.22	100.00	39.29	100.00	82.17	94.12	53.47	100.00	133.12
6	144	1	81.25	14.12	63.16	63.94	71.05	172.26	5.26	59.50	44.74	356.08

对比分析可以发现：1）相比除 MPCM 算法以外的其他算法，基于时空显著性＋背景先验信息的暗目标检测算法平均检测性能均有提升，且平均检测率最大提高了 36.23％。这是由于该算法使用的动态管道滤波在管道构建好之后允许两帧漏检，此时会给出目标预测位置，若之后目标正常检测且与管道关联，则漏检的目标也能通过预测被准确检测；2）MPCM-LEF 算法虚警数减少至 9.89 帧，而其他算法单帧虚警数均大于 50 帧，这是

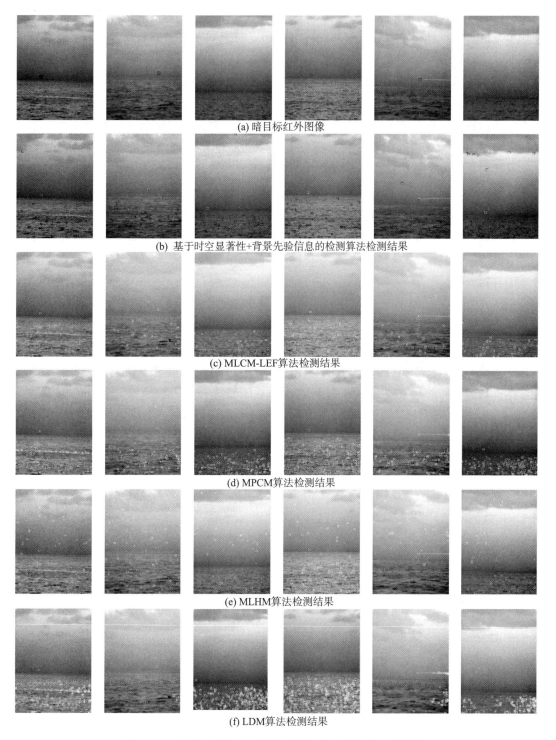

(a) 暗目标红外图像

(b) 基于时空显著性+背景先验信息的检测算法检测结果

(c) MLCM-LEF算法检测结果

(d) MPCM算法检测结果

(e) MLHM算法检测结果

(f) LDM算法检测结果

图 4 - 11 连续帧暗弱小目标检测算法的检测结果 （见彩插）

由于 MPCM - LEF 算法在经过背景抑制、动态管道滤波多帧筛除之后检测率提升，虚警数大幅减少，提升了算法对暗目标的检测性能。

　　此外，进一步对比分析发现，MPCM 算法平均检测率为 93.09％，较基于时空显著性＋背景先验信息的暗目标检测算法检测率高 1.65％。这是由于一方面该算法对亮度差异较为敏感，即使较弱的差异也能准确检测，因此该算法目标检测率较高，但同时也会导致单帧平均虚警数达到 143.09 帧。另一方面，使用的动态管道滤波算法目标关联 5 帧则认为目标被检测到，若某一帧漏检，需要连续 5 帧被检测到才会重新计数，因此在单帧被检测到的情况下，多帧确认时由于限制条件严格，不会计入正确检测目标数，导致目标检测率降低；而通过序列 6 与其他序列对比分析可知，序列 6 中暗目标对比度弱，阴影区域干扰多，短时漏检较多，背景残留多，背景抑制与管道滤波预测的优势能够充分体现，最终表现为检测率提升。总之，从 6 个序列的检测结果可以看出，基于时空显著性＋背景先验信息的暗目标检测算法较 MPCM 单帧平均虚警数减少了 93.09％，在损失了非常小量的目标检测率的条件下，使虚警数大幅度减小，表明该算法具有更好的暗目标综合检测性能。

本章小结

　　融合背景先验的时空显著性暗弱小目标检测算法，通过 MPCM‑LEF 算法增强目标、抑制背景，得到疑似目标区域；通过暗目标以及海面背景直方图分析，建立基于灰度概率分布的双高斯模型，利用双高斯分布的参数差异进一步抑制残留背景；结合动态管道滤波算法保留真实目标的位置，完成海面背景下暗目标的检测。实验结果表明，与 MLCM‑LEF、MPCM、MLHM、LDM 检测算法相比，基于时空显著性＋背景先验信息暗弱小目标检测算法平均检测率为 91.44％，平均虚警数减少至 9.89 帧，较 MPCM 算法单帧虚警数减少 93.09％，可有效提高暗目标的检测概率，并抑制残留背景。

第5章　强杂波环境红外弱小目标检测技术

在强杂波环境如海面条件下，受海水随机波动以及风速等影响，海面形成起伏剧烈的海杂波，受阳光强烈反射，背景红外图像灰度分布不均匀，同时产生大量与目标大小、灰度分布范围相似的较强耀斑，且目标与耀斑的像素值存在部分交叠。此时，采用偏大的分割阈值提取目标易导致目标消失，偏小的分割阈值易造成大量疑似目标，而传统分割算法[2]确定阈值难以自适应不同场景与同一场景图像的不同区域。已有检测算法[106]大多利用空域特征信息和简单的时域位置信息，无法将目标与海面鱼鳞光进行分离，从而将大量鱼鳞光作为候选目标，导致目标检测出现很高的虚警。针对这些问题，本章研究根据图像灰度起伏变化分类区域，通过区域单高斯模型计算不同区域分割阈值，利用目标梯度模型抑制背景，结合基于时空波动特征的管道滤波算法，讲述一种强杂波环境下自适应红外弱小目标的检测算法。

5.1 节融合海面背景频谱图特性分析，研究基于场景突变点检测实现不同灰度起伏区域分类，并介绍基于场景区域信息分类的自适应图像分割方法，实现图像分割阈值自适应调整；5.2 节分析海面背景梯度特征，并研究基于目标梯度信息的背景抑制方法；5.3 节研究海面背景时空波动特征，介绍基于位置-灰度-面积关联的动态管道滤波原理；5.4 节讲述海面鱼鳞光背景下自适应红外弱小目标检测算法框架以及实现步骤，利用仿真数据集开展自适应红外小目标检测算法与典型算法的测试对比及结果分析。

5.1　自适应图像分割

海面场景类型复杂多变，包含纯海面、海天、海岛、建筑、轮船等背景，造成图像不同区域灰度起伏变化，出现明显的灰度分类界线，全局阈值分割难以适应各类型场景图像区域。同时，海面波动及太阳光强反射产生海面鱼鳞光现象，部分区域灰度起伏变化大，鱼鳞光较为密集，全局阈值分割易产生大量疑似目标。传统利用均值和方差的自适应阈值分割算法[2]中，阈值是由大量实验测试得出的经验值，一般仅针对某一图像序列效果较为突出，对其余图像序列效果较差。阈值选择需人为干预，无法根据图像序列自适应，同一图像复杂度不同区域阈值相同。针对上述问题，本节介绍一种基于场景区域信息分类的自适应图像分割，如图 5-1 所示。首先，根据背景图像灰度起伏突变点检测将图像分类成不同区域；然后，分析图像区域对比度直方图，并建立背景的高斯概率分布模型，通过对比度加权方差计算不同区域分割阈值，实现不同海面鱼鳞光背景图像的自适应分割。

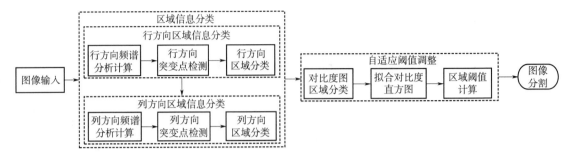

图 5-1 基于场景区域信息分类的自适应图像分割思路

5.1.1 场景区域分类

本节讲述基于场景复杂度突变的区域信息分类方法，该方法利用同一场景不同区域信息复杂度不同，根据海面鱼鳞光背景下灰度起伏变化趋势异常的行或列（突变点）将图像划分为不同区域。但在空域下灰度变化剧烈且异常值较多，无法分析出有效结果。将图像转到频域下，由于图像的频谱通常整体变化较为平缓，更有利于挑选出有明显突变的点。因此，本节利用一维离散傅里叶变换，分别沿着行方向与列方向将图像从空间域转换到频率域，同时结合单高斯模型分析图像行方向与列方向频率域的振幅变化规律，最后利用启发式分割算法[107]［BG（Bernaola‑Galvan）算法］找到海面鱼鳞光背景下灰度起伏变化趋势异常的行或列（突变点），进行图像分类。

（1）海面背景频谱分析及计算

由于太阳光反射产生的鱼鳞光、天空、岛屿、轮船等复杂场景的影响，图像中各个区域复杂度明显不同。以图 5-2 为例，区域 a 与区域 b 的复杂度有明显差异，选择位于两个区域中的任意行，如区域 a 选择第 122 行，区域 b 选择第 397 行，分析每行的灰度值和幅值谱，结果如图 5-3 所示。由图 5-3 可以看出，两行灰度值变化较为剧烈，幅值谱相对变化较为缓慢[108]。通过单高斯模型对幅值图拟合可以看出，第 122 行的拟合结果与第 397 行的拟合结果明显有较大差异，灰度起伏变化较小的区域频域单高斯分布峰值小，标准差较大，呈现矮胖型；反之则峰值大，标准差较小，呈现瘦高型。因此，通过频谱图差异可以将不同复杂度的区域区分出来。

对于大小为 $m \times n$ 的海平面红外图像 $f(x, y)$，$f(k, y) = \{f(k, 0), f(k, 1), \cdots, f(k, n)\}$ 表示第 k 行，$f(x_i, t) = \{f(0, t), f(1, t), \cdots, f(m, t)\}$ 表示第 t 列。第 k 行的一维离散傅里叶变换如下：

$$F_k(u) = F_k[f(k, y)] = \sum_{y=0}^{N-1} f(k, y) e^{-j\frac{2\pi u y}{N}} \qquad (5-1)$$

第 t 列的一维离散傅里叶变换如下：

$$F_t(v) = F_t[f(x, t)] = \sum_{x=0}^{N-1} f(x, t) e^{-j\frac{2\pi v x}{N}} \qquad (5-2)$$

式中，u、$v = 0, 1, 2, \cdots, N-1$。

图 5-2　图像选择区域展示

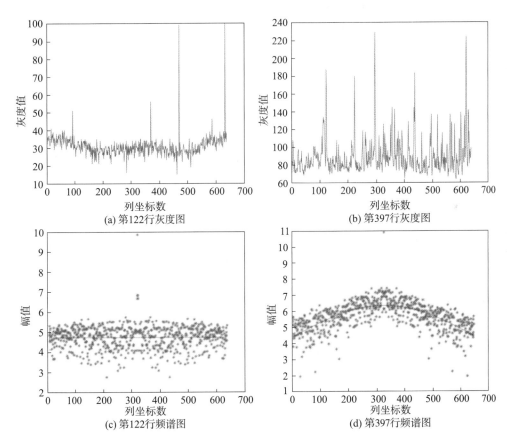

图 5-3　图像空间灰度和频域幅值谱比较

所有行和列傅里叶变换后的结果构成行频域样本集 $F_m(u) = \{F_1(u), F_2(u), \cdots, F_m(u)\}$ 与列频域样本集 $F_n(v) = \{F_1(v), F_2(v), \cdots, F_n(v)\}$，其中 m、n 分别表示图像的行数和列数。在实际应用中，分类是先进行行划分，再进行列划分。

由图 5-3（c）和（d）可知，上述离散傅里叶变换结果服从单高斯分布，将行和列的复杂变化通过单高斯分布的峰值与标准差表示。定义 ratio 为单高斯分布的峰值与标准差的比值，则第 k 行的 ratio 定义为

$$\text{ratio}_k = \frac{\dfrac{1}{\sqrt{2\pi}\,\sigma_k}}{\sigma_k} = \frac{1}{\sqrt{2\pi}\,\sigma_k^2} \qquad (5-3)$$

第 t 列的 ratio 定义为

$$\text{ratio}_t = \frac{\dfrac{1}{\sqrt{2\pi}\,\sigma_t}}{\sigma_t} = \frac{1}{\sqrt{2\pi}\,\sigma_t^2} \qquad (5-4)$$

则图像所有行 ratio 序列表示为 $\text{ratio}_{\text{row}} = \{\text{ratio}_1, \text{ratio}_2, \cdots, \text{ratio}_m\}$。同理，所有列 ratio 序列表示为 $\text{ratio}_{\text{column}} = \{\text{ratio}_0, \text{ratio}_1, \text{ratio}_2, \cdots, \text{ratio}_n\}$。

根据计算得到的各行与各列 ratio 值，得到反映图像行列方向的 ratio 图，如图 5-4 所示。

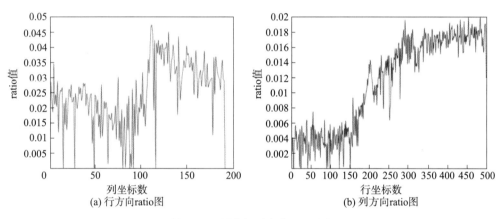

图 5-4　图像行列方向 ratio 图

（2）场景突变点检测及区域分类

在得到图像行、列 ratio 图后，利用 BG 算法从空间序列中找出可以描述图像复杂度变化的突变点，实现基于复杂度的图像分类。

对于给定的空间频谱序列 $A = \{a_1, a_2, \cdots, a_i, \cdots, a_n\}$，$a_i$ 为序列中任一空间频率点，则该点与前后空间频率点的均值、方差分别如下。

与前点 a_{i-1} 的均值为

$$\overline{a}_{1i} = \frac{a_1 + \cdots + a_{i-1}}{m_1} \qquad (5-5)$$

与前点 a_{i-1} 的方差为

$$s_{1i} = \frac{(a_1 - \overline{a}_{1i})^2 + \cdots + (a_{i-1} - \overline{a}_{1i})^2}{m_1} \qquad (5-6)$$

与后点 a_{i+1} 的均值为

$$\overline{a}_{2i} = \frac{a_{1+1} + \cdots + a_n}{m_2} \tag{5-7}$$

与后点 a_{i+1} 的方差为

$$s_{2i} = \frac{(a_{1+1} - \overline{a}_{2i})^2 + \cdots + (a_n - \overline{a}_{2i})^2}{m_2} \tag{5-8}$$

式中，m_1、m_2 为点 a_i 前后的样本数。

综上，该点联合偏差 S_{Di} 为

$$S_{Di} = \sqrt{\left[\frac{(m_1-1)s_{1i}^2 + (m_2-1)s_{2i}^2}{m_1 + m_2 - 2}\right] \times \left(\frac{1}{m_1} + \frac{1}{m_2}\right)} \tag{5-9}$$

根据上述结果构建 t 检验的统计量 T_i，用来描述点 a_i 前后两部分均值的差异：

$$T_i = \left| \frac{\overline{a}_{1i} - \overline{a}_{2i}}{S_{Di}} \right| \tag{5-10}$$

重复上述计算步骤，构建空间频谱序列 A 的检验统计量序列 $T_A = \{T_1, \cdots, T_i, \cdots, T_n\}$，其中 T_i 值越大，表示该点前后均值相差越大。计算 T_A 中的最大值 T_{max} 的统计显著性：

$$P(T_{max}) = P(T_i \leqslant T_{max}) \tag{5-11}$$

式中，$P(T_{max})$ 为整个过程中 $T_i \leqslant T_{max}$ 的概率，一般可近似表示为[107]

$$P(T_{max}) \approx \left[1 - I_{v/(v+T_{max}^2)}(\delta v, \delta)\right]^\gamma \tag{5-12}$$

式中，$v = n-2$；$\delta = 0.40$；$\gamma - 4.19\ln(n) - 11.54$；$I_{v/(v+T_{max}^2)}(\delta v, \delta)$ 为不完全 β 函数，表达式为 $I_{v/(v+T_{max}^2)}(\delta v, \delta) = \int_0^x t^{a-1}(1-t)^{b-1}\mathrm{d}t$。

假设 P_0 为给定参数，若 $P(T_{max}) \geqslant P_0$，则认为该样本点 i 为突变点，将图像沿该点所代表的行或列分割。重复此过程，直至空间序列所有突变点检测完成。图 5-5（a）为行方向突变点检测结果，图 5-5（b）为列方向突变点检测结果。

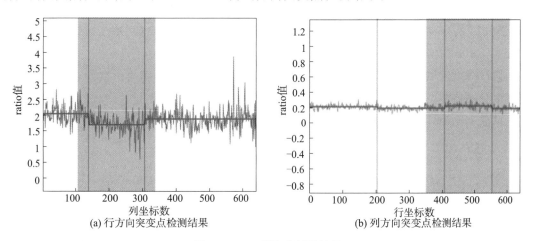

（a）行方向突变点检测结果　　　　　（b）列方向突变点检测结果

图 5-5　BG 算法分割后结果

根据突变点分类后的海面鱼鳞光图像如图 5-6 所示。通过原始图像复杂度变化得到

用于区域分类的突变点，利用该突变点在对比图上同样进行相应区域分类，之后对分割后的对比度图像进行处理，实现检测算法的阈值自适应。

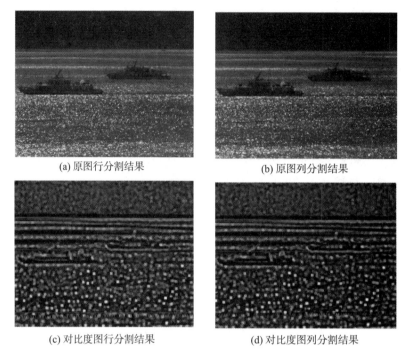

(a) 原图行分割结果　　　　　　　　　　　(b) 原图列分割结果

(c) 对比度图行分割结果　　　　　　　　　(d) 对比度图列分割结果

图 5-6　根据突变点分类后的海面鱼鳞光图像

5.1.2　自适应阈值分割

针对不同海面鱼鳞光背景及同一背景下不同区域进行图像分割时阈值自适应选择的问题，本节根据 BG 算法突变点检测结果，将对比图进行区域分类，分析区域对比度直方图分布并进行单高斯拟合，确定各区域的对比度概率分布模型，得到基于对比度加权方差的分割阈值自适应调整方法。

假设分类区域的对比度直方图服从单高斯分布，通过单高斯拟合，确定各区域的对比度概率分布模型。

单高斯函数计算公式如下：

$$f(x) = a \exp\left[-\frac{(x-b)^2}{c}\right] \tag{5-13}$$

式中，a、b、c 分别为高斯曲线的峰值、峰值位置和半宽度信息。

将式（5-13）取自然对数：

$$\ln y = \ln a - \frac{(x-b)^2}{c} \tag{5-14}$$

$$\ln y = \left(\ln a - \frac{b^2}{c}\right) + \frac{2xb}{c} - \frac{x^2}{c} \tag{5-15}$$

令

$$\ln y = z , \ln a - \frac{b^2}{c} = b_0 , \frac{2b}{c} = b_1 , -\frac{1}{c} = b_2 \tag{5-16}$$

化为二次多项式拟合函数：

$$z = b_0 + b_1 x + b_2 x^2 = (1 \quad x \quad x^2) \begin{bmatrix} b_0 \\ b_1 \\ b_2 \end{bmatrix} \tag{5-17}$$

考虑全部实验数据，则式（5-17）以矩阵形式表示为

$$\begin{bmatrix} z_1 \\ z_2 \\ \vdots \\ z_n \end{bmatrix} = \begin{bmatrix} 1 & x_1 & x_1{}^2 \\ 1 & x_2 & x_2{}^2 \\ \vdots & \vdots & \vdots \\ 1 & x_n & x_n{}^2 \end{bmatrix} \begin{bmatrix} b_0 \\ b_1 \\ b_2 \end{bmatrix} \tag{5-18}$$

简记为

$$\boldsymbol{Z}_{n \times 1} = \boldsymbol{X}_{n \times 3} \boldsymbol{B}_{3 \times 1} \tag{5-19}$$

根据最小二乘原理，构成的矩阵 $\boldsymbol{B}$ 的广义最小二乘解为

$$\boldsymbol{B} = (\boldsymbol{X}^{\mathrm{T}} \boldsymbol{X})^{-1} \boldsymbol{X}^{\mathrm{T}} \boldsymbol{Z} \tag{5-20}$$

根据式（5-16）求解待确定参数 a、b、c：

$$a = \mathrm{e}^{\frac{-b_1^2}{4 \times b_2 + b_0}}, \quad b = \sqrt{\frac{-1}{b_2}}, \quad c = \frac{-b_1}{2 \times b_2} \tag{5-21}$$

将参数 a、b、c 代入式（5-13），得到拟合的高斯函数。

对比度直方图分布如图 5-7（a）和（b）所示，可以明显看出区域图像对比分布基本符合高斯分布。将数据平滑过后，利用高斯模型对其拟合得出的结果如图 5-7（c）和（d）所示。

在红外图像中，目标与周围背景的对比度远大于背景区域的对比度。因此，在对比度图中目标可被看作孤立点。由上述分析可知，各区域对比度近似服从高斯分布。其中，数值分布在 $(\mu - 3\sigma , \mu + 3\sigma)$ 中的概率为 0.997 4，分布在该区间之外的点即可视为孤立点。因此，利用高斯分布的均值和标准差筛选孤立点。在天空、海面等纯净背景中，目标较显著，对比度更高，因此可以将筛选孤立点的区间范围适当扩大，对比度大于 $\mu + 5\sigma$。在复杂鱼鳞光海面背景中，目标与鱼鳞光背景相似，甚至被淹没在鱼鳞光中，对比度较低，因此将筛选孤立点的区间范围缩小至对比度大于 $\mu + 3\sigma$，从而保证目标在任何情况下都能被检测到。

分割后的图像 $f(x , y)$ 为

$$f(x , y) = \begin{cases} 1 & c \geqslant \text{th} \\ 0 & c < \text{th} \end{cases} \tag{5-22}$$

式中，c 为点 (x , y) 处的对比度。

对比度图分割阈值 th 为

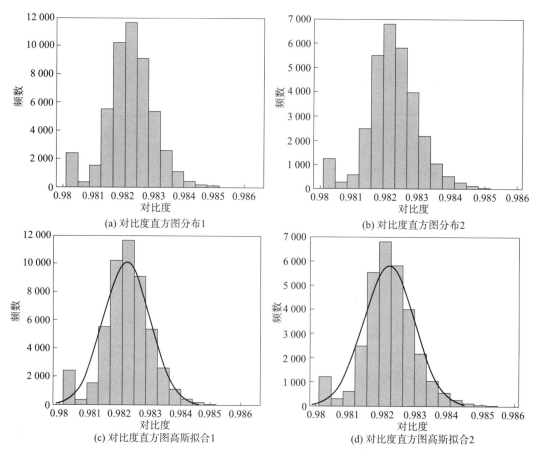

图 5 - 7　区域对比度图单高斯建模

$$\text{th} = \mu + k\sigma \tag{5-23}$$

式中，μ 为高斯分布的均值；σ 为标准差；k 为系数，$k \in [3, 5]$。

　　自适应阈值方法是根据图像复杂度计算得出 k 值，进而提取目标区域。利用区域图像的对比度加权方差反映图像的复杂度，作为分割阈值的选择依据。对比度加权方差越大，则对比度图的复杂度越高；反之，则表示复杂度偏低。

$$H(s) - \sum_{n=1}^{\rho} (s_n - \bar{s})^2 P_{s_n} \tag{5-24}$$

式中，s_n 为第 n 级的对比度值；$\bar{s}$ 为区域对比度的均值；P_{s_n} 为对比度为 s_n 的概率；ρ 为对比度级数。

　　如图 5 - 8 与表 5 - 1 所示，当区域背景较为平缓时，区域对应高斯分布 σ 较小，对比度加权方差较小，该区域目标对比度较大，需要较大的阈值，即较大的系数 k 实现目标提取。当存在大量的鱼鳞光或轮船、岛屿等变化较大的场景时，区域对应高斯分布 σ、对比度加权方差均较大，该区域目标对比度较小，需要较小的阈值，即较小的系数 k 保证目标被保留。每个区域的 σ、H 均与分割阈值成反比，$\sqrt{\dfrac{\mu}{\sigma}}$、$-\log_{10}(H)$ 均与分割阈值成正比。因此，利用 μ、σ、H、$\sqrt{\dfrac{\mu}{\sigma}}$、$-\log_{10}(H)$ 计算自适应阈值。

$$k_1 = \frac{\sqrt{\mu/\sigma}/-\log_{10}(H)}{\left[\dfrac{-\log_{10}(H)}{\sqrt{\mu/\sigma}/-\log_{10}(H)}\right]} = -\frac{\mu}{\sigma\left[\log_{10}(H)\right]^3} \qquad (5-25)$$

$$p = \frac{-\log_{10}(H)}{\sqrt{\mu/\sigma}/-\log_{10}(H)} = \sqrt{\frac{\sigma}{\mu}}\left[\log_{10}(H)\right]^2 \qquad (5-26)$$

(a) 对比度直方图分布1

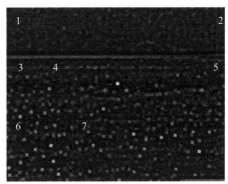
(b) 对比度直方图分布2

图 5-8　原始图像与对比度图区域分类

表 5-1　各区域对比度高斯分布参数及对比度加权方差

分类区域	σ	μ	H	$\sqrt{\mu/\sigma}$	$-\log_{10}(H)$
1	8.62×10^{-4}	0.982 3	$7.451\ 4\times10^{-7}$	33.758 9	6.127 8
2	8.61×10^{-4}	0.982 3	$7.405\ 6\times10^{-7}$	33.785 1	6.130 4
3	0.001 4	0.982 4	$1.911\ 8\times10^{-6}$	26.663 3	5.718 6
4	0.001 4	0.982 4	$2.004\ 5\times10^{-6}$	26.343 0	5.698 0
5	0.001 2	0.982 3	$1.502\ 0\times10^{-6}$	28.317 4	5.823 3
6	0.001 7	0.982 3	$2.887\ 2\times10^{-6}$	24.043 9	5.539 5
7	0.001 5	0.982 3	$2.258\ 9\times10^{-6}$	25.566 2	5.646 1

以表 5-1 的数据为例，式（5-25）的计算结果 $k_1 \in [3.610\ 1, 4.784\ 4]$，不满足要求。式（5-26）将式（5-25）的分母部分记为 p。因 k_1 不满足要求，需要继续扩大式（5-25）中 k_1 的取值范围，所以对式进行调整得到新的 p_1：

$$p_1 = 2\times\mathrm{e}^{\left\{100\times\sigma\times\frac{100[-\log_{10}(H)]}{\mu/\sigma}\right\}} \qquad (5-27)$$

式（5-27）的计算结果 p_1 取值范围为 $[2.100, 2.317]$。

最终，自适应阈值计算公式为

$$k = \frac{\sqrt{\mu/\sigma}/-\log_{10}(H)}{\left[\dfrac{-\log_{10}(H)}{\sqrt{\mu/\sigma}/-\log_{10}(H)}\right]^{p_1}} = -\frac{(\mu/\sigma)^{\frac{p_1+1}{2}}}{\left[\log_{10}(H)\right]^{2p_1+1}} \qquad (5-28)$$

式（5-28）计算结果 $k \in [2.682，4.195]$。

5.2　背景抑制方法

5.2.1　背景特征分析

小目标常用的空域特征有面积、灰度分布、梯度等，面积特征是描述图像中的目标连通区域的大小，灰度分布特征一般用灰度直方图表示，梯度特征则表示图像灰度分布变化。

1）面积：利用小目标区域外接矩形近似表示，大小等于该区域的像素个数，小目标面积一般不小于 2×2，不大于 9×9。

$$\text{Area} = x \cdot y \tag{5-29}$$

式中，x 为图像的行；y 为图像的列。

2）灰度分布：描述目标灰度值分布的统计图，反映目标灰度级数与频率之间的关系，通常目标亮度较高，其灰度分布主频应集中在亮度较高的部分。

$$P(r) = \frac{n}{\text{Area}} \tag{5-30}$$

3）梯度：描述像素间的差异，梯度越大像素间变化越剧烈，具体是指图像上每一像素灰度与相邻像素在行方向与列方向的差的集合。

$$\nabla f(x，y) = \begin{bmatrix} g_x \\ g_y \end{bmatrix} = \begin{bmatrix} \dfrac{\partial f}{\partial x} \\ \dfrac{\partial f}{\partial y} \end{bmatrix} = \begin{bmatrix} f(x+1，y) - f(x-1，y) \\ f(x，y+1) - f(x，y-1) \end{bmatrix} \tag{5-31}$$

式中，$f(x，y)$ 为图像在该点的灰度值；g_x、g_y 分别为 x、y 两个方向的梯度值；$\dfrac{\partial f}{\partial x}$ 为图像灰度在 x 方向的偏导数；$\dfrac{\partial f}{\partial y}$ 为图像灰度在 y 方向的偏导数。

在鱼鳞光背景下，通过对比度图像自适应阈值分割提取候选目标后，对候选目标的面积、灰度及梯度进行统计。如图 5-9 所示，图中红色区域标记为真实目标对应面积，蓝色区域标记为小目标面积理论值的范围，可以看出目标区域面积与残留背景区域的面积基本处于小目标面积的理论值范围内。

图 5-10 为处理后图像中目标与部分残留背景灰度直方图分布，可以看出目标与残留背景直方图分布基本相同，其中灰度较大区域占整个目标区域的比例较大。

图 5-11 为处理后目标与残留背景梯度分析，其中（a）～（c）为原始二维灰度图，图（d）～（f）为目标区域与部分残留背景区域的三维强度图，可以明显看出目标与残留背景有较大差异。依据上述分析结果，利用梯度特征抑制残留背景。

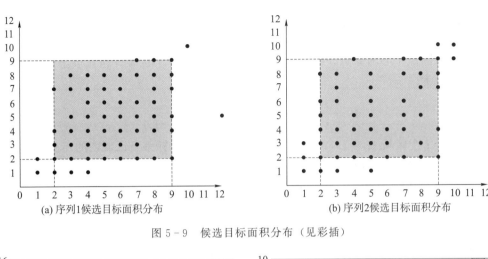

(a) 序列1候选目标面积分布　　　　　　　　　　(b) 序列2候选目标面积分布

图 5 - 9　候选目标面积分布（见彩插）

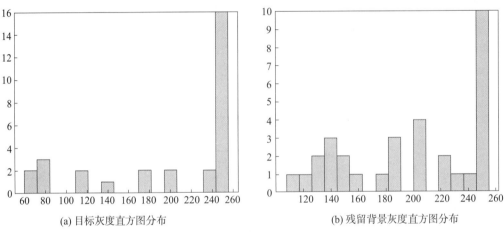

(a) 目标灰度直方图分布　　　　　　　　　　(b) 残留背景灰度直方图分布

图 5 - 10　候选目标灰度直方图分布

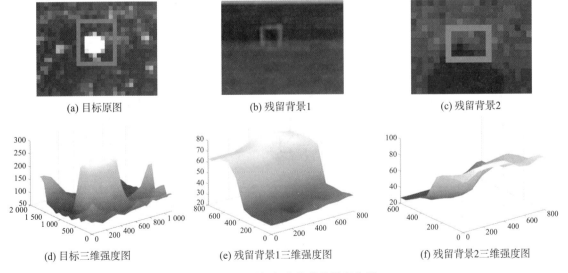

(a) 目标原图　　　　　　　(b) 残留背景1　　　　　　　(c) 残留背景2

(d) 目标三维强度图　　　　(e) 残留背景1三维强度图　　　(f) 残留背景2三维强度图

图 5 - 11　目标与残留背景梯度分析

5.2.2 基于梯度特征的背景抑制方法

首先，以图像中心为原点，沿 x、y 方向将图像分为 4 个区域并建立极坐标系[109]，则每个区域都可表示为

$$\Phi_i = \left\{ (\gamma, \theta_i) \mid \frac{\pi(i-1)}{2} < \theta_i \leqslant \frac{\pi i}{2} \right\} \qquad (5-32)$$

式中，Φ_i 为第 i 个区域 $(i=1, 2, 3, 4)$；(γ, θ_i) 为极坐标系下区域内的点。

由于小目标区域内的梯度并非严格指向中心点，因此用相对宽松的约束表示朝向中心的梯度，将其表示为

$$\Theta_{\Phi_i} = \left\{ g_{\Phi_i}(m, \alpha, \gamma, \theta_i) \mid \frac{\pi(i-1)}{2} + \pi < \alpha \leqslant \frac{\pi i}{2} + \pi, (\gamma, \theta_i) \in \Phi_i \right\} \quad (5-33)$$

式中，Θ_{Φ_i} 为 Φ_i 内满足约束的梯度集合；$g_{\Phi_i}(m, \alpha, \gamma, \theta_i)$ 为区域内任意满足约束点的梯度；m 和 α 分别为 g_{Φ_i} 的大小和方向。

如图 5-12 所示，目标区域内梯度呈两种状态，在 Φ_1 区域内，梯度 g_1 大致指向目标中心，α_1 在 $\pi \sim 1.5\pi$ 范围内，根据式（5-33），当 $i=1$ 时，α_1 满足方向 α 的约束条件。同理，可看出梯度 g_2 不满足条件。

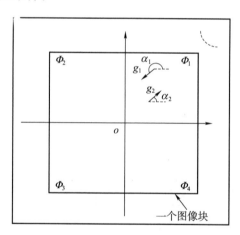

图 5-12 g_{Φ_i} 分析

其次，计算 g_{Φ_i} 的幅值均方：

$$G_i = \frac{1}{N} \sum_{j=1}^{N} \| g_{\Phi_i}^j \|^2 \qquad (5-34)$$

式中，N 为 Φ_i 中 g_{Φ_i} 的数量。

因此，梯度均方的最大值和最小值可以表示为

$$G_{\max} = \max_{1 \leqslant i \leqslant 4} G_i \qquad (5-35)$$

$$G_{\min} = \min_{1 \leqslant i \leqslant 4} G_i \qquad (5-36)$$

式中，$G_{\max}$ 为 G_i 中的最大值；$G_{\min}$ 为 G_i 中的最小值。

计算 G_i 中最小值与最大值的比，如果 $\dfrac{G_{\min}}{G_{\max}} > k$，则认为候选区域是目标，否则认为是海面残留背景。其中，k 为经验阈值，在本节的示例中设置 $k = 0.2$。

根据上述方法对 5.2.1 节的结果进行背景抑制，结果如图 5 - 13 所示，其中（a）和（b）为 MPCM - LEF 检测结果，（c）和（d）为梯度背景抑制后的结果。由图 5 - 13 可知，MPCM - LEF 检测结果利用梯度特性处理之后，海天线、海地线、天地线以及海面背景灰度起伏较大的区域的残留背景剔除效果较为突出，具体效果如表 5 - 2 所示。

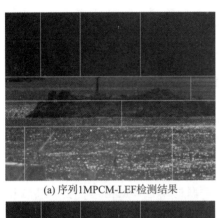
(a) 序列1MPCM-LEF检测结果

(b) 序列5 MPCM-LEF检测结果

(c) 序列1梯度背景抑制结果

(d) 序列5梯度背景抑制结果

图 5 - 13　背景抑制结果

表 5 - 2　背景抑制率

名称	原始疑似目标数	处理后疑似目标数	减少数量	背景抑制率/%
序列 1	161	75	86	53.42
序列 2	136	83	53	38.97
序列 3	199	113	86	43.22
序列 4	175	93	82	46.86
序列 5	55	34	21	38.18

由表 5 - 2 可知，此算法对海面鱼鳞光图像的背景抑制效果较好，平均抑制效果达到 44.13%，尤其对海天线、海地线、天地线等分界线区域抑制效果较好，表明此方法能大幅度抑制海面残留复杂背景，降低虚警率，提升检测算法性能。

5.3　基于位置-灰度-面积关联的动态管道滤波

由于鱼鳞光背景下真实目标与密集残留背景空域特性相似度较高，因此仅利用空域特性作为判别依据的方法存在理论极限，无法完全剔除残留背景区域，且空域特性约束不强，鲁棒性较差。针对上述问题，本节结合目标、残留背景的时空变化差异特性，在传统管道滤波算法仅将位置变化作为约束条件的基础上，增加面积、灰度变化特性约束，介绍一种基于位置-灰度-面积特征关联的动态管道滤波算法。该算法基于以下两点假设：1) 短时间、远距离成像条件下小目标面积[110]、灰度特征在时域上具有较小变化量，而位置特征具有较大变化量；2) 海面鱼鳞光"耀斑"背景由海浪经阳光反射生成，短时间、远距离、固定阳光照射角度等条件下具有波动特性，同一位置呈现闪烁现象，因而同一位置的残留背景区域面积、灰度特性会随时间而波动变化，但相对位置变化量较小。因此，该算法结合空域与时域关联特性后具有更强约束，对空域特性的具体数值依赖性不强，而对时域的波动特性有较强依赖，具有较强的鲁棒性与泛化能力。

因此，首先分析海面鱼鳞光背景下目标与残留背景的空域特性在时域上的波动变化，然后推导基于位置、灰度、面积等时空先验特性关联的动态管道构建方法，最后利用动态管道在时域上关联满足条件的候选区域，实现基于动态管道滤波残留背景抑制。

5.3.1　背景时空波动特征分析

图 5-14 所示为目标与残留背景的面积（MPCM-LEF 检测之后的对比度图经阈值分割之后值为 1 的像素个数）、灰度相似度和位置等空域特性随时间的变化，目标的时空波动变化由实线表示，残留背景的时空波动特性由虚线表示。可以看出，图 5-14（a）和（b）中，目标面积变化较残留背景面积变化更加稳定；图 5-14（c）和（d）中，目标灰度相似度较为稳定，残留背景灰度相似度总体变化较大；图 5-14（e）和图（f）中，目标位置有规律连续性的变化，而残留背景区域位置在短暂几帧之后消失。

目标与残留背景的面积随时间的变化具体可以表示为

$$\Delta S_t = | S_t - S_{t-1} | \tag{5-37}$$

式中，ΔS_t 为面积变化；S_t 为当前帧被测区域面积；S_{t-1} 为前一帧被测区域面积。

目标与残留背景面积的极差表示为

$$X_s = S_{\max} - S_{\min} \tag{5-38}$$

式中，$S_{\max}$、$S_{\min}$ 分别为图像序列里面积的最大值和最小值。

测试序列的目标与残留背景面积随时间的变化如表 5-3 所示，其中目标面积变化的平均值远小于残留背景区域的变化，且整个时间序列上目标的变化范围小，说明在时间序列上目标整体处于稳定状态，面积变化较为缓慢。因此，面积的时空波动特征可以作为判别目标与残留背景的依据。

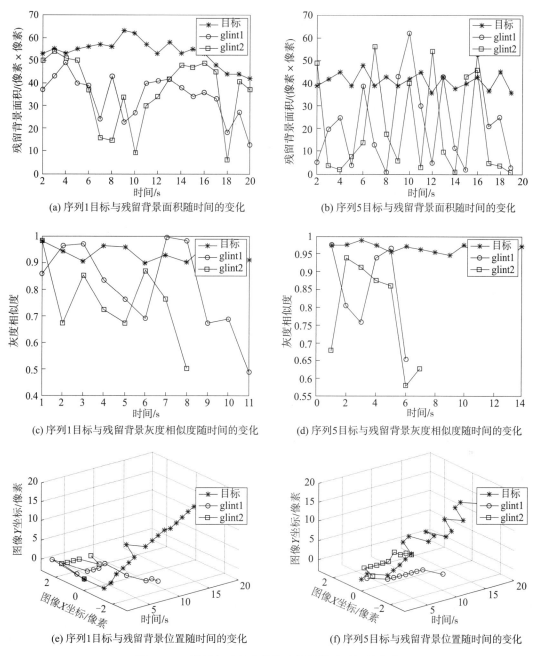

(a) 序列1目标与残留背景面积随时间的变化

(b) 序列5目标与残留背景面积随时间的变化

(c) 序列1目标与残留背景灰度相似度随时间的变化

(d) 序列5目标与残留背景灰度相似度随时间的变化

(e) 序列1目标与残留背景位置随时间的变化

(f) 序列5目标与残留背景位置随时间的变化

图 5 - 14　目标与残留背景的空域特性随时间的变化

表 5 - 3　测试序列的目标与残留背景面积随时间的变化

序列	指标	目标面积变化	干扰 1 面积变化	干扰 2 面积变化	干扰 3 面积变化
1	平均值	2.78	18.23	12.06	14.44
	极差	6	40	41	22

续表

序列	指标	目标面积变化	干扰 1 面积变化	干扰 2 面积变化	干扰 3 面积变化
5	平均值	5.71	15.88	24.82	22.36
	极差	9	40	52	36

　　目标与残留背景的灰度相似度计算采用了归一化互相关系数法，随时间的变化具体可以表示为

$$\rho_{\mathrm{Gray}_t} = \frac{\dfrac{1}{mn}\sum\limits_{x=1}^{m}\sum\limits_{y=1}^{n}[\mathrm{Gray}_t(x,y)-\overline{\mathrm{Gray}_t}][\mathrm{Gray}_{t-1}(x,y)-\overline{\mathrm{Gray}_{t-1}}]}{\sqrt{\dfrac{1}{mn}\sum\limits_{x=1}^{m}\sum\limits_{y=1}^{n}[\mathrm{Gray}_t(x,y)-\overline{\mathrm{Gray}_t}]^2}\ \sqrt{\dfrac{1}{mn}\sum\limits_{x=1}^{m}\sum\limits_{y=1}^{n}[\mathrm{Gray}_{t-1}(x,y)-\overline{\mathrm{Gray}_{t-1}}]^2}}$$

$$(5-39)$$

式中，ρ_{Gray_t} 为当前帧灰度相似度；$\mathrm{Gray}_t(x，y)$ 为被测区域当前坐标下的灰度值；$\overline{\mathrm{Gray}_t}$ 为当前帧被测区域灰度平均值；$\mathrm{Gray}_{t-1}(x，y)$ 为被测区域前一帧当前坐标下的灰度值；$\overline{\mathrm{Gray}_{t-1}}$ 为被测区域前一帧灰度平均值。

　　因此，截至当前帧的被测区域灰度相似度的方差可以表示为

$$\sigma_{\rho_t}^2 = \frac{1}{t}\sum_{i=1}^{t}(\rho_i - \overline{\rho})^2 \qquad (5-40)$$

　　测试序列的目标与残留背景灰度相似度随时间的变化如表 5 - 4 所示，其中目标灰度相似度方差远小于其余残留背景区域的变化，说明在时间序列上目标整体处于稳定状态，灰度基本不发生变化。因此，待测区域灰度的时空波动特征可以作为判别目标与残留背景的依据。

表 5 - 4　测试序列的目标与残留背景灰度相似度随时间的变化

序列	目标灰度相似度方差	干扰 1 灰度相似度方差	干扰 2 灰度相似度方差	干扰 3 灰度相似度方差
1	0.030 2	0.164 0	0.148 8	0.185 6
5	0.017 0	0.148 8	0.192 3	0.196 8

5.3.2　基于位置-灰度-面积关联的动态管道滤波原理

　　在传统管道滤波算法位置关联的基础上，本节针对海面鱼鳞光的残留背景增加了面积与灰度在时间上的波动特征约束，讲述基于位置-灰度-面积关联的动态管道滤波算法（图 5 - 15），有效增强对鱼鳞光背景的抑制作用，提升算法鲁棒性。

　　（1）算法原理

　　首先，利用位置信息，根据动态管道滤波算法形成候选目标关联；其次，在位置关联的基础上，计算前一帧与当前帧图像位置匹配后的第 m 个候选目标的面积变化率，如果候选区域面积变化率小于既定阈值，则认为该区域面积变化符合目标面积变化的波动范围，提高该区域的置信度，更新管道中心；否则将其删除。

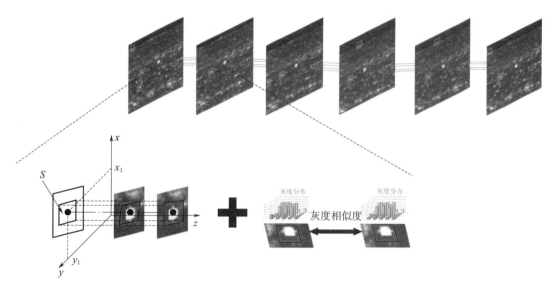

图 5-15　基于位置-灰度-面积关联的动态管道滤波算法

$$| S_k^m - S_{k-1}^m | \geqslant \Delta S \qquad (5-41)$$

式中，S_k^m 为第 k 帧图像的第 m 个候选目标面积；

ΔS 为面积变化率，根据实际情况确定，算例中取 $\Delta S = 14$。

残留的鱼鳞光背景会连续出现多帧后突然彻底消失的情况，动态管道滤波算法允许区域短暂消失几帧，此时仍然会预测位置并关联，认为该区域依然存在且属于目标。为避免出现该问题，当区域短暂消失时，利用灰度相似度匹配进一步判断该区域是目标还是消失的残留背景。若是残留的鱼鳞光背景，因其消失，该区域灰度会变暗，与历史帧的灰度不匹配；若是目标，则预测位置区域的目标依然存在，只是未被检测到，但灰度与历史帧相似。因此，本节利用灰度相似度匹配作为判别依据，进一步筛除残留背景，保留真实目标。如果 $\sigma_{\rho_t}^2 < l$，则认为预测位置区域是目标，否则认为是海面残留背景。其中，l 为经验阈值，算例中设置 $l = 0.1$。

（2）算法步骤

基于位置-灰度-面积关联的动态管道滤波算法流程如图 5-16 所示，具体如下。

1）根据前一帧给定候选目标区域，将当前帧的候选目标与前一帧候选目标位置匹配，如果匹配成功，则转至步骤 2）；未匹配到，则转至步骤 3）。

2）判断候选区域两帧间面积是否关联，如果关联，则更新管道中心，目标出现次数 $L+1$，否则跳转至步骤 3）。

3）目标出现次数 $L-1$。

4）目标出现次数判决：如果管道长度 $L \geqslant T$，则判定为真实目标并在下一帧中继续搜索；如果管道长度 $L < t$，则删除该管道；如果管道长度 $t \leqslant L < T$，则匹配目标灰度相似度，如果灰度相似度关联成功，则跳转至步骤 5），否则删除该管道。

5）在下一帧中继续沿管道半径进行搜索。

6）执行完上述步骤后，对剩余候选目标建立新管道。需要指出的是，如果多个目标与同一管道匹配，则应引入模板匹配算法，确定真实目标。

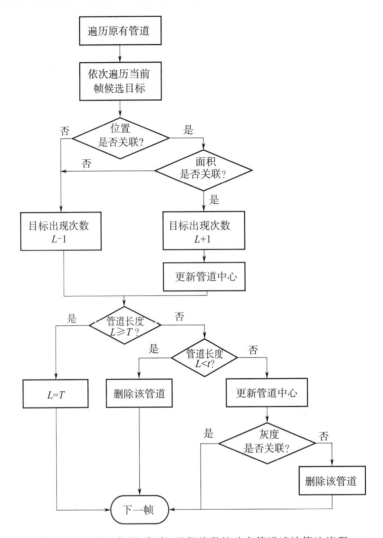

图 5 - 16　基于位置-灰度-面积关联的动态管道滤波算法流程

5.4　自适应红外小目标检测

5.4.1　算法原理

综上所述，针对强杂波环境如海面鱼鳞光背景下红外小目标检测问题，介绍一种海面鱼鳞光背景下自适应红外小目标检测算法，算法框架如图 5 - 17 所示。首先，进行一维离散傅里叶变换，同时结合单高斯模型，分别沿着行与列方向对图像进行频谱分析，通过 BG 算法找到海面鱼鳞光背景下灰度起伏变化趋势异常的行或列（突变点），进而对图像进行分类；其次，根据突变点检测结果，对 MPCM - LEF 检测算法的对比度图进行区域分类，将区域对比度直方图进行单高斯拟合，确定各区域的对比度概率分布模型，利用拟合参数以及对比度加权方差计算分割阈值；接着，根据目标梯度的方向分布与幅值极值分布抑制残留背景；最后，结合海面鱼鳞光背景下目标与残留背景的位置、灰度、面积在时域上的波动变化特性构建动态管道滤波，通过多帧筛选策略，获得真实目标的位置。

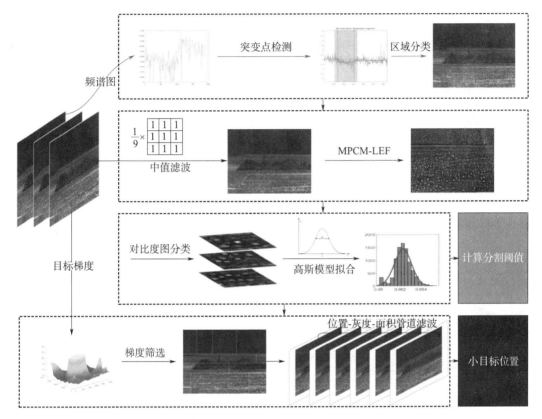

图 5 - 17　自适应红外小目标检测算法框架

5.4.2　算法流程

根据算法原理，海面鱼鳞光背景下的自适应红外小目标检测算法流程如下：1）输入红外图像，进行一维离散傅里叶变换，并结合单高斯模型，在行和列方向上对图像进行频谱分析；2）使用 BG 算法找到海面鱼鳞光背景下灰度起伏变化趋势异常的行或列（突变点），用于图像分类；3）根据突变点检测结果，对 MPCM - LEF 检测算法的对比度图进行区域分类；4）将各区域的对比度直方图进行单高斯拟合，确定各区域的对比度概率分布模型；5）利用拟合参数以及对比度加权方差计算分割阈值；6）根据目标梯度的方向分布与幅值极值分布抑制残留背景；7）进行动态管道滤波，结合海面鱼鳞光背景下目标与残留背景的位置、面积、灰度在时域上的波动变化特性进行滤波判断；8）通过多帧筛选策略，获得真实目标的位置。该算法的具体实现如表 5 - 5 所示。

表 5 - 5　海面鱼鳞光背景下自适应红外小目标检测算法

算法:海面鱼鳞光背景下自适应红外小目标检测算法

输入:$m \times n$ 的红外海面背景图像序列。

输出:红外小目标位置。

1: for $i = 1:m$ do

2:　　根据式(5-1),计算图像行傅里叶变换,将空间域转换到频率域,得到行频谱图。

3:　　结合单高斯模型,根据式(5-13)或式(5-21)得到拟合的高斯函数。

4:　　将行的复杂变化通过单高斯分布的峰值与标准差表示,根据式(5-3)计算行 ratio 值。

5: end for

6:利用 BG 算法,根据式(5-12)从所有行 ratio 值中找出 M 个行突变点。

7: for $k = 1:M$ do

8:　for $j = 1:n$ do

9:　　在行分类区域内根据式(5-2)计算列傅里叶变换,得到列频谱图。

10:　　列频谱图服从单高斯分布,根据式(5-13)和式(5-21)拟合的高斯函数。

11:　　利用单高斯分布峰值与标准差,根据式(5-4)计算各列 ratio 值。

12:　end for

13:　利用 BG 算法,根据式(5-12)从所有列 ratio 值中找出可以行分类区域的列突变点。

14: end for

15:根据式(4-13)计算图像的 MPCM - LEF 图对比度图。

16:利用行列突变点将对比度图进行区域分类,根据式(5-13)和式(5-21)得到图像对比度图各个分类区域的拟合高斯函数。

17:根据式(5-24)计算图像对比度图各个分类区域的对比度加权方差 H。

18:根据式(5-28)计算分割系数 k。

19:根据式(5-23)计算对比度图分割阈值 th,提取候选目标。

20:根据式(5-33)计算候选目标梯度 g_{Φ_i}。

21:根据式(5-34)计算 g_{Φ_i} 的幅值均方 G_i。

22:根据梯度均方最大值与最小值比值,剔除不满足条件的残留背景。

23:根据前一帧给定候选目标区域,将当前帧的候选目标与前一帧候选目标位置匹配,如果匹配成功,转到步骤 24,未匹配到则转到步骤 25。

24:根据式(5-37)计算面积变化,判断候选区域两帧间面积是否关联,如果关联则更新管道中心,目标出现次数 $L +1$;否则跳转至步骤 25。

25:目标出现次数 $L -1$。

26:目标出现次数判决:如果管道长度 $L \geqslant T$,判定为真实目标并在下一帧中继续搜索;如果管道长度 $L < T$,删除该管道;如果管道长度 $t \leqslant L < T$,计算候选目标灰度相似度,匹配目标灰度相似度,如果灰度相似度匹配成功则跳转至步骤 27,否则删除该管道。

27:在下一帧中继续沿管道半径搜索。

5.4.3　示例

　　为验证海面鱼鳞光背景下自适应红外小目标检测算法的有效性和鲁棒性,本示例选取 5 组表 5-6 所示的红外仿真目标数据集,其中包括岛屿、轮船、海天线、海地线等不同情况,并与 MLCM - LEF 算法、MPCM 算法、MLHM 算法、LDM 算法进行对比分析。采用 MALAB R2020A 开发平台进行文中算法的实现和测试,通过统计算法与典型算法对测试数据集的检测率和单帧虚警数进行对比和分析。在本示例中,动态管道滤波邻域半径 $R = 9$,$T = 5$,$t = 3$。

表 5-6　测试数据集

序列	帧数	场景	目标尺寸	信杂比范围	杂波干扰
1	341	天空、海面、岛屿	5×6	3.222~5.408	海地线、天地线、鱼鳞光
2	321	天空、海面、轮船	3×3	3.397~4.471	海天线、鱼鳞光
3	376	天空、海面、轮船、岛屿	4×4	3.416~6.042	海地线、海天线、鱼鳞光
4	234	海面	3×3	1.445~6.282	鱼鳞光、海亮带
5	381	天空、海面、轮船	4×4	2.352~5.124	海天线、海地线、鱼鳞光

（1）单帧弱小目标检测性能对比分析

单帧弱小目标检测算法的检测结果如图 5-18 所示（在鱼鳞光海面背景图像中，目标用矩形框标出）。

通过 SCR_g 指标对提出的 MPCM-LEF 弱小目标检测算法在海面鱼鳞光背景下的目标增强效果进行定量评价。通过上述指标对 5 种算法在 5 个序列中进行效果评估，结果如表 5-7 所示。

表 5-7　各检测算法在 5 个序列中的平均 SCR_g 指标

算法	指标	序列 1	序列 2	序列 3	序列 4	序列 5
MPCM-LEF	SCR_g	2.739	1.087	1.502	1.655	1.553
MLCM-LEF	SCR_g	1.659	1.253	1.111	1.053	1.185
MPCM	SCR_g	1.015	1.638	3.358	1.743	3.556
MLHM	SCR_g	1.641	1.021	1.044	0.719	1.081
LDM	SCR_g	1.132	1.014	1.020	1.025	1.148

图 5-18 和表 5-7 是鱼鳞光海面背景下不同算法的评估结果。MPCM-LEF 算法在序列 1 中达到最优信杂比增益，序列 2~5 的信杂比增益略低于 MPCM，这是由于 LEF 算法的结合虽提升了背景抑制能力，但目标对比度增强能力有较小的影响。综上所述，MPCM-LEF 算法在目标对比度提升与背景抑制两个方面的综合性能优于其他方法。

通过设置不同的阈值绘制 ROC 曲线，对算法的检测效果进行定量评价。由于基于场景区域信息分类的自适应图像分割自动调整阈值，不需要手动更换阈值，因此基于 MPCM-LEF 的单帧弱小目标检测算法在图像上表现为一个点。在 ROC 曲线中，越靠近左上角的曲线代表检测性能越好。从图 5-19 可以看出，基于 MPCM-LEF 的弱小目标检测算法最靠近左上角，在较小虚警率指标约束下，其单帧检测性能最好，同时具有很强的背景自适应能力。

（2）连续帧弱小目标检测性能对比分析

连续帧弱小目标检测算法的检测结果如图 5-20 所示（在鱼鳞光海面背景图像中，目标用红色矩形框标出），其中红色矩形框代表经过动态管道滤波多帧确认之后检测到的目标，绿色矩形框代表经过动态管道滤波多帧确认之后筛除的虚警，白色线条代表区域分类曲线。

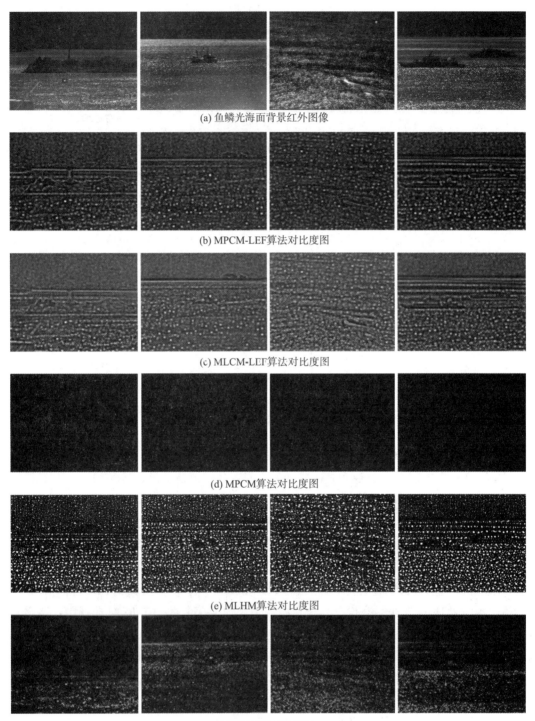

(a) 鱼鳞光海面背景红外图像

(b) MPCM-LEF算法对比度图

(c) MLCM-LEF算法对比度图

(d) MPCM算法对比度图

(e) MLHM算法对比度图

(f) LDM算法对比度图

图 5-18　单帧弱小目标检测算法的检测结果（见彩插）

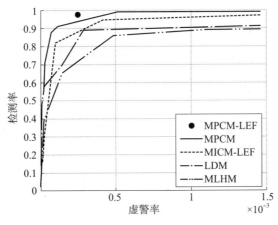

图 5 - 19　不同算法背景 ROC 曲线

表 5 - 8 是鱼鳞光海面背景序列不同算法的检测结果，可以看出，MLCM - LEF 算法平均检测率为 94.66%，平均单帧虚警数为 133.60 帧；MPCM 算法平均检测率为 98.89%，平均单帧虚警数为 163.29 帧；MLHM 算法平均检测率为 86.07%，平均单帧虚警数为 152.75帧；LDM 算法平均检测率为 88.68%，平均单帧虚警数为 150.04 帧；本节的自适应红外小目标检测算法的平均检测率为 95.26%，平均单帧虚警数减少至 10.18 帧。

表 5 - 8　连续帧弱小目标检测算法的检测结果

序列	总帧数	目标数	自适应检测算法		MLCM - LEF		MPCM		MLHM		LDM	
			检测率/%	虚警数/帧	检测率/%	虚警数/帧	检测率/%	虚警数/帧	检测率/%	虚警数/帧	检测率/%	虚警数/帧
1	341	1	98.24	20.79	100.00	162.89	100.00	164.70	100.00	6.17	100.00	177.63
2	321	1	93.46	12.45	94.39	138.63	100.00	156.85	83.80	182.24	73.83	137.04
3	376	1	98.94	3.40	94.41	106.45	100.00	117.44	85.90	128.05	83.25	109.23
4	234	1	88.03	0.22	89.74	110.04	94.44	184.01	73.50	214.53	86.32	201.95
5	381	1	97.64	14.03	94.75	150.01	100.00	193.44	87.14	232.74	100.00	124.34

首先，对比分析可以发现：1) 相比除 MPCM 算法以外的其他算法，自适应红外算法平均检测性能均有提升，且平均检测率最大提高了 9.19%。这是由于自适应算法步骤中的 MPCM - LEF 算法能更好地增强目标对比度，以及使用的基于位置-灰度-面积关联的动态管道滤波在管道构建好之后允许两帧漏检，此时会给出目标预测位置，若之后目标正常检测且与管道关联，则漏检目标也能通过预测被准确检测；2) 本节算法虚警数减少至10.18 帧，而其他算法单帧虚警数均大于 130 帧，这是由于 MPCM - LEF 算法在经过背景抑制、时空关联动态管道滤波多帧筛除之后检测率提升，虚警数大幅减少。

其次，进一步对比分析发现，MPCM 算法的平均检测率为 98.89%，较自适应红外小目标算法检测率高 3.63%，这是由于一方面 MPCM 算法对亮度差异较为敏感，即使较弱的差异也能准确检测，因此该算法目标检测率高，但同时也会标记大量鱼鳞光背景为目

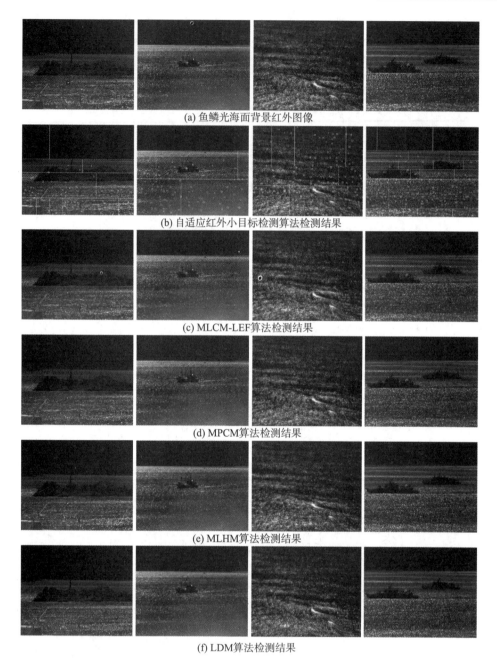

(a) 鱼鳞光海面背景红外图像

(b) 自适应红外小目标检测算法检测结果

(c) MLCM-LEF算法检测结果

(d) MPCM算法检测结果

(e) MLHM算法检测结果

(f) LDM算法检测结果

图 5-20　连续帧弱小目标检测算法的检测结果（见彩插）

标，导致单帧虚警数达到 163.29 帧；另一方面，基于位置-灰度-面积关联的动态管道滤波算法目标关联 5 帧则认为目标被检测到，若某一帧漏检，需要连续 5 帧被检测到才会重新计数，因此在单帧被检测到的情况下，多帧确认时由于限制条件严格，不会计入正确检测目标数，导致目标检测率降低。总之，从 5 个图像序列的检测结果可以看出，在损失了非常小量的目标检测率条件下，获得了虚警数大幅度减小，表明自适应红外小目标检测算法具有更好的强杂波背景下小目标综合检测性能。

最后，针对不同海面强杂波背景红外图像序列小目标检测问题，自适应红外小目标检测算法相比其他算法无需手动调整阈值，达到了根据场景复杂度自动计算阈值，实现了自动多类场景适应，以及较强的背景抑制能力。

本章小结

强杂波环境下自适应红外小目标检测算法首先通过对背景区域分类以及根据区域自动调整分割阈值，提升单帧目标检测结果准确性，减少残留背景；其次根据目标梯度均指向中心建立梯度模型对残留背景区域进行判别，在保留目标的基础上进一步剔除残留背景；最后利用面积与灰度在时间上的波动特征，有效增强对强杂波背景的抑制作用，提升算法鲁棒性。实验示例结果表明，与 MLCM－LEF、MPCM、MLHM、LDM 检测算法相比，自适应红外小目标检测算法平均检测率为 95.26%，单帧虚警数较 MPCM 算法减少了 93.77%，有效提高在强杂波背景下目标的检测概率，并抑制了残留背景。

第 6 章 复杂背景红外弱小目标智能检测技术

复杂空战背景下红外弱小目标的检测是红外成像导弹精确制导技术、红外搜索跟踪系统精确跟踪技术发展面临的瓶颈和核心技术，除了传统小目标检测技术，深度学习技术的发展提供了另一技术途径，本章主要从 4 个方面展开：卷积神经网络小目标检测、基于深度学习的分割算法、三维卷积神经网络小目标检测、融合时序信息的小目标智能检测。

6.1 卷积神经网络小目标检测

6.1.1 通用检测网络

6.1.1.1 Faster RCNN

基于卷积神经网络的目标检测方法主要分为两种，即两步检测方法和单步检测方法。两步检测方法出现较早，其代表网络有 Fast RCNN、Faster RCNN 等。两步检测方法之所以称为两步方法，是因为网络第一步需要在整幅图片中找出大量的预选区域作为目标的可能存在的区域，再通过卷积神经网络进行样本分类。由于要生成大量的预选区域，因此该方法速度较慢，无法达到实时检测要求。Faster RCNN 的提出解决了传统目标检测算法中两阶段的低效问题，使得目标检测算法能够以端到端的方式进行训练和推理。该算法在目标检测任务中取得了显著的性能提升，成为目标检测领域的重要里程碑之一。如图 6-1 所示，Faster RCNN 可以分为 5 个主要部分：特征提取网络、区域推荐网络、ROI 池化、分类与回归网络、损失函数，下面详细介绍各个部分。

（1）特征提取网络

特征提取网络源自经典分类网络 VGG，输入尺寸为 800 像素×600 像素，一共经过 13 个卷积层进行特征提取，卷积层中加入 ReLU 激活函数。4 个池化层的步长为 2，尺寸为 2×2。4 次池化操作将特征图的长宽各缩短 16 倍的同时，将通道数由 64 变到 512，整个特征提取网络的输出尺寸为 50×38×512。

（2）区域推荐网络

区域推荐网络的输入尺寸为 50×38×512。512 个通道的特征已经有了冗余，冗余的特征不会提高分类的效果，反而会干扰预测。但是，通道数过少也会导致特征不足，降低预测效果。因此，使用 256 个 3×3 的卷积核对特征提取网络输出的特征图进行卷积，得到 50×38×256 的特征图。使用滑动窗口在特征图上每个点生成 9 个预选框，然后分为两条线，如图 6-1 中的区域推荐网络。上面一条通过 Softmax 概率估计预选框，获得前景概率与背景概率；下面一条用于计算对预选框的边框回归偏移量。最后，Proposal 层负责综合前景预选框和边框回归偏移量，获取推荐区域。

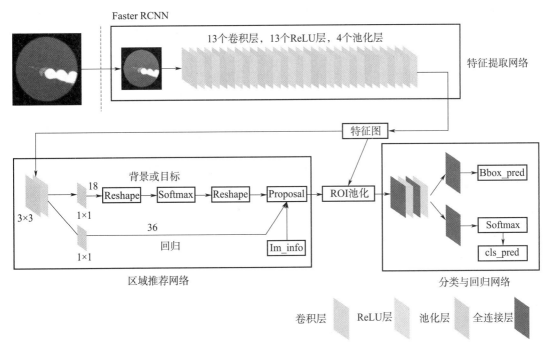

图 6-1　Faster RCNN 网络结构（见彩插）

如图 6-2 所示，区域推荐网络的特征图上每个点对应的 9 个预选框，特征图的尺寸为 50×38。图 6-2 中一共有 3 组矩形框，其中大小为 8×8 的有 3 个，长宽比分别为 1∶1、1∶2、2∶1；大小为 16×16 的有 3 个，长宽比分别为 1∶1、1∶2、2∶1；大小为 32×32 的有 3 个，长宽比分别为 1∶1、1∶2、2∶1。每个矩形框对应一个预选框，因此共有 9 个预选框。

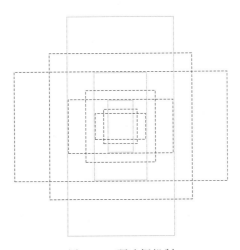

图 6-2　预选框机制

区域推荐网络中，8、16、32 等 3 种尺度的设计可以兼顾不同大小的目标，而 3 种不同的长宽比可以兼顾不同形状的各类目标。

图 6-1 的区域推荐网络中，上面的路线使用 18 个尺寸为 1×1 的卷积核进行卷积，得到 50×38×18 的特征图。将尺寸转为（2，9×50×38）后，为每个预选框分配相应的类标签，根据 IoU（Intersection over Union，交并比）划分为正标签、负标签与不参与训练的标签。分类规则如下：

$$p^* = \begin{cases} 正标签 & IoU > 0.7 \\ 负标签 & IoU < 0.3 \\ 不参与训练 & 0.3 \leqslant IoU \leqslant 0.7 \end{cases} \quad (6-1)$$

对于所有预选框，如果与目标真实框的重叠比例大于 0.7，则认为是正标签，即前景；如果与目标真实边框的重叠比例小于 0.3，则认为是负标签，即背景；剩下的预选框则忽略。然后，进行 Softmax 概率估计，得到特征图上每个点的 9 个预选框的前景概率与背景概率。最后，再将特征图的尺寸还原为 50×38×18。

图 6-1 的区域推荐网络中，下面的路线使用 36 个尺寸为 3×3 的卷积核进行卷积，得到 50×38×36 的特征图。在尺寸为 50×38 的特征图上，每个点预测 9 个预测框。预测框相对预选框的偏移量为 t_x、t_y、t_w、t_h，其定义如下：

$$\begin{cases} t_x = (x - x_a)/w_a \\ t_y = (y - y_a)/h_a \\ t_w = \log(w/w_a) \\ t_h = \log(h/h_a) \end{cases} \quad (6-2)$$

式中，x、y、w、h 为预测框的中心点坐标与宽度、高度；x_a、y_a、w_a、h_a 为预选框的中心点坐标与宽度、高度。

Proposal 层负责综合所有 t_x、t_y、t_w、t_h 变换量和正类预选框，计算出精准的推荐区域的左上角坐标与右下角坐标，送入后续 ROI 池化部分。

利用预选框事先指定的尺寸，结合式（6-2），还原出检测框。

在所有的检测框中，挑选出 128 个正例与 128 个负例，用于训练。当正例的检测框小于 128 个时，使用负例进行填充。这 256 个框可以在检测框置信度排序、非极大值抑制、超出边界过滤之后随机选取。

输出推荐区域：$[x_1、x_2、y_1、y_2]$，其中，x_1、x_2、y_1、y_2 分别是正例框的坐标信息。此时的坐标信息对应尺寸 800×600，原因是可以充分利用网络回归数值。如果对应 16 倍下采样后的特征图，那么两个位置之间就是相差 16 个像素。

（3）ROI 池化

Faster RCNN 算法对推荐区域进行分类，以获得目标的类别标签。Faster RCNN 网络用全连接层进行分类，因为全连接层本身的尺寸固定，所以 ROI 池化部分的输入特征图尺寸需要保持一致。由于不同目标的大小不同，因此采用 ROI 池化操作。相对于常用全图池化操作，ROI 池化可以更好地将不同大小的目标缩放到相同尺寸（Faster RCNN 中为 7×7）。

图 6-3 为 ROI 池化操作过程，以在 8×8 的特征图上将 5×7 的区域池化为 2×2 为例。

0.8	0.4	0.1	0.1	0.3	0.7	0.9	0.2
0.1	0.4	0.5	0.1	0.6	0.2	0.7	0.7
0.6	0.2	0.8	0.6	0.5	0.7	0.5	0.2
0.8	0.3	0.7	0.8	0.2	0.7	0.6	0.2
0.3	0.7	0.2	0.3	0.3	0.0	0.3	0.4
0.2	0.1	0.1	0.1	0.7	0.6	0.9	0.3
0.1	0.6	0.0	0.8	0.8	0.0	0.1	0.4
0.8	0.2	0.9	0.0	0.2	0.3	0.5	0.9

0.8	0.4	0.1	0.1	0.3	0.7	0.9	0.2
0.1	0.4	0.5	0.1	0.6	0.2	0.7	0.7
0.6	0.2	0.8	0.6	0.5	0.7	0.5	0.2
0.8	0.3	0.7	0.8	0.2	0.7	0.6	0.2
0.3	0.7	0.2	0.3	0.3	0.0	0.3	0.4
0.2	0.1	0.1	0.1	0.7	0.6	0.9	0.3
0.1	0.6	0.0	0.8	0.8	0.0	0.1	0.4
0.8	0.2	0.9	0.0	0.2	0.3	0.5	0.9

0.8	0.4	0.1	0.1	0.3	0.7	0.9	0.2
0.1	0.4	0.5	0.1	0.6	0.2	0.7	0.7
0.6	0.2	0.8	0.6	0.5	0.7	0.5	0.2
0.8	0.3	0.7	0.8	0.2	0.7	0.6	0.2
0.3	0.7	0.2	0.3	0.3	0.0	0.3	0.4
0.2	0.1	0.1	0.1	0.7	0.6	0.9	0.3
0.1	0.6	0.0	0.8	0.8	0.0	0.1	0.4
0.8	0.2	0.9	0.0	0.2	0.3	0.5	0.9

图 6 - 3　ROI 池化操作过程

图 6-3 中，左上角的图为输入，右上角的图为输入图上选出所需池化的区域，左下角的图为将池化区域分成 2×2 共 4 块，右下角的图为分别从 4 块中选取最大值，得到 ROI 池化结果。

（4）分类与回归网络

对于分类与回归网络，将区域推荐网络得到的预选框通过分类部分得到前景概率，选出分数较高的 2000 个预选框作为推荐区域。后续部分使用分类思想，对推荐区域中的目标进行分类。分类部分利用已经获得的推荐区域特征图，通过全连接层与 Softmax 概率估计，计算每个推荐区域具体属于哪个类别，输出类别概率向量（cls＿prob）。同时，再次利用边框回归，获得每个推荐区域的位置偏移量（bbox＿pred），用于回归更加精确的目标检测框。

（5）损失函数

Faster RCNN 的损失函数 $\text{Loss}(\{p_i\}, \{t_i\})$ 包括定位损失函数 $\text{Loss}_{\text{cls}}(p_i, p_i^*)$ 和分类损失函数 $\text{Loss}_{\text{reg}}(t_i, t_i *)$，其定义如下：

$$\text{Loss}(\{p_i\},\{t_i\}) = \frac{1}{N_{\text{cls}}} \sum_i \text{Loss}_{\text{cls}}(p_i, p_i^*) + \lambda \frac{1}{N_{\text{reg}}} \sum_i p_i * \text{Loss}_{\text{reg}}(t_i, t_i *) \qquad (6-3)$$

式中，i 为预选框的索引。p_i 为第 i 个预选框预测为目标的概率。当预选框为正标签时，p_i^* 为 1；当其为负标签时，p_i^* 为 0。$t_i = \{t_x, t_y, t_w, t_h\}$。$t_i * = \{t_x^*, t_y^*, t_w^*, t_h^*\}$。$\text{Loss}_{\text{cls}}(p_i, p_i^*)$ 为两个类的对数损失，其表达式如式（6-5）所示。$\text{Loss}_{\text{reg}}(t_i, t_i^*)$ 为回归损失，其表达式如式（6-6）所示：

$$\begin{cases} t_x^* = (x^* - x_a)/w_a \\ t_y^* = (y^* - y_a)/h_a \\ t_w^* = \log(w^*/w_a) \\ t_h^* = \log(h^*/h_a) \end{cases} \tag{6-4}$$

$$\mathrm{Loss}_{\mathrm{cls}}(p_i, p_i^*) = -\log[p_i p_i^* + (1-p_i)(1-p_i^*)] \tag{6-5}$$

$$\mathrm{Loss}_{\mathrm{reg}}(t_i, t_i^*) = R(t_i - t_i^*) \tag{6-6}$$

式中，R 为 smooth L1 正则化，其表达式为

$$R = \begin{cases} 0.5x^2, & -1 < x < 1 \\ |x| - 0.5, & x \leqslant -1 \text{ 或 } x \geqslant 1 \end{cases} \tag{6-7}$$

6.1.1.2　SSD

SSD 网络结构如图 6-4 所示。SSD 使用 VGG-16 网络的第一层到 Conv5_3 层作为骨干网络，使用 VGG-16 的 Conv4_3 层和 Conv7（f7）层作为检测层，另外在后面加了 4 个尺寸依次减小的额外卷积层作为其他检测层，构成了从 19×19 到 1×1 的多尺度金字塔结构特征图，用来检测不同尺度的目标。使用大尺寸特征图，检测小尺寸目标；使用小尺寸特征图，检测大尺寸目标。SSD 中使用卷积层代替全连接层，来检测不同尺寸的特征图。由于去除了全连接层，因此网络可以训练与预测不同尺寸的输入图片。

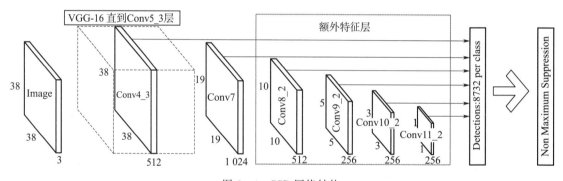

图 6-4　SSD 网络结构

（1）预选框设置

SSD 将特征图划分成多个格子，每个格子对应多个预选框，其尺寸和形状不同。如图 6-5 所示，可以看到每个格子使用了 4 个不同尺寸的预选框，图中飞机与诱饵分别匹配到最适合其形状的预选框。飞机的尺寸较大，与 4×4 特征图上的预选框相匹配；诱饵的尺寸较小，与 8×8 特征图上的预选框相匹配。

检测所用的特征图有 6 个，分别为 Conv4_3、Conv7、Conv8_2、Conv9_2、Conv10_2、Conv11_2，其大小分别是（38×38）（19×19）（10×10）（5×5）（3×3）（1×1）。Conv7、Conv8_2、Conv9_2 作为大小适中的特征图使用 6 个预选框，尺寸较大的 Conv4_3 与尺寸较小的 Conv10_2 和 Conv11_2 层仅使用 4 个预选框。预选框的尺寸设计遵循线性递增规则：随着特征图大小降低，先验框尺度线性增加，其公式如下：

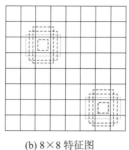

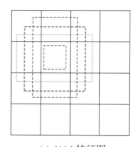

(a) 图片的真实框　　　　　　(b) 8×8 特征图　　　　　　(c) 4×4 特征图

图 6 - 5　SSD 网络预选框匹配

$$s_k = s_{\min} + \frac{s_{\max} - s_{\min}}{m - 1}(k - 1), k \in [1, m] \tag{6-8}$$

式中，s_k 为预选框的大小相对于图片的比例；$s_{\min}$ 与 $s_{\max}$ 为比例的最大值与最小值，一般分别取值为 0.2 和 0.9；m 为特征图的个数。

由于 Conv4＿3 单独设计为 0.1，因此在 SSD 中 m 设定为 5，此时增长步长为 0.17，因此得到各个特征图的 s_k 为 0.2、0.37、0.54、0.71、0.88。图片的输入尺寸为 300×300，因此预选框的大小为 30、60、111、162、213、264。长宽比 a 一般选为 (1、2、3、1/2、1/3)。此外，又加入了一个长宽比为 1，长宽为原预选框 $\sqrt{s_{k+1}/s_k}$ 倍的预选框，这样每个特征图都有 2 个大小不同的正方形预选框，以覆盖不同大小的目标。因此，每个特征图都有 6 个预选框。但是，尺寸较大的 Conv4＿3 与尺寸较小的 Conv10＿2 和 Conv11＿2 层不使用 3 和 1/3 这两个预选框。SSD 对待检测特征图上的每个点都会生成预选框。因此，一共 (38×38＋3×3＋1×1) ×4＋ (19×19＋10×10＋5×5) ×6＝8732 个预选框。

(2) 预选框匹配原理

在 SSD 中，预选框与真实框的匹配准则主要有两个。

第一个准则：将图片中的每个真实框与其 IoU 最大的预选框相匹配，使得每个真实框一定与某个预选框匹配，并将与真实框匹配的预选框称为正样本。如果某个预选框没有与任何真实框相匹配，那么该预选框只能与背景匹配，这个就称为负样本。由于图片中的真实框很少，但预选框很多，因此很多预选框无法与真实框相匹配。这会导致负样本的数量远超过正样本，正负样本数量极不均衡。

第二个准则：在未匹配预选框中，如果与某个真实框的 IoU 超过 0.5，则该预选框与这个真实框相匹配。这使得某个真实框可以与多个预选框匹配，提高了预选框正样本数量。

SSD 对特征图上每个单元格的每个预选框都预测一批预测值，预测值包括置信度信息与位置信息。对于 a 种目标的检测任务来说，SSD 需要预测 $a＋1$ 个置信度值，因为 SSD 将背景也当成一种类别，该类别的置信度值代表该单元格不含目标的概率。预测框的位置信息由 4 个值 C_x、C_y、w、h 表示，这 4 个值分别表示预测框的中心坐标以及宽高。一个尺寸为 $A×B$ 的特征图上共有 $A×B$ 个单元格，每个单元格的预选框数为 k，则每个单元格预测 $(a＋5)×k$ 个值，整个特征图预测 $(a＋5)×k×A×B$ 个值。SSD 使用 $(a＋5)×k$

个卷积核来完成该预测过程。

（3）损失函数

SSD算法的损失函数如下：

$$\text{Loss}(x,c,l,g)=\frac{1}{N}\big[\text{Loss}_{\text{conf}}(x,c)+\alpha\text{Loss}_{\text{loc}}(x,l,g)\big] \qquad (6-9)$$

式中，N 为先验框中正样本的个数；x 为 x_{ij}^{p}，当第 i 个先验框与第 j 个真实框匹配时，x_{ij}^{p} 为 1；c 为类置信度的预测值；l 为先验框对应的边界预测值；g 为真实框的位置参数。

$\text{Loss}_{\text{conf}}(x,c)$ 是类置信度的预测值，其表达式如下：

$$\text{Loss}_{\text{conf}}(x,c)=-\sum_{i\in\text{Pos}}^{N}x_{ij}^{p}\log(\hat{c}_{i}^{p})-\sum_{i\in\text{Neg}}\log(\hat{c}_{i}^{0}) \qquad (6-10)$$

其中，Pos 为先验框中的正样本；Neg 为先验框中的负样本；$\hat{c}_{i}^{p}$ 的表达式为

$$\hat{c}_{i}^{p}=\frac{\exp(c_{i}^{p})}{\sum_{p}\exp(c_{i}^{p})} \qquad (6-11)$$

Loss_{loc} 是位置误差，其定义如下：

$$\text{Loss}_{\text{loc}}(x,l,g)=\sum_{i\in\text{Pos}}^{N}\sum_{m\in\{c_{x},c_{y},w,h\}}x_{ij}^{k}R(l_{i}^{m}-\hat{g}_{j}^{m}) \qquad (6-12)$$

式中：

$$\begin{cases}\hat{g}_{j}^{c_{x}}=(g_{j}^{c_{x}}-d_{j}^{c_{x}})/d_{i}^{w}\\[4pt]\hat{g}_{j}^{c_{y}}=(g_{j}^{c_{y}}-d_{j}^{c_{y}})/d_{i}^{h}\\[4pt]\hat{g}_{j}^{w}=\log(g_{j}^{w}/d_{i}^{w})\\[4pt]\hat{g}_{j}^{h}=\log(g_{j}^{h}/d_{i}^{h})\end{cases} \qquad (6-13)$$

式中，R 是 smooth L1 正则项，其表达式为

$$R=\begin{cases}0.5x^{2}, & -1<x<1\\|x|-0.5, & x\leqslant-1\text{ 或 }x\geqslant1\end{cases} \qquad (6-14)$$

6.1.1.3　YOLO 系列

（1）YOLO

YOLO 最大的创新是将目标的类别信息与位置信息视为同类，同时作为回归问题求解，可以从最后一层特征图直接得到特征图中所有目标的类别信息与位置信息。而 Faster RCNN 等两步检测方法首先将目标从原始图片中提取出来，再对被提取出的目标进行分类，可以看作定位网络与分类网络的拼接。

由于 YOLO 将检测作为回归问题来处理，因此不需要复杂的模型，其检测原理如图 6-6 所示。

YOLO 网络将每个训练中的图像设置为 7×7 个网格。当某一个目标的中心落在一个网格中时，这个网格就负责检测目标。每个网格需要预测 b 个边界框与 c 个类别信息，每个边界框要预测目标的中心横坐标 x、中心纵坐标 y、宽度 w、高度 h 和置信度共 5 个值。所以，其输出为一个 $S\times S\times(5\times B+C)$ 的张量。在 YOLO 中，$B=2$，$C=20$。置

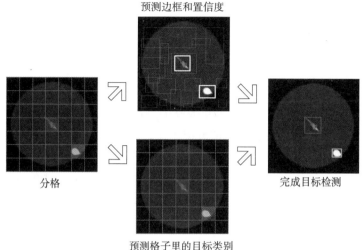

图 6 - 6　YOLO 检测原理

信度定义如下：

$$\text{Confidence} = p_r(\text{Object}) \times \text{IoU}_{\text{pred}}^{\text{truth}}, p_r(\text{Object}) \in \{0,1\} \qquad (6-15)$$

当目标落在格子中时，$p_r(\text{Object})$ 为 1，否则为 0。$\text{IoU}_{\text{pred}}^{\text{truth}}$ 用于表示参考框和预测边界框之间的重叠程度。置信度反映了网格是否包含对象及预测边界框包含对象时的准确性。当多个边界框检测到同一目标时，YOLO 使用非最大值抑制方法选择最佳边界框。

YOLO 的损失函数如下：

$$\text{Loss} = \text{Error}_{\text{coord}} + \text{Error}_{\text{iou}} + \text{Error}_{\text{class}} \qquad (6-16)$$

式中，$\text{Error}_{\text{coord}}$、$\text{Error}_{\text{iou}}$ 和 $\text{Error}_{\text{class}}$ 分别为预测数据与标定数据之间的坐标误差、IoU 误差和分类误差。

预测数据与标定数据之间的坐标误差 $\text{Error}_{\text{coord}}$ 定义如下：

$$\text{Error}_{\text{coord}} = \lambda_{\text{coord}} \sum_{i=1}^{S^2} \sum_{j=1}^{B} l_{ij}^{\text{obj}} \left[(x_i - \hat{x}_i)^2 + (y_i - \hat{y}_i)^2 \right]$$
$$+ \lambda_{\text{coord}} \sum_{i=1}^{S^2} \sum_{j=1}^{B} l_{ij}^{\text{obj}} \left[(w_i - \hat{w}_i)^2 + (h_i - \hat{h}_i)^2 \right] \qquad (6-17)$$

式中，λ_{corrd} 为坐标误差权重，$\lambda_{\text{coord}} = 5$。$l_{ij}^{\text{obj}}$ 为第 i 个网格中第 j 个边界框是否负责该目标的预测，如果没有目标中心落入该边界框，则 l_{ij}^{obj} 为 0；如果有物体中心落入，则 l_{ij}^{obj} 为 1。(x_i, y_i, w_i, h_i) 为实际边界框的位置信息。$(\hat{x}_i, \hat{y}_i, \hat{w}_i, \hat{h}_i)$ 为预测边界框的位置信息。

IoU 误差 $\text{Error}_{\text{iou}}$ 定义如下：

$$\text{Error}_{\text{iou}} = \sum_{i=1}^{S^2} \sum_{j=1}^{B} l_{ij}^{\text{obj}} (C_i - \hat{C}_i)^2 + \lambda_{\text{noobj}} \sum_{i=1}^{S^2} \sum_{j=1}^{B} l_{ij}^{\text{noobj}} (C_i - \hat{C}_i)^2 \qquad (6-18)$$

式中，C_i 为真实置信度，当物体中心落在边界框中为 1，否则为 0；$\hat{C}_i$ 为预测置信度；λ_{noobj} 为修正权重。$\text{Error}_{\text{iou}}$ 中，第一部分表示边界框中含有物体时的损失计算，第二部分表示边界框中不含有物体时的损失计算。由于大多数边界框中不含有物体，因此加入一个修正权重 $\lambda_{\text{noobj}} = 0.5$。

分类误差 $\text{Error}_{\text{class}}$ 定义如下：

$$\text{Error}_{\text{class}} = \lambda_{\text{coord}} \sum_{i=1}^{S^2} l_{ij}^{\text{obj}} \sum_{c \in \text{classes}} \left[p_i(c) - \hat{p}_i(c) \right]^2 \qquad (6-19)$$

式中，c 为检测到的目标所属的类；$p_i(c)$ 为属于类 c 的对象在网格 i 中的真实概率；$\hat{p}_i(c)$ 为预测值；$\text{Error}_{\text{class}}$ 为网格中所有对象的分类错误的总和。

YOLO 的优点如下：

1) 快。对于 Faster RCNN 等两步检测网络，其出发点还是分类算法，不同的只是将目标从图中扣出来后再进行分类；而 YOLO 直接同时回归类别信息与位置信息的思想影响了后续许多新算法，YOLO 相对于两步检测算法有明显的速度优势。

2) 背景误检率低。YOLO 回归过程中使用完整的特征图，而两步检测算法在回归过程中只使用推荐区域的局部特征图。对于两步检测算法来说，如果局部特征图中包含部分背景数据，则在回归过程中容易被当成目标。

YOLO 的不足如下：

1) 由于 YOLO 对每个格子只预测一个类别，而不是对格子中的每个边框单独预测一个类别，且每个格子只预测两个边框，因此对靠得很近的不同类物体的检测效果不佳。

2) 同一类物体出现新的长宽比或者其他情况时，迁移能力偏弱，检测效果差。

3) 由于 YOLO 中采用了全连接层，因此在检测时，读入测试的图像大小必须和训练集的图像尺寸相同。

（2）YOLOv2

为了解决 YOLO 的不足，YOLO 系列作者又提出了改进网络 YOLOv2，其主要改动如下。

①批正则化

YOLO 中使用 dropout 来缓解过拟合问题，而 YOLOv2 中则使用了批正则化，即对网络的每一层的输入都进行了归一化，将每个点的值转为符合标准的正态分布，加快收敛速度。作者在 YOLOv2 中为每个卷积层都添加了正则化。

②骨干网络改动

1) YOLOv2 的骨干网络相对于 YOLO 删除了全连接层，使得网络对于输入图片的适应性更好；此外，还删除了最后一个池化层，从而使得最后的卷积层可以有更高分辨率的特征。

2) 将输入图片的尺寸从 448×448 调整到 416×416，是因为 YOLOv2 会使用 6 次下采样操作将特征图缩小 32 倍。用 416 代替 448，最终特征图的长宽从 14 变成 13，确保了最终特征图的数值为奇数，这样在检测目标时，特征图只有一个中心格子。大的目标一般会占据图像的中心，所以希望用一个中心格子进行目标预测，而不是使用四个中心格子。

③预选框机制

相比于 YOLO 直接预测目标的位置，Faster RCNN 中使用预选框的偏移量来预测边界框，这种方法更加有效且易于训练。YOLOv2 中引入了这种思想，检测时将图片分为 13×13 个格子，对每个格子借助预选框预测 5 个边界框，相比于 YOLO 增加了 3 个，可以提高检测效果。

YOLOv2 所使用的预测框机制与 Faster RCNN 不同，因为 Faster RCNN 使用的方法不稳定，特别是在早期迭代时，其大多数不稳定性来自预测框的中心坐标位置。因为其缺少预选框与预测框相对位置的约束，所以预测框的中心坐标不稳定。为了解决这个问题，YOLO 使用了新的预测框机制。

④目标区域检测

如图 6-7 所示，YOLOv2 利用先验知识，使用纬度聚类算法来确定预选框 p_w 的大小；为每个边界框预测 4 个坐标：t_x、t_y、t_w、t_h，分别用于计算预测框的中心横坐标、中心纵坐标、边界框的宽度与高度。如果目标距离图像左上角的边距是 (c_x, c_y)，且其对应先验框的宽和高为 p_w、p_h，那么边界框的预测值则为

$$
\begin{cases}
b_x = \sigma(t_x) + c_x \\
b_y = \sigma(t_y) + c_y \\
b_w = p_w \mathrm{e}^{t_w} \\
b_h = p_h \mathrm{e}^{t_h}
\end{cases}
\tag{6-20}
$$

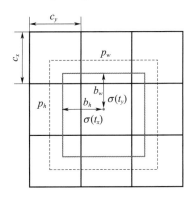

图 6-7 YOLOv2 预测框机制

为了将边界框的中心点约束在当前格子中，使用 Sigmoid 函数将 t_x、t_y 进行归一化处理，将值约束在 0~1，这使得模型训练更稳定。t_x、t_y、t_w、t_h、σ 是要学习的参数。b_x、b_y、b_w、b_h 是预测边框的中心坐标和宽、高。

（3）YOLOv3

YOLOv3 作为 YOLO 系列的集大成者，主要修改了骨干网络。YOLOv3 网络参数设置如图 6-8 所示，从第 0 层一直到 74 层，一共有 53 个卷积层，其余为残差层，将其作为 YOLOv3 特征提取的主要网络结构。该结构首先使用尺寸为 1×1 的卷积层进行多跨通道信息融合，以提升网络拟合能力并降低运算量；接着使用 3×3 的卷积层进行特征提取。

YOLOv3 相对于 YOLOv2 加入了残差结构来保证在网络训练时梯度可以更加有效地被传播，可以有效缓解梯度消失与梯度爆炸。

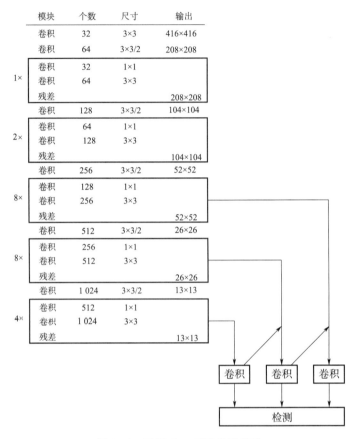

图 6-8　YOLOv3 网络参数设置

YOLOv3 一共使用 3 个尺度的特征层作为网络的检测层。小尺寸的特征层对大目标的检测效果较好，中尺寸的特征层对中等大小的目标检测效果好，大尺寸的特征层对小目标的检测效果较好。此外，在使用大尺度特征层时融合小特征图的深层语义信息，以提高对小目标的类别分类能力。3 个检测层的具体参数设置如下：最小尺度 YOLO 层的尺寸为 $13×13×1\,024$，应用较大的先验框（$116×90$）（$156×198$）（$373×326$）；中尺度 YOLO 层的尺寸为 $26×26×512$，应用中等的先验框（$30×61$）（$62×45$）（$59×119$）；大尺度的 YOLO 层的尺寸为 $52×52×256$，应用较小的先验框（$10×13$）（$16×30$）（$33××23$）。

6.1.2　小目标检测网络设计

本节设计搭建了一种新的卷积神经网络架构 MNet，同时保持对红外小目标检测的准确性、实时性和尺度变化适应性。为了实现这些目的，在设计卷积神经网络架构时采用以下主要策略。

（1）大尺寸特征图

通用的卷积神经网络大多使用小尺寸的特征图进行检测，这主要是出于对检测速度的考虑，且对于大尺寸目标来说，即使使用多次池化操作之后，其依然具有足够被检测到的尺度。在通用卷积神经网络中，通常被检测目标的尺度会被缩放 32 倍以上，这显然不适用于本身尺度只有几个像素的红外小目标。因此，本节将使用大尺寸的特征图来保证目标在被检测前依然具有足够的物理特征，且大尺寸特征图对目标尺寸变化的适应性更佳，可以避免使用多尺度检测算法，降低算法复杂度，提升效率。

（2）小尺寸卷积核组合策略

在卷积神经网络中，不同尺寸的卷积核对图像具有不同大小的感受野。传统的卷积神经网络在提取特征信息的过程中，通过使用大尺寸卷积核获得大的感知域。然而，这不是提高网络性能的最有效方式，卷积核尺寸的增大必然带来计算量指数级增大。因此，为了压缩计算量，提升检测速度，本节使用多个 3×3 卷积核来代替 5×5、7×7 等大尺寸卷积核。相对于使用单个大尺寸卷积核的方法，连续使用多个小尺寸卷积核的方法可以在获得与大卷积核相同的感受野的同时减少参数量。

感受野：卷积神经网络每一层输出的特征图上的像素点在原始图像上映射的区域大小。其计算公式如下：

$$\mathrm{RF}_l = \mathrm{RF}_{l-1} + \left[(f_l - 1) \times \prod_{i=1}^{l-1} s_i \right] \tag{6-21}$$

式中，l 为卷积层数，从 1 开始；RF_l 为层 l 的感知域，$\mathrm{RF}_0 = 1$；f_l 为层 l 的卷积核尺寸；s_i 为层 i 的步幅，$s_0 = 1$。

s_i 可以通过下式计算：

$$s_i = s_1 \times s_2 \times \cdots \times s_{i-1} \tag{6-22}$$

在一个由 3 层 3×3 卷积核组成的卷积神经网络中，第一层网络输出的每一个像素受到原始图像的 3×3 区域内的影响，故而第一层的感受野为 3，用字母表示为 $\mathrm{RF}_1 = 3$；第二层网络输出的每一个像素受到第一层输出的范围影响为 3×3，而第一层输出中的这个 3×3 区域又受到原始图像的 5×5 区域的影响，故而第二层的感受野为 5，即 $\mathrm{RF}_2 = 5$；第三层输出的每一个像素受到第二层输出的范围影响为 3×3，第二层输出中的这个 3×3 范围又受到第一层输出的 5×5 范围的影响，而第一层输出中的这个 5×5 范围又受到原始图像的 7×7 范围的影响，故而第三层的感受野为 7，即 $\mathrm{RF}_3 = 7$。

卷积参数量：卷积运算期间的参数量是影响整个网络实时性能的因素之一。卷积运算的参数量越小，网络的速度性能越好。卷积运算中的参数量通过以下公式计算：

$$\mathrm{Cost} = K_h \times K_w \times C_{\mathrm{in}} \times C_{\mathrm{out}} \tag{6-23}$$

式中，Cost 为卷积参数量；K_h、K_w 为卷积核的高度和宽度；C_{in}、C_{out} 为输入和输出的通道数。

小卷积核堆叠策略和大卷积核策略的感受野及参数量的比较结果如表 6-1 所示。

表 6 - 1　小卷积核堆叠策略和大卷积核策略的感受野及参数量的比较结果

卷积核参数	参数量	感受野
$3\times3+3\times3$	$2\times3\times3\times C_{\text{in}}\times C_{\text{out}}$	$RF_2=5$
5×5	$5\times5\times C_{\text{in}}\times C_{\text{out}}$	$RF_1=5$
$3\times3+3\times3+3\times3$	$3\times3\times C_{\text{in}}\times C_{\text{out}}$	$RF_3=7$
7×7	$7\times7\times C_{\text{in}}\times C_{\text{out}}$	$RF_1=7$

从表 6 - 1 可以看出，在获得相同大小的感受野的情况下，使用多个小尺寸卷积核可以大幅减少卷积过程中的参数量。另外，更多的卷积层数意味着会在网络中融入更多的激活函数，使得整体网络具有更多的非线性，有利于网络提取更丰富的特征并提升网络的分类能力。

另外，在网络中加入适量 1×1 卷积核作为瓶颈层，可以在保持特征图尺寸不变的情况下，进一步降低计算量，提升网络速度。例如，对一个 512 通道的输入特征图进行 3×3 的卷积操作并降维到 128 通道的输出特征图，是否加入 1×1 卷积瓶颈层的参数量对比如表 6 - 2 所示。

表 6 - 2　卷积组合比较

卷积核参数	参数量
1×1、$128+3\times3$、128	$1\times1\times512\times128+3\times3\times128\times512$
3×3、256	$3\times3\times512\times128$

从表 6 - 2 可以明显看出，加入 1×1 卷积瓶颈层可以大幅降低改变特征图通道数时的计算开销。另外，增加 1×1 卷积层在提升网络非线性的同时还可以融合多通道信息，把网络做得很深。

（3）密集链接模块

本节使用类似 DenseNet 的密集链接模块解决网络加深带来的梯度消失问题。目前，越深的网络的检测效果越好是学者们的共识，但是随着网络深度的加深，梯度消失问题会愈加明显，当前很多论文都针对这个问题提出了解决方案，如 ResNet、Highway Networks、dropout 等。而密集链接模块的设计思路，就是在保证网络中层与层之间最大限度地信息传输的前提下，直接将所有层连接起来。将上层卷积核权重直接传递到下层，由于继承了上层的梯度，因此即使下层的梯度变化不大也可以保证梯度的传递。靠近输入的层和靠近输出的层之间的连接越短，卷积神经网络就可以做得越深，精度越高且可以越加有效地训练。

传统的 n 层卷积神经网络有 n 个连接——位于每一层和其后一层之间，而一个 n 层的 DenseNet 卷积神经网络有 $n(n+1)/2$ 个连接。对于每一层，其输入的特征图是之前所有层的输出特征图，而其自己的特征图则作为之后所有层的输入特征图。

如图 6 - 9 所示，假设输入为特征图 X_0，经过一个 n 层的 DenseNet 卷积神经网络，其中第 i 层的非线性变换记为 H_i，这里所用到的非线性变换 H 为 BN+ReLU+Conv 的组合。第 i 层的特征输出记作 X_i，X_0 是输入的特征图。H_1 的输入为 X_0，输出为 X_1；H_2

的输入是 X_0 和 X_1；H_3 的输入为 X_0、X_1 和 X_2，输出为 X_3；H_4 的输入为 X_0、X_1、X_2 和 X_3，输出为 X_4，以此类推。

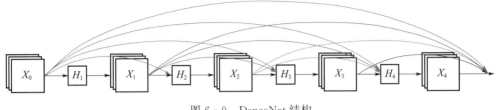

图 6 - 9　DenseNet 结构

DenseNet 提升了信息和梯度在网络中的传输效率，每层都能直接从损失函数拿到梯度，并且直接得到输入信号，这种连接方式使得特征和梯度的传递更加有效，网络也就更加容易训练。其原因是梯度消失问题就是输入信息和梯度信息在很多层之间传递导致的，而现在这种密集连接相当于每一层都直接连接输入和损失，因此就可以减轻梯度消失现象，且密集连接有正则化的效果，因此对于过拟合有一定的抑制作用，减轻了过拟合现象。

（4）YOLO 回归算法

在检测部分选用单步检测算法 YOLO。例如，Fast RCNN、Faster RCNN 等两步检测算法都需要先通过一些方法得到候选区域，然后对这些候选区使用高质量的分类器进行分类，这使得计算开销非常大，不利于实时检测。YOLO 将提取候选区和分类目标这两个任务融合到一个网络中，YOLO 把检测问题转换为回归问题且检测速度更快。

值得一提的是，YOLO 中使用的激活函数为 PReLU，而在 MNet 中选取 eLU 作为激活函数。激活函数 eLU 表达式如下：

$$f(x) = \begin{cases} x & x \geqslant 0 \\ e^x - 1 & x < 0 \end{cases} \tag{6-24}$$

虽然两种激活函数都有负值，但是 PReLU 不保证在输入为负的状态下对噪声鲁棒。反观 eLU 在输入较小值时具有软饱和特性，提升了对噪声的鲁棒性，可以更好地区分红外小目标与海天背景。故选取 eLU 作为 MNet 的激活函数。

（5）MNet 网络结构

卷积神经网络 MNet 的结构，如图 6 - 10 所示。其主要由特征提取网络以及 YOLO 检测网络组成。图片经过缩放后以 456×456 的尺寸输入网络，经过 10 层卷积层及 3 次上采样操作之后转化为 57×57 的特征图，然后对 57×57 的特征图进行两次密集连接模块处理，最后经过 5 轮卷积操作进行特征提取后使用 YOLO 算法进行目标检测。MNet 网络参数如图 6 - 11 所示。

MNet 网络使用的密集连接模块被命名为 M 模块，本节设计了 4 种不同结构的 M 模块进行实验对比。

如图 6 - 12 所示，输入 M 模块的特征图尺寸为 57×57，128 通道。结构 A 由 7 个 M 小组组成，每个 M 小组包括一次 Conv3 - Dense 操作。由 3×3，128 通道的卷积层进行特征提取，由全连接层将本组卷积层的输出与上组全连接层输出相叠加，每次全连接叠加都

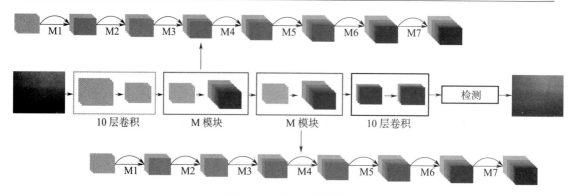

图 6-10 MNet 网络结构

	操作	通道	尺寸	输出尺寸
	卷积	16	3×3	456×456
	卷积	32	3×3/2	
1×	卷积	16	1×1	
	卷积	32	3×3	
	残差			228×228
	卷积	64	3×3/2	114×114
1×	卷积	32	1×1	
	卷积	64	3×3	
	残差			114×114
	卷积	128	3×3/2	57×57
1×	卷积	64	1×1	
	卷积	128	3×3	57×57
	M 模块			
1×	卷积	64	1×1	
	卷积	128	3×3	57×57
	M 模块			
5×	卷积	64	1×1	
	卷积	128	3×3	57×57
	卷积	18	3×3	57×57
	YOLO			

图 6-11 MNet 网络参数

可以使特征图通道数增加 128，最后输出 $57×57$，1 024 通道的特征图。结构 B 在结构 A 的基础上在每小组中加入一个尺寸为 $1×1$ 的卷瓶颈层，以降低参数量，提升网络性能。每次全连接叠加时，将本组的 Conv3 卷积层输出与上组全连接层输出相叠加，每次全连接叠加都可以使特征图通道数增加 128，最后输出 $57×57$，1 024 通道的特征图。结构 C 用 64 通道的瓶颈层 Conv1 替换了 B 中 128 通道的瓶颈层 Conv1，每次全连接叠加都可以使特征图通道数增加 128，最后输出 $57×57$，1 024 通道的特征图。结构 C 用 64 通道的瓶颈层 Conv1 替换了 B 中 128 通道的瓶颈层 Conv1，每次全连接叠加可以使特征图通道数增加 128，最后输出 $57×57$，1 024 通道的特征图。结构 D 用 64 通道的卷积层 Conv3 替换了 B 中 128 通道的卷积层 Conv3，每次全连接叠加都可以使特征图通道数增加 64，最后输出 $57×57$，576 通道的特征图。

模块设置

	A	B	C	D
	输入：57×57,128 特征图			
M1	Conv3-128 Dense-256	Conv1-128 Conv3-128 Dense-256	Conv1-64 Conv3-64 Dense-256	Conv1-128 Conv3-64 Dense-192
M2	Conv3-128 Dense-384	Conv1-128 Conv3-128 Dense-384	Conv1-64 Conv3-128 Dense-384	Conv1-128 Conv3-64 Dense-256
M3	Conv3-128 Dense-512	Conv1-128 Conv3-128 Dense-512	Conv1-64 Conv3-128 Dense-512	Conv1-128 Conv3-64 Dense-320
M4	Conv3-128 Dense-640	Conv1-128 Conv3-128 Dense-640	Conv1-64 Conv3-128 Dense-640	Conv1-128 Conv3-64 Dense-384
M5	Conv3-128 Dense-768	Conv1-128 Conv3-128 Dense-768	Conv1-64 Conv3-128 Dense-768	Conv1-128 Conv3-64 Dense-448
M6	Conv3-128 Dense-896	Conv1-128 Conv3-128 Dense-896	Conv1-64 Conv3-128 Dense-896	Conv1-128 Conv3-64 Dense-512
M7	Conv3-128 Dense-1 024	Conv1-128 Conv3-128 Dense-1 024	Conv1-64 Conv3-128 Dense-1 024	Conv1-128 Conv3-64 Dense-576

图 6-12　M 模块参数

6.1.3　示例

（1）图像数据集

在该实验示例中，使用红外热像仪在海边采集了多组 640 像素×512 像素的红外小目标图像序列。6 组图像共 29 630 张，从每个序列中选取了 5 张具有代表性的图像展示，如图 6-13 所示。从中选取 500 张作为训练集，其他作为测试集。

测试集实际目标数量与尺寸范围如表 6-3 所示，由于图像序列中包括目标飞出视场或者被遮挡的情况，因此含有待检测目标的图片数比总图片数稍少。其中，序列 1～5 为海天背景，包括海天线与海杂波；序列 6 为海天、云层背景，包括海杂波、海天线与云边缘。6 组序列中目标最小尺寸为 2 像素×2 像素，最大尺寸在 25 像素×25 像素左右。

表 6-3　测试集实际目标数量与尺寸范围

序列	图片数	目标总数	背景	目标尺寸/(像素×像素)
1	3 543	2 924	海天背景	2×2～22×26
2	4 379	3 774	海天背景	2×2～21×26
3	5 022	4 859	海天背景	2×2～18×15
4	8 808	8 259	海天背景	2×2～19×14
5	3 520	3 520	海天背景	2×2～11×10
6	3 858	3 686	海天、云层背景	2×2～27×34

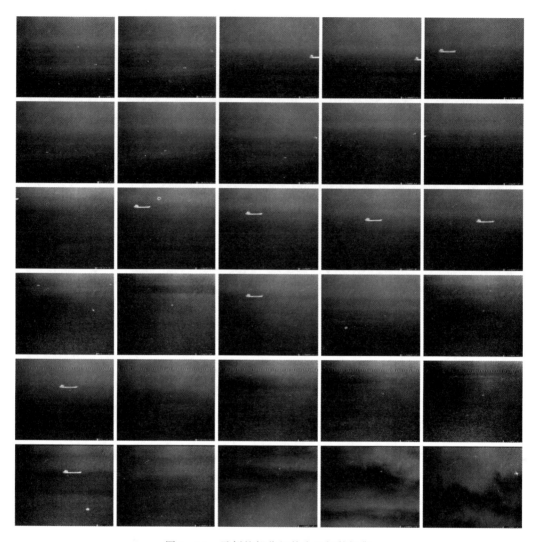

图 6 - 13　示例的部分红外小目标数据集

（2）数据增强

事实上，深度学习需要大量数据才能进行适当的培训，因此需要使用数据增强技术来增加训练数据。增强是一个使用不同的转换方法（如旋转、平移和缩放）从原始数据生成新实例的过程。为了最大限度地减少过度拟合问题，在本示例中使用 90°、180°和 270°的角度进行旋转，对示例的数据集进行了 3 次增强，从而获得具有更好检测性能的红外小目标检测网络。

（3）训练参数

根据上面生成的数据集，训练红外小目标检测网络。表 6 - 4 提供训练过程中的参数设置，如学习率、批大小、权重衰减系数、训练步数等，学习率在 60 000 步之后衰减到0.000 1。

表 6 - 4　训练参数

学习率	批大小	动量	权重衰减系数	训练步数
0.001	12	0.9	0.000 5	70 000

　　批量大小的选择对网络性能有一定影响。一方面，当批量选择太小时难以确定梯度校正的方向，这使得训练过程难以收敛；另一方面，选择大的批量不仅需要大的存储空间，而且由于迭代次数的减少，减慢了参数校正的速度。因此，选择合适的批量大小对于提高网络模型的收敛速度和准确性具有重要意义。在示例中根据配置，选择批量大小为 12。

　　（4）评价指标

　　为了验证检测网络 MNet 的有效性，主要从准确率（P）、召回率（R）和帧率的角度评价算法。同时，因为算法无法同时兼顾模型的准确率和召回率，所以提升准确率往往会使得召回率降低，反之亦然。为了更好地评估算法的性能，示例中使用 F_1 指标来同时考虑准确率和召回率。只有当准确率和召回率都很高时，F_1 值才会变高。

　　（5）实验结果与分析

　　选取的 30 张代表图片的检测结果如图 6 - 14 所示。基于卷积神经网络的目标检测算法中，YOLOv2 与 YOLOv3 在检测精度与检测速度上的表现均较为突出，尤其是 YOLOv3 相对于 YOLOv2 着重改进了对小目标的检测效果。因此，本示例将 MNet 与这两种算法进行对比实验，结果如表 6 - 5～表 6 - 10 所示。通过比较，发现在具有小目标大尺度变换、目标脱离视场和海天背景的数据集中，MNet 的 4 种网络的性能相对 YOLOv2、YOLOv3 具有明显的优势，准确率、召回率、F_1 指标均有不同程度的提高，速度更是提高到了 YOLOv3 的 2 倍，在保证高精度的同时达到了实时检测的要求。其中，MNet - D 平均准确率为 99.42%，平均召回率为 99.57%，平均 F_1 值为 0.995。相对于 YOLOv3，MNet - D 模型具有明显优势，且均高于其他 3 种 MNet 模型，帧率也达到 127 帧/s，反映了 MNet - D 模型的优越性。高精度实时检测算法的提出对于在其他设备上进行红外小目标检测具有重要价值。

表 6 - 5　序列 1 不同网络的检测结果

网络	TP	FP	FN	P/%	R/%	F_1	帧率/(帧/s)
MNet - A	2 919	13	5	99.56	99.83	0.997	93.6
MNet - B	2 924	4	0	99.86	100	0.999	101.1
MNet - C	2 924	16	0	99.45	100	0.997	109.3
MNet - D	2 924	0	0	100	100	1	125.3
YOLOv3	2 462	114	462	95.57	84.20	0.895	54.9
YOLOv2	2 502	0	422	100	85.57	0.922	115.5

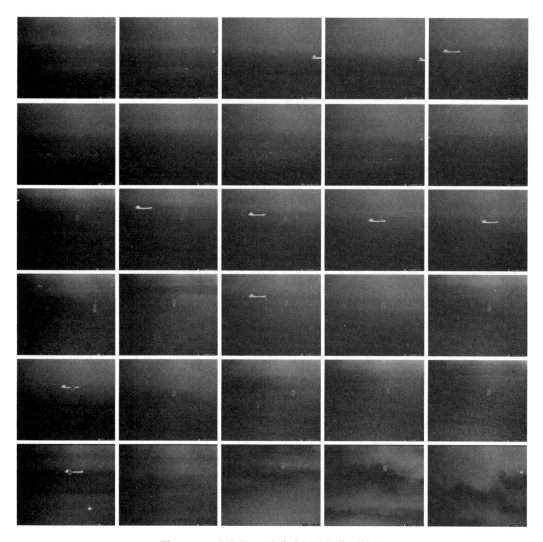

图 6-14　选取的 30 张代表图片的检测结果

表 6-6　序列 2 不同网络的检测结果

网络	TP	FP	FN	$P/\%$	$R/\%$	F_1	帧率/(帧/s)
MNet-A	3 749	59	25	98.45	99.34	0.989	93.5
MNet-B	3 750	109	24	97.17	99.36	0.983	101.1
MNet-C	3 764	164	10	95.82	99.74	0.977	114.2
MNet-D	3 771	73	3	98.10	99.92	0.990	125.5
YOLOv3	3 496	580	278	85.77	92.63	0.891	55.0
YOLOv2	3 327	1	447	99.97	88.16	0.937	115.7

表 6 - 7　序列 3 不同网络的检测结果

网络	TP	FP	FN	$P/\%$	$R/\%$	F_1	帧率/(帧/s)
MNet - A	4 558	92	298	98.02	93.86	0.959	94.1
MNet - B	4 735	83	121	98.28	97.50	0.979	100.8
MNet - C	4 831	86	25	98.25	99.48	0.989	111.4
MNet - D	4 823	75	33	98.47	99.32	0.989	127.8
YOLOv3	3 789	100	1 067	97.43	78.03	0.867	55.0
YOLOv2	3 025	0	1 831	100	62.29	0.768	112.1

表 6 - 8　序列 4 不同网络的检测结果

网络	TP	FP	FN	$P/\%$	$R/\%$	F_1	帧率/(帧/s)
MNet - A	8 072	17	187	99.79	97.74	0.987	93.3
MNet - B	8 168	11	91	99.87	98.90	0.994	100.5
MNet - C	8 215	0	44	100	99.47	0.997	111.1
MNet - D	8 221	2	38	99.98	99.54	0.998	127.7
YOLOv3	6 523	836	1 736	88.64	78.98	0.835	56.4
YOLOv2	6 178	1	2 081	99.98	74.80	0.855	115.2

表 6 - 9　序列 5 不同网络的检测结果

网络	TP	FP	FN	$P/\%$	$R/\%$	F_1	帧率/(帧/s)
MNet - A	3 476	51	44	98.55	98.75	0.987	93.2
MNet - B	3 485	39	35	98.89	99.00	0.989	100.8
MNet - C	3 487	47	33	98.67	99.06	0.988	111.4
MNet - D	3 475	1	45	99.97	98.72	0.993	128.2
YOLOv3	3 314	1	206	99.97	94.15	0.970	55.1
YOLOv2	3 137	0	383	100	89.12	0.942	111.1

表 6 - 10　序列 6 不同网络的检测结果

网络	TP	FP	FN	$P/\%$	$R/\%$	F_1	帧率/(帧/s)
MNet - A	3 678	31	8	99.16	99.79	0.995	93.4
MNet - B	3 674	3	12	99.92	99.67	0.998	100.2
MNet - C	3 676	12	10	99.67	99.3	0.997	111.4
MNet - D	3 685	0	1	100	99.9	1	127.7
YOLOv3	3 459	24	227	99.31	93.84	0.965	56.5
YOLOv2	3 508	3	175	99.91	95.17	0.975	111.6

　　MNet - B、MNet - C、MNet - D 的平均 F_1 值高于 MNet - A，体现了在 M 模块中加入瓶颈卷积层的重要性，不但可以降低计算量，提升网络检测速度，还使得网络有更好的表达效果。在 M 模块中，瓶颈卷积层 Conv1 主要用于压缩凝练上层的输出，卷积层

Conv3 主要用来提取特征。在本示例中，MNet – D（使用 64 通道 Conv3、128 通道 Conv1）的检测效果优于 MNet – C（使用 128 通道 Conv3、64 通道 Conv1），说明在设计网络时可使 Conv3 的通道数小于 Conv1 的通道数。

在本次实验的 6 条序列中，目标均发生了剧烈的尺度变化，图像序列完整地记录了目标在 2×2 的点目标与 25×25 的亚成像目标中来回变化的过程。作为对比算法，YOLOv3 对亚成像目标的检测效果接近 MNet，但在检测点目标时却被 MNet 拉开差距。当点目标在 640 像素×512 像素的图片中仅占据 2 像素×2 像素时，YOLOv3 基本无法检测目标，而 MNet – D 依然出色地完成了检测任务。另外，MNet 模型对尺度变化全过程出色的检测结果也体现了其对尺度变化的适应性。序列 1～5 的背景为海天背景，海天背景与海天线均未对 MNet 的结果造成影响，且 MNet 在序列 6 中的云层背景下也有出色的检测效果。

综上，针对红外小目标，本节介绍的新的基于密集连接的快速卷积神经网络 MNet 可以用来在复杂红外背景下检测红外小目标图像序列，且对目标尺度变化有很强的适应性。示例结果表明，本书提出的检测网络的准确率与速度相比于 YOLOv3 均有明显优势。

6.2　基于深度学习的分割算法

6.2.1　通用分割网络

6.2.1.1　AGPCNet

本节介绍一种基于学习和数据驱动的方案，即自适应全局-局部金字塔卷积网络（Adaptive Global – Local Pyramid Convolutional Network，AGPCNet）。在获取全局信息时，使用注意力引导上下文模块（Attention – Guided Context Block，AGCB）算法，该算法将特征映射划分为多个块，计算特征的局部相关性，并通过全局上下文注意力（Global Context Attention，GCA）算法计算块之间的全局相关性，从而获得像素之间的全局信息。对于多尺度特征的获取，提出了上下文金字塔模块（Context Pyramid Module，CPM），该模块将多尺度的 AGCB 与原始特征映射融合在一起，以获得更准确的特征表示。在特征融合方面，使用非对称融合模块（Asymmetric Fusion Module，AFM），该模块在融合后进行非对称特征滤波，以解决不匹配的问题。

AGPCNet 的网络结构如图 6 – 15 所示。给定一个输入图像 I，首先输入到一个卷积神经网络中，将其分成 3 个采样层，得到一个特征图像 $X \in \mathbb{R}^{W \times H}$；然后让 X 通过 CPM，得到信息聚合后的特征图像 C；通过 AFM 在上采样阶段融合深层语义和浅层语义，以获得更准确的目标定位，最后输出的二值图就是红外小目标检测结果。

由图 6 – 15 可以看出，AGPCNet 的主体是由 CPM 和 AFM 两大结构组成的，其中 CPM 由多个不同尺度的 AGCB 组成，而 AGCB 中又包含 GCA 模块，通过不断地下采样和上采样，使输入图像的大小与输出图像的大小保持一致。下面对 AGPCNet 中的 AGCB、CPM 和 AFM 3 个模块及损失函数分别进行介绍。

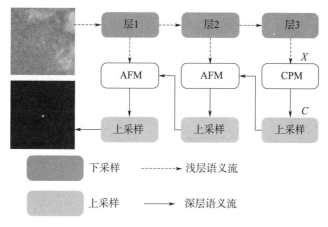

图 6 - 15　AGPCNet 的网络结构

（1）AGCB

AGCB 是网络的基本模块，其下分支和上分支分别代表语义的局部关联和全局关联，如图 6 - 16 所示。

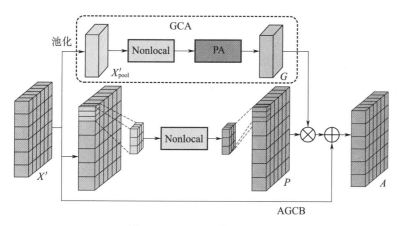

图 6 - 16　AGCB 模块的结构

①局部关联

将输入的特征图 X' 划分成 $s \times s$ 个 $w \times h$ 的小块，其中 $w = \mathrm{ceil}(W/s)$，$h = \mathrm{ceil}(H/s)$，并通过非局部操作计算局部范围内像素的依赖关系，其中所有的块共享权重。随后，将输出的特征图集中在一起，形成新的局部关联特征图 $P \in \mathbb{R}^{W \times H}$。这样做的主要目的是将网络的感知场限制在一个局部范围内，利用局部范围内像素之间的依赖关系将属于同一类别的像素聚集起来，计算目标出现的可能性。这样既可以获得局部区域的判别结果，又可以排除小块内部结构噪声对目标的影响。同时，局部关联计算也可以节省计算资源，加快网络的训练和推理速度。

②全局关联

将输入的特征图 $X' \in \mathbb{R}^{W \times H}$ 先通过自适应最大池化提取每个小块的特征，得到 $s \times s$ 大小的池化特征，其中每个像素代表每个小块的特征；然后通过非局部块分析每个小块间的上下文信息（Contextual Information）；随后，为了整合通道间的信息，获得更准确的注意力引导（Attentional Guidance），将特征通过像素注意力模块（Pixel Attention），得到引导图 $G \in \mathbb{R}^{s \times s}$。

采用在局部关联特征 $P \in \mathbb{R}^{W \times H}$ 上加引导图 $G \in \mathbb{R}^{s \times s}$ 的方式得出两种解。第一种是 Patch-wise GCA，其首先通过自适应最大池化下采样得到 $s \times s$ 的特征后，用双线性插值将特征上采样至与输入 X' 相同大小；然后将 G 中每个小块与 P 中每个块进行点乘操作；最后将每个块与 G 对应位置的小块点乘后的结果集中在一起，再经过一层 $k=3$、padding＝1、stride＝1 的卷积层和 BN 层后，与 X' 相加得到最后的输出 A。其过程如下式所示：

$$A_p = \beta \cdot \delta(W[P_1 G_1, P_2 G_2, \cdots, P_{s^2} G_{s^2}]) + X' \tag{6-25}$$

第二种是 Pixel-wise GCA，不采用插值上采样得到 $H \times W$，直接用 P 中的每个块与对应位置的像素点点乘，用 $I(\cdot)$ 表示，如下式所示：

$$A_e = \beta \cdot \delta[WP \otimes I(G)] + X' \tag{6-26}$$

（2）CPM

CPM 模块的结构如图 6-17 所示。首先，将输入特征图 X 并行输入多个不同尺度的 AGCB 中，经过 1×1 卷积降维，将得到的结果用 $A = \{A^{S_1}, A^{S_2}, \cdots\}$ 表示，其中 S 为尺度向量；然后，将多个聚合特征图 $\{A^i\}$ 与原始特征图集中在一起；最后，对信道信息进行 1×1 卷积，得到 CPM 的输出结果，可以使不同尺度的 AGCB 形成全局金字塔。

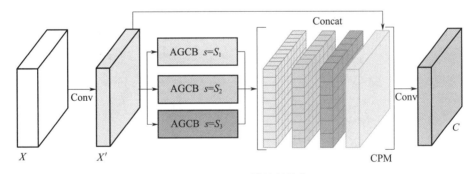

图 6-17 CPM 模块的结构

（3）AFM

在特征融合方面，通过 AFM 来融合浅层语义和深层语义。AFM 模块的结构如图 6-18 所示，将浅层语义 X_1 与深层语义 X_d 作为输入，对它们包含的不同信息类别进行单独处理。

由于浅层语义涉及多个目标位置信息，因此可以使用点注意力机制（Point-Attention Mechanism）来处理局部特征，如式（6-27）所示。对于深层语义 X_d，首先使用 1×1 卷积降维，并使用式（6-28）中的注意力机制（Attention Mechanism）选择最重要的通道。将特征通过直接求和融合后，分别对 g_{pa} 和 g_{ca} 进行约束，如式（6-29）所

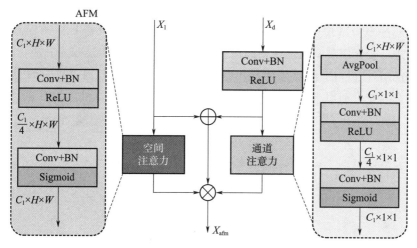

图 6 - 18 AFM 模块的结构

示，可以解决单独约束带来的特征不匹配的问题。

$$g_{pa}(X) = \sigma[W_2 \delta(W_1 X)] \tag{6-27}$$

$$g_{ca}(X) = \sigma\{W_2 \delta[W_1 P(X)]\} \tag{6-28}$$

$$X_{afm} = [X_1 + \delta(WX_d)] \otimes g_{pa}(X_1) \odot g_{ca}(X_d) \tag{6-29}$$

式中，$\otimes$ 和 $\odot$ 分别为对应的单元乘法和对应的矢量张量乘法；$\sigma(\cdot)$ 为 Sigmoid 函数。

（4）损失函数

设 $V = \{1, 2, \cdots, N\}$ 为训练集中所有图像的所有像素集合；X 为网络（Sigmoid 层以外）的输出，表示像素在集合 V 上的概率；$Y \in \{0, 1\}^v$ 为集合 V 的真值图，其中 0 表示背景像素，1 表示对象像素，则 IoU 可以定义为

$$IoU = \frac{I(X)}{U(X)} \tag{6-30}$$

式中，$I(X)$ 和 $U(X)$ 可以近似表示为

$$I(X) = \sum_{v \in V} X_v * Y_v \tag{6-31}$$

$$U(X) = \sum_{v \in V} (X_v + Y_v - X_v * Y_v) \tag{6-32}$$

因此，损失函数 SoftIoU（$Loss_{SoftIoU}$）可以定义为

$$Loss_{SoftIoU} = 1 - IoU = 1 - \frac{I(X)}{U(X)} \tag{6-33}$$

当 Y_v 为 1 时，某一像素的 loss 为 $1 - X_v/Y$，即 $1 - X_v$。

6.2.1.2 DNANet

随着深度学习的进步，基于 CNN 的方法由于其强大的建模能力，因此在通用目标检测方面取得了很好的效果。然而，现有的基于 CNN 的方法不能直接应用于红外小目标检测，因为其网络中的池化层可能导致深层目标丢失。为解决这一问题，这里介绍一种密集嵌套注意力网络（Dense Nested Attention Network，DNANet）。DNANet 设计了密集嵌

套交互模块（Dense Nested Interactive Module，DNIM），以实现深层和浅层特征之间的渐进式交互。通过 DNIM 中的重复交互作用，可以保持深层红外小目标的信息。在 DNIM 的基础上，进一步介绍级联通道和空间注意模块（Cascaded Channel and Spatial Attention Module，CSAM），以自适应增强多层次特征。利用 DNANet，通过重复融合和增强，可以很好地整合和充分利用小目标的上下文信息。DNANet 的整体框架如图 6-19 所示。

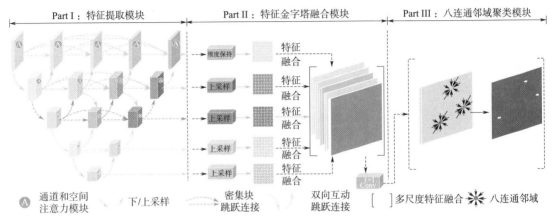

图 6-19　DNANet 的整体框架（见彩插）

DNANet 由特征提取模块（Feature Extraction Module）、特征金字塔融合模块（Feature Pyramid Fusion Module）和八连通邻域聚类模块（Eight-connected Neighborhood Clustering Module）组成，特征提取模块首先将输入的图像送入 DNIM，实现逐级特征融合；然后利用 CSAM 对不同语义层次的特征进行自适应增强。特征金字塔融合模块对增强后的特征进行上采样和拼接，实现多层输出融合。八连通邻域聚类模块对分割图进行聚类，最终确定每个目标区域的质心。需要特别说明的是，DNANet 的损失函数和 AGPCNet 的损失函数相同，本节不做特别说明。下面分别对这 3 个模块进行介绍。

（1）特征提取模块

以 U 形结构作为基本网络结构，如图 6-20（a）所示，不断增加网络层次，以获得更深层的语义信息。但是，多点目标在多次池化操作后容易丢失，因此设计一个专门的模块来提取深层特征的同时保护深层小目标的信息。

①DNIM

如图 6-20（b）所示，将多个 U 形结构堆叠在一起，并在网络中设置多个节点，将所有节点连接在一起，形成一个嵌套形状的网络，如图 6-20（c）和（d）所示。每个节点都可以从自己和相邻层接收特征，从而实现多层的特征融合。

设将 I 层 DNIM 叠加在一起，形成特征提取模块，在不失一般性的前提下，以 $i(i=0,1,2,\cdots,I)$ 层 DNIM 为例，如图 6-20（c）和（d）所示，设 $L^{i,j}$ 表示节点 $\hat{L}^{i,j}$ 的输出，其中 i 为沿编码器的第 i 个下采样层，j 为跳跃连接上的密集块中的第 j 个卷积层。当 $j=0$ 时，每个节点只从密集的普通跳跃连接中接收特征。

$$L^{i,j} = P_{\max}\left[F(L^{i-1,j})\right] \tag{6-34}$$

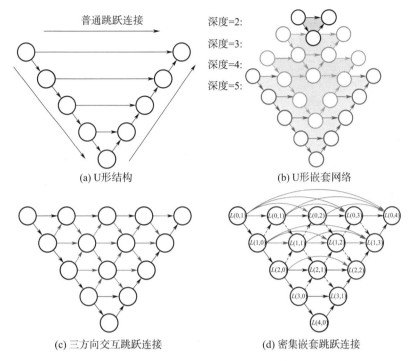

图 6 - 20　U 形结构和 DNIM 结构

式中，$F(\cdot)$ 为同一卷积块的多个级联卷积层；P_{max} 为最大池化层。

当 $j > 0$ 时，每个节点接收到 3 个方向的输出，即

$$L^{i,j} = \{F[L^{i,j}]_{k=0}^{j-1}, P_{max}[F(L^{i+1,j-1})], u[F(L^{i-1,j})]\} \qquad (6-35)$$

式中，$u(\cdot)$ 为上采样层；$[\cdot, \ \cdot]$ 为拼接层。

②CSAM

在 DNIM 的每一层特征融合后，采用 CSAM 进行自适应特征增强，如图 6 - 21 所示。CSAM 由两个级联的注意力模块组成，来自节点 $\hat{L}^{i,j}(i \in \{0, 1, 2, \cdots, I\}, j \in \{0, 1, 2, \cdots, J\})$ 的特征图 $L^{i,j}$ 依次由通道注意力特征图 $M_c \in \mathbb{R}^{C_i \times 1 \times 1}$ 和空间注意力特征图 $M_s \in \mathbb{R}^{1 \times H_i \times W_i}$ 进行处理，C_i、H_i、W_i 分别为 $L^{i,j}$ 的通道数、高度和宽度。

其中，通道注意力流程可概括为以下公式：

$$M_c(L) = \sigma\{MLP[P_{max}(L)] + MLP[P_{avg}(L)]\}W_i \qquad (6-36)$$

$$L' = M_c(L) \otimes L \qquad (6-37)$$

式中，$\otimes$ 为单元间乘法；σ 为 Sigmoid 函数；$P_{avg}(\cdot)$ 为步长为 2 的平均池化。

该共享网络由一个多层感知器和一个隐藏层组成。在乘法之前，注意力特征图 $M_c(L)$ 被拉伸到 $M_c(L) \in \mathbb{R}^{C_i \times H_i \times W_i}$。特征图分别经过最大池化和平均池化，形成两个 $[C, 1, 1]$ 的权重向量，两个权重向量分别经过同一个 MLP 网络，映射成两个通道的权重，然后将其相加，后接 Sigmoid 激活输出，将得到的通道权重 $[C, 1, 1]$ 与原特征图 $[C, H, W]$ 按通道相乘。

与通道注意过程类似，空间注意力的流程可概括为

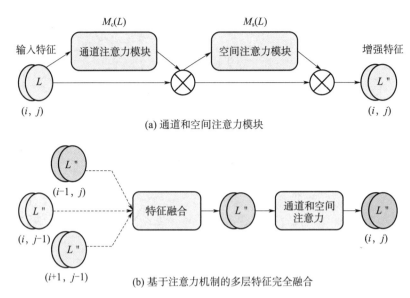

(a) 通道和空间注意力模块

(b) 基于注意力机制的多层特征完全融合

图 6-21　CSAM 的结构

$$M_s(L') = \sigma\{f^{7\times7}[P_{\max}(L')], P_{\mathrm{avg}}(L')\} \qquad (6-38)$$

$$L'' - M_s(L') \otimes L' \qquad (6-39)$$

式中，$f^{7\times7}$ 为滤波器大小为 7×7 的卷积操作。

空间注意力特征图 $M_s(L)$ 在乘法之前也被拉伸到 $M_c(L) \in \mathbb{R}^{C_i \times H_i \times W_i}$。特征图分别经过最大池化和平均池化，形成两个 $[1, H, W]$ 的权重向量，将得到的两张特征图进行堆叠，形成 $[2, H, W]$ 的特征图空间权重。经过一层 7×7 的卷积层，特征图维度从 $[2, H, W]$ 变为 $[1, H, W]$，该特征图表征每个点的重要程度，数值越大越重要。将得到的空间权重 $[1, H, W]$ 与原特征图 $[C, H, W]$ 相乘，即将特征图上的每个点都赋予了权重。

（2）特征金字塔融合模块

对增强后的特征进行上采样和拼接，实现多层输出融合，如图 6-19 Part Ⅱ 所示。先将多层特征扩展到与 $L_{\mathrm{en\_up}}^{i,j} \in \mathbb{R}^{C_i \times H_0 \times W_0}$ 相同大小；然后将丰富空间和轮廓信息的浅层特征和包含丰富语义信息的深层特征深化连接起来，生成全局鲁棒特征图。

$$G = \{L_{\mathrm{en\_up}}^{0,j}, L_{\mathrm{en\_up}}^{1,j}, \cdots, L_{\mathrm{en\_up}}^{i,j}\} \qquad (6-40)$$

（3）八连通邻域聚类模块

在特征金字塔融合模块之后，引入一个八连通邻域聚类模块，以对所有像素点进行杂波处理，并计算每个目标的质心。如果特征图 G 中任意两个像素 $(m_0, n_0)(m_1, n_1)$ 在它们的 8 个邻域内有交集区域，则认为是它们的相邻像素。如果这两个像素具有相同的值，则认为这两个像素处于连通区域。连通区域中的像素属于相同的目标，一旦图像中所有目标确定，就可以根据它们的坐标计算质心。

$$N_8(m_0, n_0) \bigcap N_8(m_1, n_1) \neq \varnothing \qquad (6-41)$$

$$g(m_0, n_0) = g(m_1, n_1), \forall\, g(m_0, n_0), g(m_1, n_1) \in G \qquad (6-42)$$

式中，$N_8(m，n)$ 为像素 $(m，n)$ 的 8 个邻域；$g(m，n)$ 为像素 $(m，n)$ 的灰度值。

6.2.2　小目标分割网络设计

为了解决弱小目标检测中存在的典型问题，本节介绍一种新颖的小目标分割检测算法 IR‑TransDet。该算法具有以下几个特点：首先，使用了一种轻量高效的特征提取模块 (Efficient Feature Extract Module，EFEM)，该模块结合普通卷积和组卷积，能够有效地捕获目标的特征；其次，利用了一种新颖的残差简化空洞空间金字塔 (Residual Sim Atrous Spatial Pyramid Pooling，Residual Sim ASPP) 池化模块，该模块基于空洞卷积和全局池化，能够有效地增强分割图像的边缘精度；最后，使用了一种融合卷积和 Transformer 的 IR‑Transformer 模块，该模块利用自注意力机制，能够有效地提取与目标相关的特征。

图 6‑22 所示为 IR‑TransDet 算法框架，该算法由编码器、解码器、Residual Sim ASPP 模块、IR‑Transformer 模块构成。IR‑TransDet 算法整体采用类 U 形网络，可以实现浅层信息与深层特征的交互。对于输入的红外图像，依次通过 3 个编码模块提取图像特征并编码到较低维度上。在 Residual Sim ASPP 模块中采用不同空洞率的卷积，增大感受野，提升分割图像的准确率，同时采用残差连接保留弱小目标的图像特征。IR‑Transformer 则是基于全局注意力机制构建图像的整体表达，可有效提取图像的深层语义信息。在解码器模块中，一方面融合浅层信息，另一方面对深层特征进行上采样，将图像放大到输入尺度上。同时，通过 FCN Head 调整特征图的通道数，最终输出细粒度的分割结果。

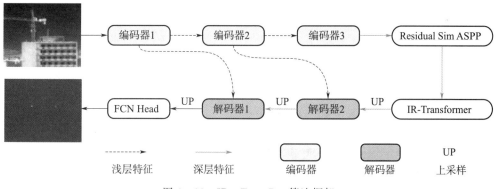

图 6‑22　IR‑TransDet 算法框架

(1) EFEM

红外弱小目标检测任务中，小目标像素占比较低，特征不足，缺乏传统检测所需的细节、纹理等特征。通用的 CNN 网络针对特征清晰的目标，对图像进行多次下采样，将图像抽象为高阶语义特征，但深层采样并不适用于小目标检测任务。因此，基于逐点卷积 (PointWiseConv) 和深度可分离卷积 (DepthWiseConv) 实现了一种高效可靠的红外目标特征提取模块，即 EFEM，该模块的结构如图 6‑23 所示。在该模块中，与常规卷积不同，其对于预设的输出通道 C_{out} 不直接使用一次卷积得到。而是对于输入特征 $X \in$

$\mathbb{R}^{H \times W \times C}$，首先经过逐点卷积、批归一化和激活（PointWiseConv→BN→ReLU）的过程，将图像维度扩张或压缩到 C_1，得到特征图 $F_1 \in \mathbb{R}^{H \times W \times C_1}$；接着对得到的 F_1 使用深度可分离卷积、批归一化和激活操作（DepthWiseConv→BN→ReLU）提取特征，得到特征图 $F_2 \in \mathbb{R}^{H \times W \times C_2}$；最终将得到的 F_1 和 F_2 在通道上进行融合，得到高级特征 $Y \in \mathbb{R}^{H \times W \times [C_1 + C_2]}$，其中 $C_1 = C_2 = C_{out}/2$。上述过程可以表示为

$$Y \in \mathbb{R}^{H \times W \times [C_1 + C_2]} = \mathrm{Cat}\{\phi[\varphi(X \in \mathbb{R}^{H \times W \times C})], \quad \varphi(X \in \mathbb{R}^{H \times W \times C})\} \qquad (6-43)$$

式中，$X \in \mathbb{R}^{H \times W \times C}$ 为输入特征图；$Y \in \mathbb{R}^{H \times W \times [C_1 + C_2]}$ 为输出特征图；φ 为 PointWiseConv→BN→ReLu；ϕ 为 DepthWiseConv→BN→ReLu；Cat 为通道合并操作。

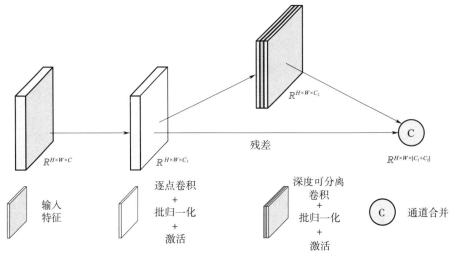

图 6-23　EFEM 模块的结构

式（6-43）中，φ 和 ϕ 均不考虑卷积偏置。

逐点卷积和深度可分离卷积的计算可以分别用如下公式表示：

$$X_{i,j}^{C_{out}} = \sum_{c=1}^{C_{out}} \sum_{p=1}^{k} \sum_{q=1}^{k} \sum_{c'=1}^{C_{in}} X_{i+p-1, j+q-1, c'} \times K_{p, q, c', c}^{pointwise} \qquad (6-44)$$

$$X_{i,j}^{C_{out}} = \sum_{c=1}^{C_{out}} \sum_{p=1}^{k} \sum_{q=1}^{k} X_{i+p-1, j+q-1, c} \times K_{p, q, c}^{depthwise} \qquad (6-45)$$

式中，$X \in \mathbb{R}^{H \times W \times C_{in}}$ 为输入特征图。$X_{i,j}^{C_{out}}$ 为卷积结果中的一个元素。$K_{p, q, c', c}^{pointwise}$、$K_{p, q, c}^{depthwise}$ 分别为逐点卷积和深度可分离卷积的卷积核中的对应元素，输入、输出通道分别为 C_{in}、C_{out}。在逐点卷积中卷积核大小为 $k \times k \times C_{in} \times C_{out}$；在深度可分离卷积中由于无法改变输出通道数，因此卷积核大小为 $k \times k \times C_{in}$。

φ 和 ϕ 中还包含批归一化（Batch Normalization，BN）操作和激活操作，用于解决过拟合，同时提升网络的非线性。因此，输出特征图 $Y_{i,j} = f[\mathrm{BN}(X_{i,j}^{C_{out}})]$。其中，BN 为批标准化，$f$ 为 ReLU 激活函数。可以用如下公式表达：

$$\mathrm{BN}(x) = \gamma(x - \mu_{batch} / \sqrt{\sigma_{batch}^2 + \dot{o}}) + \beta \qquad (6-46)$$

式中，x 为输入数据；μ_{batch} 和 σ_{batch} 分别为输入数据在每个批量内的均值和标准差；γ 和 β 分

别为可学习的缩放因子和偏移量；δ 为一个小正数，用于避免除以零的情况。

（2）编码器

编码器的结构如图 6 - 24 所示，其由 EFEM、深度可分离卷积、批归一化和短接连接构成。在图像分割任务中，通常不采用最大池化，因为无论是最大池化还是平均池化，都会导致目标细节信息的损失。而弱小目标检测任务是生成式模型，需要尽可能地保留细节特征，以获得只包含目标的分割图像。同时，EFEM 无法实现特征的降采样。因此，在 EFEM 后增加一个深度可分离卷积用于特征图下采样，同时使用批归一化为模型引入正则化，避免梯度消失或爆炸问题，提升模型精度。在短接通道上，一方面通过卷积将输入特征图尺度与输出对齐，另一方面通过卷积调整特征图的通道数使之与输出对齐。短接连接可以避免深层采样导致的弱小目标特征消失问题，同时增加模型的非线性拟合能力。

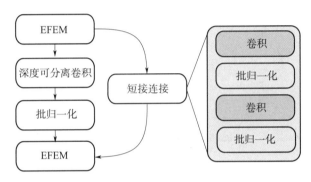

图 6 - 24 编码器的结构

（3）Residual Sim ASPP 模块

空洞空间金字塔池化（Atrous Spatial Pyramid Pooling，ASPP）在分割任务中发挥着重要作用。在 DeepLab 系列算法中，ASPP 可以实现多尺度特征提取，基于空洞卷积可以解决深度 CNN 网络中感受野限制的问题，同时不同空洞率的卷积可以实现不同感受野信息的融合。弱小目标的尺度小，特征不明显，使用 CNN 实现较大感受野的同时，无法避免使用深层网络，而深层网络必然导致目标特征信息的丢失，进而影响模型的识别效果。因此，从弱小目标特征出发，基于 ASPP 提出了 Residual Sim ASPP 模块，如图 6 - 25 所示。相比于 ASPP，Residual Sim ASPP 取消了 1×1 卷积，在原始的 ASPP 中，输入图像通道和输出通道不一致，因此采用逐点卷积对特征进行降维。为了获取更丰富的语义信息，保持输入和输出通道一致，无需对输入使用逐点卷积进行降维。同时，对输入特征直接使用全局平均池化，而不是与空洞卷积进行通道叠加。这是因为此时得到的是包含高级语义信息的小目标特征图，采用直接叠加再融合的方式可能会导致目标全局特征的弱化，因此直接采用全局平均池化，同时在元素上进行对应叠加。上述过程可归纳为

$$Y \in \mathbb{R}^{H\times W\times C} = \varphi[\mathrm{Cat}(\sum_{i=6,12,18}\otimes_i)] + \zeta \qquad (6-47)$$

式中，φ 为 PointWiseConv→BN→ReLU，Cat 为通道合并；ζ 为 Pooling→PointWiseConv→UpSample；$\otimes_i$ 为 AtrousConv→BN→ReLU；$i \in 6，12，18$ 为不同空洞率的卷积。

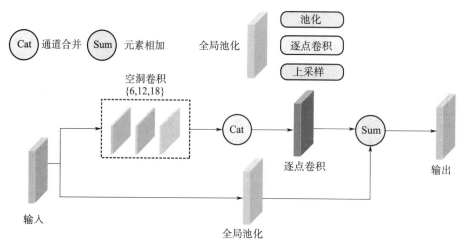

图 6 - 25　Residual Sim ASPP 模块的结构

空洞卷积的计算公式为

$$
\begin{cases}
X_{i,j}^{C_{\text{out}}} = \displaystyle\sum_{c=1}^{C_{\text{out}}} \sum_{p=1}^{k} \sum_{q=1}^{k} \sum_{c'=1}^{C_{\text{in}}} X_{i+(p-1)d,\,j+(q-1)d,\,c'} \times K_{p,q,c',c}^{\text{atrous}} \\
Y_{i,j} = f\big[\text{BN}(X_{i,j}^{C_{\text{out}}})\big]
\end{cases}
\tag{6-48}
$$

式中，k 为卷积核的大小；d 为卷积核中每个元素之间的距离（也称空洞率）；C_{in} 和 C_{out} 分别为输入和输出的通道数；$X_{i,j}^{C_{\text{out}}}$ 为卷积后的特征图；$K_{p,q,c',c}^{\text{atrous}}$ 为深度可分离卷积的卷积核；BN 为批量归一化；f 为激活函数。

（4）IR - Transformer 模块

相比于 CNN，Transformer 没有局部感受野限制，可以充分学习目标与全局图像以及局部空间的关联关系，相比于 CNN 具备更强的特征表达能力。目前已有针对弱小目标的变体 Transformer 网络，但其设计复杂，计算复杂度高。因此，本节设计了 IR - Transformer 模块，以提升算法对弱小目标的检测能力，其结构如图 6 - 26 所示。首先，根据 Vision Transformer 的特性将图像进行切片。由于小目标本身占据的像素较少，当切片时目标处于两个图像块边界上时，目标的特征会损失。因此，在对目标进行深层特征提取后，再将特征送入 Transformer。以上操作有两个优势：1）深层特征包含丰富的语义信息，可以避免上述切片时导致的特征丢失问题；②深层网络将图像编码到较小尺度上，采用 8 倍下采样，能够有效降低引入 Transformer 导致的模型计算复杂度提升问题。对于输入特征 $X \in \mathbb{R}^{H \times W \times C}$，首先使用逐点卷积将特征编码到指定维度上，得到特征 $X \in \mathbb{R}^{H \times W \times D}$。然后，将特征 $X \in \mathbb{R}^{H \times W \times D}$ 划分为 $P_w \times P_h$ 个大小为 H/P_h、W/P_w 的互不重叠的图像块；接着，将编码好的特征送入 N 个 Transformer 块中，提取目标深度特征。上述计算过程中，图像块尺寸和 N 均为算法超参数。Transformer 模块中的计算公式为

$$
\begin{cases}
X_1 = \mathrm{LayerNorm}[X + \mathrm{MHA}(X)] \\
Y = \mathrm{LayerNorm}[X_1 + \mathrm{MLP}(X_1)] \\
\mathrm{MLP}(x) = f[W_2 f(W_1 X_1 + b_1) + b_2]
\end{cases}
\tag{6-49}
$$

式中，$X \in \mathbb{R}^{H \times W \times C}$ 为输入特征图；$Y \in \mathbb{R}^{H \times W \times [C_1 + C_2]}$ 为输出特征图；MHA 为多头自注意力；LayerNorm 为层归一化；MLP 为前馈神经网络；W_1、W_2、b_1、b_2 分别为线性层的权重和偏置；f 为 ReLU 激活函数。

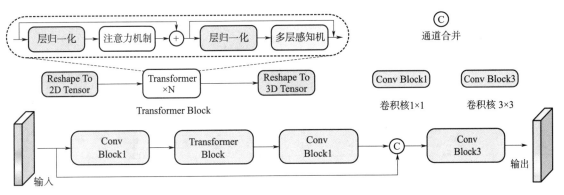

图 6-26　IR-Transformer 模块的结构

在 MHA 中，对于给定输入 X_1，可以首先使用线性变换将其分别映射为查询 Q、键 K 和值 V 的向量：

$$
\boldsymbol{Q} = X_1 \boldsymbol{W}_Q, \quad \boldsymbol{K} = X_1 \boldsymbol{W}_K, \quad \boldsymbol{V} = X_1 \boldsymbol{W}_V
\tag{6-50}
$$

式中，$\boldsymbol{W}_Q$、$\boldsymbol{W}_K$ 和 $\boldsymbol{W}_V$ 为对应的权重矩阵。

然后，针对每个头部 i，可以计算注意力权重 α_i 和头部输出 O_i：

$$
\alpha_i = \mathrm{Softmax}\left(\frac{Q_i K_i^T}{\sqrt{d_k}}\right), \quad O_i = \alpha_i V_i
\tag{6-51}
$$

式中，Q_i、K_i 和 V_i 分别为第 i 个头部的查询、键和值。

最后，将所有头部的输出 $O_1, O_2, \cdots, O_h$ 进行拼接，并通过权重矩阵 $\boldsymbol{W}^O$ 进行线性变换，得到最终的自注意力输出结果为 $\mathrm{Concat}(O_1, O_2, \cdots, O_h)\boldsymbol{W}^O$，其中 Concat 为沿通道合并。本节将 i 固定为 3。

完成以上操作后，此时特征仍为 2D 张量，因此完成深度特征提取后需要将特征重新调整为一个 3D 张量。在 IR-Transformer 中为了最大程度地保留弱小目标的特征信息，构造了一个残差链接。因此，在 Transformer 块后引入一个卷积核为 1×1 的逐点卷积层，以恢复图像的通道。在空间通道上拼接残差链接特征，同时为了保持图像特征的维度信息在 IR-Transformer 中保持不变，采用卷积将图像特征压缩到与输入尺度一致，对应图 6-26 中的 Conv Block3。

（5）解码器

通过上述几个步骤，可以提取目标的深度特征，获取与目标识别有关的特征信息。为了得到包含目标的分割图像，还需要将特征图进行放大。本节基于 EFEM 模块实现了一个简易的解码器（图 6 - 27），在解码器中首先对浅层特征进行上采样，实现特征图放大。接着，合并浅层特征和深层特征，最后使用 EFEM 进行特征提取，同时缩放图像通道，控制模型的参数量。红外弱小目标检测中需要保留大量的浅层信息，有助于解决下采样导致的部分特征消失问题，同时加速模型收敛。上述过程可以归纳为

$$Y = \mathrm{OP}_{\mathrm{EFEM}} \{ \mathrm{Cat}[\mathrm{Up}(X_\mathrm{L}) + X_\mathrm{H}] \} \qquad (6 - 52)$$

式中，$X_\mathrm{L} \in \mathbb{R}^{H \times W \times C}$ 为浅层特征图；$X_\mathrm{H} \in \mathbb{R}^{H \times W \times C}$ 为深层特征图；$Y \in \mathbb{R}^{H \times W \times C}$ 为输出特征图；$\mathrm{OP}_{\mathrm{EFEM}}$ 为 EFEM 模块。

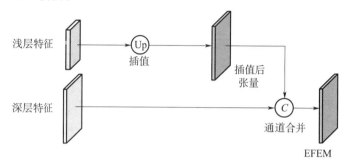

图 6 - 27　解码器的结构

6.2.3　示例

本节首先介绍了实验设置，如数据集、网络实现细节和比较方法等；然后，通过 3 种算法的定量分析和定性分析比较，对算法进行分析。

（1）实验数据集

本实验采用了 4 个开源数据集，即 IRSTD - 1k、MDvsFA - cGan、Merged、Sirst AUG 来验证算法的性能。表 6 - 11 为各个数据集的信息，分别用于训练、测试图像的详细帧数等。

表 6 - 11　数据集信息

数据集名称	图像尺寸大小/（像素×像素）	训练集总数	测试集总数
IRSTD - 1k	512×512	800	201
MDvsFA - cGan	256×256	9 978	100
Merged	257×256	18 503	645
Sirst AUG	258×256	8 255	545

算法基于 Pytorch 构建，在优化器选择上采用了 SGD，初始学习率设置为 0.01，批量大小设置为 8；在 IR - Transformer 中 N 设定为 6，窗口大小设定为 2，损失函数采用 Soft IoU。

（2）定量分析

本实验对比了 3 种红外弱小目标分割检测算法，包括 AGPCNet、DNANet 和 IR - TransDet。在 4 个数据集上，测试分析 3 种算法在红外弱小目标检测上的性能。定量分析

实验结果如表 6-12 所示，由实验结果可知，IR-TransDet 算法在 MDvsFA-cGan（简写 MDFA）、Sirst AUG、IRSTD-1k、Merged 4 个数据集上均表现最佳，且有较大的性能优势。

表 6-12　定量分析实验结果

算法	数据集名称							
	MDFA		Sirst AUG		Merged		IRSTD-1k	
	IOU	F_1 指标	IOU	F_1 指标	IOU	F_1 指标	IOU	F_1 指标
AGPCNet	0.434 3	0.605 6	0.667 1	0.800 3	0.578 2	0.732 7	0.499	0.499
DNANet	0.430 1	0.601 5	0.708 5	0.829 4	0.572 6	0.728 2	0.000 3	0.000 6
IR-TransDet	0.454	0.624 5	0.739 3	0.850 1	0.660 4	0.795 5	0.546 3	0.706 6

（3）定性分析

本实验选择了 4 种典型场景下的红外弱小目标图像，以对比 3 种小目标分割检测算法的处理效果。图 6-28 中，目标使用红色方框标记，误检结果使用蓝色方框标记。

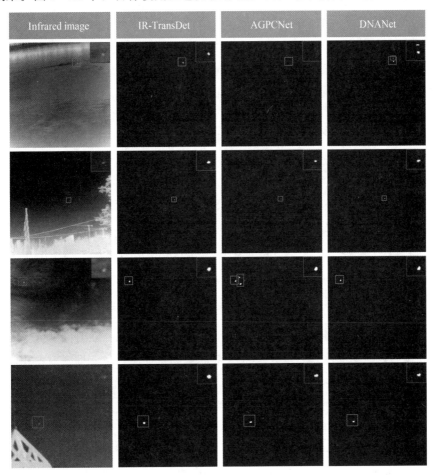

图 6-28　不同算法的定性对比结果（见彩插）

在数据驱动方法中，AGPCNet 基于注意力机制设计模型，实现了空间注意力模块和通道注意力模块，但是在密集云层干扰的场景中出现了部分误检。基于密集连接的 DNANet 算法与 IR－TransDet 算法一致使用了基于编解码器的 U 形网络，在多种复杂场景下均能正确识别，但是也存在定位精度不高的问题。IR－TransDet 的 EFEM 模块基于逐点卷积和深度可分离卷积，能够有效提取目标的特征，同时依赖于 IR－Transformer 模块中的自注意力机制，在各种复杂场景下均能正确识别目标。Residual Sim ASPP 模块通过不同尺度的空洞卷积模块，结合残差连接，使得 IR－TransDet 算法在边缘提取、轮廓识别上优于另两个算法。

6.3　三维卷积神经网络小目标检测

6.3.1　通用检测网络

(1) 3D 卷积原理

普通的卷积神经网络之所以可以在图像任务中取得成功，是因为 2D 卷积核可以很好地提取图像的空间特征。图像序列和视频相比，图像增加了时间维度，所以 3D 卷积核正是在 2D 卷积核的基础上增加时间维度，并与视频块进行 3D 卷积来提取图像序列或者视频的时空特征。原始的图像序列或者视频经过 3D 卷积后生成特征立方体（2D 卷积生成特征图），特征立方体再依次经过后续的 3D 卷积层提取时空特征，生成新的特征立方体。一个卷积层由多个 3D 卷积核构成，这些 3D 卷积核起到了特征抽取的作用。一个 3D 卷积核能够计算得到一个特征图（对应 2D 卷积中的特征图，此时的特征图是一个立方体），当前卷积层的输出的特征图的数量就是当前层中 3D 卷积核的个数。

下面解释一个 3D 卷积核计算得到一个特征图的原理：上一层包含多个特征图的输出就是本层卷积层的输入，本层的一个 3D 卷积核在预先设定的滑动步长下处理每一个输入特征图后得到了多个特征图，将这些特征图对应位置以及一个偏置项相加，使用激活函数进行非线性处理，就得到了这一个 3D 卷积核处理后的输出特征图。网络的第 i 个卷积层的第 j 个特征图（对应第 j 个 3D 卷积核）在 (x,y,z) 坐标处的值如下式所示：

$$v_{ij}^{xyz} = f\left(b_{ij} + \sum_m \sum_{p=0}^{P_i-1} \sum_{q=0}^{Q_i-1} \sum_{r=0}^{R_i-1} w_{ijm}^{pqr} v_{(i-1)m}^{(x+p)(y+q)(z+r)} \right) \qquad (6-53)$$

式中，P_i 和 Q_i 分别为 3D 卷积核的长度和宽度；R_i 为 3D 卷积核在时间维度上的长度，也可以理解为该卷积核的深度；m 为第 $i-1$ 个卷积层的特征图数量，即当前卷积层的输入特征图数量；w_{ijm}^{pqr} 为当前层卷积核中位于 (p,q,r) 处的权值，该值与上一层中的第 m 个特征图相连接；$v_{(i-1)m}^{(x+p)(y+q)(z+r)}$ 为上一卷积层中第 m 个特征图在像素点 $(x+p,y+q,z+r)$ 处的取值；b_{ij} 为第 i 个卷积层的第 j 个特征图的偏置项；$f(\cdot)$ 为本层的非线性激活函数。

图 6-29 所示为 2D 卷积与 3D 卷积过程。3D 卷积中，立体卷积核不仅在空间平面进行滑动，在通道维度也会进行有重叠的滑动，并最终获得立体特征图谱块。相比 2D 卷积神经网络，3D 卷积神经网络能充分利用数据的空间及通道间的信息，获得更多特征信息。

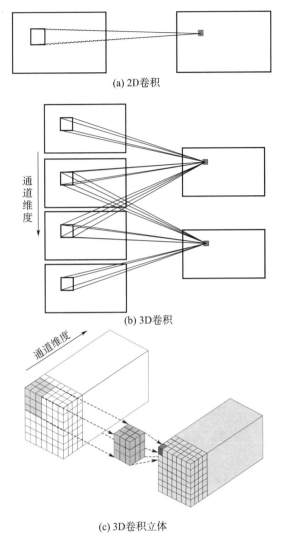

(a) 2D卷积

(b) 3D卷积

(c) 3D卷积立体

图 6-29　2D 卷积与 3D 卷积过程

（2）3D 池化原理

在 3D 卷积中，数据增加了时间维度，因此需要将池化层扩展到三维，从而实现时间维度数据下采样。3D 池化和 2D 池化类似，在 $S_1 \times S_2 \times S_3$ 区域内的三维最大池化的公式为

$$v_{x,y,z} = \max_{0 \leqslant i \leqslant S_1, 0 \leqslant j \leqslant S_2, 0 \leqslant k \leqslant S_3} (u_{x \times s+i, y \times t+j, z \times r+k}) \tag{6-54}$$

式中，$u_{x \times s+i, y \times t+j, z \times r+k}$ 为在点 $(x \times s+i, y \times t+j, z \times r+k)$ 处的输入值；$v_{x,y,z}$ 为池化结果；s、t、r 为在 3 个方向上的移动步长。

3D 池化使得网络在空间及通道维度上都有了一定的不变性，即增加了对目标的位置、角度、尺寸等变化的适应性。

6.3.2　小目标检测网络设计

在介绍 3D U-Net 网络之前，需要先简单了解 2D U-Net 网络的基本原理。2D U-

Net 网络是对称型编码器–解码器结构，这种结构可以充分融合来自低层和高层不同层级的信息，这些信息有利于网络完成分割和定位任务。除此之外，网络不需要大规模地标注数据就能完成端到端的训练。

2D U–Net 网络名字的由来是其网络结构形似字母 U，该网络主要由收缩路径、跳跃连接、扩张路径 3 个部分组成。其结构如图 6–30 所示，图中左半部分是下采样的收缩路径，进行了 4 次卷积和下采样，主要是提取特征并减少参数量；图中右半部分是上采样的扩张路径，进行了 4 次上采样，保证对称，主要是恢复图像尺寸。跳跃连接有利于全局特征和局部特征融合，而不是直接从深层特征得到分割图像，保留了边缘纹理等细节信息，保证特征更加全面、丰富、准确。2D U–Net 网络的优势在于不用分段训练，就可以保证优越的表现。

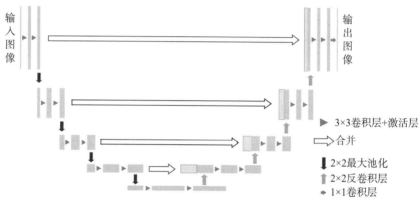

图 6–30　2D U–Net 网络的结构

编码阶段使用的是尺寸为 3×3 的二维卷积核提取特征，每层进行两次卷积后通过激活函数激活再输出结果。利用最大池化完成下采样，图像尺寸减半但通道数加倍。解码阶段同样使用尺寸为 3×3 的二维卷积核，但执行反卷积操作实现上采样使得通道数减半。最重要的是跳跃连接，其将处于编码阶段低分辨率的特征图与解码阶段同一尺寸大小的特征图拼接，利用卷积层实现浅层和深层的特征提取，最后将通道数量减少至与识别任务的类别数量相同。

在本节中，为了充分利用红外图像中相邻帧间的时间信息，需要将红外图像序列一起送入网络中，此时 2D U–Net 网络不适用，需要将 2D U–Net 扩展到 3D U–Net。3D U–Net 网络的结构如图 6–31 所示，网络的左半部分依旧为收缩路径，右半部分为扩展路径，依然保持编码器–解码器的结构。3D U–Net 网络的基本原理与 2D U–Net 基本一致，皆为用 3D 卷积代替 2D 卷积，这样 3D U–Net 模型可实现对空间和时间特征的提取，同时不损失相邻图片间的时间信息。

收缩路径由 3 个连续的编码模块和 3D 最大池化层组成，每次卷积使用的卷积核大小为 3×3×3。最大池化层的卷积核大小是 1×2×2。收缩路径最后仍需经过一次编码操作，但不再进行最大池化，至此收缩路径结束。

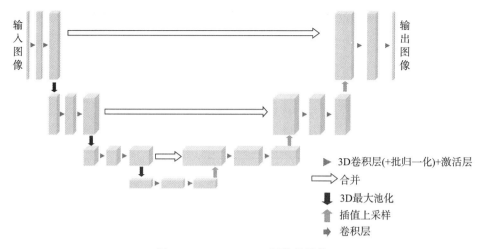

图 6 - 31　3D U - Net 网络的结构

图 6 - 32 所示为编码模块的结构，在编码模块中的批归一化可以使数据满足正态分布而不改变原本数据分布情况，防止每批次数据方差过大而导致训练收敛难度大和训练困难。卷积操作和激活函数可在提取特征时引入非线性变化，数据处理能力和输出性能提升。但引入多层非线性卷积后，后续层输入数据的分布会发生偏移。而激活函数远离中心处的梯度变化很小，反向传播误差时容易发生梯度消失，导致网络很难训练。这里结合批归一化可以大幅减缓该问题，且后续的激活函数一定程度上也能改善梯度消失。在编码器部分，通过不断地下采样提取输入图像的特征，并获取上下文信息。

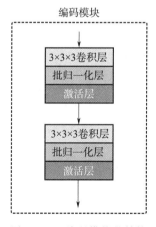

图 6 - 32　编码模块的结构

对于 3D 最大池化层，主要用在编码部分，用于产生多尺度特征并大幅减少训练参数量，并通过跳跃连接输送至后续的解码层。不同尺寸的三维特征模型拼接，避免前层过多的特征提取操作后丧失原图关键的细节信息（如空间相对位置、整体轮廓及拓扑结构等），起到全局空间特征和局部空间特征融合的作用。

扩展路径由 3 个连续的解码模块组成，图 6 - 33 所示为解码模块的结构。插值采用三线性插值方式进行上采样。通过跳跃连接将相同分辨率的层传递到解码路径，为其提供原始的高分辨率特征。跳跃连接保证了图像序列的空间和时间信息的高效利用，序列间的空间和时间信息没有丢失。扩展路径经过 3 次上采样以及卷积层的作用之后，最后得到输出。

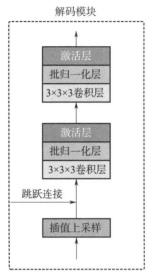

图 6‑33　解码模块的结构

　　综上，3D U‑Net 网络通过跳跃连接的方式充分利用低层与高层特征图的特征，而且由于输入网络中的图像不再是单张红外图像，因此其还可以充分利用红外图像序列之间信息的联系，这对于具有空间和时间信息的图像序列的任务是十分有利的。

6.3.3　示例

　　本示例通过红外仿真图像序列验证 3D U‑Net 网络对弱小目标的识别性能。仿真数据集以实拍天空图像和山地图像为背景，基于二维高斯函数模拟红外弱小目标特性，通过泊松融合避免小目标边缘突兀、梯度变化剧烈等问题。

　　本实例的实验数据集如表 6‑13 所示，数据集包括 5 种不同的目标序列，图像背景包括天空和山地，目标运动轨迹包括上斜、下斜、垂直和水平。本实验的学习率为 10^{-3}，训练总轮数为 50。对部分仿真红外图像序列进行检测，图 6‑34 为天空背景图像序列小目标检测结果。3D U‑Nct 相比于其他二维红外弱小目标检测算法，可以充分利用图像序列时间轴上的信息，取得较好的检测效果。

表 6‑13　实验数据集

数据集序列	数据集总帧数	图像背景	训练集帧数	测试集帧数	目标运动轨迹
Seq 1	233	天空	209	24	上斜
Seq 2	373	天空	335	38	下斜
Seq 3	253	天空	227	26	垂直
Seq 4	217	天空	195	22	水平
Seq 5	233	山地	209	24	上斜

图 6-34　天空背景图像序列小目标检测结果

图 6-35 所示为 3D U-Net 对序列 1 仿真红外图像序列中的弱小目标的轨迹进行检测的结果，可以看出仿真序列的目标在向右上方运动。根据序列的检测结果和目标轨迹的检测结果可以看出，对于简单背景红外图像序列，3D U-Net 可以有效进行检测。

图 6-35　天空背景小目标轨迹检测结果

图 6-36 所示为山地背景图像序列小目标检测结果，图中存在虚警和漏检的情况，可以看出 3D U-Net 对复杂背景下的小目标检测效果欠佳。这可能是由于 3D U-Net 网络模型相对来说较为简单，且山地背景仿真红外图像序列背景较为复杂，3D U-Net 网络模型并未对复杂背景下的红外小目标检测任务进行针对性的设计。3D U-Net 网络模型针对复杂背景下的红外小目标检测仍有较大的改进空间。

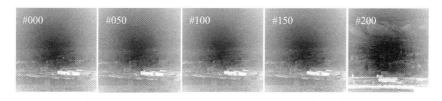

图 6-36　山地背景图像序列小目标检测结果

6.4　融合时序信息的小目标智能检测

红外搜索跟踪系统对低空飞行器探测时，地面岩石、农田、道路、建筑物等物体在光源反射下呈现出亮区，在森林间隙、物体遮挡等场景下极易形成与目标类似的假目标。现有传统算法如局部对比度、空域滤波、稀疏矩阵分解等，基于模型驱动无法解决场景复杂、目标弱小等问题。已有基于深度学习方法的红外弱小目标检测算法在部分复杂场景中检测效果仍有待提升，不能充分利用时序检测时视频帧之间的关联信息，把序列检测任务简单看作单帧检测的叠加。针对现有算法在复杂地物背景下检测能力不足的问题，本节从目标特征出发，提出适应于红外弱小目标的特征提取网络和检测器架构；从时序特性出发，联合加权热图融合算法、自适应管道滤波算法提取目标的运动关联关系，解决非连续运动的检测问题，形成两种基于融合时序信息的弱小目标检测算法，提升算法在复杂场景中的检测能力。

6.4.1　基于时空信息关联算法

6.4.1.1　U-Transformer 网络

深度网络中的卷积操作仅关注自身及其边界的特征信息，缺乏对大范围特征的整合，从而影响了其在目标检测和识别任务中的效果。为了解决这些问题，研究者提出了一些解决方案，如注意力机制和内卷算子。鉴于卷积神经网络的局限性，将 Transformer 作为替代方法成为一种受欢迎的选择。Transformer 在自然语言处理领域取得了显著的成就，引起了机器视觉研究者的广泛关注。研究者们根据视觉任务的特点重新设计了 Transformer，并成功应用于图像识别、目标检测、分割、图像超分辨率和图像生成等任务。Transformer 网络具有更强的数学解释性，通过自注意力机制捕捉上下文之间的全局交互，并在某些视觉问题中表现出良好的性能。然而，视觉 Transformer 通常需要将图像分割为固定大小的块，并将每个路径编码为二维向量输入 Transformer 进行处理。这种方法存在一定的局限性，当小目标恰好位于两个图像块的边界上时，Transformer 无法获取有效的信息。尽管直接使用自然语言处理领域中的 Transformer 取得了显著的成果。但是，视觉任务与自然语言处理领域任务存在两个主要区别：首先，现有的 Transformer 模型中的尺度是固定的，而在视觉领域中，目标的尺度变化非常大；其次，图像的像素分辨率远高于文本段落中的文字。在许多视觉任务中，如语义分割，需要进行像素级的密集预测，而自注意力机制的计算复杂度与图像大小的平方成正比，因此 Transformer 难以处理高分辨率图像。目前，Swin-Transformer 在视觉任务中展现出了巨大的前景，因为它集成了 CNN 和 Transformer 的优点。一方面，由于局部注意机制，它具有 CNN 处理大尺寸图像的优势；另一方面，它具有 Transformer 的自注意力优势，通过滑动窗口的方法避免了上述问题。Swin-Transformer 的自注意力机制可以捕捉复杂背景中的红外弱小目标，获取目标的高级语义信息，同时建立全局关联，依赖于滑动窗口机制，有效避免了弱小目标检测中的边界效应。

综上所述，本节介绍一种基于 U-Transformer 的检测算法。图 6-37 所示为 U-Transormer 算法框架，算法整体上由特征提取网络、检测器和损失函数 3 部分组成，下面将详细介绍各部分的具体组成和功能。

（1）特征提取网络

特征提取网络是目标检测算法中最重要的部分，通用算法采用大规模数据集上的预训练模型，在特定任务集上进行微调，在实际应用中取得了较好的效果。由于红外数据的缺失，目前在红外目标识别检测领域还没有相关的通用模型，因此需要针对不同的任务需求

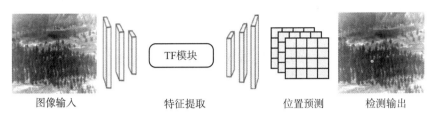

图 6 - 37　U - Transormer 算法框架

设计相关的特征提取网络。由上述可知，深度神经网络的多次采样对小目标检测存在弊端，弱小目标的浅层信息在检测时起到了关键作用。因此，针对红外图像的特殊性、高噪声、低对比度等问题，本节提出了一种基于 U - Transformer 的特征提取网络。

图 6 - 38 所示为 U - Transformer 特征提取网络的结构，由编码器和解码器组成。出于对弱小目标特征在深层网络中不明显或者不存在，不具备浅层信息的考虑，特征提取网络在编码器部分嵌入了 TF 模块，同时借鉴了语义分割算法中的典型模型 U - Net 得到了更大尺度的特征图。特征提取网络中，Encode 模块主要负责目标选择和背景滤波，同时通过步长为 2 的卷积缩小特征图；Decode 模块通过空洞卷积增加感受野；TF 模块则通过全局注意力机制提取小目标信息。实验证明，这种高度一致性的网络对于弱小目标检测是十分有益的。下面将详细介绍编码器、TF 模块和解码器。

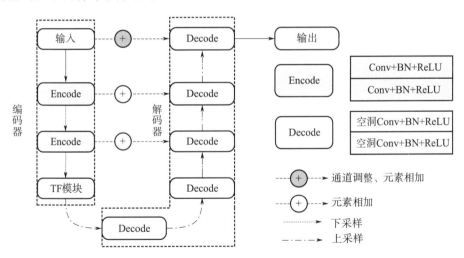

图 6 - 38　U - Transformer 特征提取网络的结构

①编码器

Encode 模块参数设置如表 6 - 14 所示。U - Transformer 特征提取网络在编码器部分首先引入两个 Encode 模块，与现有 Swin - Transformer 不同的是，U - Transformer 没有直接将图像划分为小的图像块送入 TF 模块。这主要是由于弱小目标图像的信杂比低，目标特征不明显，直接输入网络可能将高背景噪声、目标淹没在背景中的红外弱小目标图像输入 Transformer 网络。编码器始端的 Encode 模块可以在一定程度上降低背景噪声，突显目标，同时将大尺度图像编码到一个较小的维度，使得模型的训练推理速度得到提升，如图 6-39 所示，经过两层 Encode 可有效增强目标特征。因此，在编码器部分插入两个 Encode 模块，用于提取原始图像的语义和特征信息，同时增强目标。

表 6-14　Encode 和 Decode 模块参数设置

Encode	Decode
Conv($k=3, s=2, \text{pad}=1$)	空洞 Conv($k=3, s=1, \text{pad}=1, \text{dilation}=2$)
ReLU	ReLU
批归一化	Batch Normalization
Conv($k=3, s=1, \text{pad}=1$)	空洞 Conv($k=3, s=1, \text{pad}=1, \text{dilation}=2$)
ReLU	ReLU
Batch Normalization	Batch Normalization

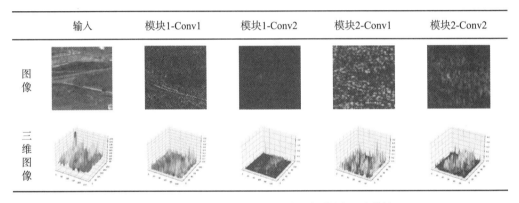

图 6-39　编码器初始两层 Conv 的可视化图（见彩插）

②TF 模块

图 6-40 所示为 TF 模块。对于高和宽分别为 H、W 的红外图像，经过上述两个 Encode 模块后，图像会被编码为尺度是（C，$H/4$，$W/4$）的特征图，这时图像仍然无法直接输入 Transformer，这是因为 Transformer 只能处理一维信息。采用不重叠的卷积操作对图像进行线性编码，使得图像能够满足 Transformer 的输入并且记录图像的相对位置，具体过程如下。

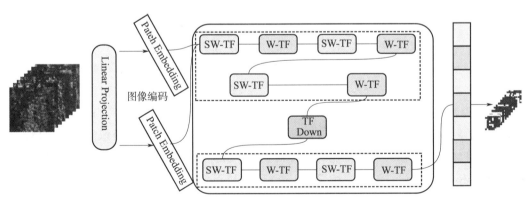

图 6-40　TF 模块

对于给定的输入形状为 $C_{in\_channel} \times H \times W$ 的特征图，首先采用卷积操作将图像调整到合适的维度，通常会人为设置编码维度 C_{enbed_dim}，卷积核大小以及步长均设置为 P，采用不重叠的卷积将特征图转换为 $C_{enbed\_dim} \times (H/P) \times (W/P)$；然后重新调整特征图的维度，转换为 Transformer 可以处理的形式 $(HW/P^2) \times C_{enbed\_dim}$；接着将特征图送入多个串联的 W – TF、SW – TF 模块。

（a）W – TF 模块

将上述特征向量 $(HW/P^2) \times C_{enbed\_dim}$ 划分为 $HW/(PM)^2$ 个互不重叠的大小为 $M \times M \times C_{enbed\_dim}$ 的向量 $X \in R^{M2 \times C_{enbed\_dim}}$。局部窗口特征 X，首先经过 Layer Norm 层，计算窗口内的多头自注意力值（Multi Head Self Attention，MSA）。然后通过一个多层感知机（Multilayer Perceptron，MLP）以及 Layer Norm（LN）层，如式（6 – 55），MLP 的结构如图 6 – 41。

$$y = \frac{x - E[x]}{\sqrt{\mathrm{Var}[x] + \varepsilon}} * \gamma + \beta \qquad (6-55)$$

式中，x 为输入特征；y 为输出特征；γ、β 为可学习的参数；$E[x]$ 为期望；$\mathrm{Var}[x]$ 为方差。

图 6 – 41　多层感知机（MLP）的结构

这两步均包含一个残差连接，具体的实现流程如图 6 – 42 所示。上述过程可以用公式表示为

$$X = \mathrm{MSA}[\mathrm{LN}(X)] + X'$$
$$X = \mathrm{MLP}[\mathrm{LN}(X)] + X' \qquad (6-56)$$

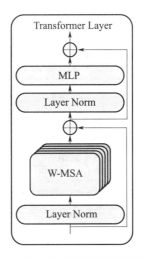

图 6 – 42　W – TF 模块实现流程

在 W – MSA 中，特定窗口中的 query、key、value 对应的矩阵 $\boldsymbol{Q}$、$\boldsymbol{K}$、$\boldsymbol{V}$ 采用如下公

式计算：

$$\boldsymbol{Q} = X\boldsymbol{P}_Q, \quad \boldsymbol{K} = X\boldsymbol{P}_K, \quad \boldsymbol{V} = X\boldsymbol{P}_V \tag{6-57}$$

式中，$\boldsymbol{P}_Q$、$\boldsymbol{P}_K$、$\boldsymbol{P}_V$ 为不同窗口中的共享矩阵。

因此，每个窗口的注意力值可以通过自注意力机制的计算公式得到：

$$\text{Attention}(\boldsymbol{Q}, \boldsymbol{K}, \boldsymbol{V}) = \text{Softmax}(\boldsymbol{Q}\boldsymbol{K}^{\mathrm{T}} / \sqrt{d} + B)\boldsymbol{V} \tag{6-58}$$

式中，B 为可学习的相对位置编码。

（b）SW-TF 模块

以每个窗口作为计算单元可以有效减少算法的计算量，但是这种划分方式将导致不同窗口之间的特征无法交互。如图 6-43（a）在 W-TF 模块中图像被划分为大小一致的图像块，因此，Swin-Transformer 提出了 SW 注意力机制，如图 6-43（b）所示，通过不规则的窗口实现不同局部信息的交互。多次堆叠 W-TF、SW-TF 模块就可以实现图像全局特征的交互，并且通过循环位移和计算模板可以实现与 W-TF 模块同样的计算方式，注意力机制的计算流程与 W-TF 完全一致，图 6-44 为 SW-TF 模块的详细结构。

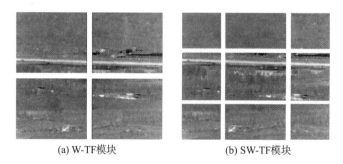

(a) W-TF模块　　　　(b) SW-TF模块

图 6-43　窗口划分方式

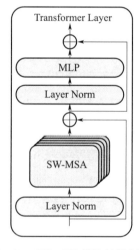

图 6-44　SW-TF 模块的详细结构

（c）TF-Down 模块

为了增加网络的感受野，在 TF 模块中引入了 TF-Down 模块。其具体的实现流程：

把特征图切分为 4 份，每份数据都是相当于 2 倍下采样得到的，在通道维度进行拼接，如图 6 - 45 所示。该操作可以在不增加计算量的同时使得特征图减半，通道增加 4 倍。接着使用卷积核为 1×1 的卷积将通道变成原来的 2 倍。相比采用最大池化或步长为 2 的卷积操作实现提升感受野的方式，TF - Down 模块的计算量更小。

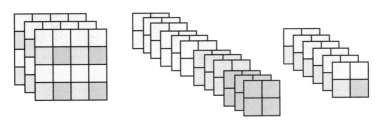

图 6 - 45　TF - Down 模块（见彩插）

③解码器

在编码器部分，采用简单的插值方法实现上采样放大，相比反转卷积，插值可以有效减小模型规模。同时，在解码器部分得到的特征图质量也会影响算法最终的检测精度。U - Transformer 特征提取网除了通过类 U 形网络中的残差连接增加小目标的浅层特征信息外，还在插值后采用空洞卷积。空洞卷积可以在不降低分辨率的情况下提升感受野，这一特性被广泛应用在图像分割算法中。

（2）检测器

特征提取网络可以获取图像中的关键信息，提取目标的高维特征信息，输出包含目标信息的特征矩阵。这些特征矩阵包含目标的抽象信息，为实现端到端的目标检测，必须为特征提取网络设计相关的任务头。由目标特性分析可知，红外小目标在图像中呈现出高斯特性。将这一先验信息引入检测头的设计，参考 Center Net 算法，设计了如下检测器，如图 6 - 46 所示。

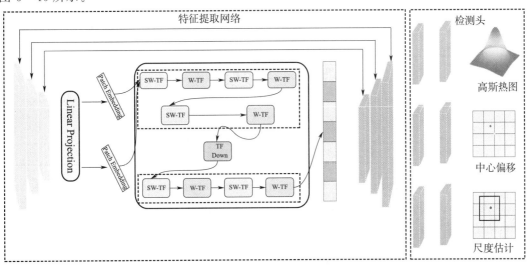

图 6 - 46　U - Transformer 算法整体架构（见彩插）

红外图像经过特征提取网络后得到目标的特征信息，随后将图像特征送入 3 个不同的检测头，分别得到目标的高斯热图、尺度估计和中心偏移估计，如图 6 - 47 所示。

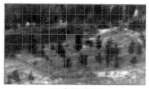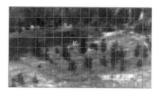

(a) 高斯热图　　　　　　　(b) 尺度估计　　　　　　　(c) 中心偏移估计

图 6 - 47　检测头

其中，检测头模块包含两个基本模块，每个子块中包含卷积、批标准化、激活函数（Conv→ReLU→Batch Normalization）；在最后一层将卷积的输出通道数设置为 1、2、2，分别对应目标热图、中心偏移估计、尺度估计。根据高斯热图中目标置信度最高的坐标点，提取对应检测头目标的位置偏移和宽高信息，最终形成目标的全部位置信息。相比使用锚框作为先验框的算法，该算法预测物体的中心点出现的位置，因此不存在先验框与标签的匹配和正、负样本筛选的过程。每个物体的标签仅选择一个中心点作为正样本，即在目标热图上提取局部峰值点，因此不存在非极大值抑制过程。基于关键点热图的检测方式使得该算法对于小目标检测问题有天然的优势。表 6 - 15 为 U - Transformer 算法各模块的参数设置。

表 6 - 15　U - Transformer 算法各模块的参数设置

层名称	输入尺寸	输出尺寸
Encode	256,256,3	128,128,64
Encode	128,128,64	64,64,128
Swin Transformer	64,64,128	8, 8, 192
Decode	8, 8, 192	16,16,512
Decode	16,16,512	32,32,256
Decode	32,32,256	64,64,128
Decode	64,64,128	128,128,64
Decode	128,128,64	256,256,64
Heatmap	256,256,64	256,256,1
Scale	256,256,64	256,256,2
Center Offset	256,256,64	256,256,2

（3）损失函数

深度学习模型的训练离不开损失函数，损失函数定义模型的更新准则。U - Transformer 算法的损失函数由热图损失、偏移损失和尺度损失组成。下面详细介绍该算法的损失函数构成。

①热图损失

热图损失是变形的 Focal Loss[111]，热图损失函数如下：

$$\text{Loss}_K = -\frac{1}{N}\sum_{xyc}\begin{cases}(1-Y_{\text{pred\_heatmap}})^{\alpha}\log(Y_{\text{pred\_heatmap}}), & Y_{\text{pred\_heatmap}}=1 \\ (1-Y_{\text{true\_heatmap}})^{\beta}(Y_{\text{pred\_heatmap}})^{\alpha}\log(1-Y_{\text{pred\_heatmap}}), & \text{其他}\end{cases}$$

$$(6-59)$$

式中，α 和 β 为超参数；N 为图像中目标点的个数（正样本个数）；$Y_{\text{pred\_heatmap}}$ 为检测模型输出的目标热图；$Y_{\text{true\_heatmap}}$ 为根据目标的真实标注框，采用高斯函数生成的热图。

α 和 β 通过手动调参分别设定为 2 和 4，用来均衡难易样本和正负样本。

②偏移损失

通过热图提取关注目标的位置时，通常得到的是目标相对当前特征图的位置。该位置包含的信息是当前热图的整数位置坐标，将特征图再重新映射回原始输入的图像时会带来精度的误差，因此对目标的中心点额外采用了一个局部偏移量去补偿中心点的误差，当前特征图上的所有中心点共享同一个预测偏移值。

$$\text{Loss}_{\text{off}} = -\frac{1}{N}\mid Y_{\text{pred\_off}}\times\text{Mask} - Y_{\text{true\_off}}\times\text{Mask}\mid \qquad (6-60)$$

式中，$Y_{\text{pred\_off}}$ 为检测模型输出的中心偏移信息；$Y_{\text{true\_off}}$ 为根据目标的真实标注框得到的偏移信息；Mask 为只标记目标位置的掩码，可以加速模型的训练，减少计算量，同时使用 L1 损失函数监督模型的回归。

③尺度损失

完成目标检测除了获取目标的中心位置外，还需要得到目标的宽高尺度信息，上述利用检测器输出的目标热图以及中心点的偏移只能确定目标的中心位置。检测头输出的尺度预测头会为每一个特征点预测一个宽高值，此时只需利用上述确定的中心点提取感兴趣点的尺度信息，即可得到目标检测的所有信息。

$$\text{Loss}_{\text{size}} = -\frac{1}{N}\mid Y_{\text{pred\_size}}\times\text{Mask} - Y_{\text{true\_size}}\times\text{Mask}\mid \qquad (6-61)$$

式中，$Y_{\text{pred\_size}}$ 为检测模型输出的目标尺度信息；$Y_{\text{true\_size}}$ 为根据目标的真实标注框得到的目标尺度；Mask 同样使用 L1 损失函数监督模型的回归。

综上所述，U-Transformer 算法的整体损失函数如下：

$$\text{Loss} = \text{Loss}_K + \text{Loss}_{\text{off}} + \lambda \times \text{Loss}_{\text{size}} \qquad (6-62)$$

由于热图和中心偏移的数值范围均位于 0～1，目标的尺度信息范围却在 2～7 波动，因此对尺度预测的损失加权 λ 设定为 0.1，避免网络受大损失值影响，将模型拉偏。

6.4.1.2　时空融合策略

单帧检测算法仅利用单幅图像的特征检测发现目标，没有考虑红外弱小目标的运动往往呈现出持续性的特征，无法解决目标的漏检问题。基于多帧图像的检测算法是将序列图像的空间信息与时域信息融合，从而实现目标检测。这些算法都基于小目标运动轨迹具备持续性、噪声随机出现、不具备规律性的假设。由于基于多帧图像的弱小目标检测方法利用了更多的图像信息，因此这类检测方法更加稳定，且具有更好的检测性能，故考虑结合时域信息提升算法的性能。

（1）改进的自适应管道滤波

管道滤波是根据红外弱小目标的运动具备连续性的特征设计的一种检测算法，如图 6-48 所示。该方法的核心思想是以第一帧检测到的目标为中心，构建一个时间轴上逐帧扩展的管道。该管道长度代表视频帧数，直径表示算法的作用半径。当待检测的红外弱小目标在管道中出现次数达到预设阈值时，即可判定其为真实目标；若未达到阈值，则被视为干扰信号。

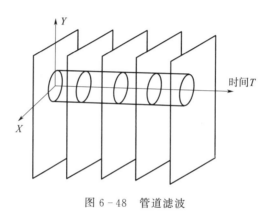

图 6-48　管道滤波

经典的管道滤波无法解决图像序列中存在帧间抖动的问题，因此有人通过采用帧间匹配，提出具备抗抖动特性的管道滤波算法。针对这一问题，相关学者也提出了许多改进算法，但是实际场景中目标运动复杂多变，这些算法难以有效检测，同时这些算法模式无法直接与现有的单帧检测算法相融合。本节介绍改进的自适应管道滤波算法，其可以有效应对帧间抖动存在的运动不连续问题。

现有的管道滤波算法仅保存上一帧信息作为管道的中心点，对于目标的运动呈现波动特征的场景，检测结果无法与管道中心匹配，容易造成误判。同时，传统算法往往追求较高的检测率，算法的虚警率较高，在初始状态时会形成大量的管道。然而，通常红外图像上只存在较少的目标，因此存在大量的计算冗余，候选目标与管道的匹配过程较长，造成算法的整体耗时较长，难以满足实时性要求。结合深度学习算法存在的漏检问题，本节介绍一种具备预测能力的改进的自适应管道滤波算法。该算法的具体实现流程如下。

1）设定基准管道长度 L、管道作用半径 R、算法允许的目标短时消失帧数 N（$N<L-1$）、每个管道内允许存放的最大历史信息长度 $Q_{\max}$。

2）利用红外图像序列的前 L 帧检测信息构建基准管道。以第一帧的所有目标中心为基准，沿时间轴建立管道，管道中心为当前管道内所有数据的均值。随着历史数据的增加，管道中心也会相应更新。后续帧的检测器结果与管道中心进行匹配，匹配准则为管道中心与检测器结果的目标中心的欧氏距离小于设定的管道作用半径，管道的作用半径也将跟随管道信息进行自动调整，存在正确匹配的结果则被添加到管道中，作为历史参考信息。

3) 保留管道长度大于 $L-N$ 的管道，作为后续基准管道。

4) 当前图像位于序列图像的前 L 帧内时，管道滤波器直接返回目标检测器的输出，不做处理（此时管道尚未完成初始化）。

5) 当前图像位于序列图像的前 L 帧之外时，检测器输出结果与基准管道中心匹配，剔除匹配不成功的结果，将成功匹配的结果添加到当前管道内。需要注意的是，管道的历史信息是基于队列管理的，当历史信息长度大于 Q_{max} 时，最先被加入管道的信息会自动弹出，有效避免了内存开销。

6) 使用检测器输出与历史管道进行匹配滤波，经过滤波后检测器内仍然存在检测结果，则输出滤波后剩余的检测结果。

7) 若经过滤波器后检测内的结果全部被滤除，则程序进入预测分支。将管道内的最后一帧数据作为基准，采用管道内数据的标准差进行修正，将预测结果返回，作为当前的检测结果。

表 6-16 为改进的自适应管道滤波算法的伪代码。

表 6-16　改进的自适应管道滤波算法的伪代码

算法：自适应管道滤波

输入：当前检测结果 $D = \{d_1, d_2, \cdots, d_n\}$。

输入：历史管道信息 $P = \{p_1, p_2, \cdots, p_N\}$，其中 $p_i = \{s_1, s_2, \cdots, s_L\}$。

输出：正确检测结果 D'、更新后的管道 P'。

1：for $i=1$ to n do

2：for $j=1$ to N do

3：计算该管道平均中心位置 $C_j = \dfrac{1}{L}\sum\limits_{i=1}^{L} s_i$

4：计算该管道的标准差 $\sigma = \sqrt{\dfrac{1}{L}\sum\limits_{i=1}^{L}(p_i - C_j)^2}$

5：修正管道的作用半径 $R = R_0 + k\sigma$，其中 R_0 为管道作用半径，为超参数

6：if $\sqrt{(d_i - C_j)^2} < R$（判断候选目标是否在当前管道内）

7：将候选目标添加到当前管道内，$p_j = p_j \bigcup d_i$

8：break

9：end if

10：end for

11：else

12：$D = D - d_i$（没有与当前结果相匹配的管道，判定为误检）

13：end for

14：if $D \neq \varnothing$

15：$D' = D$，$P' = PC_j = \dfrac{1}{L}\sum\limits_{i=1}^{L} s_i$

16：返回 D'、P'

续表

17：elif $D \neq \varnothing$	
18：合并所有管道内的历史目标位置，选出 Top K 作为当前预测目标位置 D'	
19：end if	
20：返回 D'、P'	

（2）加权热图融合

上述改进的自适应管道滤波算法根据目标和干扰的运动差异性滤除虚警，在一定程度上可以解决误检问题，但是仍然存在漏检问题。针对这一问题，下面构建基于加权热图融合的红外弱小目标检测器，在非连续运动的小目标检测中具备较好的性能。在 U‑Transformer 单帧检测算法中，当神经网络认为存在目标时，网络的其中一个分支会输出一个由目标中心位置生成的高斯热图；反之没有检测到目标时，则输出一个全零矩阵。一般来说，目标的运动呈现出一定的规律性，相邻帧之间的信息存在一定联系，加权热图融合算法即可用来解决非连续运动下的短时目标消失问题，提升算法的召回率。该算法的具体流程如下。

1）当传入的数据是图像序列的第一帧数据时，初始化长度为 N 的环形队列。当存入的数据长度大于设定的长度时，最先进入队列的数据会自动弹出。

2）当检测序列中的图像帧数大于 1 时，考虑到红外弱小目标运动的多变以及平台自己的位移，对检测器输出的热图进行拓展，将检测器的热图与暂存的历史热图进行加权融合［式（6‑63）］，并对融合的结果进行归一化，避免部分数据超界，得到修正热图；修正后的热图重新与检测器的其余两个任务头，即尺度估计和偏移估计组合，生成目标的边界框，并输出结果，如图 6‑49 所示。当某一帧漏检目标时，即输出热图上该位置对应的矩阵元素值为 0，但是在历史热图中该目标附近出现过目标，则可利用历史高斯热图进行补偿，解决目标的漏检问题。同时，考虑到目标运动的多变以及平台自身的运动，在加权融合之前应对当前帧高斯热图进行拓展。

$$\bar{H}_{cur} = \mathrm{Normalize}\left(H_{cur} + \sum_{i=1}^{N} w_i \times H_{his\{i\}}\right) \qquad (6-63)$$

式中，H_{cur} 为当前热图；$\bar{H}_{cur}$ 为修正热图；$\mathrm{Normalize}$ 为数据归一化；w_i 为权重模板；H_{his} 为历史热图。

6.4.1.3　基于时空信息关联算法流程

6.4.1.2 节针对 U‑Transformer 单帧检测算法存在的目标误检、漏检问题，通过引入时序特征，分别讲述了改进的自适应管道滤波算法和加权热图融合算法。为红外搜索跟踪系统服务的红外弱小目标检测算法应当兼顾误检、漏检问题，因此基于 U‑Transformer 单帧检测算法，融合上述改进的自适应管道滤波算法和加权热图融合算法，实现基于时空信息关联的小目标检测算法，如图 6‑50 所示。基于时空信息关联的检测算法通过热图融合和自适应管道滤波两种方式引入帧间信息，其中热图融合是通过与历史信息融合形成修正热图，可有效解决目标召回率低的问题，即解决目标漏检问题，实现特征

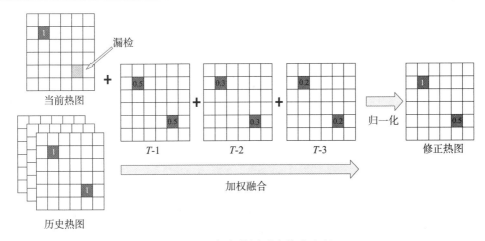

图 6 - 49　加权热图融合算法流程

的模型级融合；改进的自适应管道滤波算法则是考虑实际场景中目标运动的不连续问题，通过历史信息调整算法的作用半径，一定程度上提升了算法应对目标运动形式多变的问题。时空信息关联检测算法基于复杂背景中的红外弱小目标特性有针对性地设计特征提取网络、检测架构。本节针对单帧 U - Transformer 算法中存在漏检、误检问题，充分利用序列检测中的时间关联特性，提出合理有效的多帧联合策略。表 6 - 17 给出了基于时空信息关联的检测算法的流程。

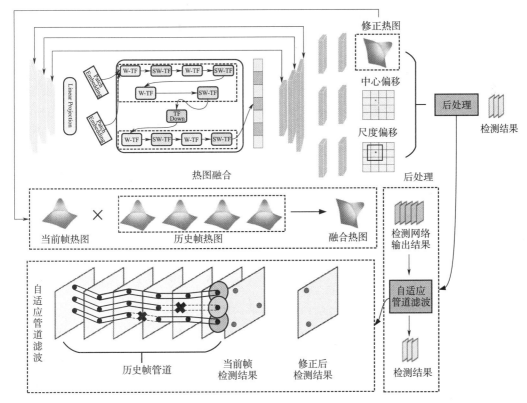

图 6 - 50　基于时空信息关联的检测算法框图（见彩插）

表 6 - 17　基于时空信息关联的检测算法的流程

算法:基于时空信息关联的检测算法
输入:图像序列。
输出:每一帧的目标位置。
1. 序列图像中的每一帧输入单帧 U - Transformer 算法。
2. 通过 U - Transformer 的编解码器得到当前图像的热图、中心偏移、尺度偏移特征图。
3. 将当前帧热图与存储的历史热图进行加权融合,得到修正热图。
4. 使用修正热图、中心偏移、尺度偏移特征图,通过解码操作得到目标的位置信息。
5. 将目标的位置信息输入自适应管道滤波器,进一步滤除不合理的检测值。
6. 如果经过滤波后还存在检测信息,则直接输出;否则,根据历史信息预测当前目标位置。

6.4.2　基于融合注意力机制的时空神经网络算法原理

6.4.2.1　时空卷积模块

大量的研究成果表明,3D 卷积可以有效提取视频序列的运动特征,相比于 2D 卷积和 3D 卷积增加了时间轴上的卷积核。这也导致 3D 卷积的运算量相比 2D 卷积更大,内存消耗更多。对于给定输入通道数 C_{in}、输出通道数 C_{out},宽高分别为 W、H 的特征图,不考虑偏置时完成一次 2D 卷积的计算量为

$$2 \times C_{in} \times K^2 \times C_{out} \times W \times H \tag{6-64}$$

相同参数情况下,3D 卷积引入了时间 T,对应的计算量为

$$2 \times C_{in} \times K^3 \times C_{out} \times W \times H \times T \tag{6-65}$$

因此,3D 卷积相比于 2D 卷积计算量增加了 $K \times T$ 倍。由于 3D 卷积存在计算量增加、难以部署应用等问题,学者提出使用 2D 卷积代替 3D 卷积提取视频特征的思想。这些算法都针对目标特征明显的人体动作识别领域,同时相关操作依赖手工实现的算子插件,可拓展性较差。

综上,本节设计一种简单的时空信息交互模块,模块基于 2D 卷积实现,运算量更低,可以使用现有的 AI 加速库直接加速,没有特殊算子,具体结构如图 6 - 51 所示。

如图 6 - 51 所示,将上层的深度特征图 $X_{in} \in \mathbb{R}^{T \times C \times H \times W}$ 在时空通道上交换,得到 $X \in \mathbb{R}^{C \times T \times H \times W}$;在时空通道上进行特征提取,得到不同时间序列上的融合信息 X_{out},详细的计算流程见式 (6 - 66)。通过上述方式,可实现仅使用 2D 卷积的情况下提取时间轴上的信息。本节即将采用这种方式实现时间和空间信息的交互。

$$X_{out} = \text{Conv}[\text{Tranpose}(X_{in} \in \mathbb{R}^{T \times C \times H \times W} => X \in \mathbb{R}^{C \times T \times H \times W})] \tag{6-66}$$

式中,Conv 为卷积操作;Transpose 为维度转换操作。

6.4.2.2　时间 Transformer 模块

序列图像在时间轴上具备连续性,Transformer 结构对长序列具备较强的建模能力,因此将 Transformer 用于序列图像在时间通道上的特征提取,实现一种时间 Transformer 模块。该模块的结构如图 6 - 52 所示。

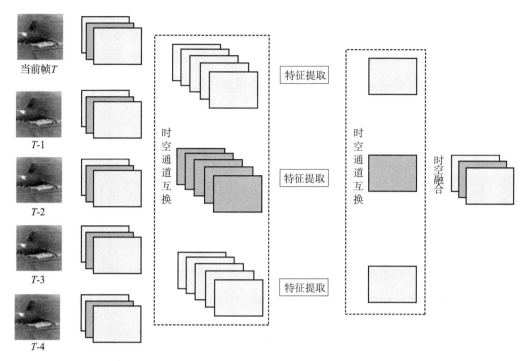

图 6-51　时空卷积模块

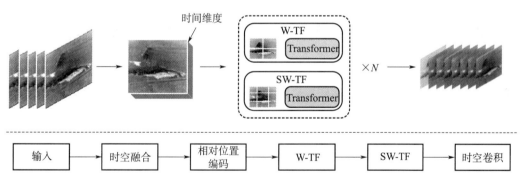

图 6-52　时间 Transformer 模块的结构

对于输入的特征图 $X \in \mathbb{R}^{T \times C \times H \times W}$，将视频序列的时间通道与空间通道融合，即使用时空卷积模块，得到融合特征 $X \in \mathbb{R}^{C \times T \times H \times W}$。由于输入 Transformer 的图像会被划分为小的图像块，会损失图像之间的相对位置关系，因此使用相对位置编码（Path Embed）记录图像的真实空间位置；同时，这一步还兼顾图像维度处理的功能，将数据处理成 Transformer 可以识别的格式。相对位置编码时，首先采用卷积操作将图像调整到合适的维度 C_1，卷积核大小以及步长均为 P，将特征图转换为 $C_1 \times H_1 \times W_1$，其中 $H_1 = H/p$、$W_1 = W/p$；然后重新调整特征图的维度，转换为 Transformer 可以处理的形式 $(H_1 W_1) \times C_1$。上述过程可归纳为

$$X \in \mathbb{R}^{(H_1 W_1) \times C_1} = \mathrm{PathEmbed}[\mathrm{Conv}(X \in \mathbb{R}^{T \times C \times H \times W})] \tag{6-67}$$

式中，Conv 为卷积；Path Embed 为相对位置编码。

此时得到的特征就可以送入 W－TF、SW－TF 两个模块进行特征提取，W－TF、SW－TF 两个模块的具体结构已经在 6.4.1 节中进行了详细说明。

时空卷积部分通过设定特定维度输出的卷积模块将维度调整到与空间特征提取部分相同，用于后续的特征相加。时间 Transformer 模块中各个阶段的参数设置如表 6－18 所示。

表 6－18 时间 Transformer 模块中各个阶段的参数设置

模块	输出特征维度
原始图像对	5 3 256 256
时空融合	15 256 256
相对位置编码	64 64 192
W－TF 模块	64 64 192
SW－TF 模块	64 64 192
特征融合	128 64 64

6.4.2.3 注意力机制模块

在卷积神经网络中通过设计特定结构的模块，同样能够拥有注意力机制的特性，因此本节介绍注意力机制模块。注意力机制包括空间注意力和通道注意力，下面分别介绍。

（1）空间注意力模块

在大部分情况下，目标只占据图像的一小部分。空间注意力机制就是借助深度神经网络的自学习能力来对目标进行定位，如图 6－53 所示。

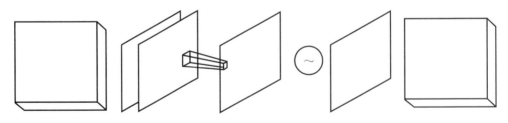

图 6－53 空间注意力模块

对于输入的特征图 $X_{\text{input}} \in R^{B \times C \times H \times W}$，首先沿通道方向分别计算均值和最大值，得到 $X_{\text{mean}} \in R^{B \times 1 \times H \times W}$，$X_{\text{max}} \in R^{B \times 1 \times H \times W}$。接着在图像通道方向上合并上述两个特征图，得到 $X_{\text{concat}} \in R^{B \times 2 \times H \times W}$；使用一个输入通道数为 2、输出通道数为 1 的卷积，对合并后的特征图进行融合，得到 $X_{\text{conv}} \in R^{B \times 1 \times H \times W}$。此时得到的特征图数据范围不一定处于 0~1，因此还需要使用 Sigmoid 函数对结果进行归一化，得到 $X_w \in R^{B \times 1 \times H \times W}$。随着网络的训练，在图像上重要的区域会趋向于 1，这时认为网络具备了自注意力特性。最后，将权重模板与输入进行矩阵相乘，得到输出结果 $X_{\text{out}} \in R^{B \times C \times H \times W} = X_{\text{input}} \in R^{B \times C \times H \times W} \times X_w \in R^{B \times 1 \times H \times W}$。

上述过程可归纳为

$$X_{\text{out}} = X_{\text{input}} \cdot \sigma\{\text{Conv}[\text{Concat}(X_{\text{mean}}, X_{\text{max}})]\} \tag{6-68}$$

式中，Conv 为卷积操作；Concat 为特征拼接操作；σ 为 Sigmoid 激活函数。

（2）通道注意力模块

通道注意力机制通过为不同的特征通道分配不同的权重并建立关联关系，进而筛选重要通道，同时抑制无关的特征干扰。通道注意力模块如图 6-54 所示。

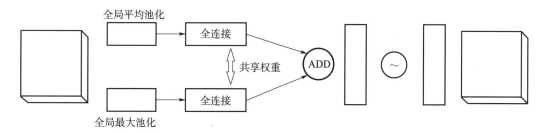

图 6-54　通道注意力模块

对于上一级输出的特征图 $X_{\text{input}} \in \mathbb{R}^{B \times C \times H \times W}$，分别进行全局平局池化和最大池化，得到 $X_{\text{avg}} \in \mathbb{R}^{B \times C \times 1 \times 1}$、$X_{\text{max}} \in \mathbb{R}^{B \times C \times 1 \times 1}$；接着将这两个特征图通过一个共享权重的全连接层，得到 $X_{\text{avgMLP}} \in \mathbb{R}^{B \times C \times 1 \times 1}$、$X_{\text{maxMLP}} \in \mathbb{R}^{B \times C \times 1 \times 1}$，这一步是为了引入更多的可训练参数，增强模块的拟合能力；其次，将 $X_{\text{avgMLP}} \in \mathbb{R}^{B \times C \times 1 \times 1}$、$X_{\text{maxLinear}} \in \mathbb{R}^{B \times C \times 1 \times 1}$ 按元素相加，同时对加和结果采用 Sigmoid 函数进行归一化，得到 $X_w \in \mathbb{R}^{B \times C \times 1 \times 1}$；最后，将原始特征图与通道权重模板相乘，得到加权结果 $X_{\text{out}} \in \mathbb{R}^{B \times C \times H \times W}$。上述过程总结为

$$X_{\text{out}} = X_{\text{input}} \cdot \sigma \text{MLP}\{\text{AvgPool}(X_{\text{input}}) + \text{MLP}[\text{MaxPool}(X_{\text{input}})]\} \tag{6-69}$$

式中，AvgPool 为全局平均池化；MaxPool 为全局最大池化；σ 为 Sigmoid 激活函数；MLP 为多层感知机。

6.4.2.4　融合注意力机制的时空神经网络算法流程

U-Transformer 相比于基于通用卷积神经网络架构的检测算法，性能上有较大优势。因此，本节首先在 U-Transformer 算法的基础上结合上述所提的时空卷积、时间 Transformer 模块和注意力机制模块，介绍一种端到端的视频目标检测算法——融合注意力机制的时空神经网络算法，以下简称时空神经网络算法。

时空神经网络将非连续运动小目标的时序信息构建为黑箱模型，能够有效解决传统方法中无法对小目标运动建模的问题。其不再期望构建一个确定性的方程描述小目标的运动，而是提取所有与目标运动有关的特征信息。对于基于 U-Transformer 的基本框架，本节重构了一个多帧检测算法，算法接收来自前端设备 5 帧连续图像的输入，其中前 4 帧为参考帧，通过时空耦合完成特征提取，并给出最后一帧图像中目标的具体位置信息。时空特征提取算法的训练、推理流程如图 6-55 所示。训练时根据图像帧的时间关系构建由 5 帧图像组成的图像，对其中前 4 帧为参考帧，最后 1 帧为关键帧（待检测的图像），由此形成训练数据集。训练时随机从数据集中抽取图像对，送入检测模型，根据模型输出的检测结果与既定标签值的差异驱动模型更新。当模型输出与标签值之间的损失值足够小时，认为模型可以很好地学习到目标特征，具备弱小目标的检测能力。模型测试推理是一个离线过程，算法无法事先获取所有图像帧形成图像对，因此在推理初始化时首先构建一个由第1帧图像组成的数据队列，队列长度为5。数据队列跟随检测视频流依次更新数据，在数据流上形成滑动窗，检测算法给出滑动窗口最后一帧图像中目标的位置。

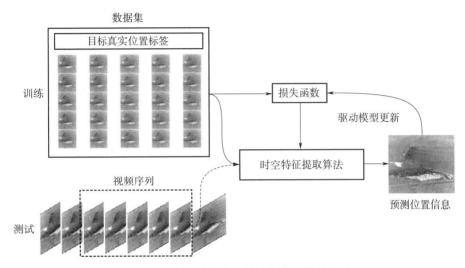

图 6-55　时空特征提取算法训练、推理流程

特征提取网络是深度学习模型中最重要的部分，基于时空神经网络的弱小目标检测算法的结构如图 6-56 所示。在红外弱小目标检测算法中，空间特征信息是必不可少的，因此在时空特征提取算法中，序列图像在输入网络后首先被划分为两个通道：时间通道和空间通道。在空间通道上，编码器可以学习到红外目标的空间特征信息，空间通道上序列内的图像无法交互，因此没有时序特征的建模能力。这就需要一个能够在时间通道上进行特征提取的神经网络，时间 Transformer 通过时间和空间维度的交换可以一次性将时间信息和空间信息送入网络。序列图像的时空特征和空间特征可以分别被时间 Transformer 和 U－Transformer 的编码器学习到，图 6-57 为时空融合后特征的可视化图像，可见融合特征能够提取到与目标相关的信息。之后将这两部分的特征加和一起送入 TF 模块，此时的特征通过时间、空间信息耦合，具备丰富的语义信息。接着经过 TF 模块中 Transformer 的特征提取，能够有效获取与检测相关的信息从而提升算法的整体性能。在解码器阶段将经过 Transformer 的特征进行上采样放大，在解码模块中还一并注入网络的浅层信息，避免深度网络导致的目标特征信息消失问题；同时，将特征恢复到较大尺度，方便后续的检测任务。此时得到的特征没有在时间尺度上压缩，接着经过一个时空卷积模块，在时间维度进行压缩，使模型只输出最后一帧图像上的检测信息。最后采用和基于时空关联算法一样的检测头，分别得到目标高斯热图、中心偏移图和尺度估计图，在检测框解码阶段根据 3 个检测头的输出得到目标的位置信息。表 6-19 为时空神经网络算法的参数设置。

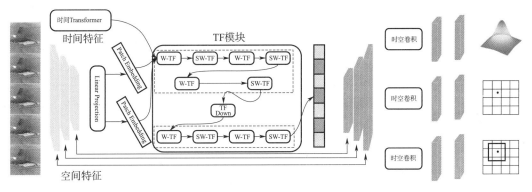

图 6-56　基于时空神经网络的弱小目标检测算法的结构（见彩插）

(a) 关键帧图像　　　　　　　　　(b) 时空融合特征

图 6-57　时空融合后特征的可视化图像（见彩插）

表 6-19　时空神经网络算法的参数设置

层名称	输入尺寸	输出尺寸
Encode	256,256,3	128,128,64
Encode	128,128,64	64,64,128
Time Transformer	256,256,3	128,128,64
Swin Transformer	64,64,128	8，8，192
Decode	8，8，192	16,16,512
Decode	16,16,512	32,32,256
Decode	32,32,256	64,64,128
Decode	64,64,128	128,128,64
Decode	128,128,64	256,256,64
Heatmap	256,256,64	256,256,1

续表

层名称	输入尺寸	输出尺寸
Scale	256,256,64	256,256,2
Center Offset	256,256,64	256,256,2

在实现了时空神经网络算法后，将两种注意力机制引入时空神经网络的编解码器模块中，如图 6-58 所示。图像特征经过原始的编解码模块后，依次经过空间注意力模块和通道注意力模块，在这两个模块中通过网络学习，可以使得模型更加关注图像中的目标，从而提升整个网络对目标特征的提取能力。

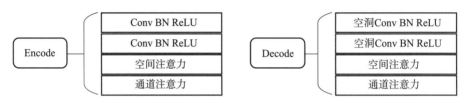

图 6-58　融合注意力机制的编解码模块

最后，基于融合注意力机制的编解码模块，得到融合注意力机制的时空神经网络算法，如图 6-59 所示。基于卷积实现的注意力机制模块可以在增加较少计算量的同时，显著提升网络模型对目标特征的提取能力。在后续的实验中可以发现，融合注意力机制的神经网络算法能够有效应对复杂场景下的弱小目标检测问题，显著提升算法的性能。

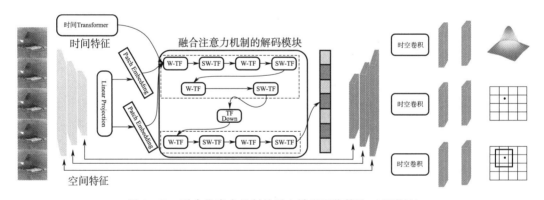

图 6-59　融合注意力机制的时空神经网络算法（见彩插）

6.4.3　示例

6.4.3.1　实验数据集

示例采用由国防科技大学 ATR 实验室制作的红外弱小目标数据集。该数据集由 22 个图像序列、30 条航迹、16 177 帧图像和 16 944 个目标构成，涵盖了地面丘陵、山脉、森林等复杂场景。原始数据集中包含了部分天空背景，该场景相对简单，本示例仅保留部分地面场景的复杂图像，部分数据如图 6-60 所示。

图 6-60　数据集示例（白色圆圈内为目标）

本实验将测试数据集划分为 9 个序列，并详细给出了每个序列的信杂比、场景、帧数等信息，如表 6-20 所示。

表 6-20　算法测试序列信息

序列名称	平均 SCR	SCR 方差	SCR 范围	场景	帧数
Seq1	2.1	0.49	0.5~5.7	平原	200
Seq2	0.7	1.2	0.0~2.4	平原	198
Seq3	1.3	0.5	0.0~0.5	灌木、建筑物	200
Seq4	1.5	0.7	0.0~1.4	建筑物、丘陵	200
Seq5	0.3	0.9	0.0~4.2	建筑物、丘陵	250
Seq6	0.3	0.3	0.0~3.8	农田、丘陵	250
Seq7	0.6	0.6	0.0~3.3	丘陵、灌木	250
Seq8	0.3	0.2	0.0~0.9	森林、建筑物	250
Seq9	0.8	0.7	0.0~2.5	森林	249

本实验对已有的算法进行了复现测试。表 6-21 给出了不同算法在测试集上的平均精度和帧率，图 6-61 中展示了不同算法的平均精度-召回率曲线。其中，传统算法包括 Top Hat、ADDGD、ADMD、HBMLCM、LEF、LIG、WSLCM、PSTNN、TLLCM、RLCM、MSPCM、MSLoG、ISTD，深度学习算法包括 Cascade RCNN、CenterNet-1、CenterNet-2、YOLOv3、PP-YOLOv1、PP-YOLOv2。由实验结果可知，在复杂地面环境的弱小目标检测任务中，基于数据驱动的算法即深度学习算法可以有效学习到目标的特征信息，其中 CenterNet-2 算法平均精度达到了 62%；然而，传统算法中表现最佳的 RLCM 算法的平均精度也只有 4.60%，一些经典算法如 Top Hat 在复杂地面数据集上甚至完全失效。即使是表现最差的深度学习算法，如 Cascade RCNN，其平均精度也达到了 39.80% 的水平。同时，依赖于高效的 GPU 运算，深度学习算法的各项性能也要优于传统算法。

表 6 - 21　不同算法在测试集上的平均精度和帧率

算法	平均精度/%	帧率/(帧/s)
CenterNet - 2(2019)	62.00	25.98
CenterNet - 1(2019)	56.10	34.01
PP - YOLOv2(2021)	53.50	82.16
PP - YOLOv1(2020)	52.90	166.77
YOLOv3(2018)	47.60	39.63
Cascade RCNN(2021)	39.80	20.27
RLCM	4.60	0.12
ISTD(2021)	4.10	6.81
LEF(2020)	2.70	0.26
PSTNN(2019)	0.70	6.56
TLLCM(2020)	0.70	0.42
ADMD(2020)	0.30	22.72
ADDGD(2019)	0.20	14.89
HBMLCM(2018)	0.20	19.44
LIG(2018)	0.20	1.42
Top Hat	0.10	21.32
WSLCM(2021)	0.10	0.11
MSPCM(2018)	0.10	11.28
MSLoG(2018)	0.10	22.7

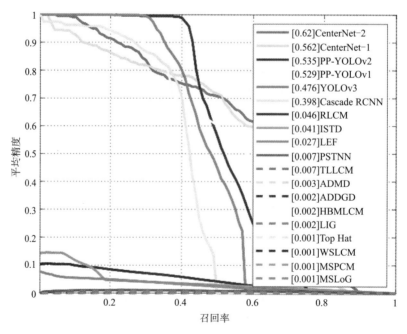

图 6 - 61　不同算法在数据集上的平均精度-召回率曲线（见彩插）

6.4.3.2　基于时空信息关联的算法实验

为了验证基于时空信息关联的算法的综合性能，本实验选取了部分典型算法：Cascade RCNN、CenterNet-1、CenterNet-2、YOLOv3、PP-YOLOv1、PP-YOLOv2、YOLOX；同时加入 3 种多帧算法：STLCF、STLDM、ASTFDF，进行对比测试。实验分为定量对比和定性对比两部分，定量检测又分为单帧检测对比和多帧检测对比。如表 6-22 所示，V1 对应的 U-Transformer 仅为单帧检测算法，用于单帧检测对比实验中；而 V2、V3、V4 将 U-Transformer 和时空融合策略结合，成为多帧检测算法，用于多帧检测对比实验中。下面对实验结果进行详细介绍。

表 6-22　算法模块组合对应

算法
V1：U-Transformer
V2：U-Transformer+管道滤波
V3：U-Transformer+热图融合
V4：时空信息关联算法

（1）定量分析

表 6-23 所示为定量分析实验结果。在单帧算法方面，U-Transformer 算法相比于同类型算法在平均精度指标上达到了 73.28%，表现最佳。基于轻量化的设计方案，模型的运行帧率保持在 60 帧/s（1080Ti），具备一定的实时性。一方面，通用深度学习目标检测算法（Cascade RCNN、CenterNet-1、CenterNet-2、YOLOv3、PP-YOLOv1、PP-YOLOv2、YOLOX）为了兼顾不同尺度的模型，保证算法实时性，在特征提取网络上都采用金字塔结构的模型设计准则。在红外弱小目标检测中这种架构是不利的，红外弱小目标检测中更关心图像的浅层信息以及目标与背景的差异化。红外图像自身的特征不明显，尺度小，多次下采样会导致特征损失，同时卷积神经网络中存在明显的局部效应，模型感受野不会随网络层数线性增加。另一方面，U-Transformer 算法中首先采用两层编码器模块去除背景噪声增强目标，同时将图像维度编码到较小尺度上保证算法的实时性，接着使用 TF 模块的自注意力机制建立目标与局部区域、图像全局的关联关系，最后通过对特征进行高斯建模得到目标的详细尺度和中心位置信息，因此 U-Transformer 算法在弱小目标检测任务上优于同类型算法。

在多帧红外弱小目标解决方案中，STLCF 算法基于空间-时间局部对比滤波器，从时空两个维度提取红外弱小目标的显著性特征；STLDM 算法则是计算 3 帧图像中小目标的局部灰度强度差异，并计算中心区域中的灰度强度与目标周围区域中 8 个方向上的灰度强度之间的差异，最终得到目标与背景的差异化信息；ASTFDF 算法通过构造背景预测器，利用视频序列中的时空各向异性进行背景估计，通过原始图像减去预测的背景实现目标检测。在实际测试的序列图像中，目标的 SCR 较小，目标特征不明显，背景图像之间的相关性高，因此基于背景预测的方法相比于其他多帧算法取得了较好的效果；但是，相比于深度学习算法这一类算法的各项指标依然较差，无法满足红外弱小目标检测任务需求。基于时空信息关联算法（V4）能够有效均衡单帧算法分别与自适应管道滤波、加权热图融合单一联合导致的平均精度下降问题，基于时空信息能显著提升算法的召回率；但是，由于准确率下降，导致算法的平均精度相对于单帧算法出现了小部分下降，多模型的相互耦合在部分场景中甚至低于单帧检测结果。

表 6 - 23　定量分析实验结果

算法类型	算法名称	平均精度/%	帧率/(帧/s)
单帧	V1	73.28	60.0
	CenterNet - 2(2019)	62.00	25.98
	CenterNet - 1(2019)	56.10	34.01
	PP - YOLOv2(2021)	53.50	82.16
	PP - YOLOv1(2020)	52.90	166.77
	YOLOv3(2018)	47.60	39.63
	Cascade RCNN(2021)	39.80	20.27
	YOLOX(2021)	39.10	—
多帧	V2	72.49	56.5
	V3	67.36	44
	V4	72.27	53
	STLCF(2018)	0.16	2.159
	STLDM(2020)	5.8	0.582
	ASTFDF(2018)	13.5	10.38

（2）定性分析

定性分析方面选取弱小目标检测中 3 种典型场景（山脉、丘陵和建筑物），实验结果如图 6 - 62 所示。图 6 - 62 中，第一行原图的框为目标真实的标注，第二行后图中的框为算法的输出位置。在山脉场景（SCR 0.34）中，由于目标的信杂比较低，因此大部分算法无法发挥作用，而得益于定制化的红外弱小目标特征提取网络与检测算法，U - Transformer 算法、自适应管道滤波、加权热图融合、时空信息关联算法均能正确检测。丘陵场景（SCR 0.5）中，地面农田出现大量与目标形态相似的亮斑，传统算法 PSTNN 基于奇异值分解，无差别地将这些亮区认为是目标，算法虚警率较高，多帧算法（STLCF，STLDM，ASTFDF 都无法有效识别目标）。在建筑物场景（SCR 1.6）中，由于平台自身的大范围抖动，基于管道滤波的算法根据历史信息剔除了当前检测结果，并且基于历史信息给出预测位置，导致检测错误；基于热图融合的算法则是根据历史信息给出历史位置的目标预测，导致出现除真实目标之外的误检，时空信息关联算法中同样存在该问题。综合来看，基于时空信息关联的算法综合性能优于其他对比算法，在部分场景中检测性能还需要进一步提升。

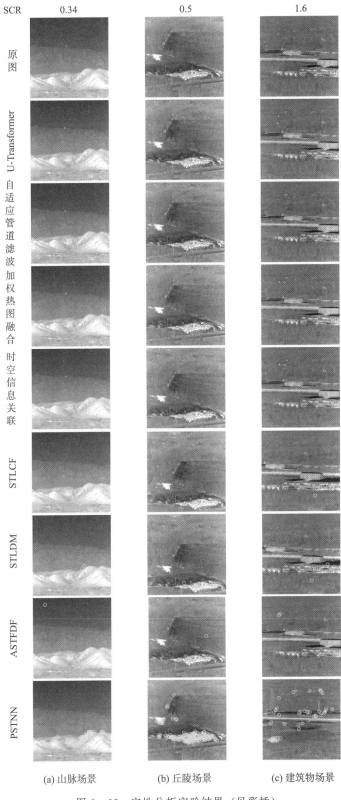

图 6-62　定性分析实验结果（见彩插）

6.4.3.3　融合注意力机制的时空神经网络算法实验

为了验证时空神经网络算法和融合注意力机制的时空神经网络算法的综合性能，本小节进行了对比实验。为了方便表示，算法名称与代号对应如表 6‑24 所示。实验依旧分为定量分析和定性分析两部分，详细如下。

表 6‑24　算法对应表

代号	算法名称
V4	时空信息关联算法
V5	时空神经网络
V6	融合注意力机制的时空神经网络

（1）定量分析

表 6‑25 所示为定量分析实验结果。融合注意力机制的时空神经网络在平均精度指标上优于时空信息关联算法，相比于单帧基线算法 CenterNet‑2，融合注意力机制的时空神经网络算法性能可提升 20.37%，相比时空信息关联算法性能提升 8.65%。由此可见，基于神经网络的时空域信息提取相比于单帧、多帧耦合的算法架构，在应对目标的复杂运动状态（镜头抖动、运动模糊）导致的运动不连续问题时拥有更好的性能表现。时空特征提取神经网络能够提取与目标运动相关的复杂特征，传统算法仅通过位置关联存在性能瓶颈。空间注意力模块、通道注意力模块的引入可以有效提升模型对复杂场景下目标的特征提取能力，将注意力机制模块与编解码器结合能够有效增强算法性能。

表 6‑25　定量分析实验结果

算法	平均精度/%	帧率/(帧/s)
V6	82.37	15
V5	76.13	25
V4	73.72	53
CenterNet‑2	62.00	25.98

由于引入了多帧信息，因此时空神经网络算法在 U‑Transformer 算法的基础上增加了时间通道、时空卷积和时间 Transformer，进一步改进了算法。融合注意力机制的时空神经网络算法在每个编解码模块中插入空间注意力和通道注意力，以进一步提高网络的性能。由于该算法需要输入 5 帧数据，因此相比于单帧算法，其实时性有所下降。

（2）定性分析

定性分析与前面的实验设置一致，选取红外弱小目标检测中的 3 种典型场景（山脉、丘陵、建筑物），对比不同算法的检测效果，如图 6‑63 所示。图 6‑63 中第一行的框为目标真实的位置，第二行后的框为算法的输出位置。由图 6‑63 中展示的结果可见，通过端到端的时空特征提取网络，融合注意力机制的时空神经网络算法能够有效学习到与目标运动、特征相关的信息，进而有效提升算法应对复杂场景检测任务的性能。相比于通过单帧＋多帧确定框架，基于时空神经网络的算法通过网络自学习目标运动特性，能够有效解决红外小目标识别中存在的目标误检问题。综上所述，融合注意力机制的神经网络算法能够有效解决复杂场景下目标运动不连续、平台抖动等问题。

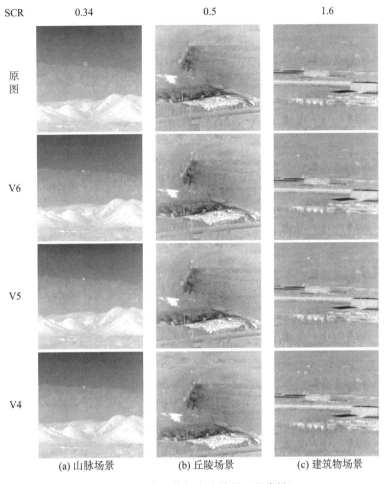

图 6-63　定性分析实验结果（见彩插）

本章小结

　　本章包含 4 个小节，分别介绍了卷积神经网络小目标检测、基于深度学习的分割算法、三维卷积神经网络小目标检测以及融合时序信息的小目标智能检测。这些技术为解决红外场景中目标智能检测的复杂挑战提供了新思路和方法，通过引入通用和特定设计的网络，以及融合时序信息等关键算法，提升了在复杂背景下红外弱小目标检测的准确性和鲁棒性。

第7章 弱小目标红外双波段图像融合检测技术

现代战争中，随着战场环境越来越复杂，尤其是在目标与探测系统距离较远时，目标在红外成像场景中提取到的信息较少，探测系统对目标准确检测的难度较大，单一波段探测体制的制导搜索预警系统已经不能完全适应这种复杂环境要求。为了提高探测系统的检测能力，需要利用双波段或多波段成像探测技术获取物体在两个或多个不同波段的红外图像，同时融合不同光谱下的辐射特性差异，这就使远距离弱小目标的精确检测成为可能。多波段成像探测体制下的红外弱小目标检测已成为红外图像处理领域的研究热点与难点问题。

7.1 目标与背景双波段特性分析

本节将重点对双波段的红外图像的特性进行分析，探讨目标的红外双波段特性、背景的红外双波段特性以及融合图像的特性，这些方面的内容对图像融合至关重要。通过深入研究这些特性，能够更好地理解目标与背景之间的差异，为后续双波段图像融合的相关内容提供有力的基础。

7.1.1 目标双波段特性

目标与背景经过成像探测器后所形成的信息会表现出它们各自的灰度特性，可以通过成像特点分析与图像对比分析来得到弱小目标的特性。由于弱小目标在成像平面的面积小，且从三维灰度图中可以看出目标内部灰度值变化也小，这样在经过数字化处理时，可以对目标进行框架定位，并将目标作为具有恒定灰度值的点源进行处理。利用双波探测器对天空背景下的飞机目标、地物背景下的人物目标以及海面背景下的船只目标进行数据采集，利用三维灰度图分析双波图像中弱小目标的灰度分布，如图7-1~图7-3所示。

同时，为了比较直观地对比双波图像的灰度辐射特性，采用图像特征分布直方图对比不同背景下的双波灰度特性，如图7-4~图7-6所示。

分析不同背景下的弱小目标特性，图7-1与图7-4分别显示了在远距离天空多云背景下的三维灰度图和直方图对比，云背景的辐射会对弱小目标的识别造成干扰。在三维灰度图中也体现了这一特性，干扰的辐射增加了弱小目标从背景中区分出来的难度。分布直方图对比中，可明显看出中波图像整体灰度值较高，长波图像整体灰度值偏低，弱小目标信息较容易从长波图像中凸显出来。

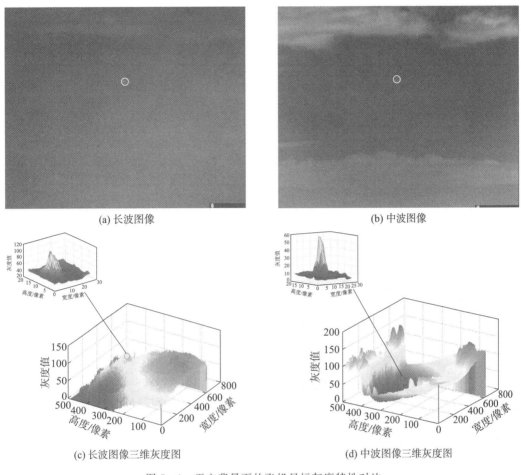

(a) 长波图像　　　　　　　　　　　　　　　(b) 中波图像

(c) 长波图像三维灰度图　　　　　　　　　　(d) 中波图像三维灰度图

图 7 - 1　天空背景下的飞机目标灰度特性对比

(a) 长波图像　　　　　　　　　　　　　　　(b) 中波图像

图 7 - 2　地物背景下的人物目标灰度特性对比

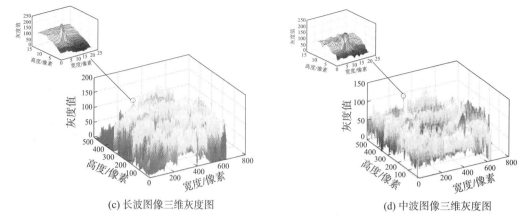

（c）长波图像三维灰度图　　　　　　（d）中波图像三维灰度图

图 7 - 2　地物背景下的人物目标灰度特性对比（续）

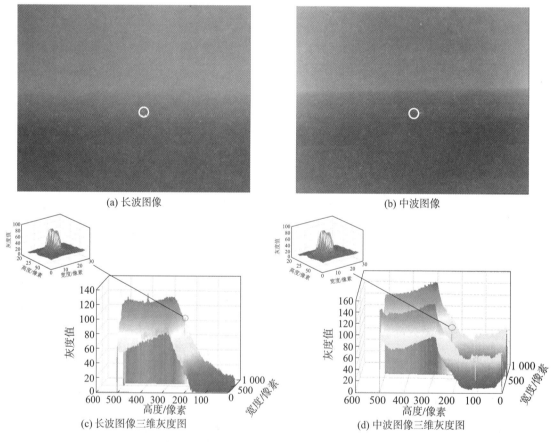

图 7 - 3　海面背景下的船只目标灰度特性对比

　　图 7 - 2 与图 7 - 5 分别显示了在地物环境下的三维灰度图和直方图对比，长波红外图像的景物层次感比较强，人物目标辐射从图像背景中不容易区分出来；中波红外图像的层次感比较差，目标灰度略高于地物背景灰度，容易识别图像中的目标。特别在分布直方图中可明显看出，长波图像很难从背景中识别出弱小目标，而中波图像中较容易区别目标复杂地物。

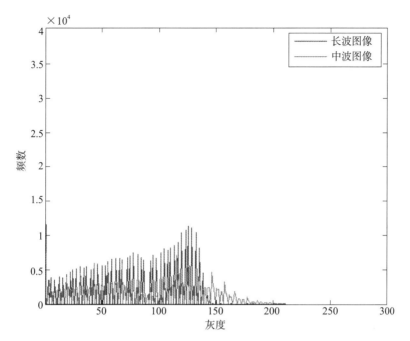

图 7-4　天空背景下双波图像灰度直方图对比（见彩插）

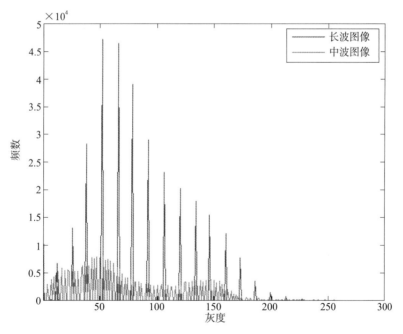

图 7-5　地物背景下双波图像灰度直方图对比（见彩插）

　　图 7-3 与图 7-6 分别显示了在海面背景下的三维灰度图与直方图对比。由于海面天际线的反射，对长波图像中目标的辐射造成了干扰，导致目标淹没在背景中；而中波图像中海面天际线的反射不强，目标的热辐射使得其很容易从背景中被识别出来。

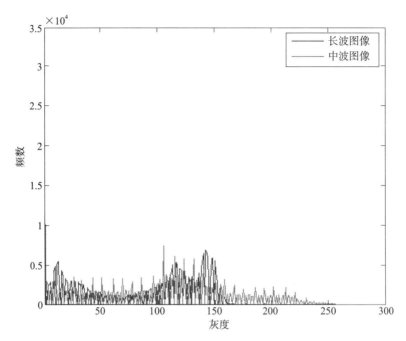

图 7 - 6　海面背景下双波图像灰度直方图对比（见彩插）

综上，从目标来讲，长波红外图像中目标的轮廓特征比较清晰；中波红外图像的目标轮廓特征不清晰，但是目标高温区比较清晰，因此在高温区的层次感比较强。由于大部分景物的温度不高，因此长波红外图像中的景物轮廓比较清晰；而中波红外图像中景物的轮廓比较模糊，目标中的细节比较模糊。特别是小目标，中波红外图像有可能缺失目标，而长波红外图像能够全面反映目标数目。

7.1.2　背景双波段特性

分析不同背景的双波段特性，图 7 - 1 在远距离天空多云背景下，云背景的辐射会对弱小目标的识别造成干扰。云层的辐射在长波图像中没有那么明显，而中波图像中云层辐射较强。图 7 - 2 在地物环境下，长波红外图像的层次感比较强，景物按照温度高低呈现明暗层次明显的分布，不同景物之间区分比较清楚；中波红外图像的层次感比较差，不同景物之间特别是低温景物之间区分不明显。图 7 - 3 与图 7 - 6 在海面背景下，从分布直方图中可以看出长波背景辐射都集中在高灰度上，而中波图像背景辐射的灰度都偏低。

利用提取图像梯度对比双波图像，由于背景是一个绵延的整体，目标是一个独立的个体，因此在辐射特性上背景与目标具有一定的区别性。因此，可利用图像中形成的梯度信息来区分背景与目标，对图像进行处理后，可得图 7 - 7。从图 7 - 7 中可以看出，因为背景轮廓信息与弱小目标信息辐射特性不同，所以两者在图像中显示时是独立分开的。弱小目标在梯度较小的背景中凸出明显，而在某些场景下目标信息被淹没，如图 7 - 7 (d) 所示地物背景下中波梯度图像中的目标信息不能被凸显。

综上，从背景来讲，在背景比较丰富的红外图像中，长波红外图像的层次感比较强，

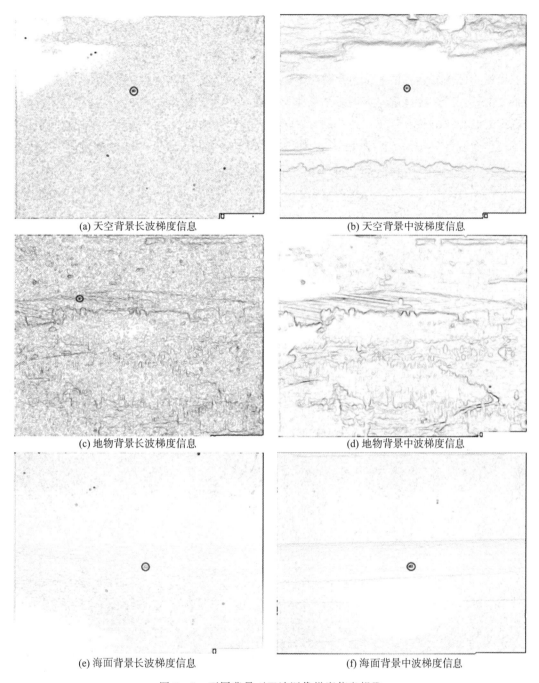

(a) 天空背景长波梯度信息

(b) 天空背景中波梯度信息

(c) 地物背景长波梯度信息

(d) 地物背景中波梯度信息

(e) 海面背景长波梯度信息

(f) 海面背景中波梯度信息

图 7 - 7　不同背景下双波图像梯度信息提取

景物按照温度高低呈现明暗层次变化的分布，不同景物之间区分比较清楚；中波红外图像的层次感比较差，不同景物之间特别是低温景物之间区分不明显，主要是高温区与低温区的区分比较明显。

7.1.3　融合图像特性

本节将图像融合算法应用于以下 3 组图像，第 1 组是山景图像，图像中包括明显的云、山景与山脚灯光；第 2 组包括河岸水面与河岸旁路面；第 3 组图像的目标信息是海面背景中的一艘船。将每幅图像的中长波段作为输入，经过图像融合算法得到输出图像，即融合后的红外双波段融合图像。在融合算法中，传统融合算法和深度学习融合算法中各选取了两种代表性算法，分别为基于小波变换图像融合算法、基于潜在低秩的图像融合算法、基于 Dense Fuse 的图像融合算法和基于 RFN - Nest 的图像融合算法。图像融合算法的原理与流程将在 7.2 节详细说明，本节仅将融合结果和对应的三维灰度图作为展示，来分析融合图像的特性，如图 7 - 8～图 7 - 13 所示。

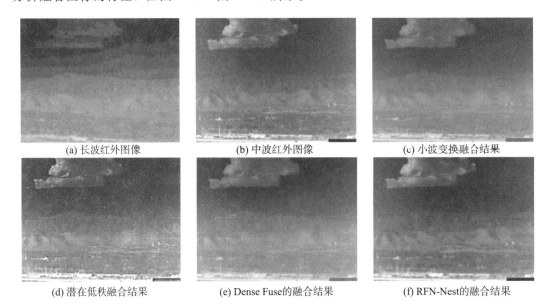

(a) 长波红外图像　　　　　　(b) 中波红外图像　　　　　　(c) 小波变换融合结果

(d) 潜在低秩融合结果　　　　(e) Dense Fuse的融合结果　　　　(f) RFN-Nest的融合结果

图 7 - 8　第 1 组红外双波段图像和融合图像

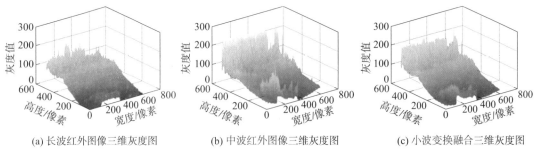

(a) 长波红外图像三维灰度图　　　(b) 中波红外图像三维灰度图　　　(c) 小波变换融合三维灰度图

图 7 - 9　第 1 组红外双波段图像和融合图像三维灰度图

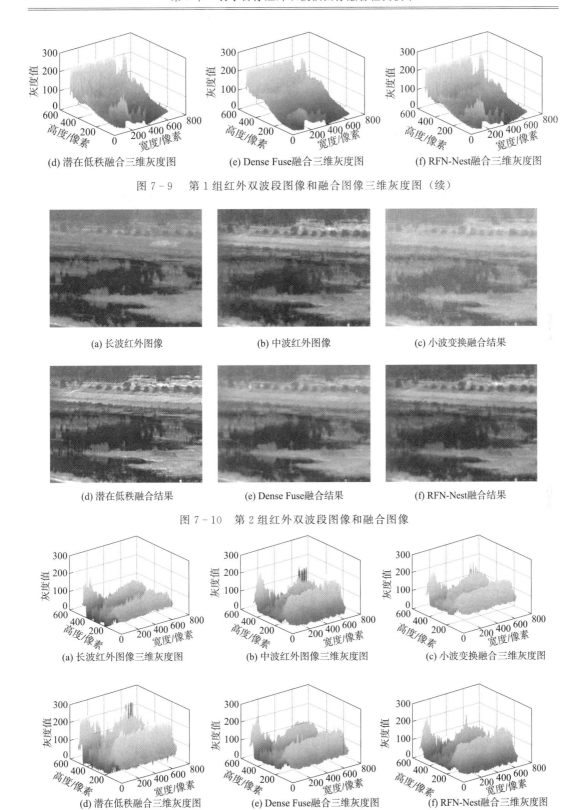

(d) 潜在低秩融合三维灰度图　　　　(e) Dense Fuse融合三维灰度图　　　　(f) RFN-Nest融合三维灰度图

图 7-9　第 1 组红外双波段图像和融合图像三维灰度图（续）

(a) 长波红外图像　　　　　　(b) 中波红外图像　　　　　　(c) 小波变换融合结果

(d) 潜在低秩融合结果　　　　(e) Dense Fuse融合结果　　　　(f) RFN-Nest融合结果

图 7-10　第 2 组红外双波段图像和融合图像

(a) 长波红外图像三维灰度图　　(b) 中波红外图像三维灰度图　　(c) 小波变换融合三维灰度图

(d) 潜在低秩融合三维灰度图　　(e) Dense Fuse融合三维灰度图　　(f) RFN-Nest融合三维灰度图

图 7-11　第 2 组红外双波段图像和融合图像三维灰度图

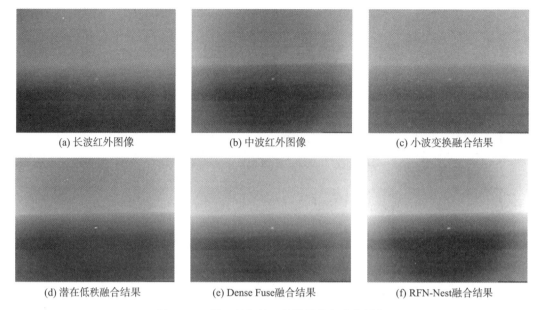

(a) 长波红外图像　　　　　　　　(b) 中波红外图像　　　　　　　　(c) 小波变换融合结果

(d) 潜在低秩融合结果　　　　　(e) Dense Fuse融合结果　　　　　(f) RFN-Nest融合结果

图 7-12　第 3 组红外双波段图像和融合图像

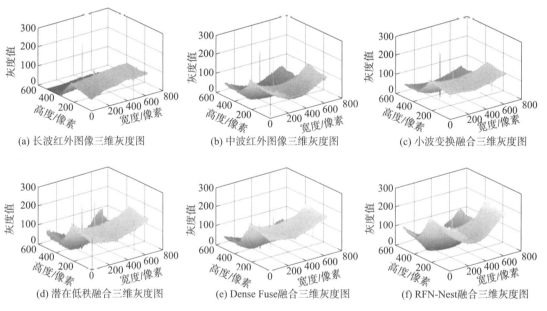

(a) 长波红外图像三维灰度图　　(b) 中波红外图像三维灰度图　　(c) 小波变换融合三维灰度图

(d) 潜在低秩融合三维灰度图　　(e) Dense Fuse融合三维灰度图　　(f) RFN-Nest融合三维灰度图

图 7-13　第 3 组红外双波段图像和融合图像三维灰度图

　　从图 7-8～图 7-13 可以看出，双波段融合图像相比于长波红外图像和中波红外图像来说，其能够抑制噪声和其他干扰因素，使得清晰度和对比度有所增强。对于三维灰度图，融合图像的三维灰度图通常比单一波段的红外图像或中波段图像更丰富和多样。由于融合图像包含长波红外图像和中波红外图像不同的信息，融合图像将这些信息结合起来，使得图像具有丰富的细节信息，并且细微特征更加凸显，可以展示多个灰度峰值和更广泛的灰度范围。例如，对于图 7 - 12 中的船目标，长波红外图像可能难以提供足够的对比度；而中波红外图像可以补充这些细节，从而使得融合图像能够更好地显示这些目标。

7.2　双波段图像传统融合方法

近年来，图像融合受到了极大关注，传统图像融合的算法层出迭见。根据处理图像特征时图像的抽象级别，图像融合主要分为 3 个层次：像素级（Pixel - Level）图像融合、特征级（Feature - Level）图像融合和决策级（Decision - level）图像融合。表 7 - 1 所示为图像融合 3 个层次的优缺点[112]。对于融合方法中一些分解变换的原理已在第 2 章介绍过，本章将重点放在这些变换方法在图像融合中的运用。

表 7 - 1　图像融合 3 个层次的优缺点

融合层次	信息损失	实时性	精度	容错性	抗干扰能力	工作量	融合水平
像素级	小	差	高	差	差	大	低
特征级	中	中	中	中	中	中	中
决策级	大	优	低	优	优	小	高

1）像素级图像融合：直接对原始图像进行融合，通过对对应位置的像素进行融合，一般不会丢失细节信息，融合图像具有较高的丰富性、可靠性，精度很高。但是，如果在原始图像噪声多、图像未配准等情况下，像素级图像融合的效果就会很差，抗干扰能力弱，容错性低；同时，因为原始图像包含的信息非常多，导致计算量很大，效率很慢，实时性较差。

2）特征级图像融合：首先对源图像进行特征提取，然后对特征进行融合。相比于像素级图像融合，该方法提取出有用信息再进行融合，减少了工作量，实时性较强，减弱了噪声等无用信息，抗干扰能力较强，容错性强。但因为该方法对源图像进行了特征提取，不可避免地会造成信息的损失，因此精度会下降。

3）决策级图像融合：在信息最抽象时进行融合。首先分别对提取的最终特征进行决策，再对决策之后的特征进行融合，最后进行综合的决策。相比于其他两种图像融合，决策级图像融合需要具有丰富的先验知识，要普遍适用于所有模型，所以具有很强的抗干扰能力、容错性，工作量小，具有很好的实时性；但其会损失一些信息，精度较低。目前对决策级图像融合的相关的研究内容仍然较少。

本章双波段图像传统融合方法主要聚焦于像素级图像融合。像素级图像融合由于在融合过程中信息损失最少，能够最大限度地保留双波段红外图像中的原始信息，因此在鲁棒性和准确性上均优于其他层次，是目前双波段红外图像融合的研究热点，也是最常用的融合方式。按照图像融合处理域的差异，像素级双波段红外图像融合方法可分为两种类型：基于空间域的图像融合方法和基于变换域的图像融合方法。

7.2.1　基于空间域的图像融合方法

在像素级融合方法中，基于空间域的图像融合算法通过对源图像的像素级的活跃度进行度量，进行逐像素的取舍，得到最终的融合图像。目前基于空间域的图像融合的主流算法有基于像素灰度最大值（Max）/最小值（Min）法、加权平均法[113,114]、主成分分析（Principal Component Analysis，PCA）融合法[115,116]等。其中，加权平均法作为最经典的空间域的融合算法，其特点是不对源图像进行任何变换处理，直接对数据进行加权叠加，优点是信息损耗及附加噪声小，在实际工程上得到了广泛的应用。但是，加权平均法中源图像的加权因子的选取至关重要，如果加权因子选取不当，甚至会模糊图像已有的边缘、纹理等重要信息；PCA是一种常用的融合准则。使用PCA进行图像融合的常用场景有两种：1）用于高分辨率全色图像与低分辨率多光谱图像的融合；2）用于同分辨率图像的融合。将PCA应用于近似图像的融合，其中PCA方法决定了各近似图像融合时的权重，当融合源图像相似时，该方法近似于加权融合算法，其融合效果对图像之间的相似性依赖很大，应用非常受限[117]。

（1）基于像素灰度最大值法

以两幅图像融合为例说明基于像素灰度最大值法的图像融合过程及融合方法。对于3幅或多幅源图像融合的情形，可以类推。假设参与融合的两个源图像分别为 A、B，图像大小为 $m \times n$，经融合后得到的融合图像为 F，那么对 A、B 两个源图像的像素灰度值最大图像融合方法可表示为

$$f_F(x,y) = \max\{f_A(x,y), f_B(x,y)\} \tag{7-1}$$

式中，x 为图像中像素行号，$x = 1, 2, \cdots, m$；y 为图像中像素列号，$y = 1, 2, \cdots, n$。

在进行融合处理时，比较源图像 A、B 中对应位置 (x, y) 处像素的灰度值大小，以其中灰度值大的像素（可能来自图像 A 或 B）作为融合图像 F 在位置 (x, y) 处的像素。这种融合方法只是简单地选择参与融合的源图像中灰度值大的像素作为融合后的像素，对参加融合的像素进行灰度增强，因此适用场合非常有限。

（2）基于像素灰度最小值法

基于像素的灰度值最小值的图像融合方法可表示为

$$f_F(x,y) = \min\{f_A(x,y), f_B(x,y)\} \tag{7-2}$$

在进行融合处理时，比较源图像 A、B 中对应位置 (x, y) 处像素的灰度值大小，以其中灰度值小的像素（可能来自图像 A 或 B）作为融合图像 F 在位置 (x, y) 处的像素。这种融合方法只是简单地选择参与融合的源图像中灰度值小的像素作为融合后的像素，与像素灰度值最大值的融合方法一样，其适用场合也很有限。

（3）加权平均法

加权平均法是对多幅融合图像的对应像素位置进行简单加权平均计算，如下所示：

$$f_F(x,y) = \sum_{k=1}^{n} \alpha_k f_k(x,y) \tag{7-3}$$

式中，α_k 为第 k 幅图像对应的权重值，权重根据所需源图内容依经验设置，所有图像的权

重值总和为 1；$f_F(x，y)$ 为融合后图像 F 位置 $(x，y)$ 处的灰度值；$f_k(x，y)$ 为第 k 幅待融合的源图像的灰度值。

该方法在提高图像信杂比的同时，使图像对比度变低、细节信息被弱化，得到的融合图像边缘模糊化严重，无法满足大多数应用要求；其优点是结构简单，运算速度快。

（4）PCA 融合法

PCA 融合法的融合过程如图 7‑14 所示，低分辨率图像通过 PCA 正变换得到 3 个不同分量成分，通过系数分析权值、PCA 逆变换后输出融合图像。图像融合过程中，主要将包含图像主体特征信息的第一主成分分量信息进行融合：

$$f_F(x，y) = \sum_{k=1}^{n}\left(\frac{\lambda_k}{\sum\limits_{k=1}^{n}\lambda_k}f_k(x，y)\right) \tag{7-4}$$

式中，λ_k 为第 k 幅图像对应的第一主成分分量。

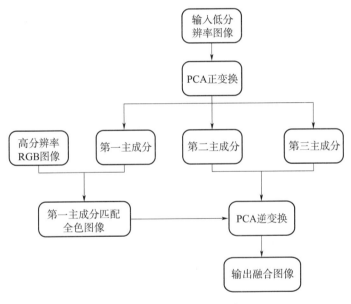

图 7‑14　PCA 融合法的融合过程

该方法的不足是特征权重值分配偏向于方差值大的一方，如果图像受噪声等干扰产生噪点或坏点，会造成图像方差值偏高，这些不理想的图像权重值大概率会分配更高。

7.2.2　基于变换域的图像融合方法

尽管简单空间域的图像融合方法（加权平均或像素灰度值选择）具有算法简单、信息损失少的优点，但在多数应用场合，简单空间域的图像融合方法难以取得满意的融合效果。简单的像素灰度值加权平均往往会带来融合图像对比度下降等副作用；而像素灰度值的简单选择（选大或选小）只可能用于极少数场合，同时其融合过程往往需要人工干预，不利于机器视觉及其目标的自动识别[118]。

基于变换域的方法是先利用工具将处于空间域内的原始图像转化进变换域内，再进行融合处理。与简单基于空间域的图像融合方法相比，基于变换域的图像融合方法可以获得明显改善的融合效果。下面主要介绍几种常用的基于变换域的图像融合方法。

（1）基于拉普拉斯金字塔变换的图像融合方法

图像的拉普拉斯金字塔变换原理在 2.2.2 节已经叙述过，现将图像的拉普拉斯金字塔形分解，用于红外图像的融合处理。基于拉普拉斯金字塔变换的图像融合方法如图 7 - 15 所示。这里以两幅图像的融合为例，对于多幅图像的融合方法可由此类推。

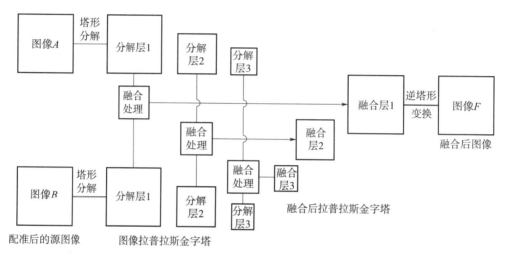

图 7 - 15　基于拉普拉斯金字塔变换的图像融合方法

设图像 A、B 为两幅原始图像，图像 F 为融合后的图像。其融合的基本步骤如下。

1）对每一源图像分别进行拉普拉斯金字塔形分解，建立各图像的拉普拉斯金字塔。

2）对图像金字塔的各分解层分别进行融合处理。不同的分解层采用不同的融合算子进行融合处理，最终得到融合后图像的拉普拉斯金字塔。

3）对融合后所得拉普拉斯金字塔进行逆塔形变换，即进行图像重构，所得到的重构图像即为融合图像。

（2）基于离散小波变换的图像融合方法

基于离散小波变换（Discrete Wavelet Transform，DWT）的图像融合如图 7 - 16 所示。这里以两幅图像的融合为例，对于多幅图像的融合方法可以由此类推。

设 A、B 为两幅原始图像，F 为融合后的图像。其融合处理的基本步骤如下。

1）对每一源图像分别进行小波变换。

2）对各分解层分别进行融合处理。各分解层上的不同频率分量可采用不同的融合算子进行融合处理，最终得到融合后的离散小波变换图像。

3）对融合后所得离散小波变换图像进行小波逆变换（进行图像重构），所得到的重构图像即为融合图像。

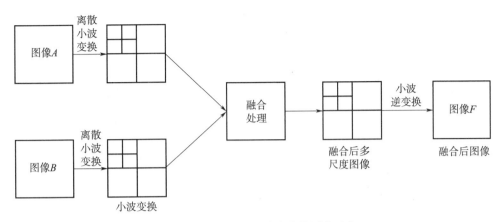

图 7 - 16　基于离散小波变换的图像融合

（3）基于轮廓波变换的图像融合方法

基于轮廓波变换的图像融合如图 7 - 17 所示。这里以两幅图像的融合为例，对于多幅图像的融合方法可以由此类推。

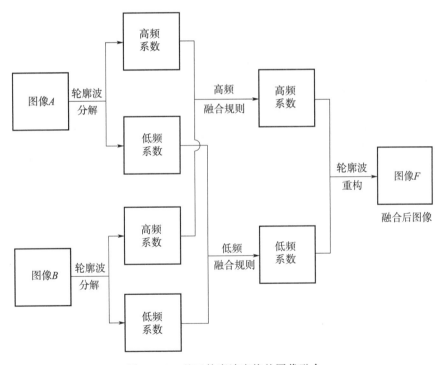

图 7 - 17　基于轮廓波变换的图像融合

设 A 、B 两幅原始图像，F 为融合后的图像。其融合处理的基本步骤如下。

1）对 A 、B 两幅原始图像分别进行轮廓波分解。

2）对分解后得到的每幅图像的高频子带按照高频子带融合规则进行融合，得到融合后的高频子带；所有图像的低频子带同理，得到融合后的低频子带。

3）对融合后所得的高频子带和低频子带进行轮廓波重构，得到最终的融合图像 F。

（4）基于稀疏表示的图像融合方法

稀疏表示（Sparse Representations，SR）是一种用于表征人类视觉系统的有效工具[119]，并已成功应用于不同的领域，如图像分析、计算机视觉、模式识别和机器学习[120-122]。与基于具有预固定基函数的多尺度变换的红外双波段图像融合方法不同，基于稀疏表示的图像融合方法旨在从大量高质量自然图像中学习过度完整的字典，源图像可以由学习字典稀疏表示，从而可能增强有意义和稳定图像的表示[123]。此外，重合失调或噪声会给融合的多尺度表示系数带来偏差，从而导致融合图像中的视觉伪像。同时，基于稀疏表示的融合方法使用滑动窗口策略将源图像划分为若干重叠的补丁，从而可能减少视觉伪像并提高对重合失调的鲁棒性[124]。

设原始图像由一个列向量 $\boldsymbol{y} \in \boldsymbol{R}^n$ 表示，矩阵 $\boldsymbol{D} = \{d_1, d_2, \cdots, d_m\}$（$\boldsymbol{D} \in \boldsymbol{R}^{n \times m}$，$n < m$），则 $\boldsymbol{y}$ 可以表示为[125]

$$\boldsymbol{y} = \boldsymbol{D}\alpha \qquad (7-5)$$

式中，$\boldsymbol{D}$ 为过完备字典，每个列向量被称为字典的一个原子；$\alpha \in \boldsymbol{R}^m$ 为图像 $\boldsymbol{y}$ 在字典 $\boldsymbol{D}$ 上的稀疏表示系数，含有很少的非零元素。

稀疏表示原理如图 7-18 所示。

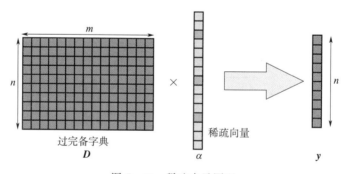

图 7-18　稀疏表示原理

求解该稀疏表示模型可视为求解其 L_0 范数问题，即

$$\min \|\alpha\|_0 \quad s.t. \ \|\boldsymbol{y} - \boldsymbol{D}\alpha\| \leqslant \varepsilon \qquad (7-6)$$

式中，ε 为稀疏逼近误差；$\|\alpha\|_0$ 为 α 的 L_0 范数，表示非零元素的个数。

由于 L_0 范数的非凸性，对式（7-6）进行精确求解是一个典型的 NP 问题[126]，因此可以将其转换为 L_1 范数来求解其近似值。将上述问题转化为求解问题：

$$\min \|\alpha\|_1 \quad s.t. \ \|\boldsymbol{y} - \boldsymbol{D}\alpha\| \leqslant \varepsilon \qquad (7-7)$$

在用字典对图像进行稀疏表示的过程中，对于所要用到的字典的选择或设计是很关键的一步。若整个图集被用作字典，就会产生适应性差、计算复杂等问题，而字典学习则可以克服这些困难[127]。典型的字典学习模型为

$$[\boldsymbol{D}, \boldsymbol{X}] = \arg \min_{\boldsymbol{D}, \boldsymbol{X}} \|\boldsymbol{Y} - \boldsymbol{D}\boldsymbol{X}\|_2^2 \quad s.t. \ \|\boldsymbol{X}\|_0 \leqslant T_0 \qquad (7-8)$$

式中，$\boldsymbol{Y} \in \boldsymbol{R}^{M \times N}$ 为原始信号；$\boldsymbol{D} \in \boldsymbol{R}^{M \times K}$ 为学习字典；$\boldsymbol{X} \in \boldsymbol{R}^{K \times N}$ 为稀疏系数矩阵；T_0 为约

束因子，即求得的非零系数数目不超过 T_0 个。

近些年来，常用的字典学习算法是 K‑SVD 算法。K‑SVD 算法的基本思想是先初始化一个字典，对其进行稀疏编码之后，根据获得的稀疏系数矩阵对字典进行更新，从而找到最优字典。在 K‑SVD 算法的初始阶段，输入样本 $\boldsymbol{Y}=\{y_1, y_2, \cdots, y_N\}\in \boldsymbol{R}^{d\times N}$，随机输入或者选择 k 个样本构建初始字典并进行归一化，得到 $\boldsymbol{D}=\{d_1, d_2, \cdots, d_k\}\in \boldsymbol{R}^{d\times k}$。

在 K‑SVD 算法的稀疏编码阶段，需要先将给定的字典 $\boldsymbol{D}$ 固定住，然后求解 $\boldsymbol{Y}$ 在 $\boldsymbol{D}$ 上的稀疏系数矩阵 $\boldsymbol{X}$，即对以下问题模型优化求解。在该过程中，一般常使用正交匹配追踪算法（Orthogonal Matching Pursuit，OMP），公式为

$$\{\boldsymbol{D}, \boldsymbol{X}\}=\arg\min\|Y_i - D_i x_i\|_2^2 + \lambda\|x_i\|_0 \quad (i=1,2,\cdots,K) \tag{7-9}$$

在 K‑SVD 算法的字典学习阶段，字典的更新是一列一列进行的。在更新原子 d_i 时，令其他原子都保持不变，方便找出新的 d_i 以及和它相对应的系数 x_T^i，从而能够在最大程度上减少均方误差，即

$$\boldsymbol{DX}=\sum_{j=1}^{K} d_j x_T^j \tag{7-10}$$

假设字典的第 i 列为 d_i，x_T^i 表示系数矩阵中 d_i 对应的第 i 行，则有

$$\begin{aligned}
\|\boldsymbol{Y}-\boldsymbol{DX}\|_F^2 &= \|\boldsymbol{Y}-\sum_{j=1}^{K} d_j x_T^j\|_F^2 \\
&= \|(\boldsymbol{Y}-\sum_{j\neq i} d_j x_T^j) - d_i x_T^i\|_F^2 \\
&= \|E_i - d_i x_T^i\|_F^2
\end{aligned} \tag{7-11}$$

式中，E_i 为去掉原子 d_i 后造成的误差。

对 E_i 进行奇异值分解，以更新 d_i 和 x_T^i，循环迭代执行，直至 $\|\boldsymbol{Y}-\boldsymbol{DX}\|_F^2$ 收敛找到最优字典，最后输出字典 $\boldsymbol{D}$。

通常，基于稀疏表示的红外双波图像融合方法包括 4 个步骤，如图 7‑19 所示。

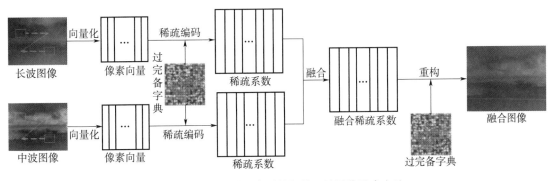

图 7‑19　基于稀疏表示的红外双波图像融合方法

首先，使用滑动窗口策略将每个源图像分解成若干重叠的块；其次，从许多高质量的自然图像中学习过完整字典，对每个补丁执行稀疏编码，以使用所学习的过完备字典获得稀疏表示系数，根据给定的融合规则对稀疏表示系数进行融合；最后，使用学习的过完备

字典，利用融合系数重建融合图像。基于稀疏表示的融合方案的关键在于过完备字典构造、稀疏编码和融合规则。

稀疏表示方法相比前面介绍的几个多尺度变换（Multi - Scale Transform，MST）方法，其主要区别在于多尺度变换方法基函数固定，而稀疏表示字典可从大样本中通过 K - SVD[128]等算法学习得到。当前应用于图像融合的稀疏表示模型有：1）传统稀疏约束模型，常用正则式进行稀疏约束；2）非负稀疏约束模型，通过非负和稀疏约束项来提高稀疏性；3）鲁棒稀疏模型；4）联合稀疏表示等。

由于稀疏系数采用过完备字典生成，字典学习好坏直接影响融合结果，因此当字典泛化能力差时，融合结果中很容易出现不连续的伪影。由于采用滑动窗口分块，每一块都要进行编码，因此计算效率低；另外，窗口分块也会导致细节信息丢失，这使得基于稀疏表示的融合方法难以用于多波段图像融合中。

（5）基于潜在低秩的图像融合方法

随着压缩感知的兴起，基于表征学习的图像融合方法受到了广泛关注，其中常见的表征学习方法有稀疏表征和低秩表征。这类方法使用稀疏字典或低秩矩阵对源图像进行表示和学习，并对学习到的不同部分选择合适的规则进行融合，生成融合图像。Li 和 Wu[129]利用潜在低秩表示（Latent Low Rank Representation，LatLRR）对源图像进行表征分解，提出一种表征学习融合方法，具体融合框架如图 7 - 20 所示。

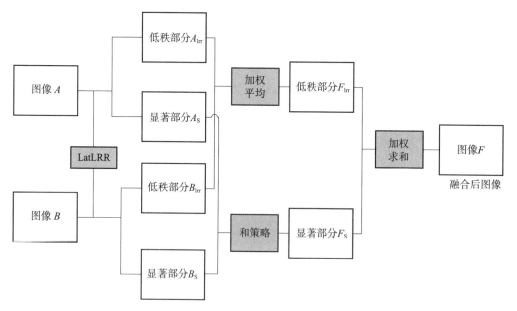

图 7 - 20　LatLRR 算法融合框架

基于 LatLRR 的方法对原始图像进行分解，得到低秩部分（全局结构）和显著部分（局部结构），低秩部分使用加权平均策略进行融合，显著部分使用求和方式进行融合，最终重建出融合图像。LatLRR 算法可以分为 3 个步骤：1）图片分解为低秩部分和显著部分；2）使用两种不同的融合策略对低秩部分和显著部分图像进行融合；3）重建图像。

首先，使用 LatLRR 对源图像进行分解。LatLRR 可以简化为求解以下优化问题：

$$\min_{Z,L,E}\|\boldsymbol{Z}\|_* + \|\boldsymbol{L}\|_* + \lambda\|\boldsymbol{E}\|_1 \tag{7-12}$$

$$\text{s. t. } \boldsymbol{X} = \boldsymbol{XZ} + \boldsymbol{LX} + \boldsymbol{E} \tag{7-13}$$

式中，$\lambda > 0$ 为平衡系数；$\|\cdot\|_*$ 为核范数，是矩阵奇异值的总和；$\|\cdot\|_1$ 为 L_1 范数；$\boldsymbol{X}$ 为观察到的数据矩阵；$\boldsymbol{Z}$ 为低阶系数；$\boldsymbol{L}$ 为投影矩阵，称为显著系数；$\boldsymbol{E}$ 为稀疏噪声矩阵。

使用不精确增广拉格朗日乘子求解式（7-12）和式（7-13），可以得到图像低秩部分 $\boldsymbol{XZ}$ 与细节（显著）部分 $\boldsymbol{LX}$。

然后，对于图像低秩部分，为了保留全局结构和亮度信息，使用平均策略进行融合：

$$F_{\text{lrr}}(x,y) = \omega_1 A_{\text{lrr}}(x,y) + \omega_2 B_{\text{lrr}}(x,y) \tag{7-14}$$

式中，A_{lrr}、B_{lrr} 和 F_{lrr} 分别为图像 A 和图像 B 以及融合图像 F 的低秩部分；ω_1、ω_2 为加权系数，$\omega_1 = \omega_2 = 0.5$。

对于图像的显著部分，为了不丢失任何信息，使用和策略进行融合：

$$F_s(x,y) = s_1 A_s(x,y) + s_2 B_s(x,y) \tag{7-15}$$

式中，A_s、B_s 和 F_s 分别为图像 A 和图像 B 以及融合图像 F 的显著部分；s_1 和 s_2 为加权系数，$s_1 = s_2 = 1$。

最后，将融合后的低秩部分和显著部分相加，重构成融合图像：

$$F(x,y) = F_{\text{lrr}}(x,y) + F_s(x,y) \tag{7-16}$$

（6）基于潜在低秩表示与离散小波变换的图像融合方法

针对红外图像融合弱小目标信息不突出的问题，本小节归纳总结进而介绍一种基于潜在低秩表示（LatLRR）与离散小波变换的图像融合方法。首先，LatLRR 将所有源图像训练为 $\boldsymbol{L}$ 矩阵，用于提取显著特征，同时通过离散小波变换将原始图像分解为高频部分和低频部分。然后，高频部分采用最大绝对值融合策略，低频部分采用加权平均融合策略。在此基础上，将训练矩阵 $\boldsymbol{L}$ 和高频融合部分用于对比度调制融合。最后，通过组合轮廓部分和特征部分重建融合图像。基于潜在低秩表示与离散小波变换的图像融合框架如图 7-21 所示。

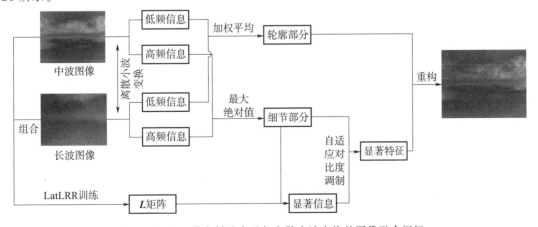

图 7-21　基于潜在低秩表示与离散小波变换的图像融合框架

对于细节信息的融合策略，为了使融合图像中弱小目标清晰并防止背景噪声放大，在高频融合之后对图像进行处理，如图 7-22 所示。首先，使用矩阵 L 通过 LatLRR 从训练数据（中波图像和长波图像）中学习；其次，通过矩阵 L 和高频融合结果获得图像细节信息。在此基础上，利用图像细节信息和高频融合结果，通过灰度对比调制获得特征图像。

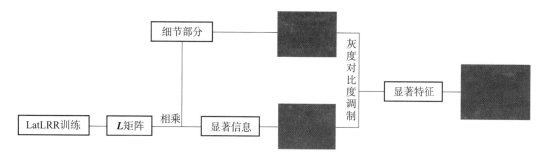

图 7-22　LatLRR 训练数据

得到图像信息的过程公式为

$$D_E = L_S \times D_F \tag{7-17}$$

式中，D_F 为高频部分融合结果；L_S 为通过 LatLRR 学习的投影矩阵；D_E 为提取到的细节信息。

7.3　双波段图像深度学习融合方法

传统的融合算法已经在不同类型图像融合中取得了不错的效果，但针对某些背景下的弱小目标红外图像传统融合算法不能够有效地增强目标信息、很好地抑制背景。同时，传统融合思想需要依赖先验知识去选择合适的滤波器对图像进行分解与重构，不能自适应地提取图像中的显著特征，得到的融合图像效果不佳[130,131]。因此，如何能在背景下更好地对目标图像进行智能化融合识别检测，已成为各军事领域与红外制导系统发展的主流和方向。目前的深度学习融合算法通常针对可见光和红外图像进行处理。在红外领域，将融合算法的输入转变为双波段红外图像后，算法在双波段融合中也呈现出一定的效果。

7.3.1　DenseFuse 图像融合算法

针对网络架构过于简单可能无法正确提取显著特征、单一层特征图融合会损失中间信息这两个问题，Li 和 Wu[132] 提出基于稠密连接的图像融合方法 DenseFuse，将图像融合分解为多个步骤，首先训练一个自编码器，再在训练好的自编码器中通过手工设计的融合策略完成特征融合，最后经过解码器得到融合结果。改进后的这类基于自编码器的方法能实现双波段红外图像的融合。

DenseFuse 网络架构包含 3 个部分：编码器、融合层和解码器，如图 7-23 所示。双波段图像作为 DenseFuse 网络架构输入，输入的长波段图像表示为 I_L，中波段图像表示为 I_M。这里的输入图像已进行了预处理并对齐。

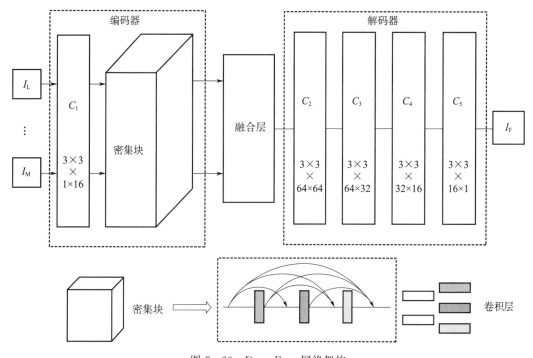

图 7 - 23　DenseFuse 网络架构

如图 7 - 23 所示，编码器包含两个部分：C_1 和密集块（DenseBlock），用于提取深度特征。第一层（C_1）包含 3×3 卷积以提取粗糙特征；而密集块包含 3 个卷积层（密集块内每一层的输出都连接到其他每一层），其中也包含 3×3 卷积。编码器的体系结构具有两个优点：首先，滤波器的大小和卷积运算的步幅分别为 3×3 和 1，使用此策略时，输入图像可以是任何大小；其次，密集块可以在编码网络中尽可能保留深度特征，并且该操作可以确保融合策略中使用所有显著特征。解码器包含 4 个卷积层（3×3 卷积）。融合层的输出将是解码器的输入。

DenseFuse 训练模型如图 7 - 24 所示。DenseFuse 算法的损失函数 Loss 由结构相似性损失 $\text{Loss}_{\text{ssim}}$ 和像素损失 Loss_{p} 两部分组成，其表达式定义如下：

$$\text{Loss} = \lambda \, \text{Loss}_{\text{ssim}} + \text{Loss}_{\text{p}} \tag{7 - 18}$$

$$\text{Loss}_{\text{p}} = \parallel O - I \parallel_2 \tag{7 - 19}$$

$$\text{Loss}_{\text{ssim}} = 1 - \text{SSIM}(O, I) \tag{7 - 20}$$

式中，O 和 I 分别为输出图像和输入图像；像素损失 Loss_{p} 为输出图像 O 和输入图像 I 之间的欧几里得距离；SSIM（·）为两个图像的结构相似性。

由于像素损失 Loss_{p} 和结构相似性损失 $\text{Loss}_{\text{ssim}}$ 之间存在 3 个数量级的差异，因此在训练阶段，为了加速收敛，将权重 λ 分别设置为 1、10、100 和 1 000[132]。

DenseFuse 算法的图像融合策略有两种方式：相加策略和 L_1 范数（$L_1 - \text{norm}$）策略。

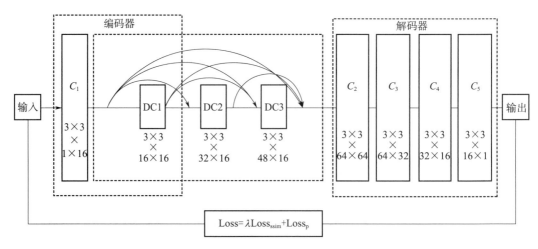

图 7-24　DenseFuse 训练模型

（1）相加策略

相加策略的融合框图如图 7-25 所示，其中 ϕ_i^m 表示第 i 类数据的第 m 张图片，$m \in \{1, 2, \cdots, M\}$，且 $k \geqslant 2$；M 表示红外或可见光图片的总量。相加策略的表达式为

$$I^m(x, y) = \sum_{i=1}^{k} \phi_i^m(x, y) \qquad (7-21)$$

式中，ϕ_i^m 为经过编码器后的特征图，作为融合层的输入图像；I^m 为融合后的特征图像；(x, y) 为输入特征图和融合后的特征图中对应的位置。

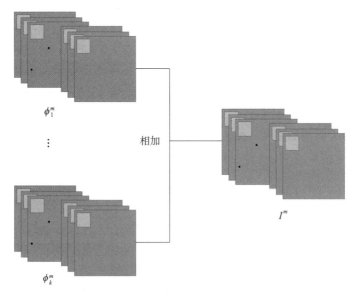

图 7-25　相加策略的融合框图

最终 I^m 将被输入解码器，以构建最终的融合图像。

（2）L_1 范数策略

相加策略是一种比较粗糙的融合策略，所以 Li 和 Wu[132] 提出了一种基于 L_1 范数和 Softmax 的新的融合策略，其融合框图如图 7 - 26 所示。

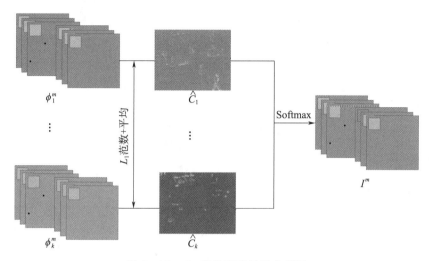

图 7 - 26　L_1 范数策略的融合框图

图 7 - 26 中，融合层输入的特征图像用 ϕ_i^m 表示；活动度的图像由 L_1 范数和基于块的平均算子求得，将其用 $\hat{C}_i$ 表示；I^m 仍然表示融合后的特征图像。$\phi_i^{1:M}(x，y)$ 的 L_1 范数可以作为特征图像的活动度的度量。初始活动度图像 C_i 可由下式得到：

$$C_i(x，y) = \phi_i^{1:M}(x，y)_1 \tag{7-22}$$

根据基于块的平均算子计算最终的活动度图像 $\hat{C}_i$：

$$\hat{C}_i(x，y) = \frac{\sum\limits_{a=-r}^{r}\sum\limits_{b=-r}^{r}C_i(x+a，y+b)}{(2r+1)^2} \tag{7-23}$$

式 (7 - 23) 中的 r 决定了块的大小，在原文[132]中 $r=1$，这代表一个像素的活动度是以其为中心的 3×3 的范围内进行平均得到的。

得到图像的最终活动度图像 $\hat{C}_i$ 后，进一步就能输出融合后的特征图像 I^m：

$$I^m(x，y) = \sum_{i=1}^{k} w_i(x，y) \times \phi_i^m(x，y)$$

$$w_i(x，y) = \frac{\hat{C}_i(x，y)}{\sum\limits_{n=1}^{k}\hat{C}_n(x，y)} \tag{7-24}$$

得到的融合后的特征图像 I^m 将被输入解码器，以构建最终的融合图像。

7.3.2　DRF 图像融合算法

基于解离化表示的图像融合算法（Disentangled Representation for Visible and

Infrared Image Fusion，DRF）[133]的目标是从源图像的成像过程出发，尽可能地从源图像的共同环境信息中分离出独特的特征信息。双波段红外图像成像过程的相同点是同一场景拍摄，包含大量的信息；不同点是传感器使用特定的成像方式捕获原始信息的一部分。双波段图像以不同的细节呈现同一场景，包括梯度、对比度和光照度。因此，算法不是根据信息细节的形式（如频率、稀疏系数和显著成分等），而是根据信息的来源进行分解。具体地说，将源图像分解为两部分：来自场景的信息和与传感器模态相关的特征信息。DRF图像融合过程如图7－27所示。

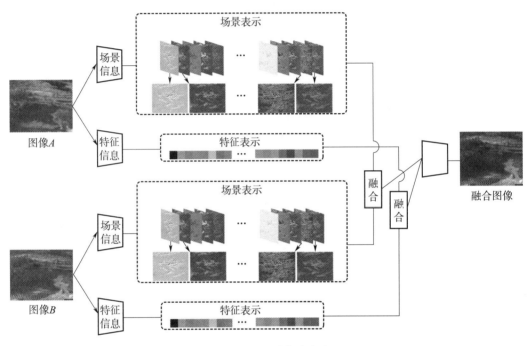

图 7 - 27　DRF 图像融合过程

在 DRF 图像融合过程中，考虑到场景信息与空间和位置直接相关，故场景表示以特征图的形式呈现；而特征与传感器模态相关，不会承载场景信息，故特征表示以向量的形式呈现。

场景信息的提取和特征信息的提取虽然看似过程相同，但其实二者是伪孪生网络，即提取场景信息和特征信息的网络的结构并不相同。场景信息的提取网络和特征信息的提取网络如图 7－28 和图 7－29 所示。图 7－28 和图 7－29 中，c 表示通道的数量；在卷积层后面括号中的 $kmsn$ 中，m 表示核大小，n 表示卷积的步长。

DRF 图像融合算法的损失函数 Loss 有四部分：场景要素一致性损失（Scene Feature Consistency Loss）函数 $\text{Loss}_{\text{scence}}$、特征分布损失（Attribute Distribution Loss）函数 $\text{Loss}_{\text{attr}}$、自重构损失（Self－Reconstruction Loss）函数 $\text{Loss}_{\text{recon}}$ 和域转换损失（Domain－Translation Loss）函数 $\text{Loss}_{\text{tran}}^{\text{domain}}$。$I_{\text{L}}$ 和 I_{M} 分别表示长波红外图像和中波红外图像，$I_{S_{\text{L}}}$ 和 $I_{S_{\text{M}}}$ 分别表示从长波红外图像和中波红外图像中提取到的场景图像。a_{L} 和 a_{M} 分别表示从长

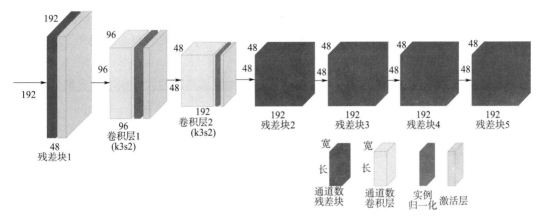

图 7 - 28　场景信息的提取网络（见彩插）

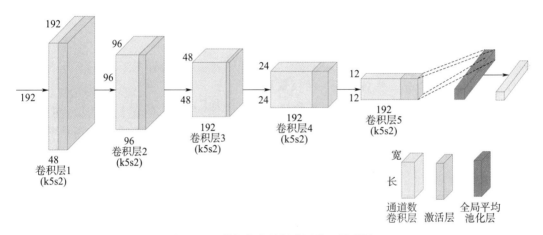

图 7 - 29　特征信息的提取网络（见彩插）

波红外图像和中波红外图像中提取到的特征向量。DRF 图像融合算法中定义了一种生成器 G 来重构图像[133]。将源图像 I_L 提取出来的场景图像 I_{S_L} 和特征向量 a_L 通过生成器 G 重构的融合图像记作 $I_{\hat{L}}$，同理由源图像 I_M 的场景图像 I_{S_M} 和特征向量 a_M 得到的融合图像记作 $I_{\hat{M}}$。为了定义域转换损失函数 $\mathrm{Loss}_{\mathrm{tran}}^{\mathrm{domain}}$，将特征向量 a_L 和场景图像 I_{S_M} 重构融合得到的图像记作 I_{L_M}，特征向量 a_M 和场景图像 I_{S_L} 融合重构的图像记作 I_{M_L}。

（1）场景一致性损失函数 $\mathrm{Loss}_{\mathrm{scence}}$

由于长波红外图像 I_L 和中波红外图像 I_M 是对同一个场景的描述，因此 I_L 和 I_M 提取的场景图像是相似的。为了度量从源图像中提取出的场景图像 I_{S_L} 和 I_{S_M} 的损失，给出 $\mathrm{Loss}_{\mathrm{scence}}$ 表达式（用 L_1 范数衡量）：

$$\mathrm{Loss}_{\mathrm{scence}} = \| I_{S_L} - I_{S_M} \|_1 \qquad (7-25)$$

（2）特征分布损失函数 $\mathrm{Loss}_{\mathrm{attr}}$

在提取特征信息的过程中，场景信息是要尽量避免被提取的。特征的期望符合高斯先验分布，所以特征分布损失函数 $\mathrm{Loss}_{\mathrm{attr}}$ 通过计算特征向量 a_L 和 a_M 的 KL 散度与高斯先验分布的欧式距离得到。

$$\text{Loss}_{\text{attr}} = E\{D_{\text{KL}}[(a_{\text{L}}) \| N(0,1)]\} + E\{D_{\text{KL}}[(a_{\text{M}}) \| N(0,1)]\} \quad (7-26)$$

（3）自重构损失函数 $\text{Loss}_{\text{recon}}$

生成器 G 将场景图像和特征向量重新融合构成的图像和源图像差别不大，即要求重构图像对源图像来说有高保真度。

$$\text{Loss}_{\text{recon}} = \| I_{\text{L}} - I_{\hat{\text{L}}} \|_1 + \| I_{\text{M}} - I_{\hat{\text{M}}} \|_1 \quad (7-27)$$

（4）域转换损失函数构成 $\text{Loss}_{\text{tran}}^{\text{domain}}$

长波红外图像 I_{L} 和中波红外图像 I_{M} 是描述同一个场景的一对源图像，在理想条件下，它们的场景图像 $I_{S_{\text{L}}}$ 和 $I_{S_{\text{M}}}$ 是类似的。所以，对于融合图像 $I_{L_{\text{M}}}$ 来说，其也十分接近源图像 I_{L}，同理融合图像 $I_{M_{\text{L}}}$ 的期望结果是源图像 I_{M}。所以，给出域转换损失函数 $\text{Loss}_{\text{tran}}^{\text{domain}}$ 的定义式：

$$\text{Loss}_{\text{tran}}^{\text{domain}} = \| I_{\text{L}} - I_{L_{\text{M}}} \|_1 + \| I_{\text{M}} - I_{M_{\text{L}}} \|_1 \quad (7-28)$$

最后给出 DRF 图像融合算法的损失函数的定义式：

$$\text{Loss} = \text{Loss}_{\text{scene}} + w_{\text{attr}}\text{Loss}_{\text{attr}} + w_{\text{recon}}\text{Loss}_{\text{recon}} + w_{\text{tran}}\text{Loss}_{\text{tran}}^{\text{domain}} \quad (7-29)$$

式中，w_{attr}、w_{recon} 和 w_{tran} 为各自损失的权重系数。

DRF 图像融合算法对于场景和特征的融合策略是不一样的，假设 $I_{S_{\text{L}}}$ 和 $I_{S_{\text{M}}}$ 分别表示从长波红外图像 I_{L} 和中波红外图像 I_{M} 提取出来的源图像，$I_{S_{\text{F}}}$ 表示融合后的场景图像；a_{L} 和 a_{M} 分别表示从长波红外图像 I_{L} 和中波红外图像 I_{M} 中提取到的特征向量，a_{F} 表示融合后的特征向量。

对于场景，DRF 图像融合算法采用了平均融合策略：

$$I_{S_{\text{F}}} = \frac{I_{S_{\text{L}}} + I_{S_{\text{M}}}}{2} \quad (7-30)$$

对于特征，DRF 图像融合算法采用了加权融合策略：

$$a_{\text{F}} = \lambda a_{\text{L}} + (1-\lambda)a_{\text{M}} \quad (7-31)$$

式中，λ 为融合的权重系数，是一个介于 0～1 的数。

当 $\lambda = 0$ 时，融合结果看起来偏向中波红外图像；当 $\lambda = 1$ 时，融合结果看起来偏向长波红外图像。对于不同的目标，可通过设置不同的权重系数 λ 来调整融合结果，以呈现不同的属性。

最后生成的融合图像 I_{F} 可以表示为

$$I_{\text{F}} = G(I_{S_{\text{F}}}, a_{\text{F}}) \quad (7-32)$$

7.3.3　RFN - Nest 图像融合算法

RFN - Nest 算法[134] 提出了一种基于残差结构的残差融合网络（Residual Fusion Network，RFN）结构，用于双波段红外图像融合。RFN - Nest 算法使用两阶段训练策略，特征提取和特征重建能力分别是编码器和解码器的主要功能，先将编码网络和解码网络按照自编码器进行训练，再固定编码器和解码器，用适当的损失函数训练 RFN 网络。

RFN‐Nest 算法设立了两种损失函数，分别用于保留细节和特征增强。

　　RFN‐Nest 算法采用端对端模型，包含的结构主要有编码器、RFN 和解码器，RFN‐Nest 算法融合过程如图 7‐30 所示，图中卷积层上的数字分别表示卷积核尺寸、输入通道数、输出通道数。

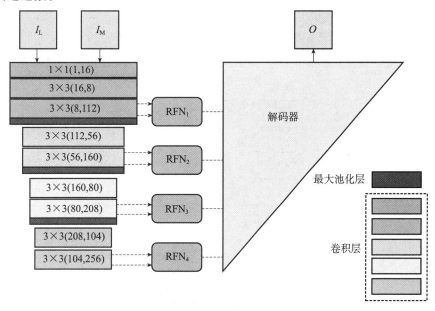

图 7‐30　RFN‐Nest 算法融合过程

　　编码器中的最大池化层将原始图像下采样为多尺度，RFN 将每个尺度的多模态深度特征进行融合。浅层特征保护细节信息，深层特征传递语义信息（对重建显著性特征很重要）。最后，融合图像通过解码层网络进行重建。网络的输入分别为长波红外图像 I_L 和中波红外图像 I_M，输出即为融合图像；4 个 RFN 是 4 个尺度上的融合网络，4 个网络模型结构相同，权重不同。RFN 基于残差结构，如图 7‐31 所示。该网络结构的输入即为前面编码器提取得到的深度特征，图 7‐31 中的 Φ_L^i 和 Φ_M^i 表示第 i 个尺度对应的深度特征。Conv1～6 是 6 个卷积层，可以看到 Conv1 和 Conv2 的输出会进行拼接，作为 Conv3 的输入，Conv6 则是该模块第一个用于融合的层。使用该结构可以通过训练策略进行优化，将其最后的输出送入解码层。

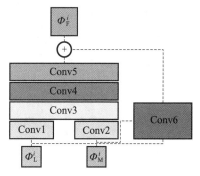

图 7‐31　RFN 的结构

解码器的结构如图 7 - 32 所示，该结构是以嵌套连接（Nest Connection）为基础而来的。解码器的输入是所有 RFN 的输出特征，DCB（Decoder ConvBlock）是解码器卷积层模块，每个这样的模块包含 2 个卷积层。每行都有短连接（Short Connection）连接每个卷积模块，跨层链路连接（Cross - Layer Links）则连接了不同尺度的深度特征。解码器最终的输出就是重建后的图像。

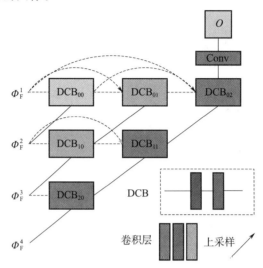

图 7 - 32　解码器的结构

RFN - Nest 算法提出了两阶段的训练策略，第一个阶段将编码器-解码器结构作为自编码器重建输入图像进行训练，第二个阶段训练多个 RFN 网络进行多尺度深度特征融合。自编码器网络训练如图 7 - 33 所示。解码器通过短跨层连接，多尺度深度特征被充分用于重建输入图像。在第一个阶段用到的损失函数 $\mathrm{Loss}_{\mathrm{auto}}$ 的表达式如下：

$$\mathrm{Loss}_{\mathrm{auto}} = \mathrm{Loss}_{\mathrm{pixel}} + \lambda \mathrm{Loss}_{\mathrm{ssim}} \tag{7-33}$$

式中，$\mathrm{Loss}_{\mathrm{pixel}}$ 为像素损失函数；$\mathrm{Loss}_{\mathrm{ssim}}$ 为结构损失函数；λ 为平衡像素损失函数和结构损失函数的权衡系数。

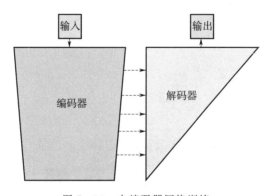

图 7 - 33　自编码器网络训练

像素损失函数 $\mathrm{Loss}_{\mathrm{pixel}}$ 的表达式如下：

$$\text{Loss}_{\text{pixel}} = \parallel \text{Output} - \text{Input} \parallel_F^2 \qquad (7-34)$$

式中，$\parallel \cdot \parallel_F$ 为 F -范数。

$\text{Loss}_{\text{pixel}}$ 保证了重构图像在像素层面上与输入图像的相似性。

结构损失函数 $\text{Loss}_{\text{ssim}}$ 的表达式如下：

$$\text{Loss}_{\text{ssim}} = 1 - \text{SSIM}(\text{Output}, \text{Input}) \qquad (7-35)$$

式中，$\text{SSIM}(\cdot)$ 度量两个图像结构相似性的大小。

输入图像和输出图像的结构相似程度通过结构损失函数 $\text{Loss}_{\text{ssim}}$ 得到了约束。

第二个阶段是训练 RFN，用于学习融合策略。该阶段将编码器-解码器结构固定，再用适当的损失函数训练 RFN。RFN 的训练过程如图 7-34 所示。图 7-34 中，Φ_L 和 Φ_M 是通过固定编码器从源图像中提取的多尺度深度特征。对于每个尺度，RFN 的作用是融合该尺度下的深度特征，融合后的多尺度特征 Φ_F^i 被送到固定的解码器。

定义一个新的损失函数 Loss_{RFN} ，用来训练 RFN，其表达式如下：

$$\text{Loss}_{\text{RFN}} = \alpha \text{Loss}_{\text{detail}} + \text{Loss}_{\text{feature}} \qquad (7-36)$$

式中，$\text{Loss}_{\text{detail}}$ 和 $\text{Loss}_{\text{feature}}$ 分别为背景细节保留损失函数和目标特征增强损失函数；α 为权衡系数，用来平衡这两个损失函数。

在双波段图像融合的情况下，背景细节保留损失函数 $\text{Loss}_{\text{detail}}$ 的目的是保留红外图像中的细节信息和结构特征。$\text{Loss}_{\text{detail}}$ 定义为

$$\text{Loss}_{\text{detail}} = 1 - \text{SSIM}(O, I_L) \qquad (7-37)$$

目标特征增强损失函数 $\text{Loss}_{\text{feature}}$ 用于融合特征，以保护显著性结构。$\text{Loss}_{\text{feature}}$ 定义为

$$\text{Loss}_{\text{feature}} = \sum_{i=1}^{M} w_1(i) \Phi_F^i - \parallel (w_L \Phi_L^i + w_M \Phi_M^i) \parallel_F^2 \qquad (7-38)$$

式中，M 为多尺度深度特征的数量。

由于不同尺度特征图的大小不同，因此 w_1 用来平衡不同尺度的损失，w_L 和 w_M 分别用来控制融合特征中长波红外图像和中波红外图像的占比。

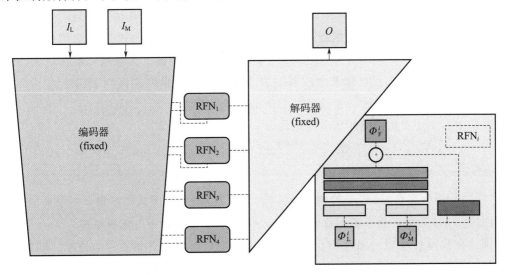

图 7-34　RFN 的训练过程

7.3.4 基于生成对抗网络的图像融合算法

本节提出了一种使用生成对抗网络融合的方法对红外双波弱小目标图像进行融合。融合方法是在生成器与判别器之间建立对抗网络，在生成器中生成具有主要红外灰度以及附加可见梯度的融合图像，在判别器中使融合图像在红外图像中有更多细节。最终使得融合图像可以同时将热辐射保持在红外图像中，将纹理保留在融合图像中。

（1）生成对抗网络融合框架

生成对抗网络（Generative Adversarial Network，GAN）是通过对抗过程估算生成模型的流行框架。Goodfellow 等[135]首先提出了 GAN 的概念。GAN 框架由生成器 G 和判别器 D 组成，生成器 G 可以捕获数据分布，而判别器 D 可以估计样本。更具体地说，GAN 在判别器和生成器之间建立了对抗博弈，生成器将先验分布为 P_z 的噪声作为输入，并尝试生成不同的样本来欺骗判别器，判别器旨在确定样本是否服从模型分布或数据分布，最后生成器生成判别器无法区分的样本。

生成器：将随机噪声作为输入，并将生成样本作为输出。生成器的目标是将随机噪声转换为与真实样本相似的样本，以尽可能地骗过判别器。

判别器：接收从输入数据集来的真实图像和生成器来的造假图像，并判断该图像是真实还是伪造的。

极小极大表示：建立互相对立的判别器与生成器，判别器判别成功则生成器就生成失败，反之亦然。

判别器接收真实的图像和伪造的图像并且试图给出它们的真假。系统的设计者知道它们是真实的数据集还是生成器生成的伪造图，因此可以利用该信息相应地标注它们，并且执行一个分类的反向传播来允许判别器反复学习，让其更好地辨别图像的真伪。如果判别器正确地将伪造图分类为伪造图，真实图分类为真实图，则以梯度损失方式给其一个正反馈；如果判别失败，就给其一个负反馈，这样就会让判别器更好地进行学习。

生成器将随机噪声作为输入，将样本输出以欺骗判别器，让其认为这是一个真实的图像。一旦生成器的输出经过判别器，就能知道判别器判断出这是一个真实图像还是一个伪造图像。因此，可以将该信息传给生成器并且再一次反向传播。如果判别器将生成器的输出判断为真实的，那么就意味着生成器的表现是好的；如果判别器判断出这是一个伪造的，那么生成器就生成失败，会给其一个负反馈作为惩罚。

数学上，生成对抗网络的数学表达式为

$$\min_G \max_D V_{\text{GAN}}(G,D) = E_{x \sim P_{\text{data}}(x)}[\log D(x)] + E_{z \sim p_z(z)}(\log\{1 - D[G(z)]\})$$

$$(7-39)$$

式（7-39）是训练 GAN 模型时的全局目标，$x \sim P_{\text{data}}(x)$ 为从样本集合中采样 x；x 为真实图片；$D(x)$ 为 x 是真实图片的概率；$z \sim p_z(z)$ 为生成一份随机噪声 z；$G(z)$ 为噪声 z 通过生成器 G 生成的图片；$D[G(z)]$ 为这个生成图片是真实图片的概率。期望 E 是因为每次训练的时候是一批一批的输入。训练 D 调整其参数的优化目标是最大化 $D(x)$ 和

最小化 $D[G(z)]$，训练 G 调整其参数优化的目的是最小化 $\max\limits_{D} V_{\mathrm{GAN}}(G,D)$。样本的分布不能被明确地表示，同时生成样本 G 与判别模型 D 必须在训练过程中很好地同步。因此，常规的 GAN 不稳定，很难通过其训练好模型。

深度卷积 GAN（Deep Convolutional GAN，DCGAN）技术是 Radford 等[136]首先提出的。DCGAN 首次成功引入了 CNN，它可以弥补用于监督学习的 CNN 和用于非监督学习的 GAN 之间的鸿沟。由于传统 GAN 不稳定，无法训练出好的模型，因此通过适当设计 CNN 的架构，可使传统 GAN 更加稳定。与传统 CNN 相比，DCGAN 主要存在 5 个差异：1）在生成器和判别器中都不使用池化层，而是在判别器中应用跨步卷积来学习其自身的空间下采样，并在生成器中使用分数跨步卷积实现上采样；2）将归一化层引入生成器和判别器，由于初始化总是会带来很多训练问题，因此批量标准化层能够解决这些问题并避免深层模型中梯度消失的问题；3）在较深的模型中将完全连接的层删除；4）除最后一个激活层外，生成器中的所有激活层均为整流线性单元（ReLU），最后一个层为 tanh 激活；5）判别器中的所有激活层都是 ReLU 激活，因此训练过程变得更加稳定，并且可以提高生成结果的质量。

尽管 DCGAN 取得了巨大的成功，但其仍然存在两个要解决的关键问题：如何提高生成图像的质量以及学习过程中存在梯度消失的问题。为了克服上述两个问题，Mao 等[137]提出了最小二乘生成对抗网络（Least Squares Generative Adversarial Networks，LSGAN），它采用最小二乘损失函数作为判别器，LSGAN 的目标函数定义如下：

$$\min\limits_{D} V_{\mathrm{LSGAN}}(D) = \frac{1}{2} E_{x \sim \mathrm{Pdata}(x)} \{[D(x)-b]^2\} + \frac{1}{2} E_{z \sim p_z(z)} (\{D[G(z)]-a\}^2)$$

$$(7-40)$$

$$\min\limits_{G} V_{\mathrm{LSGAN}}(G) = \frac{1}{2} E_{z \sim p_z(z)} (\{D[G(z)]-c\}^2)$$

$$(7-41)$$

式中，a 为伪造数据；b 为真实数据；c 为生成器希望判别器相信的伪造数据，即生成器为了让判别器认为生成图片是真实数据而定的值。式中 a，b 和 c 的值可通过两种方式确定，第一种方法是设置 $b-a=2$ 与 $b-c=1$。第二种方法使 $b=c$，这样可以使样本中的数据尽可能真实。

在 LSGAN 中，对距离决策边界很长的样本进行惩罚会使生成器生成的样本接近决策边界，并生成更多的梯度。因此，与传统 GAN 相比，LSGAN 具有两个优势：1）LSGAN 可以生成更高质量的图像；2）在训练过程中，LSGAN 的性能更稳定。

（2）基于生成对抗网络的双波段图像融合算法框架

为了同时保持红外图像的热辐射与纹理信息，将红外双波段图像融合问题归结为对抗问题。首先，将红外中波图像 I_{M} 和红外长波图像 I_{L} 连接在通道上。然后，级联的图像被馈送到生成器 G_{θ_G} 中，G_{θ_G} 的输出是融合图像 I_{F}。最后，将融合图像 I_{F} 和对比度强的中波图像 I_{M} 输入判别器 D 中，目的是将 I_{F} 与 I_{M} 区分开。所提出的融合 GAN 在生成器 G 和判别器 D 之间建立了对抗网络，并且 I_{F} 将逐渐在红外中波图像 I_{M} 中包含越来越多的详细信息。在训练阶段，一旦生成器生成了样本（I_{F}），而判别器不能区分出样本 I_{F}，就可以获得期望的融合图像 I_F。最终，将 I_F 和 I_M 的级联图像输入经过训练的生成器 G 中，产生融合结果。

融合 GAN 的损失函数包括两部分：生成器 G_{θ_G} 的损失函数与判别器 D_{θ_D} 的损失函数。

生成器 G_{θ_G} 的损失函数包括两部分：

$$\zeta_G = V_{\text{GAN}}(G) + \lambda \zeta_c \tag{7-42}$$

式中，ζ_G 为总共的损失；$V_{\text{GAN}}(G)$ 为生成器与判别器对抗的损失。

$V_{\text{GAN}}(G)$ 的定义如下：

$$V_{\text{GAN}}(G) = \frac{1}{N} \sum_{n=1}^{N} [D_{\theta_D}(I_F^n) - c]^2 \tag{7-43}$$

式中，I_F^n 为融合图像，$n \in N_N$；N 为融合图像的数量；c 为生成器希望判别器相信假数据的值。

ζ_c 表示损失函数，λ 用来在 $V_{\text{GAN}}(G)$ 与 ζ_c 之间取得平衡。由于红外图像的热辐射信息由像素强度来表征，因此可以强制融合图像 I_F 具有与 I_M 相似的强度。具体来说，ζ_c 定义如下：

$$\zeta_c = \frac{1}{HW}(\|I_F - I_M\|_F^2 + \xi \|\nabla I_F - \nabla I_L\|_F^2) \tag{7-44}$$

式中，H 和 W 分别为输入图像分辨率的高和宽；$\|\cdot\|_F$ 为矩阵 Frobenius 范数；∇ 为梯度算子。

等号右侧第一项旨在保持红外中波的热辐射信息，第二项旨在保持红外长波的梯度信息，ξ 是一个权衡第一项与第二项的正参数值。

事实上，在没有判别器 D_{θ_D} 条件下，深度网络也可以得到一个融合图像，图像会保持红外中波图像的热辐射信息与红外长波图像的纹理梯度信息。但这往往是不够的，红外长波图像纹理细节不能完全只用梯度信息表示。因此，基于红外中长波数据集在生成器与判别器之间建立一个对抗关系，可以使生成的融合图像包含更多的纹理细节信息。因此，判别器 D_{θ_D} 的损失函数定义如下：

$$\zeta_D = \frac{1}{N} \sum_{n=1}^{N} [D_{\theta_D}(I_L) - b]^2 + \frac{1}{N} \sum_{n=1}^{N} [D_{\theta_D}(I_F) - a]^2 \tag{7-45}$$

式中，a 和 b 为融合图像 I_F 与长波图像 I_L 的标签；$D_{\theta_D}(I_L)$ 和 $D_{\theta_D}(I_F)$ 分别为长波图像与融合图像的分类结果。

如图 7-35 所示为基于生成对抗网络的双波段图像融合算法的框架。首先用 GAN 设计架构，然后讨论生成器和判别器的网络架构。

生成器的网络架构如图 7-36 所示。G_{θ_G} 是一个简单的 5 层网络架构，其中第 1 层与第 2 层使用 5×5 卷积层，第 3 层与第 4 层使用 3×3 卷积层，第 5 层使用 1×1 卷积层。在每个卷积中没有填充操作。生成器输入的是没有噪声的级联图像。为了提高生成图像的多样性，通常通过卷积层提取输入图像的特征图，然后通过转置的卷积层将图像重建为输入图像的相同尺寸。对于红外多波段图像，每一次下采样过程都会在源图像中丢失一些细节信息，因此仅利用卷积层提取特征而不进行下采样，这样可以保证输入图像与输出图像大小

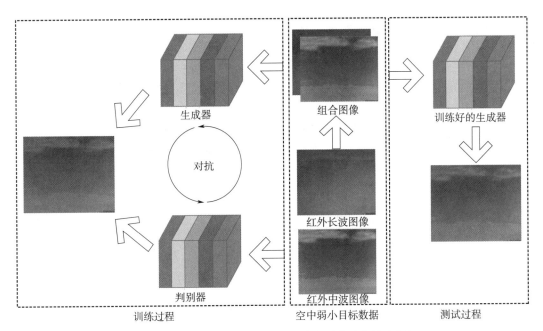

图 7-35　基于生成对抗网络的双波段图像融合算法框架

相同。为避免梯度消失的问题，利用深度对抗网络的规则进行批处理归一化和激活。同时，为了克服对数据初始化的敏感性，在前 4 层卷积层采用批量归一化，以使模型更稳定。

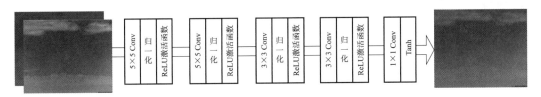

图 7-36　生成器的网络架构

判别器是一个简单的 5 层卷积神经网络，如图 7-37 所示。第 1~4 层，卷积层使用 3×3 卷积层。判别器通常从输入图像中提取特征图，然后对其分类。为了在模型中不引入噪声，仅在第 1 层卷积层中对输入图像执行填充操作，其余 3 个卷积层不进行填充，使用批处理规范化层。第 5 层是线性层，主要用于分类。

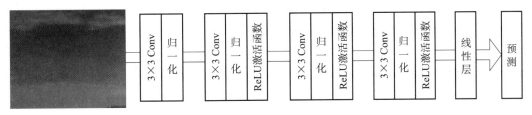

图 7-37　判别器网络架构

7.3.5　基于 VGG19 网络图像融合算法

Gatys 等[138]提出图像信息基于 CNN 的传输方法。他们使用 VGG 网络从信息中提取不同层次的深层特征图像，从生成的图像中提取深层特征的差异源图像，最终通过迭代得以简化。虽然该方法可以获得良好的信息化图像，但会使 GPU 的速度变得极慢。

由于存在运算量大、图像深层特征提取困难等缺点，Johson 等[139]提出了前馈网络来进行优化网络运算量大、图像深层特征提取的问题。但是，该方法中每个网络都绑定到固定的样式。因此，Huang 和 Belongie[140]使用 VGG 网络和自适应实例规范化来构造新的样式传输框架。在该框架中，程式化图像可以是任意样式，并且该方法比 Gatys 等[138]提出的方法快 3 个数量级。它们都使用多层网络特征作为约束条件。通过以上网络架构分析，可利用 VGG 网络提取图像多层深度特征进而融合。

对于给定的输入图像局部大小，VGG19 网络融合架构采用堆积的小卷积核，因为多层非线性层可以增加网络深度，以保证学习更复杂的模式，在一定程度上提升神经网络的效果[141]。VGG19 网络架构如图 7-38 所示。VGG 网络结构模型如表 7-2 所示。

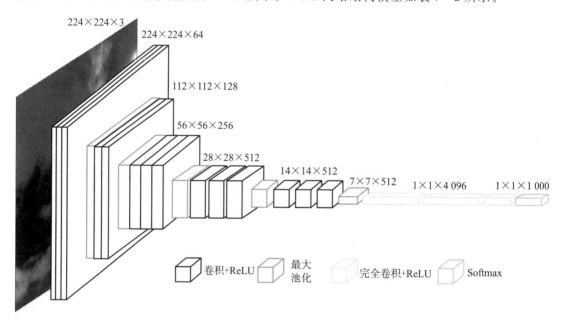

图 7-38　VGG19 网络架构

表 7-2　VGG 网络结构模型

CNN 配置					
A	A-LRN	B	C	D	E
11 个权重层	11 个权重层	13 个权重层	16 个权重层	16 个权重层	19 个权重层
Conv3-64	Conv3-64 LRN	Conv3-64 Conv3-64	Conv3-64 Conv3-64	Conv3-64 Conv3-64	Conv3-64 Conv3-64

续表

最大池化					
Conv3 - 128	Conv3 - 128	Conv3 - 128 Conv3 - 128	Conv3 - 128 Conv3 - 128	Conv3 - 128 Conv3 - 128	Conv3 - 128 Conv3 - 128
最大池化					
Conv3 - 256 Conv3 - 256	Conv3 - 256 Conv3 - 256	Conv3 - 256 Conv3 - 256	Conv3 - 256 Conv3 - 256 Conv3 - 256	Conv3 - 256 Conv3 - 256 Conv3 - 256	Conv3 - 256 Conv3 - 256 Conv3 - 256 Conv3 - 256
最大池化					
Conv3 - 512 Conv3 - 512	Conv3 - 512 Conv3 - 512	Conv3 - 512 Conv3 - 512	Conv3 - 512 Conv3 - 512 Conv3 - 512	Conv3 - 512 Conv3 - 512 Conv3 - 512	Conv3 - 512 Conv3 - 512 Conv3 - 512 Conv3 - 512
最大池化					
Conv3 - 512 Conv3 - 512	Conv3 - 512 Conv3 - 512	Conv3 - 512 Conv3 - 512	Conv3 - 512 Conv3 - 512 Conv3 - 512	Conv3 - 512 Conv3 - 512 Conv3 - 512	Conv3 - 512 Conv3 - 512 Conv3 - 512 Conv3 - 512
最大池化					
全连接层- 4096					
全连接层- 4096					
全连接层- 1000					
Softmax					

注:Conv 表示卷积层;Conv3 - 64 表示卷积层使用 7×7 滤波器,深度为 64。

　　VGG19 包含 19 个隐藏层（16 个卷积层和 3 个全连接层），网络结构全部使用 7×7 的卷积和 2×2 的最大池化。其优点在于小的滤波器卷积层的组合比大滤波器的卷积层好；缺点是使用了更大的参数，导致占用更多的内存。

　　基于 VGG19 网络的图像融合算法框架如图 7 - 39 所示，源图像为红外中波图像 I_M 与红外长波图像 I_L。

　　对每一张源图像 I 分解为基础轮廓部分 I^a 与细节信息部分 I^b。其中，基础轮廓部分通过解决此优化问题获得：

$$I^a = \arg \min_{I^a} \| I - I^a \|_F^2 + \lambda(\| g_x * I^a \|_F^2 + \| g_y * I^a \|_F^2) \tag{7 - 46}$$

式中，$g_x = [-1 \ 1]$ 为水平梯度算子；$g_y = [-1 \ 1]^T$ 为垂直梯度算子；λ 被设置为 5。

　　得到基础轮廓部分 I^a 后，细节信息部分 I^b 即可获得：

$$I^b = I - I^a \tag{7 - 47}$$

　　基础轮廓部分通过平均加权融合策略得到图像轮廓信息，细节信息部分通过深度学习 VGG19 网络得到图像细节信息，最终融合轮廓部分与细节部分，得到重构图像。

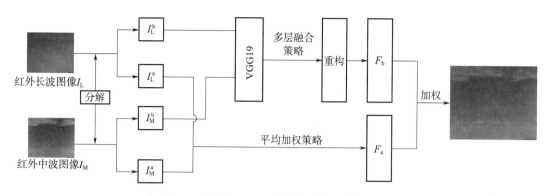

图 7 - 39　基于 VGG19 网络的图像融合算法框架

（1）基础轮廓部分融合

从源图像中提取的基础轮廓部分包含共同的特征与多余的信息，最终利用平均加权策略融合图像。

$$F_a(x,y) = \alpha_L I_L^a(x,y) + \alpha_M I_M^b(x,y) \qquad (7-48)$$

式中，(x,y) 为双波段图像的相应位置；α_L 和 α_M 分别为长波图像与中波图像的权重值。

为了保存共同信息并减少冗余信息，可选择权重值为 $\alpha_L = \alpha_M = 0.5$。

（2）细节信息部分融合

对于细节部分 I_L^b 和 I_M^b，本节算法利用 VGG 网络提取深度特征，融合过程如图 7 - 40 所示。

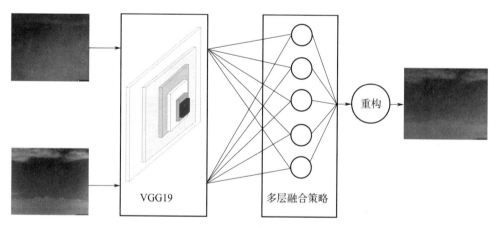

图 7 - 40　基于 VGG19 的细节信息融合过程

利用 VGG19 提取深度特征，通过多层融合策略获得权重图，最终融合信息通过权重图和细节被重构。数学表达式为

$$\phi_k^{i,m} = \Phi_i(I_k^b) \qquad (7-49)$$

式中，I_k^b 为第 k 个细节图像，在本节 k 为长波或中波。$\Phi_i(\cdot)$ 为 VGG 网络中第 i 层，$\phi_k^{i,m}$ 表示第 i 层提取的第 k 个细节内容的特征图。$\phi_k^{i,m}$ 的 m 是第 i 层的通道数，m 的取值范围从 1 到 M，其中 $M = 64 \times 2^{i-1}$。

$\Phi_i(\cdot)$，$i \in \{1,2,3,4\}$ relu $\_1\_1$、relu $\_2\_1$、relu $\_3\_1$、relu $\_4\_1$。细节信息部分融合策略如图 7-41 所示。

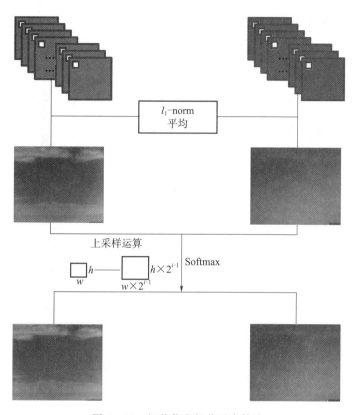

图 7-41 细节信息部分融合策略

得到深度特征 $\phi_k^{i,m}$ 后，可以通过 L_1 范数来计算活动水平图 C_k^i。活动水平图 C_k^i 的计算公式为：

$$C_k^i(x,y) = \| \phi_k^{i,1:M}(x,y) \|_1 \tag{7-50}$$

式中，$\phi_k^{i,1:M}(x,y)$ 为在特征图像素位置 (x,y) 中 $\phi_k^{i,m}$ 的内容；$\phi_k^{i,1:M}(x,y)$ 为 M 维向量。$\| \cdot \|_1$ 为 L_1 范数。

为了使融合效果更明显，使用基于块的平均算子计算最终活动级别图 $\hat{C}_k^i$：

$$\hat{C}_k^i(x,y) = \frac{\sum_{\beta=-r}^{r} \sum_{\theta=-r}^{r} \sum_k^i(x+\beta,y+\theta)}{(2r+1)^2} \tag{7-51}$$

式中，r 为块的大小。

r 越大融合效果越明显，但是一些细节信息会丢失，因此一般设 $r=1$。

获得活动水平图 $\hat{C}_k^i$ 后，初始的权重 W_k^i 由 Softmax 算子计算可得：

$$W_k^i(x,y) = \frac{\hat{C}_k^i(x,y)}{\sum_{n=1}^{K} \hat{C}_n^i(x,y)} \tag{7-52}$$

式中，K 为活动级别图的数量；$W_k^i(x,y)$ 为在 $[0,1]$ 变化的初始权重值。

VGG 网络中的池化运算是一种子采样的方法。利用上采样操作可以得到最终权重图 $\hat{W}_k^i$，其大小和输入细节信息尺寸相同。得到最终权重图 $\hat{W}_k^i$ 的计算公式为：

$$\hat{W}_k^i(x+p,y+q)=W_k^i(x,y) \quad p,q \in \{0,1,\cdots,(2^{i-1}-1)\} \tag{7-53}$$

在得到最终权重图后，融合细节 F_b^i 可以通过下式计算：

$$F_b^i(x,y)=\sum_{n=1}^{K}\hat{W}_n^i(x,y)\times I_n^b(x,y),K=2 \tag{7-54}$$

利用最大值方法从融合细节中选取最凸显的细节部分：

$$F_b(x,y)=\max[F_b^i(x,y) \mid i \in \{1,2,3,4\}] \tag{7-55}$$

（3）重构

当获得图像的细节与轮廓的融合部分后，最终融合图像通过加权重构得到：

$$F(x,y)=F_a(x,y)+F_b(x,y) \tag{7-56}$$

7.4 双波段图像传统-深度学习融合方法

本节讲述传统-深度学习的图像融合方法，包括参数智能学习的红外双波段图像像素级融合方法和参数智能学习的红外双波段图像特征级融合方法。

7.4.1 参数智能学习的红外双波段图像像素级融合方法

7.4.1.1 基本原理

目前关于红外双波段图像像素级融合的方法大多采用固定参数融合的方式，如传统加权融合算法中，通过人为选择权重配比实现图像融合，无法做到根据输入场景图像类型自主选择融合权重。因此，在对传统红外双波段图像融合方法的深入研究的基础上，本节实现一种参数智能学习的红外双波段图像像素级融合方法，提升像素级图像融合方法环境适应性，凸显融合图像中目标的信息，提升融合过程的自主性与融合结果的最佳性。基于像素级图像融合的基本思路如图 7-42 所示，图中图像 A 和 B 前的参数 α 就是一个可学习的参数。通过网络对输入图像像素特征的学习，可以得到适应不同环境的参数 α。

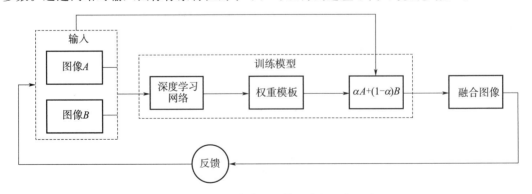

图 7-42　基于像素级图像融合的基本思路

参数智能学习的红外双波段图像像素级融合方法以自编码器网络为核心网络，如图 7-43 所示，以 DeepFuse 网络为例，通过编码器-解码器结构，构建无监督深度学习网络，利用神经网络算法分类与感知特性得到自适应融合权重矩阵，结合传统像素级图像融合算法，实现参数智能学习的红外双波段图像像素级融合。训练时，分别将中、长波图像送入编码器中，将得到的中长波特征相加送入解码器中得到融合权重，将融合权重计算融合图像。将融合图像与原中、长波图像的梯度、强度均方差作为损失函数判断训练的效果。

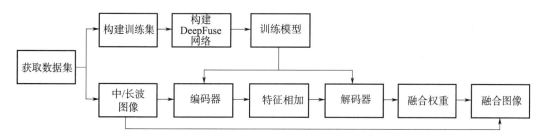

图 7-43　参数智能学习的红外双波段图像像素级融合方法流程

7.4.1.2　方法流程

参数智能学习的红外双波段图像像素级融合方法的流程可以分为 3 个部分，共有 6 个步骤。其中，第 1 部分是对数据集进行预处理；第 2 部分是融合模型构建；第 3 部分是融合模型的训练与测试。

（1）数据集预处理部分

步骤 1：获取红外中波、长波图像数据，中波、长波数据为同一时刻同一角度拍下的图像，对中波、长波数据进行配准，消除空间上的位移造成的影响；同时，根据配准后的结果，将两幅图像裁剪成相同大小，剔除两幅图像场景不同的区域。得到处理后的中波、长波融合图像数据集 $\text{Data} = \{(I_{M1}, I_{L1}), (I_{M2}, I_{L2}), \cdots, (I_{MN}, I_{LN})\}$，数据图像两张为一组，其中 I_M 表示中波图像，I_L 表示长波图像。

步骤 2：将上述数据集分为两组 Data_{train} 和 Data_{test}，其中 Data_{train} 图像作为训练样本，Data_{test} 图像作为测试样本。

（2）融合模型构建

步骤 3：根据编码器-解码器结构，选用 DeepFuse 网络作为核心网络，构建无监督深度学习网络。编码器部分为两层卷积神经网络，卷积核大小为 3×3，为孪生结构，网络参数共享，两幅图像分别经过同一个编码器。编码器主要作为特征提取器，将图像转化为高纬度特征。

$$F_M, F_L = \text{Encoder}[\text{Data}_{train}(I_M, I_L)] \tag{7-57}$$

式中，F_M、F_L 分别为中波、长波图像编码后的高维特征。

在得到两个高维特征后，使用 Concatenate 操作融合两个高维特征为一个高维特征，作为解码器的输入：

$$F = \mathrm{concat}(F_{\mathrm{M}}, F_{\mathrm{L}}) \tag{7-58}$$

式中，F 为融合后特征。

解码器由 3 层卷积神经网络构成，其本质是对融合后的高维特征进行反卷积解码，得到所求的像素融合权重矩阵［式（7-59）］，解码器卷积核大小为 3×3。

$$\boldsymbol{\alpha} = \mathrm{Decoder}(F) \tag{7-59}$$

式中，$\boldsymbol{\alpha}$ 为融合权重矩阵。

步骤 3 的输入为步骤 2 中所得到的训练集中波、长波图像；输出为像素级图像融合方法融合权重矩阵，其大小与图像大小相同。融合权重生成公式如下：

$$\boldsymbol{\alpha} = \mathrm{FuseNet}(I_{\mathrm{M}}, I_{\mathrm{L}}) \tag{7-60}$$

式中，FuseNet 为深度学习网络。

步骤 4：将步骤 3 所述的像素级图像融合权重作为传统像素级图像融合方法的融合权重矩阵，将融合权重矩阵与中波图像的哈达玛积加上单位矩阵与融合权重矩阵的差与长波图像的哈达玛积，得到融合图像。其中哈达玛积是指两个相同维数矩阵对应元素相乘。其具体融合公式如下：

$$\boldsymbol{I}_{\mathrm{F}} = \boldsymbol{\alpha} \odot I_{\mathrm{M}} + (\boldsymbol{E} - \boldsymbol{\alpha}) \odot I_{\mathrm{L}} \tag{7-61}$$

式中，$\boldsymbol{I}_{\mathrm{F}}$ 为融合后图像；$\boldsymbol{E}$ 为单位矩阵；$\odot$ 为哈达玛积。

在得到融合图像后，需计算融合后图像与原输入图像的结构相似度与均方差，构建深度学习训练的 Loss 函数，完善训练负反馈机制，至此完成融合模型构建，具体模型如图 7-44 所示。

$$\mathrm{Loss} = 0.5[\mathrm{SSIM}(I_{\mathrm{F}}, I_{\mathrm{M}}) + \mathrm{SSIM}(I_{\mathrm{F}}, I_{\mathrm{L}})] + 100[\mathrm{MSE}(I_{\mathrm{F}}, I_{\mathrm{M}}) + \mathrm{MSE}(I_{\mathrm{F}}, I_{\mathrm{L}})]$$
$$\tag{7-62}$$

式中，SSIM（＊）为结构相似度计算公式；MSE（＊）为均方差计算公式。

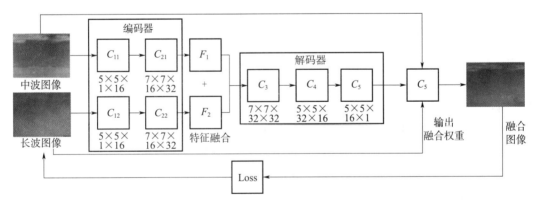

图 7-44　红外双波段图像像素级融合模型结构

（3）融合模型的训练与测试

步骤 5：根据步骤 4 所述图像融合模型，通过步骤 2 所述训练数据集进行训练，得到深度学习图像融合权重模型：

$$\mathrm{model}_F = \mathrm{FuseNet}_{\mathrm{train}}(\mathrm{Data}_{\mathrm{train}}) \tag{7-63}$$

步骤 6：根据式（7-63）所得模型，将步骤 2 所述测试集中的中波、长波图像分组输入模型，得到融合权重，根据式（7-64）和式（7-65）得到融合图像。红外双波段图像像素级融合流程如图 7-45 所示。

$$\boldsymbol{\alpha}_{\mathrm{test}} = \mathrm{model}_F \big[\mathrm{Data}_{\mathrm{test}}(I_M, I_L) \big] \tag{7-64}$$

$$\boldsymbol{I}_F^{\mathrm{test}} = \boldsymbol{\alpha}_{\mathrm{test}} I_M + (\boldsymbol{E} - \boldsymbol{\alpha}_{\mathrm{test}}) I_L \tag{7-65}$$

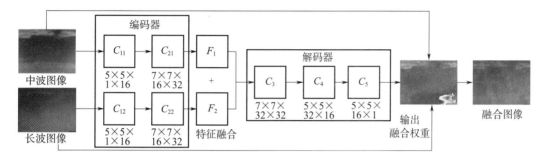

图 7-45　红外双波段图像像素级融合流程

综上，本方法充分结合了红外双波段图像的特点、传统像素级融合方法的优势和基于深度学习的分类感知能力，本方法为更充分利用红外双波段图像信息，通过编码器-解码器结构构建融合参数自适应网络，提升网络感知范围，智能感知背景环境变化，可实时针对不同环境得出不同融合参数，提高融合算法的环境感知能力，增加可解释性，突显环境中的目标信息。

7.4.2　参数智能学习的红外双波段图像特征级融合方法

7.4.2.1　基本原理

目前关于红外双波段图像特征级融合的方法大多采用固定参数融合的方式，如传统特征融合算法、小波变换图像融合算法中，高频、低频特征融合参数为固定值，通过人为选择参数配比实现图像融合，成像的效果与人的主观选择强相关，无法做到根据输入场景图像类型自主选择融合参数。因此，在对传统红外双波段图像融合方法的深入研究的基础上，本节实现一种参数智能学习的红外双波段图像特征级融合方法，提升特征级图像融合方法的环境适应性，凸显融合图像中目标的信息，提升融合过程的自主性与融合结果的最佳性。图 7-46 为参数智能学习的红外双波段图像特征级融合方法的思路，通过对提取的传统特征的融合参数进行学习，来实现对不同环境的自适应。

参数智能学习的红外双波段图像特征级融合方法的基本原理是在传统方法基础上，结合深度学习方法，构建无监督深度学习网络，利用神经网络算法分类与感知特性得到特征自适应融合参数矩阵，结合传统特征级图像融合算法来实现不同环境下的图像融合。图 7-47 所示为参数智能学习的红外双波段图像特征级融合方法的流程。以传统算法中的小波变换为例提取图像的特征，深度学习的网络选择分类网络，而损失函数的计算主要从结

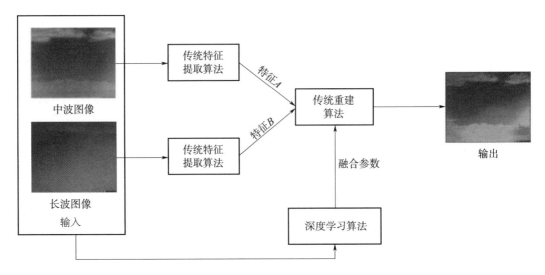

图 7-46 参数智能学习的红外双波段图像特征级融合方法的思路

构相似度的方面考虑。参数智能学习的红外双波段图像特征级融合方法改变了原有传统特征级图像融合方法在不同环境下需人为设置融合参数的问题，使得算法可以不依赖人为选择，而是根据环境背景自主生成融合所需参数，实现图像融合。

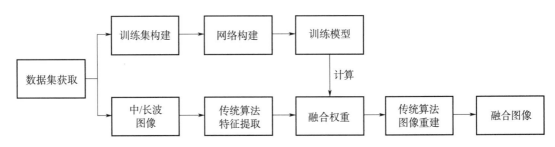

图 7-47 参数智能学习的红外双波段图像特征级融合方法的流程

7.4.2.2 方法流程

参数智能学习的红外双波段图像特征级融合方法的流程可以分为 3 个部分，共有 8 个步骤。其中，第 1 部分是数据集的筛选及数据预处理；第 2 部分是参数智能模型构建；第 3 部分是对参数智能模型训练。下面是对这 8 个步骤的详细描述：

（1）数据集的筛选及数据预处理

步骤 1：获取红外双波段图像数据，红外双波段图像数据为实拍天空、地面与海面下的图像。由于拍摄红外采集仪为两个不同的仪器，因此拍摄结果存在部分偏移。因此，需对红外双波段图像数据进行配准，以降低拍摄的影响；同时，根据配准后的结果，保留图像背景重叠部分，将两幅图像裁剪成相同大小；接着对图像进行缩放操作，将图像大小统一缩放到 640 像素×640 像素。得到图像数据集 $\mathrm{Image} = \{(I_{\mathrm{M1}}, I_{\mathrm{L1}}), (I_{\mathrm{M2}}, I_{\mathrm{L2}}), \cdots (I_{\mathrm{MN}}, I_{\mathrm{LN}})\}$，数据图像两张为一组，其中 I_{M} 表示中波图像，I_{L} 表示长波图像。

步骤 2：将上一步中所述数据集分为两组 $\text{Image}_{\text{train}}$ 和 $\text{Image}_{\text{test}}$，其中 $\text{Image}_{\text{train}}$ 图像作为训练样本，$\text{Image}_{\text{test}}$ 图像作为测试样本。

（2）参数智能模型构建

步骤 3：构建无监督深度学习网络，网络输入图像大小为 640 像素 × 640 像素；输出为特征级图像融合方法融合参数矩阵，其大小与所选传统特征融合算法采用特征数相同，网络本质为分类网络。网络由卷积层、BN 层与最大池化层等模块组成，为一个特征提取模块，卷积核大小为 3×3，最大池化核为 2×2。

网络主要实现 3 个功能具体如下。

1）特征提取功能：由两个特征提取模块组成，主要提取输入图像的特征，特征提取部分网络参数共享，即中波、长波图像共用一个特征提取部分：

$$F_{\text{M}}, F_{\text{L}} = \text{FeaExa}[\text{image}_{\text{train}}(I_{\text{M}}, I_{\text{L}})] \tag{7-66}$$

式中，F_{M}、F_{L} 分别为中波、长波图像经过网络抽象的高维特征。

2）特征合并功能：将由第一个功能得到的高维特征融合，合并成一个组合特征，使用 Concatenate 操作融合两个高维特征为一个高维组合特征：

$$F = \text{concat}(F_{\text{M}}, F_{\text{L}}) \tag{7-67}$$

式中，F 为融合后特征。

3）融合参数的生成功能：主要根据特征生成融合参数。该功能由 3 个特征提取模块和一个全连接模块实现，全连接层的输出就是融合参数矩阵。

$$\boldsymbol{A}(a_1, a_2, \cdots, a_n) = \text{FuseClassification}(I_{\text{M}}, I_{\text{L}}) \tag{7-68}$$

式中，$\boldsymbol{A}$ 为融合参数矩阵，参数个数为 n。

步骤 4：参数智能学习的红外双波段图像特征级融合方法所选传统特征融合方法为 haar 小波变换，haar 小波变换会输出 1 个高频特征和 3 个低频特征。根据所选传统特征级融合方法，将步骤 2 中所述训练集中的中波、长波图像进行小波变换，将图像转为传统特征：

$$\text{Feature}_{\text{M}}(F_{\text{M1}}, F_{\text{M2}}, F_{\text{M3}}, F_{\text{M4}}) = \text{DWT}(I_{\text{M}}) \tag{7-69}$$

$$\text{Feature}_{\text{L}}(F_{\text{L1}}, F_{\text{L2}}, F_{\text{L3}}, F_{\text{L4}}) = \text{DWT}(I_{\text{L}}) \tag{7-70}$$

式中，DWT（＊）为小波变换特征提取方法。

步骤 5：将步骤 3 所述的特征级图像融合参数作为步骤 4 所述的小波变换特征的融合参数矩阵，融合参数矩阵 $\boldsymbol{A}$ 与特征 $\text{Feature}_{\text{M}}$ 的内积加上 $\boldsymbol{I} - \boldsymbol{A}$ 与特征 $\text{Feature}_{\text{L}}$ 的内积作为融合特征。其具体融合公式如下：

$$\text{Feature}_{\text{fuse}}(F_{\text{fuse1}}, F_{\text{fuse2}}, F_{\text{fuse3}}, F_{\text{fuse4}}) = \boldsymbol{A}\text{Feature}_{\text{M}} + (\boldsymbol{I} - \boldsymbol{A})\text{Feature}_{\text{L}} \tag{7-71}$$

式中，$\text{Feature}_{\text{fuse}}$ 为长波图像特征与中波图像特征融合后特征。

步骤 6：根据步骤 5 所述的融合后特征，利用小波变换的逆变换重建图像，得到融合后图像 I_{F}，至此完成融合模型构建。图像特征级融合流程如图 7-48 所示。

$$I_{\text{F}} = \text{DWT}^{-1}(\text{Feature}_{\text{fuse}}) \tag{7-72}$$

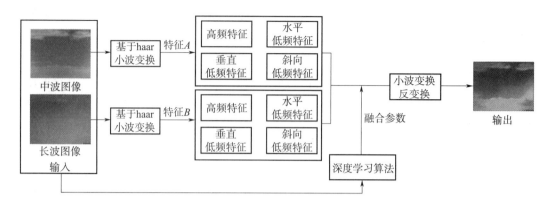

图 7-48 图像特征级融合流程

（3）参数智能模型训练

步骤 7：根据步骤 4 所述图像融合模型，通过步骤 2 所述训练数据集进行训练，得到深度学习图像融合参数模型：

$$\text{model}_{\text{fuse}} = \text{FuseClassification}_{\text{train}}(\text{image}_{\text{train}}) \qquad (7-73)$$

步骤 8：根据步骤 5 所得模型，将步骤 2 所述测试集中的中波、长波图像分组输入模型，得到融合参数，根据融合图像融合公式得到融合图像：

$$A_{\text{test}} = \text{model}_{\text{fuse}}\big[\text{image}_{\text{test}}(I_{\text{M}}, IR_{\text{L}})\big] \qquad (7-74)$$

$$F_{\text{fuse}}^{\text{test}} = A_{\text{test}} \circ F_{\text{M}} + (E - A_{\text{test}}) \circ F_{\text{L}} \qquad (7-75)$$

$$I_{\text{F}} = \text{DWT}(F_{\text{fuse}}^{\text{test}}) \qquad (7-76)$$

在得到融合图像后，需计算融合后图像与原输入图像的结构相似度，构建深度学习训练的 Loss 函数，完善训练负反馈机制，至此完成融合模型构建：

$$\text{Loss} = 0.5\big[\text{SSIM}(I_{\text{F}}, I_{\text{M}}) + \text{SSIM}(I_{\text{F}}, I_{\text{L}})\big] \qquad (7-77)$$

式中，SSIM（*）为结构相似度计算公式。

综上，参数智能学习的红外双波段图像特征级融合方法充分考虑了红外双波段图像的特点、传统特征级融合方法的优势以及基于深度学习的分类感知能力，本方法可以更充分地利用红外双波段图像信息，可实时针对不同环境得出不同融合参数，提高融合算法的环境感知能力，算法简单，可操作性强，具有广泛的适用性。

7.4.3 双波段图像融合评价指标

图像融合性能评价指标主要分为 4 类，分别是基于信息论的评价指标，主要包括信息熵（Information Entropy，EN）、交叉熵（Cross Entropy，CE）、互信息（Mutual Information，MI）、归一化互信息、特征互信息（Feature Mutual Information，FMI）；基于结构相似性的评价指标，主要包括结构相似度（Structural Similarity Index Measure，SSIM）、梯度结构相似度（Gradient Structural Similarity Index Measure，GSSIM）、多尺度结构相似度（Multi-Scale Structural Similarity Index Measure，MSSSIM）、均方误差（Mean Square Error，MSE）、均方根误差（Root Mean Square Error，RMSE）等；基于图像特征的评价指标，主要包括空

间频率（Spatial Frequency，SF）、标准差（Standard Deficiency，SD）、平均梯度（Average Gradient，AG）；基于人类视觉感知的评价指标，如融合视觉信息保真度（Visual Information Fidelity for Fusion，VIF）；基于源图像与生成图像的评价指标，主要包括相关系数（Correlation Coefficient，CC）、差异相关性总和（the Sum of the Correlations of Differences，SCD）、边缘保留度（$Q^{AB/F}$）、伪影及噪声度量指标（$N^{AB/F}$）。

7.4.3.1 基于信息论的评价指标

（1）信息熵

信息熵是度量图像包含信息量多少的一个客观评价指标。关于信息熵的公式已在 2.3 节给出。

（2）交叉熵

交叉熵是能够反映融合图像与源图像对应像素差异程度的一个客观评价指标，即灰度信息分布的差异性。交叉熵越小，则表明融合图像与源图像像素差异程度越小，融合图像的质量越好。融合图像与两幅源图像的总体交叉熵为

$$CE(A,B,F) = \sqrt{\frac{CE(A,F)^2 + CE(B,F)^2}{2}} \qquad (7-78)$$

$$CE(A,F) = \sum_{i=0}^{L-1} p_A(i) \log_2 \frac{p_A(i)}{p_F(i)} \qquad (7-79)$$

$$CE(B,F) = \sum_{i=0}^{L-1} p_B(i) \log_2 \frac{p_B(i)}{p_F(i)} \qquad (7-80)$$

式中，$CE(A,F)$ 和 $CE(B,F)$ 分别为融合图像 F 与源图像 A 和源图像 B 的交叉熵；L 为灰度级数；$p_x(i)(x = A，B，F)$ 为灰度值等于 i 的像素数与对应图像的总像素数之比。

（3）互信息

互信息基于信息论的概念，可以反映融合图像包含源图像的信息量的多少，衡量源图像与融合图像之间的相似程度。互信息的值越大，则表明融合图像与输入图像的相似程度越高，融合效果越好。源图像 A、B 与融合图像 F 间的互信息定义为

$$MI_{AB,F} = MI_{AF} + MI_{BF} \qquad (7-81)$$

$$MI_{AF} = \sum_{i=0}^{L-1} \sum_{j=0}^{L-1} p_{A,F}(i,j) \log_2 \frac{p_{A,F}(i,j)}{p_A(i) p_F(j)} \qquad (7-82)$$

$$MI_{BF} = \sum_{i=0}^{L-1} \sum_{j=0}^{L-1} p_{B,F}(i,j) \log_2 \frac{p_{B,F}(i,j)}{p_B(i) p_F(j)} \qquad (7-83)$$

式中，$p_A(i)$、$p_B(i)$ 和 $p_F(j)$ 分别为源图像 A、B 和融合图像 F 的灰度分布；L 为灰度级数；$p_{A,F}(i,j)$、$p_{B,F}(i,j)$ 分别为源图像 A 与融合图像 F、源图像 B 与融合图像 F 的联合概率密度分布。

（4）归一化互信息

Hossny 等[142]为了消除信息熵对融合图像质量评价结果的影响，通过计算源图像与融合图像的联合直方图等信息，得到了归一化互信息。归一化互信息是基于信息理论的无参考图像融合质量客观评价指标。归一化互信息越大，说明源图像保留在融合图像中的信息

量就越丰富，融合图像质量也就越好。NMI 的计算公式如下：

$$\text{NMI} = 2\left[\frac{\text{MI}_{AF}}{H_F + H_A} + \frac{\text{MI}_{BF}}{H_F + H_B}\right] \qquad (7-84)$$

式中，H_A、H_B 和 H_F 分别为源图像 A、B 和融合图像 F 的信息熵；MI_{AF}、MI_{BF} 分别为源图像 A 与融合图像 F、源图像 B 与融合图像 F 的互信息。

（5）特征互信息

特征互信息由 Haghighat 等[143]于 2011 年提出。源图像表示为 A 和 B，融合图像表示为 F，FMI 度量使用特征提取方法（如梯度）提取源图像和融合图像的特征图像。在进行特征提取后，对这些特征图像进行归一化处理，以创建边缘概率密度函数（Marginal Probability Distribution Functions，MPDFs），即 $p(a)$、$p(b)$ 和 $p(f)$。然而，对于联合概率密度函数（Joint Probability Density Function，JPDF）$p(a,f)$ 和 $p(b,f)$，其计算并不如基于直方图的互信息指标中所使用的联合直方图那样简单，而是通过计算梯度边缘特征图的边缘分布，从而自适应地改变图像的特征系数。

设 X 和 Y 分别为边际累积分布函数（Marginal Cumulative Distribution Function，MCDF）$F(x)$ 和 $G(y)$ 的变量，$H(x,y)$ 为联合累积分布函数（Joint Cumulative Distribution Function，JCDF）。H_L 和 H_U 对应变量 X 和 Y 的最小和最大的相关性，二者满足条件 $H_L(r,y) \leqslant H(r,y) \leqslant H_U(x,y)$。$H_L$ 和 H_U 的定义如下：

$$H_L(x,y) = \max\{F(x) + G(y) - 1, 0\} \qquad (7-85)$$

$$H_U(x,y) = \min\{F(x), G(y)\} \qquad (7-86)$$

X 和 Y 的协方差定义为

$$\text{Cov}(x,y) = \int_{-\infty}^{\infty} \int_{-\infty}^{\infty} \left[H(x,y) - F(x)G(y)\right]\mathrm{d}x\,\mathrm{d}y \qquad (7-87)$$

σ 表示图像的标准差，用 $\text{Cov}(x,y)$、$\text{Cov}(x,y)_L$ 和 $\text{Cov}(x,y)_U$ 除以 $\sigma_x \cdot \sigma_y$，可以得到皮尔逊相关系数 ρ、ρ_L 和 ρ_U。

设 $I(x,y)$ 是特定域中的图像，则图像的梯度对应的边缘分布 $p(x,y)$ 定义为

$$p(x,y) = \frac{|\nabla I|}{\sum_{x,y} |\nabla I|} \qquad (7-88)$$

$$|\nabla I| = \left[\left(\frac{\partial I(x,y)}{\partial x}\right)^2 + \left(\frac{\partial I(x,y)}{\partial y}\right)^2\right]^{1/2}$$

则融合图像 F 与源图像 A 的联合分布可以表示如下。

若 $0 < (\rho^{FA} = \rho_\varphi^{FA}) \leqslant \rho_U^{FA}$，则有：

$$p_{FA}(x,y,z,w) = \varphi h_U^{FA}(x,y,z,w) + (1-\varphi)p_F(x,y) \cdot p_A(z,w) \qquad (7-89)$$

式中，$\varphi = \rho_\varphi^{FA}/\rho_U^{FA}$，$\varphi$ 和 ρ_φ^{FA} 表示 h_U 的相关系数。

若 $\rho_L^{FA} \leqslant (\rho^{FA} = \rho_\varphi^{FA}) \leqslant 0$，则有：

$$p_{FA}(x,y,z,w) = \theta h_L^{FA}(x,y,z,w) + (1-\theta)p_F(x,y) \cdot p_A(z,w) \qquad (7-90)$$

式中，$\theta = \rho_\theta^{FA}/\rho_L^{FA}$，$\theta$ 和 ρ_L^{FA} 表示 h_L 的相关系数。

上述公式对融合图像 F 与源图像 B 同样适用。

对于融合图像 F 所包含源图像 A 和 B 中的特征信息量，可以用互信息度量 MI 表示为

$$\mathrm{MI}_{FA} = \sum_{f,a} p_{FA}(x,y,z,w) \log_2 \frac{p_{FA}(x,y,z,w)}{p_F(x,y)p_A(z,w)} \qquad (7-91)$$

$$\mathrm{MI}_{FB} = \sum_{f,b} p_{FB}(x,y,z,w) \log_2 \frac{p_{FB}(x,y,z,w)}{p_F(x,y)p_B(z,w)} \qquad (7-92)$$

则可以得到 FMI 的公式：

$$\mathrm{FMI}_F^{AB} = \mathrm{MI}_{FA} + \mathrm{MI}_{FB} \qquad (7-93)$$

归一化后得到最终的 FMI 的计算公式：

$$\mathrm{FMI}_F^{AB} = \frac{\mathrm{MI}_{FA}}{H_F + H_A} + \frac{\mathrm{MI}_{FB}}{H_F + H_B} \qquad (7-94)$$

需要注意的是，式（7-94）中的 H_A、H_B 是通过特征分布计算得到的，如边缘、梯度等，而不是通过图像直方图计算得到的。例如，像素特征互信息（FMI_pixel）中的特征为图像的边缘或梯度信息、离散余弦特征互信息（FIM_dct）中的特征为图像的二维离散余弦变换、小波特征互信息（FMI_w）中的特征为图像的二维离散小波变换。

7.4.3.2　基于结构相似性的评价指标

（1）结构相似度

结构相似度表示融合图像和源图像在结构方面的相似程度，SSIM 值越大，表示融合效果越好。SSIM 的定义如下：

$$\mathrm{SSIM}(A,B,F) = \frac{\mathrm{SSIM}(A,F) + \mathrm{SSIM}(B,F)}{2} \qquad (7-95)$$

式中，SSIM(A,F) 和 SSIM(B,F) 分别代表图像 A、B 和融合图像 F 的结构相似度，分别表示为

$$\mathrm{SSIM}(A,F) = |L(A,F)|^\alpha \times |S(A,F)|^\beta \times |Z(A,F)|^\gamma \qquad (7-96)$$

$$\mathrm{SSIM}(B,F) = |L(B,F)|^\alpha \times |S(B,F)|^\beta \times |Z(B,F)|^\gamma \qquad (7-97)$$

$$L(X,Y) = \frac{2\mu_X\mu_Y + C_1}{\mu_X^2 + \mu_Y^2 + C_1} \qquad (7-98)$$

$$S(X,Y) = \frac{2\sigma_X\sigma_Y + C_2}{\sigma_X^2 + \sigma_Y^2 + C_2} \qquad (7-99)$$

$$Z(X,Y) = \frac{\sigma_{XY} + C_3}{\sigma_X\sigma_Y + C_3} \qquad (7-100)$$

式中，$L(X,Y)$、$S(X,Y)$ 和 $Z(X,Y)$ 分别为图像的亮度相似度、对比度相似度和结构相似度；α、β 和 γ 分别为三者占的权重，一般情况下均设为 1；μ_X、μ_Y 为图像 X、Y 的灰度均值；σ_{XY} 为图像 X、Y 的灰度协方差；σ_X^2、σ_Y^2 为图像的灰度方差；C_1、C_2、C_3 为常数。

该评价指标考虑到了人眼视觉系统的特性，所以在对图像进行质量评价时取得了比较理想的效果。但是，在对模糊降质图像进行评价时，由于该指标对模糊降质图像的敏感度较低，因此评价效果不太理想。

（2）梯度结构相似度

为了改善 SSIM 指标对模糊降质图像的评价性能，Chen 等[144]提出了梯度结构相似度，该指标将 SSIM 指标中的对比度相似度和结构相似度改为对源图像 A 、B 的梯度图像进行测量。GSSIM 的计算公式为

$$\text{GSSIM}(A,B) = |L(A,B)|^{\alpha} \times |S(A',B')|^{\beta} \times |Z(A',B')|^{\gamma} \qquad (7-101)$$

式中，A' 和 B' 分别为对应图像 A 、B 的梯度图。

该指标可以很好地对模糊降质图像进行评价，评价性能优于 SSIM 指标。

（3）多尺度结构相似度

SSIM 指标是单尺度的，为了使该指标更加符合人眼的视觉特性，Wang 等[145]提出了一种基于多尺度结构相似度的客观评价指标。MSSSIM 的计算公式为

$$\text{MSSSIM}(Z,K) = [l_M(A,B)]^{\alpha_M} \prod_{i=1}^{M} [s_i(A,B)]^{\beta_i} [z_i(A,B)]^{\gamma_I} \qquad (7-102)$$

式中，M 为针对参考图像所选的最高尺度数。

通过对其进行 $M-1$ 次迭代，将上一次迭代的结果进行低通滤波和下采样操作，即可获得最终的 MSSSIM 值。MSSSIM 指标能够捕获跨越多个尺度的模糊，综合考虑了采样率、观察距离等因素对融合图像质量评价的影响，能够更好地与人眼视觉系统的视觉感知相一致，并且其评价效果要优了 SSIM 指标。

（4）均方误差

均方误差反映的是变量间的差异程度，是一种基于像素误差的图像质量客观评价指标。融合图像 F 与理想参考图像 R 之间的均方误差的计算公式为

$$\text{MSE}(F,R) = \frac{1}{M \times N} \sum_{x=1}^{M} \sum_{y=1}^{N} [R(x,y) - F(x,y)]^2 \qquad (7-103)$$

式中，$R(x,y)$ 和 $F(x,y)$ 分别为理想参考图像和融合图像位置 (x,y) 处的像素值。

MSE 越小，表示源图像与融合图像之间的差异越小，相似度越高，则融合图像质量越好。

（5）均方根误差

均方根误差是一个反映空间细节信息的评价指标，有效地度量了融合图像与理想参考图像之间的差异性。RMSE 越小，融合图像与源图像之间的差异越小，融合效果越好。

均方根误差可表示为

$$\text{RMSE} = \sqrt{\frac{1}{M \times N} \sum_{i=1}^{M} \sum_{j=1}^{N} [R(x,y) - F(x,y)]^2} \qquad (7-104)$$

7.4.3.3 基于图像特征的评价指标

（1）空间频率

空间频率主要表示图像的空间活跃度，是图像微小细节信息量的表征。空间频率值越大，表示图像越清晰。其计算公式为

$$\text{SF} = \sqrt{\text{RF}^2 + \text{CF}^2} \qquad (7-105)$$

$$RF = \sqrt{\frac{1}{M \times N} \sum_{x=1}^{M} \sum_{y=1}^{N} \left[F(x,y) - F(x,y-1) \right]^2} \tag{7-106}$$

$$CF = \sqrt{\frac{1}{M \times N} \sum_{x=1}^{M} \sum_{y=1}^{N} \left[F(x,y) - F(x-1,y) \right]^2} \tag{7-107}$$

式中，RF 为行频率；CF 为列频率。

（2）标准差

标准差用于表示图像的像素灰度值离散情况。标准差越大，表明图像的灰度级分布就越分散，融合图像的对比度就越高。其定义如下：

$$SD = \sqrt{\frac{\sum_{x=1}^{M} \sum_{x=1}^{N} \left[F(x,y) - \bar{F} \right]}{M \times N}} \tag{7-108}$$

式中，$\bar{F}$ 为融合图像 F 的平均像素值。

（3）平均梯度

平均梯度是衡量图像清晰程度的指标，同时也体现了融合图像对细节纹理变化的显示灵敏度。平均梯度值越大，代表融合图像越清晰。其计算公式如下：

$$AG = \frac{1}{M \times N} \sum_{x=1}^{M} \sum_{y=1}^{N} \sqrt{\frac{(\Delta F_x^2 + \Delta F_y^2)}{2}} \tag{7-109}$$

式中，$\Delta F_x^2 = f(x,y) - f(x-1,y)$；$\Delta F_y^2 = f(x,y) - f(x,y-1)$

7.4.3.4 基于人类视觉感知的评价指标

融合视觉信息保真度[146]模拟了人眼的视觉机制，通过利用信息论的知识，计算融合图像与源图像之间的交互信息，从而对融合图像的质量进行评价。视觉信息保真度越大，表示融合图像的质量越好。融合视觉信息保真度的计算过程可分为 4 步：1）对源图像和融合图像进行滤波，并将其分成不同的块；2）评估每块是否有失真的视觉信息；3）对每块的视觉信息的保真度进行计算；4）计算基于视觉信息保真度的总体度量。其计算公式为

$$VIF = \sum_k p_k \cdot VIFF_k(A,B,F) \tag{7-110}$$

$$VIFF_k(A,B,F) = \frac{\sum_b FVID_{k,b}(A,B,F)}{\sum_b FVIND_{k,b}(A,B,F)} \tag{7-111}$$

式中，k 为图像子带；b 为滑动窗口；p_k 为加权系数；$FVID_{k,b}$ 为融合视觉信息失真度；$FVIND_{k,b}$ 为融合视觉信息非失真度。

7.4.3.5 基于源图像与生成图像的评估指标

（1）相关系数

相关系数是一个反映融合图像与理想参考图像之间相关度的客观评价。其计算公式为

$$CC(R,F) = \frac{\sum\limits_{i=1}^{M}\sum\limits_{j=1}^{N}[R(x,y)-\bar{R}][F(x,y)-\bar{F}]}{\sqrt{\sum\limits_{x=1}^{M}\sum\limits_{y=1}^{N}[R(x,y)-\bar{R}]^2 \times \sum\limits_{x=1}^{M}\sum\limits_{y=1}^{N}[F(x,y)-\bar{F}]^2}} \qquad (7-112)$$

式中，$\bar{R}$ 和 $\bar{F}$ 分别为融合图像与理想参考图像的像素平均值。

该类评价指标由于要使用到理想参考图像，而在实际应用中理想参考图像只是为了研究需要而仿真出的一幅清晰图像，实际中基本上是不存在的，因此其在使用过程中受到了一定的限制。另外，该类评价指标仅对理想参考图像与融合图像的像素灰度值进行简单的数学计算，没有考虑到像素之间的相关性以及人眼的视觉特性，因此其评价效果与对应的主观评价有一定的出入。

（2）差异相关性总和

差异相关性总和[147]通过评估源图像和融合图像中像素值差异的相关性来衡量融合图像的质量。与直接使用源图像和融合图像之间的相关性评估融合图像质量不同，该度量通过考虑源图像及其对融合图像的影响来评价融合算法的性能。

图像融合通过从不同的源图像中分别提取重要的图像信息，重构得到融合图像。因此，输入图像 A 与融合图像 F 之间的差异揭示了从图像 B 中所提取的信息；反之亦然，即融合图像 F 和输入图像 B 之间的差异揭示了从图像 A 中所提取的信息。这些差异图像（D_1 和 D_2）可以表示为

$$D_1 = F - A \qquad (7-113)$$
$$D_2 = F - B \qquad (7-114)$$

在图像融合应用中，要求融合后的图像尽可能包含来自输入图像的信息。将 D_1 与 S_1 以及 D_2 与 S_2 进行相关性分析得到的值揭示了这些图像之间的相似性，即这些值表明了从每个输入图像传输到融合图像中的信息量。SCD 利用这些相关性的值之和作为评估融合图像质量的指标。其公式如下：

$$SCD = r(D_1, A) + r(D_2, B) \qquad (7-115)$$

式中，$r(\cdot)$ 函数用于计算 D_1 和 A、D_2 和 B 之间的相关性，计算公式如下：

$$r(D_1, A) = \frac{\sum\limits_{i}\sum\limits_{j}[D_1(x,y)-\bar{D}_1][A(x,y)-\bar{A}]}{\sqrt{\left\{\sum\limits_{i}\sum\limits_{j}[D_1(x,y)-\bar{D}_1]\right\}^2 \left\{\sum\limits_{i}\sum\limits_{j}[A(x,y)-\bar{A}]\right\}^2}} \qquad (7-116)$$

$$r(D_2, B) = \frac{\sum\limits_{i}\sum\limits_{j}[D_2(x,y)-\bar{D}_2][B(x,y)-\bar{B}]}{\sqrt{\left\{\sum\limits_{i}\sum\limits_{j}[D_2(x,y)-\bar{D}_2]\right\}^2 \left\{\sum\limits_{i}\sum\limits_{j}[B(x,y)-\bar{B}]\right\}^2}} \qquad (7-117)$$

式中，$\bar{A}$ 和 $\bar{B}$ 分别为源图像 A、B 的灰度均值。

（3）边缘保留度

边缘保留度 $Q^{AB/F}$ 用于计算融合图像中有多少边缘信息来自源图像。$Q^{AB/F}$ 值越大，表示得到源图像的信息量越多，代表融合效果更佳。其定义如下：

$$Q^{AB/F} = \frac{\displaystyle\sum_{i=1}^{M}\sum_{j=1}^{N}\left[Q^{AF}(x,y)w^{A}(x,y)+Q^{BF}(x,y)w^{B}(x,y)\right]}{\displaystyle\sum_{i=1}^{M}\sum_{j=1}^{N}\left[w^{A}(x,y)+w^{B}(x,y)\right]} \tag{7-118}$$

式中，$Q^{XF}(x,y)=Q_{g}^{XF}(x,y)Q_{\alpha}^{XF}(x,y)$，$Q_{g}^{XF}(x,y)$ 与 $Q_{\alpha}^{XF}(x,y)$ 分别为位置 (x,y) 处的边缘强度和边缘方向，这里的 X 表示 A 或 B；w^{A}、w^{B} 为权重参数。

（4）伪影及噪声度量指标

伪影及噪声度量指标 $N^{AB/F}$ 用于衡量融合图像中引入的伪影和噪声大小。伪影和噪声本质上属于错误的信息，所以将伪影和噪声定义为存在于融合图像但不存在于源图像的梯度信息。$N^{AB/F}$ 的值越大，表示引入的伪影和噪声越多，融合图像质量越好。$N^{AB/F}$ 的定义如下：

$$N^{AB/F} = \frac{\displaystyle\sum_{i=1}^{N}\sum_{j=1}^{M}N(x,y)\left[w^{A}(x,y)+w^{B}(x,y)\right]}{\displaystyle\sum_{i=1}^{N}\sum_{j=1}^{M}\left[w^{A}(x,y)+w^{B}(x,y)\right]} \tag{7-119}$$

$$N(i,j)=\begin{cases}2-Q^{AF}(x,y)-Q^{BF}(x,y), & Q_{g}^{F}>(Q_{g}^{A}\&Q_{g}^{F})\\0, & \text{其他}\end{cases} \tag{7-120}$$

7.4.4　示例

本实验对 3 组自建双波段数据集进行测试。其中，第 1 组图像是山景图像，包括明显的云、山景与山脚灯光。第 2 组图像包括河岸水面与河岸旁路面；第 3 组图像目标信息是海背景中的一艘船。实验对比了 10 种图像融合算法在 10 组数据集下的融合结果，并给出所有方法在每个数据集下的图像融合指标。10 种图像融合方法分别为 DenseFuse 融合、DRF 融合、FusionGAN 融合、RFN－Nest 融合、PIAFusion 融合、基于 CNN 的融合、基于梯度转移和总变异最小化融合（Gradient Transfer Fusion，GTF）、LatLRR 融合，以及 7.2 节中的基于像素级融合系数学习算法和基于特征级融合系数学习算法，分别记为 parameter、Dwt_parameter。实验结果包括定性对比和定量对比。

（1）定性对比

图 7-49～图 7-51 分别给出了 3 组数据集的红外双波段图像和 10 种不同融合算法的融合结果。从定性对比中可以看出，对于第 1 组图像来说，LatLRR 融合方法得到的细节最佳，如云朵以及山的边缘。这可能是由于 LatLRR 算法注重保持融合结果的全局一致性，即在融合过程中注重保持整体图像的结构和特征一致性。这有助于避免产生人工痕迹或不连贯的细节，使融合结果更加自然和真实。基于像素级融合系数学习算法的融合结果和基于特征级融合系数学习算法融合结果等也比较好，有效地结合了双波段长中波红外图像，使得融合图像中的信息更加丰富；但 DRF 融合结果表现较差，可能是由于网络的融合权重分配不合适，算法缺乏细节保留机制。

对于第 2 组图像来说，基于像素级融合系数学习算法的融合结果和基于特征级融合系

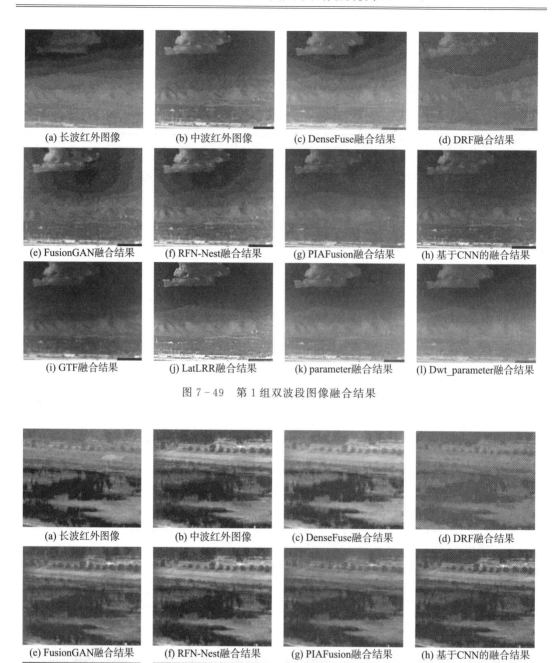

图 7 - 49　第 1 组双波段图像融合结果

图 7 - 50　第 2 组双波段图像融合结果

数学习算法的融合结果等较好，融合结果具有比较适宜的清晰度和对比度，融合图像既不
过暗也不过亮。基于像素级融合系数学习算法的融合对比其他的融合结果重影模糊的问题
不那么明显。

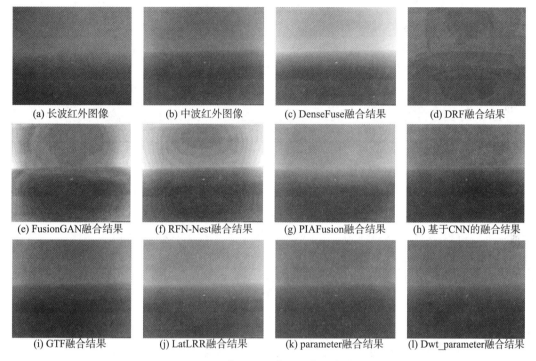

(a) 长波红外图像　　　(b) 中波红外图像　　　(c) DenseFuse融合结果　　　(d) DRF融合结果

(e) FusionGAN融合结果　　(f) RFN-Nest融合结果　　(g) PIAFusion融合结果　　(h) 基于CNN的融合结果

(i) GTF融合结果　　　(j) LatLRR融合结果　　　(k) parameter融合结果　　(l) Dwt_parameter融合结果

图 7 - 51　第 3 组双波段图像融合结果

　　对于第 3 组图像来说，DenseFuse 算法和 LatLRR 算法的融合结果比较令人满意，基
于像素级融合系数学习算法的融合结果和基于特征级融合系数学习算法的融合结果中的船
目标相比于双波段红外图像中的更为显著，但是 DRF 算法的融合效果依旧不佳。
FusionGAN 融合图像产生了严重的模糊重影，可能是 FusionGAN 算法对于海背景下复杂
的纹理和颜色变化不具有足够的鲁棒性和适应性。FusionGAN 算法要求输入图像在几何
上进行配准，即将不同源图像对齐到相同的坐标空间。如果图像配准过程不准确或存在误
差，将导致融合过程中产生模糊重影。

　　（2）定量对比

　　表 7 - 3～表 7 - 5 为 3 组数据集融合结果各项指标，不同的指标会影响评价的结果。
结合 3 组数据集测试结果来看，基于像素级融合系数学习算法和基于特征级融合系数学习
算法在一些指标上，如峰值信杂比（PSNR）、相关系数（CC）、结构相似度（SSIM）、离
散余弦特征互信息（FMI_dct）、小波特征互信息（FMI_w）等，在 3 组不同环境下表
现都比较好。

表 7 - 3　第 1 组数据集融合结果各项指标

指标	GTF	LatLRR	CNN	DenseFuse	DRF	FusionGAN	RFN_nest	PIAFusion	parameter	Dwt_parameter
EN	7.053 3	**7.457 4**	7.129 5	7.193 8	5.934 6	6.747 5	7.063 1	6.955 1	6.985 3	6.942 7
SF	0.016 7	**0.037 9**	0.025 2	0.015 8	0.006 4	0.015 5	0.019 6	0.016 7	0.017 9	0.012
SD	9.295 6	**10.584 6**	9.682 9	10.470 8	8.628 8	8.447 8	9.243 7	10.576 9	10.030 2	10.362 3
PSNR	69.907	65.029 5	70.210 5	70.247 4	68.218 8	68.537 2	69.446 1	70.724 4	72.034 5	**72.492 6**
MSE	0.006 6	**0.020 4**	0.006 2	0.006 1	0.009 8	0.009 1	0.007 4	0.005 5	0.004 1	0.003 7
MI	**5.313**	3.592 5	4.520 6	3.884 9	3.781 2	3.532 9	5.269 9	4.568 2	4.102 7	4.057 4
VIF	0.955 8	1.029 7	**1.153 7**	0.831 2	0.483	0.686 1	1.046 6	0.886 1	0.907 7	0.817 7
AG	1.640 7	**3.571 1**	2.281 3	1.482 3	0.636 4	1.319 6	1.802 3	1.421 7	1.582 3	1.173 7
CC	0.856 1	0.901 2	0.888 1	0.919 8	0.878 7	0.788 7	0.852	0.905 2	0.911 3	**0.920 7**
SCD	0.359 3	**1.650 7**	1.253 7	1.424	-0.936 1	-0.492	0.659 4	1.066	0.868 5	0.773 9
Qabf	0.394 3	0.403 7	**0.622 4**	0.32	0.129 8	0.254 2	0.465 7	0.328 6	0.539 8	0.304 4
Nabf	0.124 8	**0.497 8**	0.179	0.131 6	0.029 1	0.087 6	0.124 1	0.117 4	0.025 2	0.016 1
SSIM	0.950 3	0.923 2	**0.983 6**	0.924 6	0.874 7	0.910 2	0.956 8	0.895 3	0.971	0.943 4
MS_SSIM	0.932 9	0.851 0	0.905 8	0.964 4	0.860 9	**0.979 8**	0.953 5	0.926 9	0.963 2	0.928 9
FMI_pixel	0.933 4	0.896 2	0.929 1	0.938 2	0.933 3	**0.948 7**	0.938 6	0.925 5	0.944 6	0.938 3
FMI_dct	0.145 1	0.115 3	0.137 1	0.158 8	0.150 3	0.267 0	0.153 6	0.195 3	**0.292 2**	0.204 2
FMI_w	0.178 4	0.171 4	0.177 9	0.204 1	0.206 02	0.288 6	0.231 4	0.246 3	**0.296 1**	0.240 3

表 7 - 4　第 2 组数据集融合结果各项指标

指标	GTF	LatLRR	CNN	DenseFuse	DRF	FusionGAN	Rfn_nest	PIAFusion	parameter	Dwt_parameter
EN	7.097 9	**7.638 3**	7.099 9	7.194 9	5.917 2	6.698 9	7.153 1	7.077 4	7.048 7	6.971 6
SF	0.017 8	**0.045 3**	0.025 8	0.018 5	0.008 4	0.017 3	0.019	0.021 4	0.017 9	0.015 4
SD	9.277	9.964 7	9.535 7	9.867 3	8.847 1	8.688 8	9.272 4	**10.141 7**	9.591 9	9.797 9
PSNR	71.742 4	64.660 1	71.759 9	71.015 9	68.549 8	69.572 6	70.644 1	71.729 3	73.884 6	**74.231 7**
MSE	0.004 4	**0.022 2**	0.004 3	0.005 2	0.009 1	0.007 2	0.005 6	0.004 4	0.002 7	0.002 5
MI	4.721 2	3.898 9	4.571 1	4.135 7	4.014 9	3.551 8	**5.599 9**	4.840 9	4.784 6	4.622 7
VIF	1.021 6	1.062 1	**1.272 5**	0.944 3	0.629 2	0.733 2	1.210 7	1.023 2	1.098 2	1.073 7
AG	2.127 4	**5.025**	2.857 5	2.222	0.988 4	2.013 5	2.262 4	2.375 2	2.061 7	1.892 3
CC	0.916 8	0.94	0.932 1	0.943 5	0.937 3	0.855 6	0.908 8	0.941 9	**0.948 2**	0.952 8
SCD	0.471 3	**1.783 8**	1.175 6	1.167 9	-1.292 5	-0.803 7	1.009 9	0.861	0.648 9	0.595 7
Qabf	0.383 2	0.350 7	**0.500 1**	0.331 8	0.151 5	0.272 6	0.433 2	0.408 8	0.471 7	0.409 1
Nabf	0.071 5	**0.470 8**	0.132	0.108 1	0.022	0.100 7	0.089 8	0.113 3	0.017 6	0.009 3
SSIM	0.919 2	0.881 2	0.96	0.897 7	0.816	0.855 8	0.895 8	0.886 1	**0.943 6**	0.940 5
MS_SSIM	0.919 9	0.883 2	**0.972 5**	0.908 3	0.746 6	0.826 2	0.899 5	0.874 8	0.936 6	0.929 9
FMI_pixel	0.884 6	0.888 9	0.892 4	0.874 1	0.872	0.866 7	0.890 9	0.887	**0.893 7**	0.890 5
FMI_dct	0.150 4	0.248 7	0.209 6	0.148 3	0.117 5	0.134 5	0.162 8	0.190 6	**0.296 8**	0.228
FMI_w	0.228 4	0.268 1	0.244	0.206 9	0.195	0.205 6	0.228	0.239	**0.306**	0.272 7

表 7 - 5　第 3 组数据集融合结果各项指标

指标	GTF	LatLRR	CNN	DenseFuse	DRF	FusionGAN	Rfn_nest	PIAFusion	parameter	Dwt_parameter
EN	7.037 6	7.381 2	6.894 7	7.543	5.925 9	7.361 7	**7.566 8**	7.293 4	6.821 1	6.731 8
SF	0.007 8	**0.018 3**	0.009 5	0.010 4	0.003 8	0.009 7	0.008 7	0.012 6	0.007	0.006
SD	10.52	11.469 5	11.267 8	11.514 1	8.805 3	10.038 8	11.018 2	**11.582**	11.295 8	11.396 1
PSNR	70.197 5	64.924	72.046 4	61.295 8	67.300 7	62.596	62.684 3	63.249 9	72.816 3	**73.158 9**
MSE	0.006 2	0.020 9	0.004 1	**0.049 9**	0.012 1	0.035 8	0.035 1	0.030 8	0.003 4	0.003 1
MI	5.695 1	3.757	3.913 4	3.807 6	4.084	3.786 1	**6.259 6**	4.553	4.292 2	3.971 5
VIF	1.001 4	1.344 2	1.033 4	1.052 7	0.324 2	0.949 7	**1.463 6**	1.181 6	0.925 3	0.872 1
AG	0.683 1	**1.951 7**	0.978 5	1.098 6	0.345 8	0.992 7	0.940 8	1.274	0.709 9	0.651
CC	0.877 2	0.932 1	0.926 2	0.935 2	0.884 1	0.763 2	0.877	0.924 9	0.930 4	**0.936 1**
SCD	0.374 6	1.797 5	1.201 7	**1.972 8**	−1.162 5	0.199 8	1.546	1.739 4	0.601 6	0.700 2
Qabf	0.296 2	0.305 9	0.362 4	0.245 6	0.195 6	0.255 5	0.319	0.356	**0.394 3**	0.357 6
Nabf	0.096	**0.537 3**	0.194 9	0.303	0.041	0.232 3	0.205 8	0.312 4	0.034 7	0.023 3
SSIM	0.973 4	0.940 1	0.978	0.944 8	0.958 5	0.953	0.962 5	0.961 1	0.985 2	**0.986 2**
MS_SSIM	0.977 2	0.953 9	0.979	0.949 9	0.933 9	0.917 7	0.953 4	0.956 8	0.98	**0.980 4**
FMI_pixel	**0.927 3**	0.910 3	0.918 6	0.912 6	0.870 8	0.906 9	0.922 3	0.920 4	0.926 1	0.921 6
FMI_dct	0.156 2	0.203 8	0.169 6	0.127 1	0.107 2	0.162 2	0.144 7	0.176 8	**0.227 5**	0.208 1
FMI_w	0.185 6	0.245 6	0.206 9	0.164 4	0.160 8	0.183 4	0.201 6	0.226 6	**0.260 5**	0.239 3

　　由融合图像结果和指标可以看出，基于像素级融合系数学习算法和基于特征级融合系数学习算法在思路上较为新颖，图像融合的性能对比传统融合算法要好很多，并且适应范围更广，相比于传统人工设计的参数更具备环境的自适应性。对比深度学习来说，系数学习方法的参数的可解释型更好，因为方法中学习的参数是基于传统的像素级和特征级。

7.5　弱小目标双波段检测

7.5.1　融合检测原理

　　根据红外图像双波段融合结果并针对弱小目标，本节讲述改进的 YOLOv3 红外弱小目标检测和基于目标检测识别的 VoVNet 神经网络模型。

　　（1）改进的 YOLOv3 红外弱小目标检测

　　由于 YOLOv3 网络进一步采用了 3 个不同尺度的特征进行对象检测，因此对不同尺寸目标的检测都有较好的效果。特征交互层分为小尺度层、中尺度层以及大尺度层，其中小尺度 YOLO 层对大目标的检测效果突出，中尺寸的 YOLO 层对中目标的检测效果突出，大尺寸的 YOLO 层对小目标的检测效果突出，YOLOv3 网络结构如图 7 - 52 所示。

　　图像输入分辨率为 416 像素×416 像素，卷积网络在 79 层后，经过下方几个深色卷积层得到的检测特征图是 32 倍下采样，特征图分辨率为 13 像素×13 像素。由于下采样倍数较高，特征图的感受野较大，因此适合检测图像中尺寸比较大的目标。为了实现细粒度的

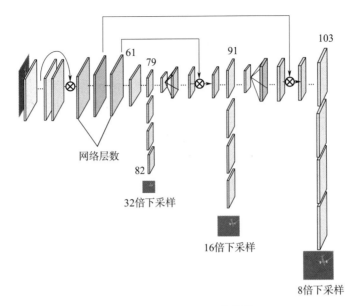

图 7 - 52　YOLOv3 网络结构

检测，第 79 层的特征图又开始进行上采样，并与第 61 层特征图融合，这样得到第 91 层较细粒度的特征图。同样，经过几个卷积层后得到相对输入图像 16 倍下采样的特征图，特征图分辨率为 26 像素×26 像素。它具有中等尺度的感受野，适合检测尺寸中等的目标。第 91 层特征图再次上采样，并与第 36 层特征图融合，得到相对输入图像 8 倍下采样的特征图，特征图分辨率为 52 像素×52 像素。它的感受野最小，适合检测小尺寸的对象。

　　基于 YOLOv3 网络结构的不同特征图检测不同尺度目标的思想，在对红外空中弱小目标进行检测时，可利用降采样的方法对弱小目标图像进行检测。一般地，8 倍降采样输出的特征图对小目标进行检测时，要求目标尺寸为 8 像素×8 像素，而弱小目标的尺寸一般小于 6 像素×6 像素，网络对在目标进行预测时会遇到较大的困难。因此，可利用原网络中输出的 4 倍降采样特征图对目标进行检测，因为其含有更多弱小目标的位置信息，可使网络获取更多弱小目标的特征信息，提高对弱小目标的检测率。

　　因此，需要对 YOLOv3 网络进行改进，以适应弱小目标检测。其改进的原理是利用原网络中第二个残差块经过通道数为 64 的 1×1 卷积核与通道数为 128 的 3×3 卷积核，输出残差信息，同时对第 103 层输出的 8 倍下采样特征图进行 2 倍上采样，上采样的特征图与第二个输出的残差信息进行拼接，以融合高层中的特征语义信息。在特征图输出阶段增加两个残差单元，残差单元中包含两个 DBL 单元与残差层 add 操作，用来获取网络低层位置信息。最后，通过卷积操作输出目标检测结果，从而更准确地检测图像中的弱小目标信息。改进的 YOLOv3 网络结构如图 7 - 53 所示。

　　（2）基于目标检测识别的 VoVNet 神经网络模型

　　现阶段目标检测算法基本依赖深度学习的 CNN 网络作为特征提取器，如 YOLO 算法采用 DarkNet 模型、SSD 算法采用 VGG 模型、Faster RCNN 算法采用 ResNet 模型等，

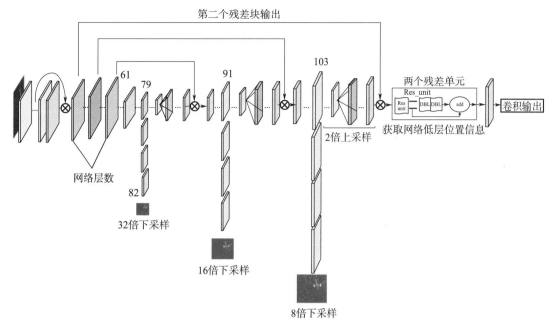

图 7 - 53　改进的 YOLOv3 网络结构

这些网络模型被称为目标检测算法的骨干。

　　ResNet 模型是目标检测算法中最常用的骨干，早期的 ResNet 可以训练出更深的 CNN 模型，从而实现更高的准确度。ResNet 模型的核心是建立前面层与后面层之间的"短路连接"，这有助于训练过程中梯度的反向传播，从而能训练出更深的 CNN 网络。DenseNet 比 ResNet 提取特征能力更强，其基本思路与 ResNet 一致，但是它建立的是前面所有层与后面层的密集连接。DenseNet 的另一大特色是通过特征在通道上的连接来实现特征重用。这些特点让 DenseNet 在参数和计算成本更少的情形下实现比 ResNet 更优的性能，用于目标检测效果很好，但是速度较慢，这主要是因为 DenseNet 中密集连接所导致的高内存访问成本和能耗。

　　图 7 - 54 为 ResNet 网络架构，图 7 - 55 为 DenseNet 网络架构。作为对比可以看出，ResNet 是每个层与前面的某层短路连接在一起，连接方式是通过元素级相加。而在 DenseNet 中，每个层都会与前面所有层在通道维度上连接在一起，并作为下一层的输入。为了确保网络中各层之间的最大信息流，直接连接所有的网络层。为了保留前馈特性，每一层都从前面的所有层获得附加输入，并将其自身的特征映射传递到所有后续层。

　　最重要的是，与 ResNet 相比，DenseNet 从未将特征通过求和组合到一个层中；相反地，DenseNet 通过连接它们来组合特征，比传统网络需要更少的参数卷积网络，不需要重新学习多余的特征图。传统的前馈架构可以被看作具有状态的算法，其中信息从上一层到下一层进行传递，每层从它的前一层读取状态，然后写入后续层。ResNet 通过增加标识转换使得信息被保留，使得参数数量要大得多，因为每一层都有自己的权重。DenseNet 架构明确区分网络中的信息和保留的信息。

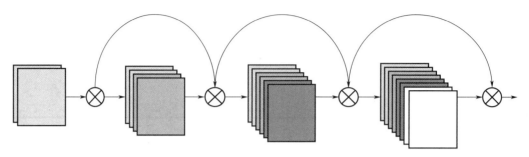

图 7 - 54 ResNet 网络架构

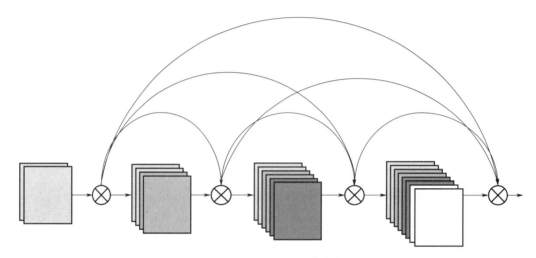

图 7 - 55 DenseNet 网络架构

对于 DenseNet 来说，其核心模块是 Dense Bock，这种密集连接会聚合前面所有的层，这样会导致每个层的输入通道数线性增加。受限于每秒峰值速度（FLOPs）和模型参数，每层的输出通道数为固定大小，这就会导致输入和输出的通道数不一致，此时的内存占用量（Memory Access Cost，MAC）不是最优的。另外，由于输入通道数较大，因此 DenseNet 采用了 1×1 卷积层先压缩特征，这个额外层的引入对 GPU 高效计算不利。所以，虽然 DenseNet 的 FLOPs 和模型参数都不大，但是推理却并不高效，当输入较大时往往需要更多的显存和推理时间。

VoVNet 解决了 DenseNet 的问题，如图 7 - 56 所示。VoVNet 网络架构利用了 OSA（One - Shot Aggregation）模块，只在最后一次性聚合前面所有的层。这一改动解决了 DenseNet 前面所述的问题，因为每个层的输入通道数是固定的，这里可以让输出通道数和输入一致，从而取得最小的 MAC，并且不再需要 1×1 卷积层来压缩特征。所以，OSA 模块是基于 GPU 高效计算的。

VoVNet - 27 - slim 模块是一个轻量级模型，其模型结构如表 7 - 6 所示。

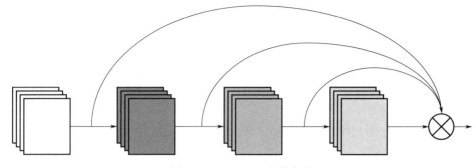

图 7 - 56　VoVNet 网络架构

表 7 - 6　VoVNet - 27 - slim 模型结构

样式	输出步长	VoVNet - 27 - slim
第 1 阶段:Stem	2	3×3 卷积,64,步长为 2
	2	3×3 卷积,64,步长为 1
	2	3×3 卷积,128,步长为 1
第 2 阶段:OSA 模型	4	3×3 卷积,64,×5 按通道合并 &1×1 卷积,128
第 3 阶段:OSA 模型	8	3×3 卷积,80,×5 按通道合并 &1×1 卷积,256
第 4 阶段:OSA 模型	16	3×3 卷积,96,×5 按通道合并 &1×1 卷积,384
第 5 阶段:OSA 模型	32	3×3 卷积,112,×5 按通道合并 &1×1 卷积,512

从表 7 - 6 可以看出，VoVNet - 27 - slim 模块由 3 个 3×3 卷积层和 4 个 OSA 模块构成，每个阶段的最后都会采用一个步长为 2 的 3×3 最大池化层进行降采样，模型最终的输出步长是 32。与其他网络类似，VoVNet - 27 - slim 模块每次降采样后都会提升特征的通道数。VoVNet 网络用于提取图像的特征信息，其独特的卷积结构可优化网络模型的大小并提升运算速度，在不降低算法精度的情况下提升效率，从而使得 VoVNet 的目标检测模型相比 DenseNet 模型速度更快，性能更好，精确度更高。

7.5.2　算法流程

在讲述完双波段弱小目标检测算法的原理后，本节将介绍基于 VoVNet 的改进 YOLOv3 弱小目标检测算法。基于 VoVNet 的改进 YOLOv3 空中弱小目标检测算法旨在解决对空中弱小目标的检测和识别问题。通过特征映射的上采样和合并，以及利用改进后的网络和 VoVNet 神经网络模型，该算法能够提高对弱小目标的识别准确性，并构建轻量级模型来适应实际应用场景中的需求。

基于 VoVNet 的改进 YOLOv3 弱小目标检测算法框架如图 7 - 57 所示，对 YOLOv3

输出的 8 倍降采样特征图进行 2 倍上采样，将 2 倍上采样特征图与 Darknet53 中第 2 个残差块输出的 4 倍降采样特征图进行拼接，建立输出为 4 倍降采样的特征融合目标检测层，用来监测弱小目标。同时，为了快速准确地获取更低层的弱小目标位置信息，在图像输出时增加了 VoVNet 网络模型，使得算法速度更快，性能更好，精确度更高。

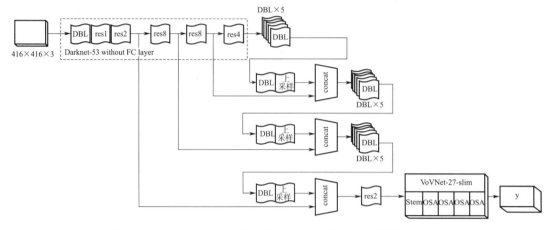

图 7 - 57　基于 VoVNet 的改进 YOLOv3 弱小目标检测算法框架

　　基于 VoVNet 的改进 YOLOv3 弱小目标检测算法的网络参数如图 7 - 58 所示。改进的算法将红外源图像以 416 像素×416 像素分辨率输入网络，通过设置最优化方法中的动量参数，使梯度下降达到最优；利用权重衰减正则化将学习后的参数按照固定比例进行降低，从而防止过拟合；进而利用旋转角度、调整饱和度、调整曝光度、调整色调来生成更多训练样本，同时设置学习率，保证权值更新。

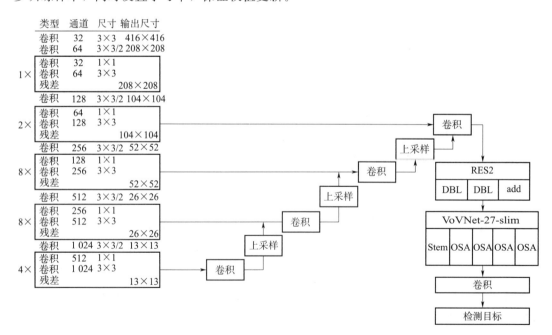

图 7 - 58　基于 VoVNet 的改进 YOLOv3 弱小目标检测算法的网络参数配置

整个算法经过了 5 次降采样，每次降采样都有不同次数重复的残差块，每个残差块有两个卷积层和一个短接。将第二个残差块输出的 4 倍降采样特征图与经过 2 倍上采样的 8 倍降采样特征图进行拼接，建立输出为 4 倍降采样的特征融合目标检测层；再利用 VoVNet 网络构成的 3×3 卷积层与 OSA 模块，通过形成的轻量级模型降采样来提升特征的通道数，从而得到包含更多细节的图像。

7.5.3　示例

示例的实验数据均为天空背景下的飞机目标。数据集一共分为 4 组，第 1 组序列为天空多云背景下的长波数据，第 2 组序列为天空多云背景下的中波数据，第 3 组序列为天空多云背景下的融合数据，第 4 组序列为天空背景下的中波数据。从每一组中选取 5 张具有代表性的数据，如图 7 - 59 所示。

图 7 - 59　红外图像数据集部分图像

每一组数据样式如表 7 - 7 所示。

表 7 - 7　每一组数据样式

序列	背景	波段	有效帧数	每帧目标数
第 1 组	天空多云背景	长波	7 648	单目标

续表

序列	背景	波段	有效帧数	每帧目标数
第2组	天空多云背景	中波	7 648	单目标
第3组	天空多云背景	融合	7 648	单目标
第4组	天空背景	中波	5 680	单目标

红外弱小目标数据集由于目标较小，难以被检测，因此选用留出法对数据集进行拆分。采用5：5比例分样对每组数据进行分层，即每组数据中1/2为训练集，1/2为测试集，最终选择14 312帧图像作为训练集，14 312帧图像作为测试集。测试集与训练集如表7-8所示。

表7-8 测试集与训练集

数据集序列	图像总数	训练集	测试集
第1组	7 648	3 824	3 824
第2组	7 648	3 824	3 824
第3组	7 648	3 824	3 824
第4组	5 680	2 840	2 840

实验利用Faster RCNN、SSD、YOLOv3、FPN、YOLOv3 - VoVNet算法对训练样本集进行训练，并对测试集中的图像进行弱小目标检测，选取之前的4组红外数据共20张图像作为结果对比。Faster RCNN、SSD、YOLOv3、FPN、YOLOv3 - VoVNet算法弱小目标检测结果图7-60～图7-64所示。

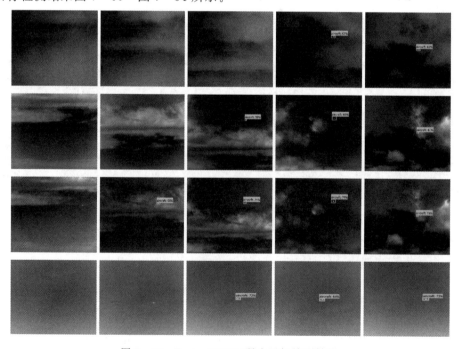

图7-60 Faster RCNN弱小目标检测结果

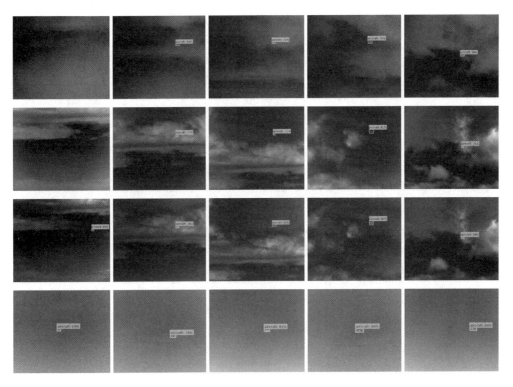

图 7 - 61　SSD 弱小目标检测结果

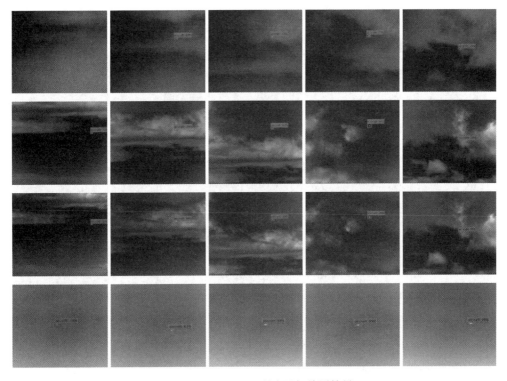

图 7 - 62　YOLOv3 弱小目标检测结果

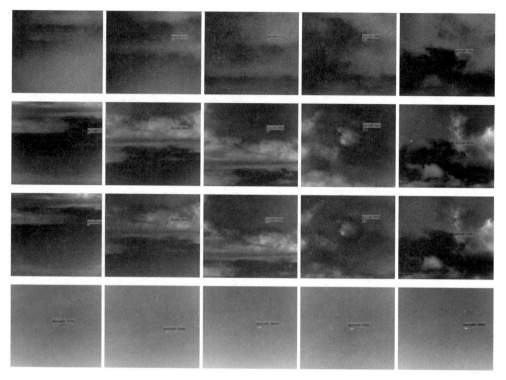

图 7 - 63 FPN 弱小目标检测结果

图 7 - 64 YOLOv3 - VoVNet 弱小目标检测结果

Faster RCNN、SSD、YOLOv3、FPN、YOLOv3 - VoVNet 网络检测算法对弱小目标识别的检测结果如表 7 - 9～表 7 - 12 所示。

表 7 - 9　前 3 组天空多云背景长波图像弱小目标检测结果

算法	TP	FP	FN	$P/\%$	$R/\%$	F_1	帧率/(帧/s)
Faster RCNN	2 172	1 254	1 185	63.4	64.7	0.640 4	36.9
SSD	2 582	962	915	72.86	73.83	0.733 4	76.2
YOLOv3	2 895	845	767	77.41	79.06	0.782 3	67.4
FPN	3 078	793	742	79.51	79.95	0.797 3	85.6
YOLOv3 - VoVNet	3 211	686	595	82.4	84.37	0.822 1	61.5

表 7 - 10　前 3 组天空多云背景中波图像弱小目标检测结果

算法	TP	FP	FN	$P/\%$	$R/\%$	F_1	帧率/(帧/s)
Faster RCNN	2 383	1 193	1 056	66.64	69.29	0.679 4	33.2
SSD	2 761	867	799	76.1	77.56	0.768 2	76.5
YOLOv3	2 977	652	554	82.03	84.31	0.831 5	64.3
FPN	3 011	644	569	82.38	84.11	0.832 4	81.6
YOLOv3 - VoVNet	3 398	517	475	86.79	87.74	0.872 6	59.4

表 7 - 11　前 3 组天空多云背景融合图像弱小目标检测结果

算法	TP	FP	FN	$P/\%$	$R/\%$	F_1	帧率/(帧/s)
Faster RCNN	2 587	989	953	72.34	73.08	0.727 1	39.4
SSD	2 985	724	632	80.48	82.53	0.814 9	79.3
YOLOv3	3 257	617	538	84.07	85.82	0.849 4	67.8
FPN	3 362	584	515	85.2	86.72	0.859 5	90.5
YOLOv3 - VoVNet	3 674	295	244	92.57	93.77	0.931 7	71.6

表 7 - 12　第 4 组天空背景中波图像弱小目标检测结果

算法	TP	FP	FN	$P/\%$	$R/\%$	F_1	帧率/(帧/s)
Faster RCNN	1 832	689	632	72.67	74.35	0.735	58.8
SSD	2 145	489	423	81.44	83.53	0.824 7	85.9
YOLOv3	2 302	386	352	85.64	86.74	0.861 9	78.4
FPN	2 428	328	301	88.09	88.97	0.885 3	101.2
YOLOv3 - VoVNet	2 756	187	159	93.65	94.54	0.940 9	86.6

对比检测结果，Faster RCNN 算法在不同波段上的检测结果都比较低，特别是弱小目标被云雾遮挡时，目标很难被检测到。SSD 算法与 YOLOv3 算法相比 Faster RCNN 算法检测效果较好，但对图像中的小尺度目标检测效果不佳，检测精度与召回率基本在 85% 以下，F_1 值也比较低。FPN 算法利用特征金字塔方法，对小目标的检测精度有了一定的提升，但检测精度和召回率提升不高。YOLOv3 - VoVNet 算法通过训练数据集，测试得

到的检测结果在精度与召回率方面明显提高。在前 3 组天空多云背景的长波图像中，弱小目标虽然淹没在背景中使得目标难以凸显，但相比通用算法，YOLOv3 - VoVNet 算法能够通过训练数据检测到目标信息。对于中波图像，虽然有云层背景的辐射，但弱小目标灰度略高于云层灰度，同时目标与云层没有粘连状态，因此 YOLOv3 - VoVNet 算法较容易检测到弱小目标，检测精度能达到 86.79%。融合图像中目标信息在图像中凸显，使得检测精度为 92.57%，召回率为 93.77%，F_1 值为 0.931 7，检测帧率为 71.6 帧/s。第 4 组天空背景中波图像中，由于天空背景没有云层干扰，场景较为简单，只有飞机信息，因此通过网络训练后目标信息较容易从图像中检测到，最终 YOLOv3 - VoVNet 算法检测精度为 93.65%，召回率为 94.54%，F_1 为 0.940 9，检测帧率为 86.6 帧/s。

　　通过 YOLOv3 - VoVNet 与 4 种检测算法结果进行对比，发现在弱小目标数据集中，YOLOv3 - VoVNet 算法对融合图像的双波段弱小目标检测具有明显的优势，在召回率、精度方面均有不同程度的提高。虽然其检测速度略低于其他算法，但检测精度明显比一些通用网络如 Faster RCNN、SSD、YOLOv3 以及 FPN 高。因此，YOLOv3 - VoVNet 算法在保证高精度的情况下，为双波段弱小目标检测提供了一种新方法。

本章小结

　　本章重点在于弱小目标的红外双波段图像融合和检测。本章分为 3 个主要部分，涵盖了目标与背景双波段特性分析、双波段图像融合方法以及弱小目标双波段检测。首先，在目标与背景双波段特性分析部分，通过深入分析目标双波段特性、背景双波段特性以及融合图像特性，深化了对双波段红外图像中目标和背景特性的理解，为后续的融合和检测提供了基础。接着，在双波段图像融合方法部分，介绍了几种常见的融合方法，包括传统特征融合、深度学习融合和传统-深度学习融合方法。这些方法能够有效地综合利用中、长波源红外图像的信息，生成更加丰富和清晰的双波段融合图像。最后，在弱小目标双波段检测部分，介绍了一种有效的算法——基于 VoVNet 的改进 YOLOv3 弱小目标检测算法，并详细描述了该算法的原理和流程；同时，提供了实例说明，使读者能够更好地理解如何在双波段融合图像中进行弱小目标的检测。

第8章　红外与可见光图像融合弱小目标检测技术

同源图像融合或单一模态图像融合相对来说比较简单，因为它们只需要处理同一种类型或者来源的图像，因此通常不需要进行图像配准，并且不存在图像特性差异、特征提取等问题，这使得融合算法能够更容易地处理图像数据，并获得更好的融合效果。而红外与可见光图像融合作为异源图像融合领域的一个重要分支，由于实际获取的红外与可见光图像间存在严重的图像特性视场、分辨率等差异，因此给图像配准和图像融合任务带来了巨大的挑战。除此之外，现有的大部分图像融合算法片面地追求主观视觉效果的增强和客观评价指标的提升，而忽略了后续的小目标检测任务需求。对于小目标检测任务，图像融合应重点关注目标边缘的保留和细节信息的增强，以提高小目标检测准确性，减少漏检率和虚警率。

8.1　红外与可见光融合理论基础

与红外双波段图像融合类似，红外与可见光图像融合步骤如图 8-1 所示。其主要包括 4 个模块：图像预处理模块、图像融合模块、融合效果评价模块以及图像后续处理模块。图像预处理模块包括去噪、增强、配准和几何校正，以提高图像质量、可视性，并消除几何偏差和畸变；图像融合模块主要根据特定的融合场景制定适当的融合规则和策略，以实现多个输入图像的互补信息的最优整合，在满足融合场景需求的条件下提高融合图像的性能；融合效果评价模块用于客观和主观评估融合结果；图像后续处理模块基于融合结果进行进一步操作，如图像分割、目标检测和图像分类等高级视觉任务，以提取更多信息和特征，实现更深入的图像分析和理解。

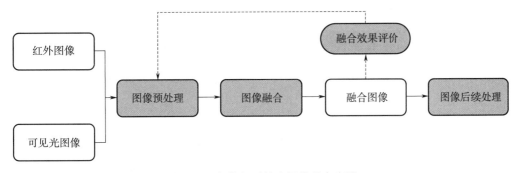

图 8-1　红外与可见光图像融合步骤

与红外双波段图像融合不同的是，在图像预处理模块中，红外双波段图像融合通常不需要进行图像配准，因为两个红外波段的图像都来自同一传感器，具有相同的几何特征；

而红外图像和可见光图像来自不同的图像传感器，图像间存在平移、旋转、缩放等几何差异，并且存在异分辨率、异视场等问题，因此在进行图像融合前需要进行图像配准，确保源图像在空间上严格对齐。在图像融合模块中，虽然两者都旨在将不同波段的图像进行融合，但是由于波段差异，在制定图像融合策略时，红外双波段图像融合需要重点关注红外波段中特有的热辐射信息；而在红外与可见光图像融合中，不仅需要关注红外波段中特有的热辐射信息，还需要关注可见光图像中的纹理特征信息、颜色特征信息，以确保融合图像能够提供更全面的图像信息。

8.1.1 图像预处理

图像预处理包含图像去噪、图像增强和图像配准。对于图像去噪中的滤波方法，如均值滤波、中值滤波、高斯滤波等，以及去噪中的形态学处理已经在第 2 章介绍过，故本节主要介绍图像增强和图像配准。

（1）图像增强

图像增强是指通过各种图像处理技术和方法，改善图像质量，增强图像的视觉效果，以提升图像的可视化和分析能力。其目的是使图像更清晰，对比度更高，突出图像中感兴趣的信息，使图像更易于观察、分析和理解。常用的图像增强方法有灰度拉伸、直方图均衡化、锐化等。下面主要介绍利用直方图均衡化的图像增强方法。

直方图均衡化指通过调整像素的灰度值分布，使得图像的直方图在灰度范围内更均匀地分布，从而增强图像的细节和视觉感知。其目的是改善图像的对比度和视觉效果，凸显感兴趣的区域信息。直方图均衡化的数学表达式为

$$s_k = T(r_k) = \sum_{i=0}^{k} \frac{n_k}{N} = \sum_{i=0}^{k} P_r(r_j)(0 \leqslant r_j \leqslant 1; k=0,1,2,\cdots,L-1) \qquad (8-1)$$

式中，r_k 为灰度级；s_k 为当前灰度级经过累积分布函数映射后的值；n_k 为当前灰度级的像素个数；N 为图像中像素的总和；$P_r(r_j)$ 为概率密度函数；L 为图像中的灰度级总数。

直方图均衡化处理结果如图 8-2 所示。由图 8-2 可知，直方图均衡化后图像的亮度分布更加均匀和扩展，细节更加清晰可见，图像的对比度明显增加。

(a) 处理前红外图像　　　　　　　(b) 处理后红外图像

图 8-2　直方图均衡化处理结果

（2）图像配准

通常，在获取源图像时，由于红外传感器与可见光传感器成像特性、成像精度、传感

器位置不同，会导致待融合的图像之间存在平移、旋转、缩放等几何差异，并且存在异分辨率、异视场等问题。图像配准的作用是消除源图像之间的几何差异，统一源图像的分辨率和视场，使它们具有相同的坐标系和几何关系。假设红外图像与可见光图像在位置 (x, y) 处的像素值分别表示为 $f_r(x, y)$ 和 $f_v(x, y)$，则配准图像过程可表示为

$$f_r(x, y) = G\{f_v[S(x, y)]\} \tag{8-2}$$

式中，$S(\cdot)$ 为图像间的几何变换关系函数；$G(\cdot)$ 为待配准图像对之间的像素变换函数。

　　图像配准通常由特征空间、相似性度量、搜索空间和优化算法 4 部分组成。特征空间中的特征用于描述图像内容的可区分性和稳定性。在图像配准中，选择适当的特征对于准确的配准至关重要，常用的特征包括角点、边缘、纹理等。在源图像和目标图像中提取相应的特征点或特征描述子，可以用于后续的相似性度量和匹配过程。相似性度量用于评估两幅图像之间的差异程度，常用的相似性度量包括均方差、互相关系数、结构相似性指数等。通过计算图像间的相似性度量，可以量化它们之间的相似程度，为后续的配准过程提供依据。搜索空间则是指在配准过程中搜索最优变换参数的范围。搜索空间的选择应考虑到图像的几何变换类型和范围，如平移、旋转、缩放等，不同的配准问题可能需要不同的搜索空间设置。通过在搜索空间内寻找最优变换参数，可以使源图像与目标图像之间的对应关系最佳。优化算法用于在搜索空间中找到最优的变换参数，常用的优化算法包括最小二乘法、梯度下降法、模拟退火算法等。这些算法通过迭代优化的方式不断调整变换参数，使得相似性度量达到最小或最大值，从而实现图像的准确配准，确保后续图像处理、分析和应用的准确性和可靠性。

8.1.2　红外与可见光图像融合基本方法

　　在红外与可见光图像融合方法中，拉普拉斯金字塔融合、小波变换融合、轮廓波变换融合和第 7 章介绍的双波段融合方法的原理相同。本节介绍一些经典的红外光与可见光图像融合方法，如比率低通金字塔（Rate-of-low-pass Pyramid，RP）方法、双树复小波变换（Dual Tree Complex Wavelet Transform，DTCWT）方法、曲波变换（Curvelet Transform，CVT）方法、基于引导滤波的图像融合（Image Fusion with Guide Filtering，GFF）方法。

　　（1）比率低通金字塔方法

　　比率低通金字塔方法建立在图像金字塔分解理论之上，区别在于拉普拉斯金字塔是高斯金字塔图像各层之间的差值，而比率低通金字塔是高斯金字塔图像各层之间的比值。比率低通金字塔变换的数学表示如下：

$$\begin{cases} \mathrm{RP}_L = \dfrac{G_L}{\mathrm{Expand}(G_{L+1})} & 0 \leqslant L \leqslant N-1 \\ \mathrm{RP}_N = G_N & L = N \end{cases} \tag{8-3}$$

式中，G_L 为高斯金字塔分解得到的第 L 层图像；RP_L 为比率金字塔相应的第 L 层图像；Expand 为放大算子。

比率低通金字塔的构造如图 8 - 3 所示。

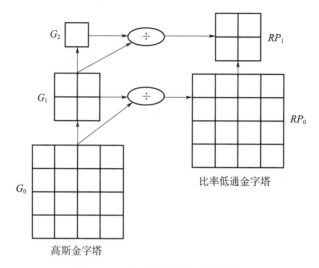

图 8 - 3　比率低通金字塔的构造

同拉普拉斯塔形分解一样，比率低通金字塔同样可以由分解得到的各层图像重构源图像。假设 RP_N 是比率塔形分解的顶层，则重构式如下：

$$\begin{cases} G_N = RP_N & L = N \\ G_L = RP_L * \text{Expand}(G_{L+1}) & 0 \leqslant L \leqslant N-1 \end{cases} \quad (8-4)$$

比率低通金字塔算法在增强图像的局部对比度方面有着良好的表现，融合后图像更符合人眼的视觉效果。但该算法也存在一定的缺点，如当源图像有噪声时，算法可能会将噪声增强并传递到融合结果中，导致融合图像效果不稳定。

（2）双树复小波变换方法

小波变换在图像融合中虽然取得了广泛的应用，但也存在一些缺点，如只能提取图像在水平、垂直以及对角方向上的分量，而不能捕捉其他方向的信息。为了克服上述缺点，Kingsbury[148] 提出了双树复小波变换，其是对传统小波变换的扩展和改进。复小波的数学表达式为

$$\varphi_c(t) = \varphi_r(t) + j\varphi_i(t) \quad (8-5)$$

式中，$\varphi_r(t)$ 和 $j\varphi_i(t)$ 分别为偶数值的实部和奇数值的虚部。

双树复小波变换使用两个平行的滤波器组，每个滤波器组包含一对复小波滤波器。这两个滤波器组分别用于分解图像的实部和虚部，以捕获图像的细节和纹理信息。双树复小波变换的图像分解过程如图 8 - 4 所示。

图 8 - 4 中，$f_0(n)$ 和 $f_1(n)$ 表示实部的共轭正交滤波器对，$F_0(n)$ 和 $F_1(n)$ 表示虚部的共轭积分滤波器对，↓2 表示降采样。与 $f_0(n)$ 和 $f_1(n)$ 对应的实数值尺度函数 $\varphi_r(t)$ 和小波函数 $\psi_r(t)$ 的定义为

$$\varphi_r(t) = \sqrt{2} \sum_{n=-\infty}^{+\infty} f_0(n) \varphi_r(2t-n) \quad (8-6)$$

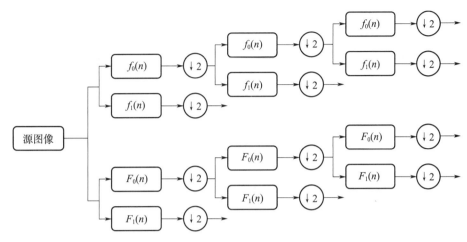

图 8-4　双树复小波变换的图像分解流程

$$\psi_r(t) = \sqrt{2} \sum_{n=-\infty}^{+\infty} f_1(n)\varphi_r(2t-n) \tag{8-7}$$

与 $F_0(n)$ 和 $F_1(n)$ 对应的虚数值尺度函数 $\varphi_i(t)$ 和小波函数 $\psi_i(t)$ 的定义为

$$\varphi_i(t) = \sqrt{2} \sum_{n=-\infty}^{+\infty} F_0(n)\varphi_i(2t-n) \tag{8-8}$$

$$\psi_i(t) = \sqrt{2} \sum_{n=-\infty}^{+\infty} F_1(n)\varphi_i(2t-n) \tag{8-9}$$

　　相比于传统的小波变换，双树复小波变换能够更好地捕捉图像中的方向信息，对于具有方向性纹理的图像具有更好的分析能力；另外，其对图像的噪声和干扰具有更好的鲁棒性，能够减少噪声对图像分析的影响。基于双树复小波变换的图像融合步骤如图 8-5 所示。首先对红外和可见光图像分别进行双树复小波变换的分解过程；再按照一定的融合策略对红外和可见光图像的高频和低频系数进行融合，确保融合后的图像能够充分整合红外和可见光图像的互补信息；最后进行双树复小波变换逆变换的重构操作，得到融合后的图像。

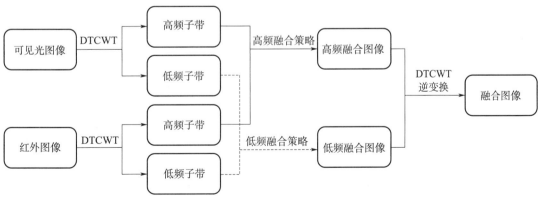

图 8-5　基于双树复小波变换的图像融合步骤

（3）曲波变换方法

为了解决小波变换在图像边缘中引起失真，导致融合图像质量不佳的问题，Candès 和 Donoho[149] 提出了曲波变换方法。其核心思想是将信号表示为一组具有不同尺度和方向的曲线，从而捕捉图像的局部特征。曲波变换首先将信号分解为低频和高频子带，然后对高频子带进行进一步的分解和方向选择性的滤波，最终得到具有多尺度和多方向分量的表示。曲波变换方法的一般步骤如下。

1）预处理：对输入图像进行预处理，如去噪、平滑等操作，以减少干扰和增强目标特征。

2）尺度分解：使用多尺度分解方法（如小波变换）将图像分解为不同尺度的频带。

3）曲线提取：在每个尺度上，通过使用边缘提取算法（如频域采样、子带滤波等）选择具有明显边缘和特征的曲线。

4）曲线编码：对选定的曲线进行编码，以实现稀疏表示和数据压缩。

5）重建：通过对编码后的边缘进行逆变换和合并，重建出原始图像的曲波变换表示。

曲波变换能够提取图像的多尺度和多方向特征，对边缘和纹理等细节信息具有较好的捕捉能力；但其计算复杂度较高，对于大尺寸的图像和实时应用可能会面临较大的计算负担。

基于曲波变换的红外和可见光图像融合流程如图 8-6 所示。首先，将红外图像和可见光图像分别进行曲波变换分解，得到不同的高频和低频系数；然后，按照一定的融合策略对红外和可见光图像的高频和低频系数进行融合；最后，通过曲波变换逆变换的重构操作，得到融合图像。

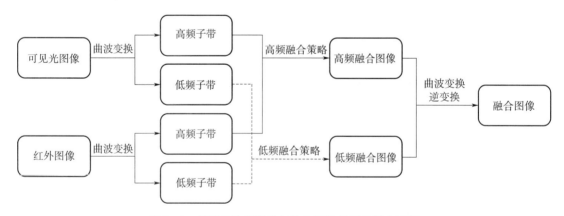

图 8-6　基于曲波变换的红外和可见光图像融合流程

（4）基于引导滤波的图像融合

基于引导滤波的图像融合方法在对源图像的轮廓和边缘信息保留方面有着较好的表现，其核心理念是将待融合图像分解为基础层图像和细节层图像，根据子层图的不同特征制定合适的融合策略进行融合。基于引导滤波的图像分解流程图如图 8-7 所示。

基于引导滤波的图像融合方法的步骤如下。

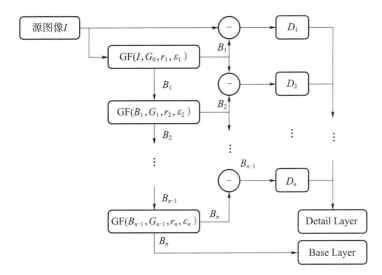

图 8-7　基于引导滤波的图像分解流程

1）利用均值滤波器 Z 将待融合图像 I_1，I_2，I_3，$\cdots$ 进行分解，取得相应的基础层 B_n；细节层 D_n 则是源图像 I_n 与基础层 B_n 的差值。基础层主要代表图像的边缘和轮廓等数据，而细节层主要表征图像的纹理细节数据。其具体的计算公式如下：

$$B_n = I_n \otimes Z \tag{8-10}$$

$$D_n = I_n - B_n \tag{8-11}$$

2）构建权重值。将待融合图像进行拉普拉斯 L 卷积运算，得到相应的高通子带图像：

$$H_n = I_n \otimes L \tag{8-12}$$

3）利用高斯低通滤波 g_{r_g, δ_g}，卷积运算构建显著图 S_n：

$$S_n = H_n \otimes g_{r_g, \delta_g} \tag{8-13}$$

式中，高斯低通滤波 g_{r_g, δ_g} 滤波器的尺寸为 $(2r_g + 1) \times (2r_g + 1)$；标准差为 δ_g。

4）通过比较显著度的大小决定权重系数，如下：

$$p_n^k = \begin{cases} 1, & S_n^k = \max(S_1^k, S_2^k, \cdots, S_N^k) \\ 0, & \text{其他} \end{cases} \tag{8-14}$$

但是，经上述这样简单操作处理取得的权重往往会引入噪声，融合后的图像容易出现伪影。为了克服这类问题，在此基础上对获取的权值图 P_n 执行引导滤波操作，得到最终的基础层权重值 W_n^B 和细节层权重值 W_n^D，在滤波过程中引导图为对应的源图像 I_n。

$$W_n^B = G_{r_1, \in_1}(P_n, I_n) \tag{8-15}$$

$$W_n^D = G_{r_2, \in_2}(P_n, I_n) \tag{8-16}$$

5）重构融合图像。根据步骤 2）获得的权重值计算得到融合后的基础层 $\hat{B}$ 和细节层 $\hat{D}$：

$$\hat{B} = \sum_{n=1}^{N} W_n^B B_n \tag{8-17}$$

$$\hat{D} = \sum_{n=1}^{N} W_n^D D_n \qquad (8-18)$$

6）融合图像 F 通过基础层 $\hat{B}$ 和细节层 $\hat{D}$ 叠加得到：

$$F = \hat{B} + \hat{D} \qquad (8-19)$$

基于引导滤波的图像融合方法通过对源图像进行二尺度分解，由基础层和细节层组合得到最终的融合图像，在保留源图像边缘和轮廓信息方面具有良好的表现。

综上，介绍了低通比率金字塔、双树复小波变换、曲波变换、引导滤波 4 种经典的红外与可见光图像融合方法的基本原理，并分析了各自的优缺点。

8.1.3 红外与可见光图像融合评价标准

对融合图像进行成像质量评价，反映图像融合算法的性能，通过评价体系可以对融合算法进行反馈，针对算法的不足进一步对融合算法进行优化。因此，对融合图像的成像质量展开评价是不可或缺的一个环节，也是目前该领域的研究难点之一。由于待融合的图像来自不同的图像传感器，并且其图像的特征表现出明显的差异，因此相应地在对融合图像成像质量进行评价时采用的评价参数指标也会随之而改变。目前，一般通过主观评价与客观评价相结合的手段对融合算法的成像质量展开评估。

（1）主观评价方法

图像融合的主观评价方法是指通过人类主观感知来评估融合图像的质量。由于不同的应用场景可能对融合图像的质量要求不同，因此需要针对特定的场景制定相应的主观评价尺度。融合图像的主观评价尺度通常根据不同的应用场合或者不同的环境来选择和制定，通常来说使用五级质量尺度标准：非常好、好、一般、差和非常差，如表 8-1 所示。

表 8-1　图像融合效果主观评价表

质量尺度	妨碍尺度	分值
非常差	严重影响观察	1
差	对观察有妨碍	2
一般	能清楚地看出图像质量变坏，对观察稍有妨碍	3
好	能看出图像质量变化，但不妨碍观察	4
非常好	丝毫看不出图像质量变化	5

主观评价具有简单直观、方便快捷的特点，能够快速评价融合图像的成像质量。但是，由于受评测者视觉感观的个体性差异、心情起伏等因素的影响，主观评价结果往往具有很强的随机性。为了客观、科学、准确地评价图像融合的成像质量，需要将主观评价与客观评价相结合进行综合评估。

（2）客观评价方法

红外与可见光融合图像评价指标与双波段图像融合评价指标相同，对于图像融合性能评价指标主要分为 4 类，分别是基于信息论的评价指标，主要包括信息熵、互信息、特征互信息；基于结构相似性的评价指标，主要包括结构相似度、均方误差等；基于图像特征的评价指标，主要包括空间频率、标准差、平均梯度；基于人类视觉感知的评价指标，如融合视觉信息保真度；以及基于源图像与生成图像的评价指标，主要包括相关系数、差异相关性总和、边缘保留度、伪影及噪声度量指标。所有的指标的定义和概念已经在 7.4.3 节给出，这里就不再赘述。

8.2　基于边缘特征和互信息的红外与可见光图像配准

本节首先介绍了图像边缘检测的基本原理以及常见的几种边缘检测算子；接着简要阐述了传统的基于互信息的图像配准方法的原理，分析了其优点以及局限性；最后介绍了基于边缘检测和互信息相结合的红外与可见光图像配准方法，并给出了相应的示例。

8.2.1　边缘检测

在图像处理领域中，边缘检测是一项重要的任务，用于检测图像中的边界和轮廓信息。边缘通常表示图像中亮度、颜色或纹理的突变区域，是图像中重要的特征之一。边缘检测在许多高级视觉任务中都发挥着关键作用，如在目标检测与识别任务中用于提取物体的边界、在图像分割任务中提取区域边界等。常用的边缘检测方法有很多，其中包括 Sobel 算子和 Canny 算子等。一般图像边缘检测主要有以下 4 个步骤。

1）滤波：传统边缘检测算法通过计算像素灰度值的一阶和二阶导数实现，其目的是平滑图像并减少图像中的噪声，以便更容易检测到真实的边缘。

2）增强：旨在提高图像的对比度，以使边缘更加明显。这可以通过应用梯度算子来测量图像中每个像素的灰度值变化，并产生边缘强度的梯度图像。

3）检测：分析增强后的图像以确定边缘的存在。其常用的方法是基于阈值的边缘检测，即设置一个阈值，超过该阈值的像素为边缘像素，低于该阈值的像素为非边缘像素，生成二值化边缘图像，其中白色像素表示边缘，黑色像素表示非边缘。

4）定位：根据检测到的边缘信息，对边缘进行连接和分析，确定边缘的位置和形状。这可以使用一些算法来实现，如霍夫变换。霍夫变换可以将图像中的边缘点映射到参数空间，并通过分析参数空间，利用投票算法来确定边缘的位置和形状。

边缘检测的流程如图 8-8 所示。

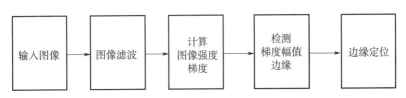

图 8-8　边缘检测的流程

几种常用的边缘算子的原理及优缺点对比结果如表 8-2 所示。

表 8 - 2　几种常用的边缘算子的原理及优缺点对比结果

算子名称	原理	优点	缺点
Roberts	局部差分,对角方向相邻两像素值之差	简单且计算效率高,对噪声相对较鲁棒	对边缘方向变化敏感,易产生伪边缘
Sobel	先加权平均再微分,与水平和垂直两个卷积算子进行卷积运算	空间上易实现,受噪声影响较小	计算量大,边缘较粗,定位精度不高
Prewitt	通过对八邻域方向的灰度加权差之和进行检测	抗噪性较好	易产生伪边缘,且边缘定位精度较低
LoG	高斯滤波,二阶导数增强,二阶导数过零点和一阶导数极大值检测	平滑图像,降噪,滤除孤立噪声点	边缘和其他尖锐不连续部分模糊
Canny	对图像进行非极大值处理后采用双阈值处理	能准确地检测出真实的边缘,并且对边缘像素进行细致的定位	计算过程相对复杂,且参数选择困难,普适性差

其中,Canny 算法可以通过最大化边缘响应、减少噪声和提高边缘定位的准确性来提取图像中的真实边缘。通过双阈值检测和边缘连接,Canny 算法可以将边缘线段连接成连续的边缘,并且可以通过调整阈值来控制边缘的灵敏度和检测结果的质量,减小边缘的漏检率和非边缘的错检率。

采用 Canny 算法进行边缘检测的流程如图 8 - 9 所示。

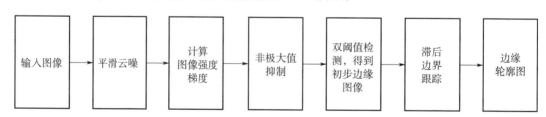

图 8 - 9　采用 Canny 算法进行边缘检测的流程

Canny 算法主要有以下几个步骤:

1) 平滑去噪:使用高斯滤波器对图像进行平滑处理,以减少噪声的干扰。高斯滤波器通过对每个像素周围的邻域进行加权平均来模糊图像。

2) 计算梯度:在平滑后的图像上计算每个像素的梯度幅值和方向。通常使用 Sobel 算子或 Prewitt 算子来计算水平和垂直方向的梯度。

3) 非最大值抑制:对梯度幅值图像进行扫描,只保留局部最大值处的像素,以细化边缘并抑制非边缘像素。

4) 双阈值检测:根据两个阈值(高阈值和低阈值)对像素进行分类,以判断其是否属于强边缘、弱边缘或非边缘。通常,高阈值用于标记强边缘,低阈值用于标记弱边缘。

5) 边缘连接:通过连接强边缘像素和与之相邻的弱边缘像素,形成完整的边缘线段。这一步骤可以通过连通性分析或者基于边缘像素的跟踪算法来实现。

8.2.2 边缘检测结合互信息的图像配准

（1）图像配准原理

红外和可见光图像之间的相关性较小，灰度、分辨率差异较大，直接在灰度图上采用基于互信息的配准算法不能达到配准目的。但是，边缘特征是两者中都比较稳定的特征，并且具有一定的相似性，不会因为图像间的几何偏差而发生太大变化。本节主要介绍基于边缘检测与互信息相结合的红外与可见光图像配准方法。首先对待配准的红外和可见光图像进行滤波、增强等操作，以去除图像中的噪声，抑制背景并凸显有用信息；再使用边缘检测算子进行提取，得到图像的边缘特征；然后找出距图像边缘像素点距离 $d > D$（D 为预设定的阈值）的点，认为这些点梯度较小，去除这些点，将剩下的像素点和图像边缘组成边缘区域图像；最后，在边缘区域图像上采用基于互信息的配准方法估计两幅图像间的最佳变换模型，计算得到两幅图像间的单应性变换矩阵，待配准图像乘以该矩阵，即可得到最终配准后的图像。

（2）图像配准流程

边缘检测结合互信息的图像配准算法的流程如图 8-10 所示。

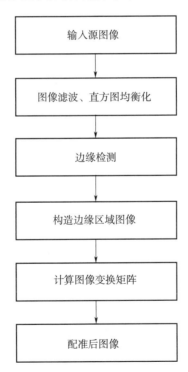

图 8-10 边缘检测结合互信息的图像配准算法的流程

基于边缘检测与互信息的图像配准算法能够有效利用红外图像与可见光图像中的边缘特征，并且能够减少红外图像与可见光图像间灰度差异较大、异分辨率、异视场等问题对图像配准过程的影响，相比于传统的基于互信息的配准方法，能够适用于多模态图像配准。

8.2.3　示例

本实验选取 3 组不同场景的红外与可见光图像，实验在 Matlab 环境下进行。其中，第 1 组图像背景为建筑物；第 2 组图像背景为云层；第 3 组图像背景较为复杂，同时含有建筑物、云层、树木等。由于第 1 组图像中红外图像的视场较大，可见光图像的视场较小，因此以可见光图像作为基准图像，红外图像则作为待配准图像；而第 2 和 3 组图像中可见光图像的视场较大，因此以红外图像为基准图像，可见光图像则作为待配准图像。实验结果如图 8-11～图 8-13 所示。

(a) 参考图像(可见光图像)　　　　(b) 待配准图像(红外图像)　　　　(c) 配准后红外图像

图 8-11　第 1 组红外与可见光图像配准结果

(a) 参考图像(红外图像)　　　　(b) 待配准图像(可见光图像)　　　　(c) 配准后红外图像

图 8-12　第 2 组红外与可见光图像配准结果

(a) 参考图像(红外图像)　　　　(b) 待配准图像(可见光图像)　　　　(c) 配准后红外图像

图 8-13　第 3 组红外与可见光图像配准结果

由配准结果可知，第 1 组、第 3 组图像的配准效果良好，能够实现精确配准。尽管第 2 组图像背景简单，干扰较少，但配准效果并不能令人满意。分析该组图像的特点，不难得到其原因：红外图像中提取的为云层、电线的边缘特征，而在可见光图像中，由于云层与天空背景间的对比度很小，几乎没有灰度值上的差异，因此并不能提取到可见光图像中云层的边缘特征，只能提取到电线的边缘特征。从图 8 - 13 中可以看出，电线基本处于平行状态，因此导致配准后的图像与基准图像仍然存在位移偏差，配准性能不佳。由此可知，边缘检测结合互信息的图像配准方法对于可见光图像和红外图像的边缘特征要求较高，当可见光图像的背景对比度较小，可利用的边缘特征信息较少时，方法的性能会受到较大影响。

8.3　基于 NSST - PCNN 的红外与可见光图像融合方法

本节首先介绍非下采样剪切波变换（Non - Subsampled Shearlet Transform，NSST）和脉冲耦合神经网络（Pulse - Coupled Neural Network，PCNN）的基本原理；然后从低频融合策略、高频融合策略和算法流程 3 个方面介绍了基于 NSST - PCNN 的红外与可见光图像融合方法，选取了 7 种具有代表性的融合方法以及 9 种评价指标进行了实验，与基于 NSST - PCNN 的红外与可见光图像融合方法进行了对比和分析。

8.3.1　非下采样剪切波变换

（1）剪切波变换原理

剪切波（Shearlet）变换的图像分解方法结合了平移、缩放和剪切操作，能够将图像分解为多个不同尺度的子带，并对每个尺度进行多个方向的分解。引入剪切操作可以更好地适应信号或图像的几何特性，特别是对于具有明显方向性的特征。相对于其他变换方法（如轮廓波变换），Shearlet 变换具有以下几个优势：1）在频域空间通过逐层细分，具有多维稀疏表示的特性；2）其分解过程去除了分解方向数和支撑基尺寸的限制，能够较好地捕捉局部方向性信息；3）在逆变换时只对剪切滤波器进行叠加处理，而没有对方向滤波器进行逆合成，计算效率更高。

Shearlet 的方向滤波是在多维和多方向的状态下进行自然扩展。当 $n=2$ 时，仿射变换系统的集合可用数学形式表示为

$$M_{AS}(\varphi) = \{\varphi_{j,l,k}(x) = |\det A|^{\frac{j}{2}}\varphi(S^l A^j x - k) : j, l \in Z, k \in Z^2\} \tag{8-20}$$

在 $L^2(R^2)$ 域中，对单个窗函数进行旋转、剪切及平移变换等一系列操作，从而形成基函数 $\varphi_{j,l,k}(x)$ 的集合，这些集合严格遵循 Parseval 框架要求。当维数 $n=2$ 时，$\varphi \in L^2(R^2)$，A 和 S 均为 2×2 的可逆矩阵，且 $|\det \cdot S| = 1$。其中，A 为各向异性膨胀矩阵，j 代表分解尺度，A^j 的变化关系到尺度变换，确定图像的多尺度分解；S 为剪切矩阵，方向参数用 l 表示，S^l 与旋转和剪切存在着关联，影响着图像的多方向分解；平移参数用 k 表示。

当 $M_{AS}(\varphi)$ 满足框架条件，即若 $\forall f \in L^2(R^2)$，满足式（8 - 22）时，则称 $M_{AS}(\varphi)$ 的元素为合成小波。

$$\sum_{j,l,k} |<f, \varphi_{j,l,k}>| = \|f\|^2 \tag{8-21}$$

对于 $a>0$ 和 $s\in R$，A 和 S 的表达式分别表示如下：

$$A=\begin{pmatrix} a & 0 \\ 0 & \sqrt{a} \end{pmatrix} \tag{8-22}$$

$$S=\begin{pmatrix} 1 & s \\ 0 & 1 \end{pmatrix} \tag{8-23}$$

若取 $a=4$，$s=1$，则 A 和 S 的值如下，此时的合成小波即为 Shearlet：

$$A=\begin{pmatrix} 4 & 0 \\ 0 & 2 \end{pmatrix} \tag{8-24}$$

$$S=\begin{pmatrix} 1 & 1 \\ 0 & 1 \end{pmatrix} \tag{8-25}$$

Shearlet 的支撑基并非垂直的，而是倾斜的，并且呈梯形分布，所以对于物体细节方面可以展现得更透彻。根据 Shearlet 变换，如果用 j 表示分解尺度，用 l 表示方向级数，则每一个 Shearlet 系数都在大小为 $2j\times 2j$ 的梯形对上。Shearlet 支撑基的大小和方向会受到分解尺度的影响，支撑基面积与尺度成正比。斜率也会因此而发生变化，因而 Shearlet 具有各向异性，在对图像进行分解时，能够有效地捕捉图像中的各向异性特征，包括边缘、纹理、曲线等。Shearlet 变换具备了接近最优的特征信息表征能力，但是在进行下采样操作中，Shearlet 变换极易发生变化，影响其信息表征能力；另外，下采样的存在导致其变换不具备平移不变性，在融合图像中会出现伪影和伪吉布斯现象。

（2）NSST 的实现

在 Shearlet 变换基础上，有学者[150]提出了 NSST。NSST 变换由非下采样金字塔组（Non-Subsampled Pyramid，NSP）和剪切波滤波器组（Shearlet Filter，SF）构成，具有在多个尺度和方向上捕获信号结构的能力，同时具备平移不变性。NSST 的多级分解过程主要分为 3 个步骤，如图 8-14 所示。

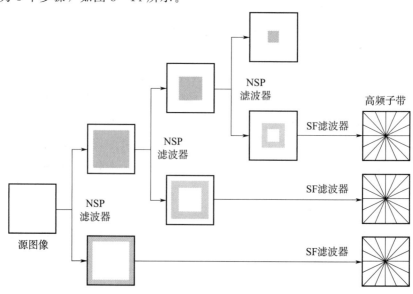

图 8-14　NSST 的多级分解过程

1）利用 NSP 滤波器组对源图像进行多尺度分解，得到低频子带和高频子带。

2）利用 SF 滤波器组将高频子带进行多方向的分解。

3）判断低频子带是否需要进一步分解，如果需要进一步分解，则返回第一步；否则，结束分解过程。

NSST 通过 SF 滤波器组实现对图像的多尺度和多方向分析，能够更准确地捕获信号的局部特征，尤其适用于具有突变或纹理结构的信号，从而提供更全面的信息。通过 NSP 滤波器组而非下采样操作，可以有效避免伪吉布斯现象，提高融合图像的质量。采用 NSST 方法进行图像融合时，分解的尺度，特别是分解的层数会严重影响融合效果。基于 NSST - PCNN 的图像融合方法根据源图像分辨率大小来确定分解的层数，可用公式表示为

$$K = \prod \{\log_2[\min(m,n)] - 7\} \tag{8-26}$$

式中，(m, n) 为图像尺寸大小；$\prod$ 为无穷大取整函数。

8.3.2　脉冲耦合神经网络

PCNN 是一种受生物神经系统启发而设计的神经网络模型，用于处理时序数据和进行图像处理。PCNN 通过模拟生物神经元之间的脉冲传递和相互耦合来实现信息处理。与传统的神经网络不同的是，PCNN 算法在处理图像时不需要训练，节省了运算时间，算法效率较高，被广泛用于图像分割、目标分类、图像融合等领域。

PCNN 模型是一种由若干个神经元连接组成的单层反馈网络。其中，每个神经元都由信号接受域、耦合调制域和脉冲发生器组成。信号接受域是 PCNN 神经元的输入区域，用于接收外部输入或其他神经元传递的脉冲信号。信号接受域可以是一个局部区域或整个网络的输入层。在图像处理任务中，通常使用一个窗口或卷积核来定义信号接受域，从而捕捉图像中的局部特征。耦合调制域是 PCNN 神经元的一种自适应机制，用于调节神经元之间的相互耦合强度。耦合调制域表示神经元之间相互作用的程度，决定了脉冲传递的速度和形态。耦合调制域可以根据输入信号和网络状态进行动态调整，以实现自适应的信息处理和传递。脉冲发生器是 PCNN 神经元的输出部分，用于产生输出脉冲信号。脉冲发生器根据接收到的输入信号和耦合调制域的影响，生成输出脉冲作为神经元的响应。脉冲发生器通常采用非线性的激活函数，如阈值函数或 Sigmoid 函数，将输入转化为脉冲信号。PCNN 模型中反馈输入的数学表达式如下：

$$F_{xy}(n) = \exp(-a_F)F_{xy}(n-1) + S_{xy} + V_F \sum_{kl} \boldsymbol{M}_{xykl} Y_{kl}(n-1) \tag{8-27}$$

式中，S_{xy} 为外层刺激；n 为迭代次数；kl 为神经元与周围连接的范围，设定的连接范围为 3×3；$\boldsymbol{M}_{xykl}$ 为权系数矩阵。

PCNN 的原理公式如下所示。

$$\begin{cases} F_{xy}(n) = S_{xy} \\ W_{kl} = \dfrac{1}{(x-3)^2 + (y-3)^2} \\ L_{xy}(n) = -\mathrm{e}^{aL} L_{xy}(n-1) + V_L \sum W_{kl} Y(n-1) \\ U_{xy}(n) = F_{xy}(n)[1 + \beta L_{xy}(n)] \\ \theta_{xy}(n) = \mathrm{e}^{-aE}\theta_{xy}(n-1) + V_E Y_{xy}(n) \\ Y_{xy}(n) = \begin{cases} 1, U_{xy}(n) > \theta_{xy}(n) \\ 0, 其他 \end{cases} \end{cases} \qquad (8-28)$$

式中，下标 $(x，y)$ 为像素坐标，连接范围为 3×3；$\boldsymbol{W}_{kl}$ 为连接权系数矩阵；F_{xy}、L_{xy} 分别为反馈输入和连接输入；U_{xy} 为内部活动项；θ_{xy} 为动态阈值；β 为内部活动连接系数。

在反馈输入和连接输入的共同作用下，U_{xy} 产生变化。当 $U_{xy}(n) > \theta_{xy}(n)$ 时，神经元被激活，PCNN 的脉冲输出 $Y_{xy}(n) = 1$，产生点火。反复迭代上述过程，直到神经元被激活为止。

8.3.3　NSST - PCNN 图像融合算法

（1）低频融合策略

源图像通过 NSP 滤波器组分解得到低频子带图像，低频子带图像包含源图像的大部分低频信息，反映图像的整体结构和形状，如大尺寸物体的轮廓、边界和整体形态。为了尽可能保持图像中建筑物等物体的轮廓，提高融合效果，采用加权平均融合规则，实现低频子带的融合。其数学公式如下：

$$\omega_1 = 1 - \omega_2 \qquad (8-29)$$
$$f_L(x，y) = \omega_1 f_L^{\mathrm{IR}}(x，y) + \omega_2 f_L^{\mathrm{VIS}}(x，y) \qquad (8-30)$$

式中，$f_L^{\mathrm{IR}}(x，y)$、$f_L^{\mathrm{VIS}}(x，y)$、$f_L(x，y)$ 分别为红外图像、可见光图像和融合图像低频子带像素的大小；ω_1、ω_2 分别为像素 $(x，y)$ 位置的红外与可见光图像的权重。

（2）高频融合策略

源图像通过 NSP 滤波器组得到的高频子带再经过 SF 滤波器组得到多尺度、多方向的高频子带，高频子带能够反映源图像中的纹理、细节等信息，如小尺寸的纹理、细小的斑点和局部的结构细节，对于小目标检测有重要意义。为了保留可见光图像中小目标的细节信息，采用 PCNN 算法实现图像高频子带的融合。在 PCNN 模型中，连接强度 β 负责调控连接输入 L_{xy} 所占的权重，因此 β 的大小直接影响融合效果。β 的求解方法如下：

$$\begin{cases} g_1(x，y) = [f(x，y) - f(x-1，y)] \\ g_2(x，y) = [f(x，y) - f(x-1，y+1)] \\ g_3(x，y) = [f(x，y) - f(x，y+1)] \\ g_4(x，y) = [f(x，y) - f(x-1，y-1)] \\ \bar{g} = \dfrac{1}{9} \sum\limits_{x-1}^{x+1} \sum\limits_{y-1}^{y+1} \sqrt{\dfrac{g_1 + g_2 + g_3 + g_4}{4}} \end{cases} \qquad (8-31)$$

式中，$f(x,y)$ 为图像的像素值；g_1、g_2、g_3、g_4 分别为图像像素在 $0°$、$45°$、$90°$、$135°$ 方向上梯度变化的平方和；$\bar{g}$ 为局部邻域 3×3 内的平均梯度。

连接强度可以定义为

$$\beta_{xy} = \begin{cases} \exp(-\bar{g}), \exp(-\bar{g}) < 1 \\ 1, \exp(-\bar{g}) > 1 \end{cases} \tag{8-32}$$

通过对平均梯度的研究，确定连接系数 β。

高频子带具体的融合步骤如下。

1）使用边缘检测算法提取源图像的边缘特征，将边缘部分的像素值作为反馈输入 $F_{xy}(n)$，非边缘部分经过中值滤波后作为反馈输入 $F_{xy}(n)$。

2）PCNN 模型中的参数设置：各参数初始值 $L_{xy}(0) = 0$，$U_{xy}(0) = 0$，$a_E = 1$，$V_E = 0.2$，$a_E = 2$，$V_E = 20$。

3）通过 PCNN 模型后，得到输出激励 $Y_{\text{VIS}}(x,y)$、$Y_{\text{IR}}(x,y)$。

4）将 $Y_{\text{VIS}}(x,y)$、$Y_{\text{IR}}(x,y)$ 输入判别选择算子中。通过比较 $Y_{\text{VIS}}(x,y)$、$Y_{\text{IR}}(x,y)$，确定不同尺度、不同方向的高频子带系数，具体如下：

$$f_{\text{H}}(x,y) = \begin{cases} f_{\text{H}}^{\text{VIS}}(x,y), \ |Y_{\text{VIS}} - Y_{\text{IR}}| > T_1 \ \text{且} \ Y_{\text{VIS}} \geqslant Y_{\text{IR}} \\ f_{\text{H}}^{\text{IR}}(x,y), \ |Y_{\text{VIS}} - Y_{\text{IR}}| > T_1 \ \text{且} \ Y_{\text{VIS}} \leqslant Y_{\text{IR}} \\ \dfrac{f_{\text{H}}^{\text{VIS}}(x,y) + f_{\text{H}}^{\text{IR}}(x,y)}{2}, \ |Y_{\text{VIS}} - Y_{\text{IR}}| < T_1 \end{cases} \tag{8-33}$$

$$T_1 = \frac{\left| \sum_i^m \sum_j^n f_{\text{H}}^{\text{IR}}(x,y) - \sum_i^m \sum_j^n f_{\text{H}}^{\text{VIS}}(x,y) \right|}{M \times N} \tag{8-34}$$

式中，$f_{\text{H}}^{\text{VIS}}$、$f_{\text{H}}^{\text{IR}}$、$f_{\text{H}}(x,y)$ 分别为可见光、红外图像、融合图像在同层、同方向的高频子带像素值的大小；$M \times N$ 为图像尺寸；T_1 为阈值，$T_1 = 2 \times 10^{-3}$。

5）将低频图像 $f_{\text{L}}(x,y)$、高频图像 $f_{\text{H}}(x,y)$ 进行 NSST 逆变换处理，重构得到融合图像。

（3）算法流程

选取配准后的红外与可见光图像为实验对象，并对其进行融合处理。NSST-PCNN 的图像融合方法的流程如图 8-15 所示。

其具体步骤如下：

1）对红外与可见光图像进行 NSST 变换，获得低频子带图像和高频子带图像。

2）对于融合策略，使用加权平均方法融合低频子带，使用 PCNN 算法融合高频子带。

3）对融合后的低频图像和高频图像进行 NSST 逆变换，得到融合图像。

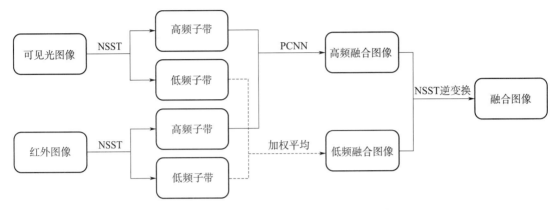

图 8 - 15　NSST - PCNN 的图像融合方法的流程

8.3.4　示例

基于 8.2 节中已配准的两组红外与可见光图像，选取 7 种具有代表性的融合方法，分别为拉普拉斯金字塔（LP）、比率低通金字塔（RP）、曲波变换（CVT）、小波变换（DWT）、双树复小波变换（DTCWT）、非下采样轮廓波变换（NSCT）和引导滤波（GFF）。选取 9 种评价指标，分别为标准差（SD）、平均梯度（AG）、空间频率（SF）、信息熵（IE）、边缘保留度（Q_{AB}^F）、交叉熵（CE）、互信息（MI）、峰值信噪比（PSNR）和结构相似度（SSIM）。基于上述 7 种融合方法、9 种评价指标进行仿真实验，与 NSST - PCNN 方法进行对比和分析。所有实验都在 Matlab 环境下进行，实验结果如图 8 - 16 所示。

（1）主观评价

如图 8 - 16 所示，通过两组图像，7 种融合方法与本章方法进行对比，LP 和 GFF 方法融合的图像整体偏暗，场景中的热源物体不明显；RP、CVT、DWT、DTCWT 方法的融合效果基本一致，能够保留可见光图像背景中的细节信息。从目标信息的角度来看，除 GFF 方法之外，其他方法都能较好地保留目标在红外图像中的轮廓特征和可见光图像中的细节特征。除此之外，本章方法在保留原可见光图像的色彩信息方面具有良好的表现，并且融合图像的清晰度较高，视觉效果更好，更有助于观察者对场景的理解；建筑物、树木与天空背景之间具有较高的对比度，更符合人眼视觉对实际场景的观测效果。

（2）客观评价

客观评价指标对比结果如表 8 - 3 和表 8 - 4 所示。

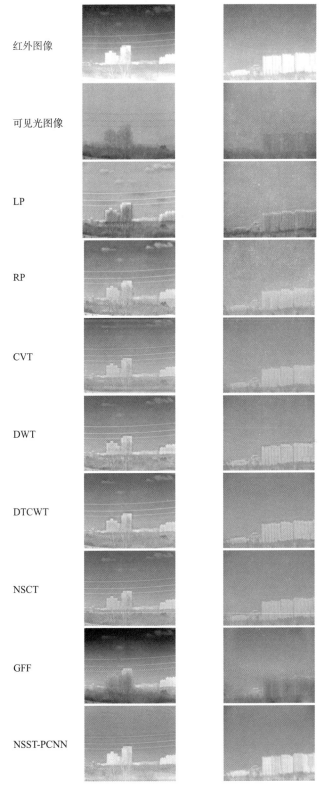

图 8 - 16　图像融合结果

表 8 - 3　第一组图像客观评价指标对比结果

融合方法	评价指标								
	SD	AG	SF	IE	Q_{AB}^{F}	CE	MI	PSNR	SSIM
LP	31.701	2.07	5.965	6.015	0.482	1.624	1.673	59.08	1.602
RP	30.264	2.773	9.518	6.867	0.506	1.734	2.281	59.612	1.595
CVT	29.275	2.074	5.761	6.815	0.458	1.885	2.455	59.621	1.644
DWT	27.678	2.054	6.02	6.722	0.508	1.327	2.44	59.668	1.652
DTCWT	27.344	1.893	5.628	6.693	0.52	1.286	2.516	59.676	1.668
NSCT	26.926	1.888	5.601	6.665	0.541	1.332	2.699	59.688	1.674
GFF	47.082	1.875	5.458	7.438	0.526	1.391	3.344	58.431	1.636
NSST - PCNN	52.993	1.882	5.651	5.868	0.485	2.518	1.929	59.072	1.635

表 8 - 4　第二组图像客观评价指标对比结果

融合方法	评价指标								
	SD	AG	SF	IE	Q_{AB}^{F}	CE	MI	PSNR	SSIM
LP	20.343	0.993	3.641	5.712	0.49	0.898	2.607	62.367	1.836
RP	17.786	1.213	6.036	6.057	0.518	1.583	2.563	62.808	1.829
CVT	17.283	0.981	3.651	6.011	0.491	1.023	2.487	62.798	1.854
DWT	16.962	0.975	3.667	5.974	0.519	1.15	2.432	62.82	1.858
DTCWT	16.755	0.9	3.528	5.956	0.521	1.072	2.509	62.826	1.866
NSCT	16.535	0.9	3.519	5.942	0.538	1.118	2.568	62.833	1.868
GFF	14.692	0.874	3.461	5.803	0.509	0.952	1.957	62.442	1.859
NSST - PCNN	26.367	0.936	3.652	6.123	0.519	1.46	2.814	62.639	1.853

　　由表 8 - 3 和表 8 - 4 可知，基于 NSST - PCNN 的红外与可见光图像融合方法所获得的融合图像与其他融合方法相比具有较高的 IE、MI、SD 值，说明融合图像不仅蕴含较为丰富的信息量，并且具有较高的图像对比度；在 AG、Q_{AB}^{F} 指标上虽然领先幅度较小，但是优于大部分对比方法，表明基于 NSST - PCNN 的图像融合方法的融合图像能够更好地保留源图像中的细节信息，并且清晰度较高；虽然在 PSNR 指标上相对其他方法较低，但降低幅度非常小，对图像视觉效果的影响基本可以忽略不计；在 SSIM 指标上处于平均水准，说明融合图像对于源图像的结构信息保留较为完整。综合来说，客观评价结果与主观评价结果基本一致，说明基于 NSST - PCNN 的图像融合方法的融合效果较优。

本章小结

　　本章首先介绍了红外与可见光图像融合的基础理论知识，包括图像融合的一般流程、常用的融合方法以及融合图像质量评价标准。其次，介绍了边缘检测的基本原理以及几种常用的边缘检测算子，将边缘检测与互信息相结合，用于红外与可见光图像配准。实验结果表明，相较于传统的基于互信息的图像配准方法，本章的图像配准方法能够较好地实现异源图像配准。最后，介绍了 NSST 和 PCNN 的基本原理，并通过与几种传统的多尺度图像融合算法进行对比实验，验证了本章方法的优异性。实验结果表明，相较于传统的方法，基于 NSST – PCNN 的红外与可见光图像融合方法在图像的整体特性方面表现良好，能够较好地保留源图像中的细节信息，提高图像的对比度，有效凸显图像中的小目标。

参 考 文 献

［1］ CHEN C P, LI H, WEI Y, et al. A local contrast method for small infrared target detection ［J］. IEEE Transactions on Geoscience and Remote Sensing, 2013, 52 (1): 574 – 581.

［2］ WEI Y, YOU X, LI H. Multiscale patch – based contrast measure for small infrared target detection ［J］. Pattern Recognition, 2016 (58): 216 – 226.

［3］ HAN J, MA Y, ZHOU B, et al. A robust infrared small target detection algorithm based on human visual system ［J］. IEEE Geoscience and Remote Sensing Letters, 2014, 11 (12): 2168 – 2172.

［4］ QIN Y, LI B. Effective infrared small target detection utilizing a novel local contrast method ［J］. IEEE Geoscience and Remote Sensing Letters, 2016, 13 (12): 1890 – 1894.

［5］ DU P, HAMDULLA A. Infrared small target detection using homogeneity – weighted local contrast measure ［J］. IEEE Geoscience and Remote Sensing Letters, 2019, 17 (3): 514 – 518.

［6］ NIE J, QU S, WEI Y, et al. An infrared small target detection method based on multiscale local homogeneity measure ［J］. Infrared Physics & Technology, 2018 (90): 186 – 194.

［7］ HAN J, LIANG K, ZHOU B, et al. Infrared small target detection utilizing the multiscale relative local contrast measure ［J］. IEEE Geoscience and Remote Sensing Letters, 2018, 15 (4): 612 – 616.

［8］ DENG H, SUN X, LIU M, et al. Small infrared target detection based on weighted local difference measure ［J］. IEEE Transactions on Geoscience and Remote Sensing, 2016, 54 (7): 4204 – 4214.

［9］ 张祥越, 丁庆海, 罗海波, 等. 基于改进 LCM 的红外小目标检测算法 ［J］. 红外与激光工程, 2017, 46 (7): 270 – 276.

［10］ WANG X, LYU G, XU L. Infrared dim target detection based on visual attention ［J］. Infrared Physics & Technology, 2012, 55 (6): 513 – 521.

［11］ XIE K, FU K, ZHOU T, et al. Small target detection based on accumulated center – surround difference measure ［J］. Infrared Physics & Technology, 2014 (67): 229 – 236.

［12］ KIM S, YANG Y, LEE J, et al. Small target detection utilizing robust methods of the human visual system for IRST ［J］. Journal of Infrared, Millimeter, and Terahertz Waves, 2009 (30): 994 – 1011.

［13］ KIM S. Min – local – LoG filter for detecting small targets in cluttered background ［J］. Electronics Letters, 2011, 47 (2): 1.

［14］ SHAO X, FAN H, LU G, et al. An improved infrared dim and small target detection algorithm based on the contrast mechanism of human visual system ［J］. Infrared Physics & Technology, 2012, 55 (5): 403 – 408.

［15］ DESHPANDE S D, ER M H, VENKATESWARLU R, et al. Max – mean and max – median filters for detection of small targets ［C］. Signal and Data Processing of Small Targets 1999.

［16］ HADHOUD M M, THOMAS D W. The two – dimensional adaptive LMS (TDLMS) algorithm ［J］. IEEE Transactions on Circuits and Systems, 1988, 35 (5): 485 – 494.

［17］ CAO Y, LIU R, YANG J. Small target detection using two – dimensional least mean square

(TDLMS) filter based on neighborhood analysis [J]. International Journal of Infrared and Millimeter Waves, 2008 (29): 188 – 200.

[18] BAE T W, ZHANG F, KWEON I S. Edge directional 2D LMS filter for infrared small target detection [J]. Infrared Physics & Technology, 2012, 55 (1): 137 – 145.

[19] 张艺璇, 李玲, 辛云宏. 基于自适应双层 TDLMS 滤波的红外小目标检测 [J]. 光子学报, 2019, 48 (9): 186 – 198.

[20] SERRA J. Image analysis and mathematical morphology [J]. 1982.

[21] BAI X, ZHOU F. Analysis of new top – hat transformation and the application for infrared dim small target detection [J]. Pattern Recognition, 2010, 43 (6): 2145 – 2156.

[22] ZHOU J, LYU H, ZHOU F. Infrared small target enhancement by using sequential top – hat filters [C]. International Symposium on Optoelectronic Technology and Application 2014: Image Processing and Pattern Recognition, 2014: 417 – 421.

[23] DENG L, ZHU H, ZHOU Q, et al. Adaptive top – hat filter based on quantum genetic algorithm for infrared small target detection [J]. Multimedia Tools and Applications, 2018 (77): 10539 – 10551.

[24] TOMASI C, MANDUCHI R. Bilateral filtering for gray and color images [C]. Sixth International Conference on Computer Vision (IEEE Cat. No. 98CH36271), 1998: 839 – 846.

[25] BAE T W, SOHNG K I. Small target detection using bilateral filter based on edge component [J]. Journal of Infrared, Millimeter, and Terahertz Waves, 2010 (31): 735 – 743.

[26] 侯旺, 孙晓亮, 尚洋, 等. 红外弱小目标检测技术研究现状与发展趋势 [J]. 红外技术, 2015 (37): 1 – 10.

[27] 王好贤, 董衡, 周志权. 红外单帧图像弱小目标检测技术综述 [J]. 激光与光电子学进展, 2019, 56 (8): 9 – 22.

[28] LEI L, SHIRU Q. A novel approach of infrared small weak target detection based on an improved nonsubsampled contourlet transform [C]. 2011 IEEE International Conference on Signal Processing, Communications and Computing (ICSPCC), 2011: 1 – 4.

[29] GU Y, WANG C, LIU B, et al. A. kernel – based nonparametric regression method for clutter removal in infrared small – target detection applications [J]. IEEE Geoscience and Remote Sensing Letters, 2010, 7 (3): 469 – 473.

[30] COMANICIU D. An algorithm for data – driven bandwidth selection [J]. IEEE Transactions on Pattern Analysis and Machine Intelligence, 2003, 25 (2): 281 – 288.

[31] YANG L, YANG J, YANG K. Adaptive detection for infrared small target under sea – sky complex background [J]. Electronics Letters, 2004, 40 (17): 1.

[32] SUN Y Q, TIAN J W, LIU J. Background suppression based – on wavelet transformation to detect infrared target [C]. 2005 International Conference on Machine Learning and Cybernetics, 2005: 4611 – 4615.

[33] BUADES A, COLL B, MOREL J M. A. non – local algorithm for image denoising [C]. 2005 IEEE computer society conference on computer vision and pattern recognition (CVPR'05), 2005: 60 – 65.

[34] GENIN L, CHAMPAGNAT F, Le BESNERAIS G, et al. Point object detection using a NL – means type filter [C]. 2011 18th IEEE International Conference on Image Processing, 2011: 3533 – 3536.

[35] GENIN L, CHAMPAGNAT F, Le BESNERAIS G. Background first – and second – order modeling

for point target detection [J]. Applied Optics, 2012, 51 (31): 7701 – 7713.

[36] DABOV K, FOI A, KATKOVNIK V, et al. Image denoising by sparse 3 – D transform – domain collaborative filtering [J]. IEEE Transactions on Image Processing, 2007, 16 (8): 2080 – 2095.

[37] LEBRUN M. An analysis and implementation of the BM3D image denoising method [J]. Image Processing On Line, 2012 (2012): 175 – 213.

[38] CHEN Y, NASRABADI N M, TRAN T D. Sparse representation for target detection in hyperspectral imagery [J]. IEEE Journal of Selected Topics in Signal Processing, 2011, 5 (3): 629 – 640.

[39] ZHOU W, XUE X, CHEN Y. Low – rank and sparse decomposition based frame difference method for small infrared target detection in coastal surveillance [J]. IEICE Transactions on Information and Systems, 2016, 99 (2): 554 – 557.

[40] WANG X, PENG Z, KONG D, et al. Infrared dim target detection based on total variation regularization and principal component pursuit [J]. Image and Vision Computing, 2017 (63): 1 – 9.

[41] GAO C, MENG D, YANG Y, et al. Infrared patch – image model for small target detection in a single image [J]. IEEE Transactions on Image Processing, 2013, 22 (12): 4996 – 5009.

[42] WANG X, PENG Z, KONG D, et al. Infrared dim and small target detection based on stable multisubspace learning in heterogeneous scene [J]. IEEE Transactions on Geoscience and Remote Sensing, 2017, 55 (10): 5481 – 5493.

[43] DAI Y, WU Y, SONG Y, et al. Non – negative infrared patch – image model: robust target – background separation via partial sum minimization of singular values [J]. Infrared Physics & Technology, 2017 (81): 182 – 194.

[44] WANG X, SHEN S, NING C, et al. A sparse representation – based method for infrared dim target detection under sea – sky background [J]. Infrared Physics & Technology, 2015 (71): 347 – 355.

[45] HE Y, LI M, ZHANG J, et al. Small infrared target detection based on low – rank and sparse representation [J]. Infrared Physics & Technology, 2015 (68): 98 – 109.

[46] YANG C, LIU H, LIAO S, et al. Small target detection in infrared video sequence using robust dictionary learning [J]. Infrared Physics & Technology, 2015 (68): 1 – 9.

[47] LI L, LI H, LI T, et al. Infrared small target detection in compressive domain [J]. Electronics Letters, 2014, 50 (7): 510 – 512.

[48] LIU D, LI Z, LIU B, et al. Infrared small target detection in heavy sky scene clutter based on sparse representation [J]. Infrared Physics & Technology, 2017 (85): 13 – 31.

[49] BARNIV Y. Dynamic programming solution for detecting dim moving targets [J]. IEEE Transactions on Aerospace and Electronic Systems, 1985 (1): 144 – 156.

[50] TONISSEN S M, EVANS R J. Peformance of dynamic programming techniques for track – before – detect [J]. IEEE Transactions on Aerospace and Electronic Systems, 1996, 32 (4): 1440 – 1451.

[51] JOHNSTON L A, KRISHNAMURTHY V. Performance analysis of a dynamic programming track before detect algorithm [J]. IEEE Transactions on Aerospace and electronic systems, 2002, 38 (1): 228 – 242.

[52] ARNOLD J, SHAW S, PASTERNACK H. Efficient target tracking using dynamic programming [J]. IEEE Transactions on Aerospace and Electronic Systems, 1993, 29 (1): 44 – 56.

[53] ORLANDO D, RICCI G, Bar – SHALOM Y. Track – before – detect algorithms for targets with

kinematic constraints [J]. IEEE Transactions on Aerospace and Electronic Systems, 2011, 47 (3): 1837 – 1849.

[54] GROSSI E, LOPS M, VENTURINO L. Track – before – detect for multiframe detection with censored observations [J]. IEEE Transactions on Aerospace and Electronic Systems, 2014, 50 (3): 2032 – 2046.

[55] SUN X, LIU X, TANG Z, et al. Real – time visual enhancement for infrared small dim targets in video [J]. Infrared Physics & Technology, 2017 (83): 217 – 226.

[56] REED I S, GAGLIARDI R M, STOTTS L B. Optical moving target detection with 3 – D matched filtering [J]. IEEE Transactions on Aerospace and Electronic Systems, 1988, 24 (4): 327 – 336.

[57] REED I S, GAGLIARDI R M, SHAO H. Application of three – dimensional filtering to moving target detection [J]. IEEE Transactions on Aerospace and Electronic Systems, 1983 (6): 898 – 905.

[58] PORAT B, FRIEDLANDER B. A frequency domain algorithm for multiframe detection and estimation of dim targets [J]. IEEE Transactions on Pattern Analysis and Machine Intelligence, 1990, 12 (4): 398 – 401.

[59] KENDALL W B, STOCKER A D, JACOBI W J. Velocity filter algorithms for improved target detection and tracking with multiple – scan data [C]. Signal and Data Processing of Small Targets 1989, 1989: 127 – 139.

[60] XIONG Y, PENG J X, DING M Y, et al. An extended track – before – detect algorithm for infrared target detection [J]. IEEE Transactions on Aerospace and Electronic Systems, 1997, 33 (3): 1087 – 1092.

[61] SALMOND D, BIRCH H. A particle filter for track – before – detect [C]. Proceedings of the 2001 American Control Conference. (Cat. No. 01CH37148), 2001: 3755 – 3760.

[62] 李翠芸, 姬红兵. 新遗传粒子滤波的红外弱小目标跟踪与检测 [J]. 西安电子科技大学学报, 2009, 36 (4): 619 – 623.

[63] 王鑫, 唐振民. 基于特征融合的粒子滤波在红外小目标跟踪中的应用 [J]. 中国图象图形学报, 2010 (1): 91 – 97.

[64] 李明杰, 刘小飞, 张福泉, 等. 基于粒子滤波和背景减除的多目标检测与跟踪算法 [J]. 计算机应用研究, 2018 (35): 2506 – 2509.

[65] CHU P L. Optimal projection for multidimensional signal detection [J]. IEEE Transactions on Acoustics, Speech, and Signal Processing, 1988, 36 (5): 775 – 786.

[66] 陈非, 敬忠良, 李建勋. 红外序列图像中缓动点目标的投影检测算法及其改进 [J]. 红外与毫米波学报, 2003, 22 (2): 96 – 100.

[67] MOYER L R, SPAK J, LAMANNA P. A multi – dimensional Hough transform – based track – before – detect technique for detecting weak targets in strong clutter backgrounds [J]. IEEE Transactions on Aerospace and Electronic Systems, 2011, 47 (4): 3062 – 3068.

[68] SAHIN G, DEMIREKLER M. A multi – dimensional Hough transform algorithm based on unscented transform as a track – before – detect method [C]. 17th International Conference on Information Fusion (FUSION), 2014: 1 – 8.

[69] GONG J, ZHANG Y, HOU Q, et al. Background suppression for cloud clutter using temporal difference projection [J]. Infrared Physics & Technology, 2014 (64): 66 – 72.

[70] QIN H，HAN J，YAN X，et al. Multiscale random projection based background suppression of infrared small target image [J]. Infrared Physics & Technology，2015 (73)：255－262.

[71] 刘峰，奚晓梁，沈同圣. 基于最大值投影和快速配准的空间小目标检测 [J]. 红外与激光工程，2016，45 (11)：138－143.

[72] WANG B，XU W，ZHAO M，et al. Antivibration pipeline－filtering algorithm for maritime small target detection [J]. Optical Engineering，2014，53 (11)：113109.

[73] WANG B，DONG L，ZHAO M，et al. A small dim infrared maritime target detection algorithm based on local peak detection and pipeline－filtering [C]. Seventh International Conference on Graphic and Image Processing (ICGIP 2015)，2015：188－193.

[74] DONG L，WANG B，ZHAO M，et al. Robust infrared maritime target detection based on visual attention and spatiotemporal filtering [J]. IEEE Transactions on Geoscience and Remote Sensing，2017，55 (5)：3037－3050.

[75] 张雅楠，陈绪光，许文海. 海面弱小目标红外检测算法的高速实现 [J]. 光电子·激光，2019，30 (5)：516－521.

[76] ZHANG F，LI C，SHI L. Detecting and tracking dim moving point target in IR image sequence [J]. Infrared Physics & Technology，2005，46 (4)：323－328.

[77] PAN H，SONG G，XIE L，et al. Detection method for small and dim targets from a time series of images observed by a space－based optical detection system [J]. Optical Review，2014 (21)：292－297.

[78] MA T L，SHI Z L，YIN J，et al. Multiple dim targets detection in infrared image sequences [C]. International Symposium on Optoelectronic Technology and Application 2014：Image Processing and Pattern Recognition，2014：671－678.

[79] MA T，SHI Z，YIN J，et al. Rectilinear－motion space inversion－based detection approach for infrared dim air targets with variable velocities [J]. Optical Engineering，2016，55 (3)：033102.

[80] REN X，WANG J，MA T，et al. Infrared dim and small target detection based on three－dimensional collaborative filtering and spatial inversion modeling [J]. Infrared Physics & Technology，2019 (101)：13－24.

[81] ZHAO M，CHENG L，YANG X，et al. TBC－Net：A real－time detector for infrared small target detection using semantic constraint [J]. arXiv preprint arXiv：2001.05852，2019.

[82] WANG H，ZHOU L，WANG L. Miss detection vs. false alarm：adversarial learning for small object segmentation in infrared images [C]. Proceedings of the IEEE/CVF International Conference on Computer Vision，2019：8509－8518.

[83] LI B，XIAO C，WANG L，et al. Dense nested attention network for infrared small target detection [J]. IEEE Transactions on Image Processing，2022 (32)：1745－1758.

[84] DAI Y，WU Y，ZHOU F，et al. Attentional local contrast networks for infrared small target detection [J]. IEEE Transactions on Geoscience and Remote Sensing，2021，59 (11)：9813－9824.

[85] ZHAO B，WANG C，FU Q，et al. A novel pattern for infrared small target detection with generative adversarial network [J]. IEEE Transactions on Geoscience and Remote Sensing，2020，59 (5)：4481－4492.

[86] LIU F，GAO C，CHEN F，et al. Infrared small and dim target detection with transformer under complex backgrounds [J]. IEEE Transactions on Image Processing，2023 (32)：5921－5932.

[87] ZHANG T，CAO S，PU T，et al. AGPCNet：attention－guided pyramid context networks for infrared small target detection [J]. arXiv preprint arXiv，2021：2111. 03580.

[88] DING L，XU X，CAO Y，et al. Detection and tracking of infrared small target by jointly using SSD and pipeline filter [J]. Digital Signal Processing，2021（110）：102949.

[89] DU J，LU H，HU M，et al. CNN－based infrared dim small target detection algorithm using target－oriented shallow－deep features and effective small anchor [J]. IET Image Processing，2021，15（1）：1－15.

[90] DU J，LU H，ZHANG L，et al. A spatial－temporal feature－based detection framework for infrared dim small target [J]. IEEE Transactions on Geoscience and Remote Sensing，2021（60）：1－12.

[91] 刘宝林，范有臣，秦明宇，等. YOLOv5 与光流相结合的红外小目标检测算法 [J]. 激光与红外，2022（52）：435－441.

[92] OHKI M，HASHIGUCHI S. Two－dimensional LMS adaptive filters [J]. IEEE Transactions on Consumer Electronics，1991，37（1）：66－73.

[93] 曹广真. 多源遥感数据融合方法与应用研究 [D]. 上海：复旦大学，2006.

[94] DO M N，VETTERLI M. Contourlets：a directional multiresolution image representation [C]. Proceedings. International Conference on Image Processing，2002：I－I.

[95] 郭磊. 基于 Contourlet 变换的图像融合及融合指标研究 [D]. 长春：吉林大学，2014.

[96] 韩啸. 多源图像融合技术研究 [D]. 长春：长春理工大学，2015.

[97] SZEGEDY C，LIU W，JIA Y，et al. Going deeper with convolutions [C]. Proceedings of the IEEE Conference on Computer Vision and Pattern Recognition，2015：1－9.

[98] LIN M，CHEN Q，YAN S. Network in network [J]. arXiv preprint arXiv：1312.4400，2013.

[99] DENG J，DONG W，SOCHER R，et al. Imagenet：a large－scale hierarchical image database [C]. 2009 IEEE Conference on Computer Vision and Pattern Recognition，2009：248－255.

[100] REDMON J，FARHADI A. YOLO9000：better，faster，stronger [C]. Proceedings of the IEEE conference on computer vision and pattern recognition，2017：7263－7271.

[101] HE K，ZHANG X，REN S，et al. Delving deep into rectifiers：surpassing human－level performance on imagenet classification [C]. Proceedings of the IEEE International Conference on Computer Vision，2015：1026－1034.

[102] LIN T－Y，DOLLÁR P，GIRSHICK R，et al. Feature pyramid networks for object detection [C]. Proceedings of the IEEE Conference on Computer Vision and Pattern Recognition，2017：2117－2125.

[103] NEWELL A，YANG K，DENG J. Stacked hourglass networks for human pose estimation [C]. Computer Vision－ECCV 2016：14th European Conference，Amsterdam，The Netherlands，October 11－14，2016，Proceedings，Part VIII 14，2016：483－499.

[104] XIA C，LI X，ZHAO L，et al. Infrared small target detection based on multiscale local contrast measure using local energy factor [J]. IEEE Geoscience and Remote Sensing Letters，2019，17（1）：157－161.

[105] FLORACK L M，ROMENY B M T H，KOENDERINK J J，et al. Linear scale－space [J]. Journal of Mathematical Imaging and Vision，1994，4（4）：325－351.

[106] KIM S，LEE J. Small infrared target detection by region－adaptive clutter rejection for sea－based

infrared search and track [J]. Sensors, 2014, 14 (7): 13210 - 13242.

[107] BERNAOLA - GALVÁN P, IVANOV P C, AMARAL L A N, et al. Scale invariance in the nonstationarity of human heart rate [J]. Physical review Letters, 2001, 87 (16): 168105.

[108] ZHOU A, XIE W, PEI J. Background modeling in the Fourier domain for maritime infrared target detection [J]. IEEE Transactions on Circuits and Systems for Video Technology, 2019, 30 (8): 2634 - 2649.

[109] ZHANG H, ZHANG L, YUAN D, et al. Infrared small target detection based on local intensity and gradient properties [J]. Infrared Physics & Technology, 2018 (89): 88 - 96.

[110] LI L, LIU G, LI Z, et al. Infrared ship detection based on time fluctuation feature and space structure feature in sun - glint scene [J]. Infrared Physics & Technology, 2021 (115): 103693.

[111] Lin T Y, Goyal P, Girshick R, et al. Focal loss for dense object detection [C]. Proceedings of the IEEE International Conference on Computer Vision, 2017: 2980 - 2988.

[112] 陈志洁. 基于注意力机制的有监督深度学习图像融合算法研究 [D]. 天津：天津师范大学, 2022.

[113] ROCKINGER O, FECHNER T. Pixel - level image fusion: the case of image sequences [C]. Signal Processing, Sensor Fusion, and Target Recognition Ⅶ, 1998: 378 - 388.

[114] LALLIER E, FAROOQ M. A real time pixel - level based image fusion via adaptive weight averaging [C]. Proceedings of the Third International Conference on Information Fusion, 2000: WEC3/3 - WEC313 vol. 2.

[115] DESALE R P, VERMA S V. Study and analysis of PCA, DCT & DWT based image fusion techniques [C]. 2013 International Conference on Signal Processing, Image Processing & Pattern Recognition, 2013: 66 - 69.

[116] 彭会萍, 曹晓军, 杨永旭. 基于决策距离的多传感器信息融合加权平均算法 [J]. 微计算机信息, 2012, 28 (09): 274 - 276.

[117] 王新赛, 冯小二, 李明明. 基于能量分割的空间域图像融合算法研究 [J]. 红外技术, 2022, 44 (7): 726 - 731.

[118] 刘贵喜. 多传感器图像融合方法研究 [D]. 西安：西安电子科技大学, 2001.

[119] OLSHAUSEN B A, FIELD D J. Emergence of simple - cell receptive field properties by learning a sparse code for natural images [J]. Nature, 1996, 381 (6583): 607 - 609.

[120] GAO Y, MA J, YUILLE A L. Semi - supervised sparse representation based classification for face recognition with insufficient labeled samples [J]. IEEE Transactions on Image Processing, 2017, 26 (5): 2545 - 2560.

[121] WRIGHT J, MA Y, MAIRAL J, et al. Sparse representation for computer vision and pattern recognition [J]. Proceedings of the IEEE, 2010, 98 (6): 1031 - 1044.

[122] ZHANG Z, XU Y, YANG J, et al. A. survey of sparse representation: algorithms and applications [J]. IEEE Access, 2015 (3): 490 - 530.

[123] ZHANG Q, LIU Y, BLUM R S, et al. Sparse representation based multi - sensor image fusion for multi - focus and multi - modality images: a review [J]. Information Fusion, 2018 (40): 57 - 75.

[124] LIU Y, LIU S, WANG Z. A general framework for image fusion based on multi - scale transform and sparse representation [J]. Information fusion, 2015 (24): 147 - 164.

[125] 杨红亚. 基于稀疏表示的彩色图像分割方法研究 [D]. 曲阜：曲阜师范大学, 2018.

[126] 杨俊，谢勤岚．基于 DCT 过完备字典和 MOD 算法的图像去噪方法 [J]．计算机与数字工程，2012，40（5）：100 - 103．

[127] 时永刚，王东青，刘志文．字典学习和稀疏表示的海马子区图像分割 [J]．中国图象图形学报，2015，20（12）：1593 - 1601．

[128] YANG B，LI S．Visual attention guided image fusion with sparse representation [J]．Optik，2014，125（17）：4881 - 4888．

[129] LI H，WU X J．Infrared and visible image fusion using latent low - rank representation [J]．arXiv preprint arXiv：1804.08992，2018．

[130] 李雪．基于多特征的图像融合算法研究 [D]．西安：西安电子科技大学，2018．

[131] 张言．像素级图像融合方法研究 [D]．长春：吉林大学，2019．

[132] LI H，WU X J．DenseFuse：A fusion approach to infrared and visible images [J]．IEEE Transactions on Image Processing，2018，28（5）：2614 - 2623．

[133] XU H，WANG X，MA J．DRF：disentangled representation for visible and infrared image fusion [J]．IEEE Transactions on Instrumentation and Measurement，2021（70）：1 - 13．

[134] LI H，WU X J，KITTLER J．RFN - Nest：an end - to - end residual fusion network for infrared and visible images [J]．Information Fusion，2021（73）：72 - 86．

[135] GOODFELLOW I J，ABADIE J P，MIRZA M，et al．Generative adversarial networks [J]．Communications of the ACM，2020，63（11）：139 - 144．

[136] Radford A，Metz L，Chintala S．Unsupervised representation learning with deep convolutional generative adversarial networks [J]．arXiv preprint arXiv：1511.06434，2015．

[137] Mao X，Li Q，Xie H，et al．Least squares generative adversarial networks [C]．Proceedings of the IEEE International Conference on Computer Vision，2017：2794 - 2802．

[138] GATYS L A，ECKER A S，BETHGE M．Image style transfer using convolutional neural networks [C]．Proceedings of the IEEE Conference on Computer Vision and Pattern Recognition，2016：2414 - 2423．

[139] JOHNSON J，ALAHI A，LI F F．Perceptual losses for real - time style transfer and super - resolution [C]．European Conference on Computer Vision，2016：694 - 711．

[140] HUANG X，BELONGIE S．Arbitrary style transfer in real - time with adaptive instance normalization [C]．Proceedings of the IEEE International Conference on Computer Vision，2017：1501 - 1510．

[141] LI H，WU X J．Infrared and visible image fusion using a novel deep decomposition method [J]．arXiv preprint arXiv：1811.02291，2018．

[142] HOSSNY M，NAHAVANDI S，CREIGHTON D．Comments on'Information measure for performance of image fusion' [J]．2008．

[143] HAGHIGHAT M B A，AGHAGOLZADEH A，SEYEDARABI H．A non - reference image fusion metric based on mutual information of image features [J]．Computers & Electrical Engineering，2011，37（5）：744 - 756．

[144] CHEN G H，YANG C L，XIE S L．Gradient - based structural similarity for image quality assessment [C]．2006 International Conference on Image Processing，2006：2929 - 2932．

[145] WANG Z，BOVIK A C，SHEIKH H R，et al．Image quality assessment：from error visibility to

structural similarity [J]. IEEE Transactions on Image Processing, 2004, 13 (4): 600 - 612.

[146] HAN Y, CAI Y, CAO Y, et al. A new image fusion performance metric based on visual information fidelity [J]. Information Fusion, 2013, 14 (2): 127 - 135.

[147] ASLANTAS V, BENDES E. A new image quality metric for image fusion: the sum of the correlations of differences [J]. Aeu - International Journal of Electronics and Communications, 2015, 69 (12): 1890 - 1896.

[148] KINGSBURY N G. The dual - tree complex wavelet transform: a new technique for shift invariance and directional filters [C]. IEEE Digital Signal Processing Workshop, 1998: 120 - 131.

[149] CANDÈS E J, DONOHO D L. Curvelets: a surprisingly effective nonadaptive representation for objects with edges [M]. San Francisco: Stanford University USA, 1999.

[150] EASLEY G, LABATE D, LIM W Q. Sparse directional image representations using the discrete shearlet transform [J]. Applied and Computational Harmonic Analysis, 2008, 25 (1): 25 - 46.

图 1-36 红外图像暗目标（P41）

图 1-37 复杂地面背景红外弱小目标（P42）

图 1-38 复杂海面背景红外弱小目标（P42）

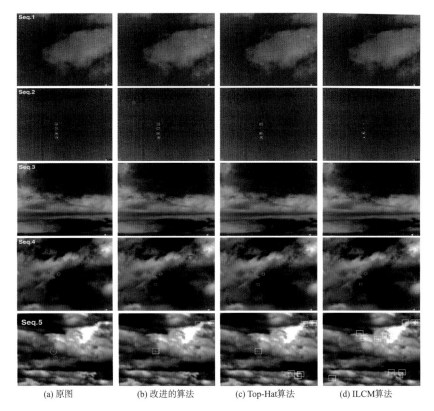

(a) 原图   (b) 改进的算法   (c) Top-Hat算法   (d) ILCM算法

图 3-24　天空背景的序列检测结果（P122）

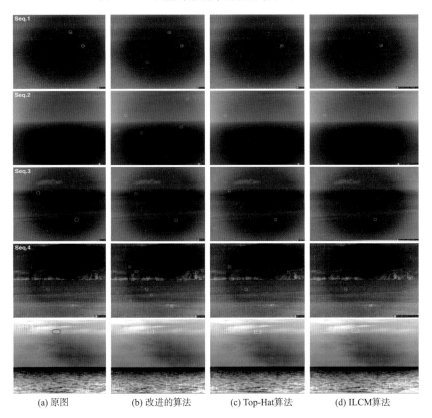

(a) 原图   (b) 改进的算法   (c) Top-Hat算法   (d) ILCM算法

图 3-25　海天背景的序列检测结果（P123）

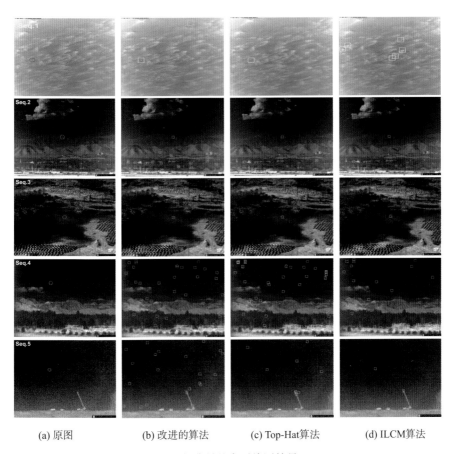

(a) 原图	(b) 改进的算法	(c) Top-Hat算法	(d) ILCM算法

图 3 - 26　地物背景的序列检测结果 （P124）

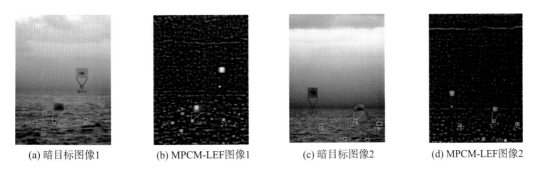

(a) 暗目标图像1	(b) MPCM-LEF图像1	(c) 暗目标图像2	(d) MPCM-LEF图像2

图 4 - 5　暗目标海面背景红外图像及其经过 MPCM - LEF 处理之后的图像（P138）

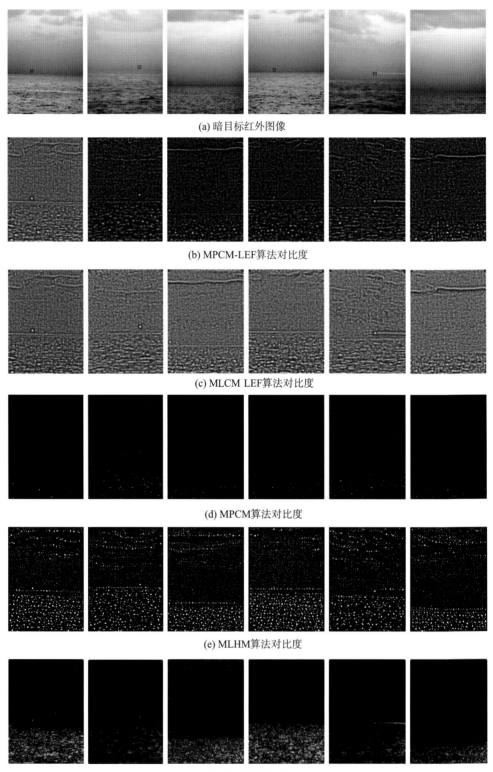

(a) 暗目标红外图像

(b) MPCM-LEF算法对比度

(c) MLCM LEF算法对比度

(d) MPCM算法对比度

(e) MLHM算法对比度

(f) LDM算法对比度

图 4-9 单帧暗弱小目标检测算法的检测结果 （P148）

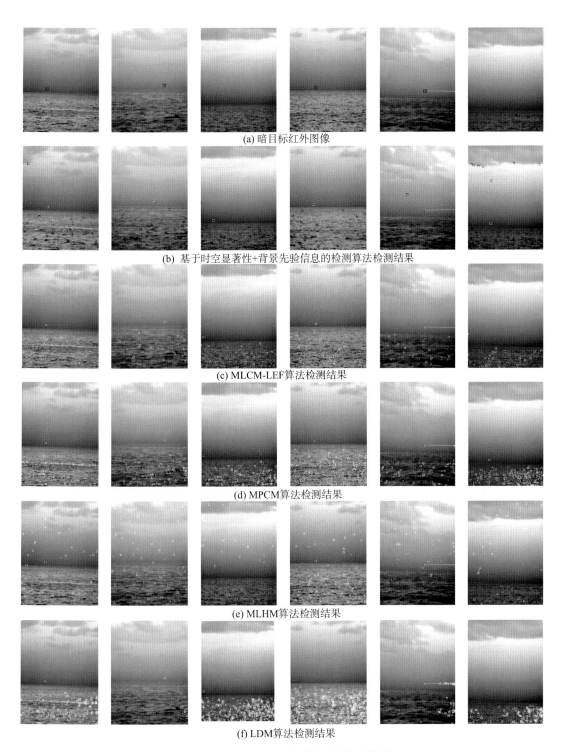

(a) 暗目标红外图像

(b) 基于时空显著性+背景先验信息的检测算法检测结果

(c) MLCM-LEF算法检测结果

(d) MPCM算法检测结果

(e) MLHM算法检测结果

(f) LDM算法检测结果

图 4 - 11　连续帧暗弱小目标检测算法的检测结果（P151）

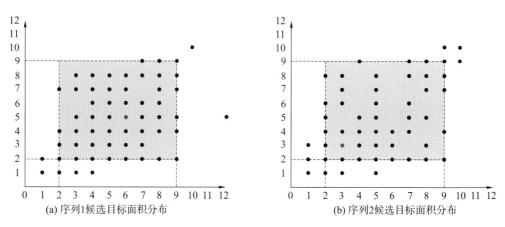

(a) 序列1候选目标面积分布   (b) 序列2候选目标面积分布

图 5-9 候选目标面积分布 （P163）

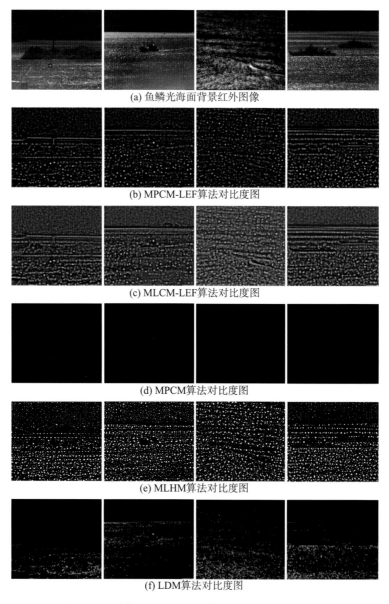

(a) 鱼鳞光海面背景红外图像

(b) MPCM-LEF算法对比度图

(c) MLCM-LEF算法对比度图

(d) MPCM算法对比度图

(e) MLHM算法对比度图

(f) LDM算法对比度图

图 5-18 单帧弱小目标检测算法的检测结果 （P174）

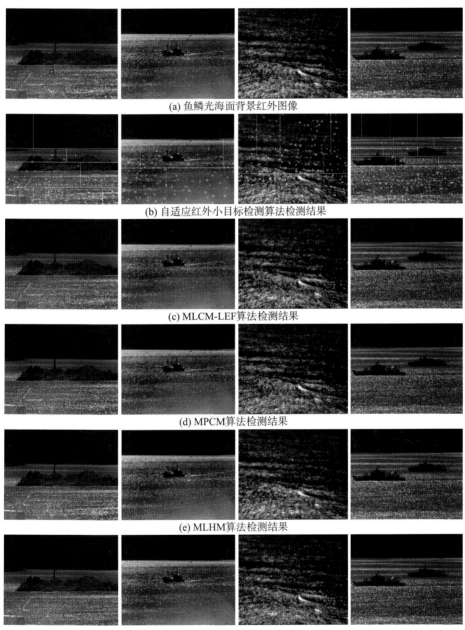

(a) 鱼鳞光海面背景红外图像

(b) 自适应红外小目标检测算法检测结果

(c) MLCM-LEF算法检测结果

(d) MPCM算法检测结果

(e) MLHM算法检测结果

(f) LDM算法检测结果

图 5-20　连续帧弱小目标检测算法的检测结果 （P176）

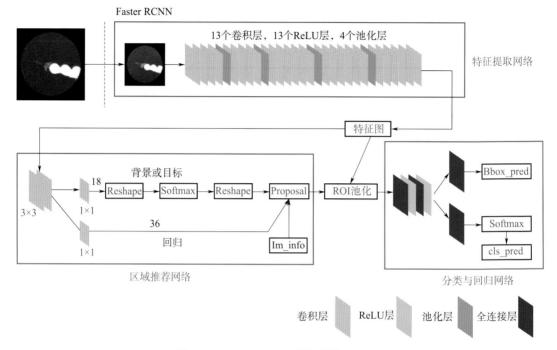

图 6-1　Faster RCNN 网络结构 （P179）

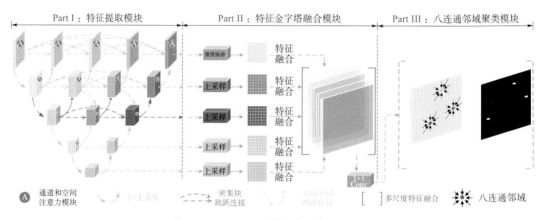

图 6-19　DNANet 的整体框架 （P202）

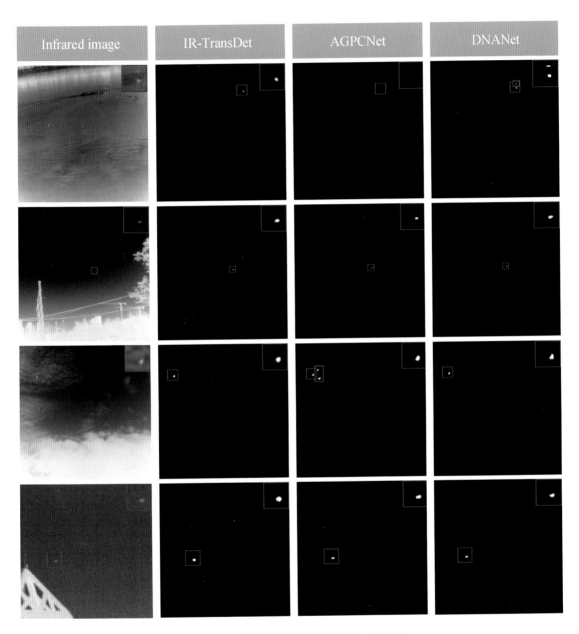

图 6 - 28　不同算法的定性对比结果（P211）

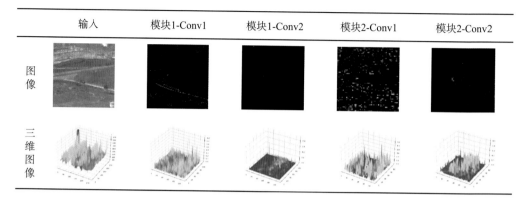

图 6-39　编码器初始两层 Conv 的可视化图 （P220）

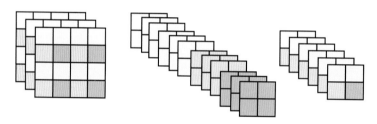

图 6-45　TF-Down 模块 （P223）

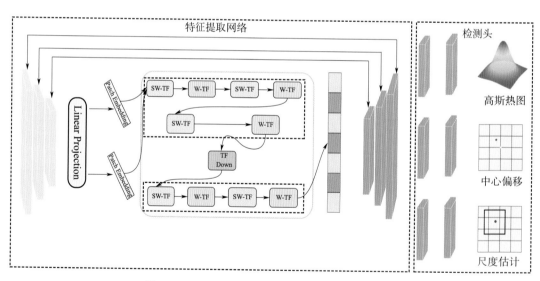

图 6-46　U-Transformer 算法整体架构 （P223）

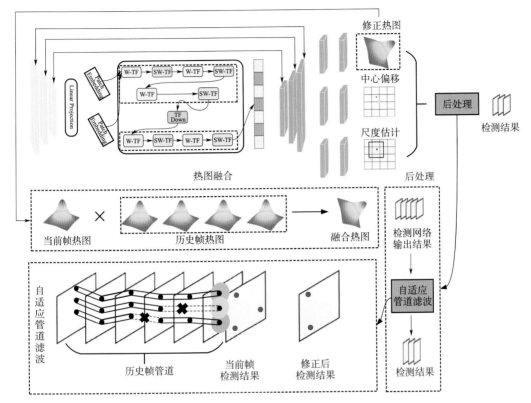

图 6-50 基于时空信息关联的检测算法框图 (P229)

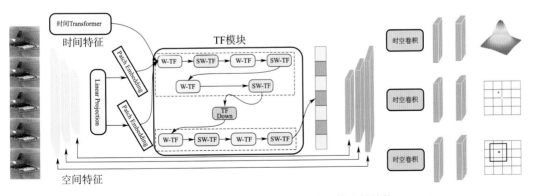

图 6-56 基于时空神经网络的弱小目标检测算法的结构 (P235)

(a) 关键帧图像　　　　　　(b) 时空融合特征

图 6-57　时空融合后特征的可视化图像（P235）

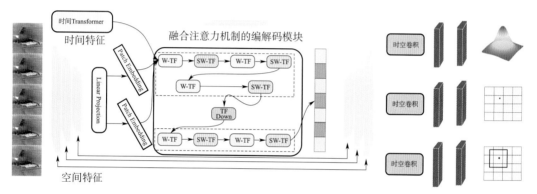

图 6-59　融合注意力机制的时空神经网络算法（P236）

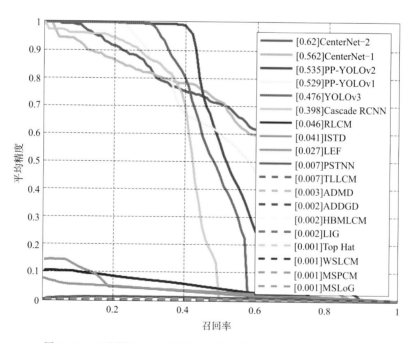

图 6-61　不同算法在数据集上的平均精度-召回率曲线（P238）

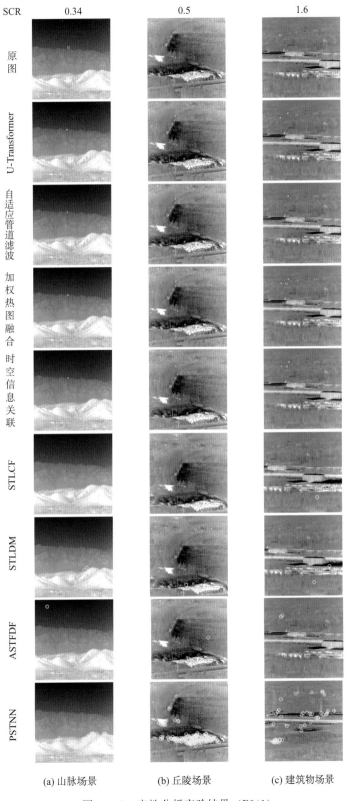

图 6-62 定性分析实验结果 (P241)

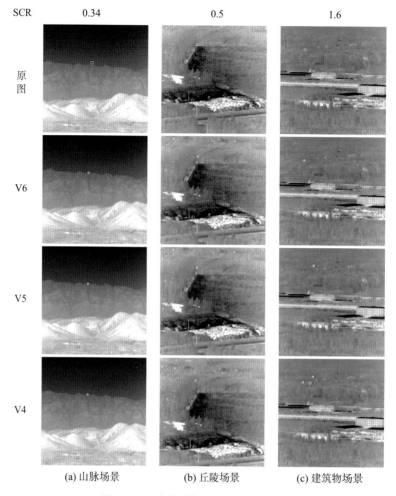

图 6 - 63　定性分析实验结果（P243）

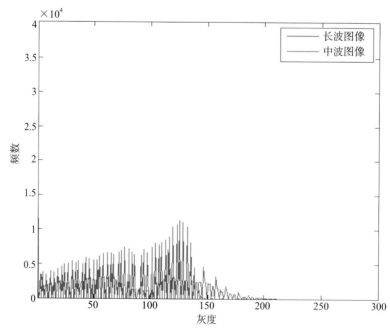

图 7 - 4　天空背景下双波图像灰度直方图对比（P247）

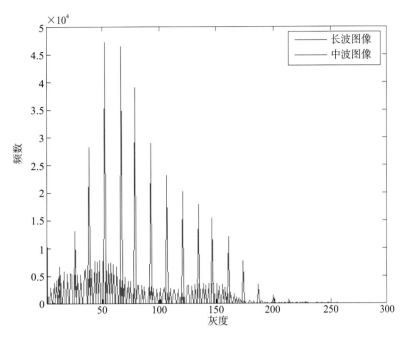

图 7 - 5　地物背景下双波图像灰度直方图对比 （P247）

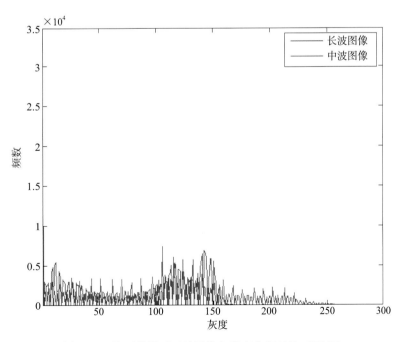

图 7 - 6　海面背景下双波图像灰度直方图对比 （P248）

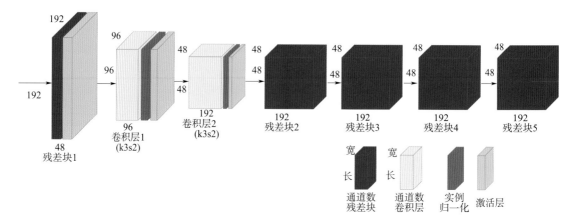

图 7 - 28 　场景信息的提取网络 （P267）

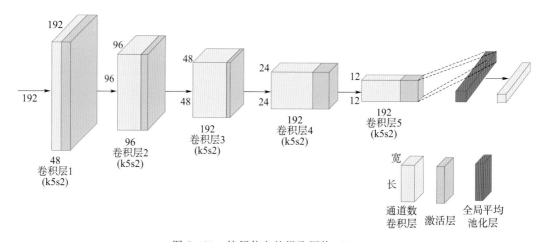

图 7 - 29 　特征信息的提取网络 （P267）